节 能 概 论

（第二版）

龙　妍　黄素逸　编著

U0278750

华中科技大学出版社

中国·武汉

内 容 提 要

节能减排在社会可持续发展中起着举足轻重的作用。本书在能源概述的基础上,介绍有关节能的基本知识,包括节能的目标和领域、节能的法规和措施、节能术语与技术节能的途径、节能的技术经济评价、能源有效利用的分析方法、企业节能的计算方法、企业能源计量、企业能耗测试与计算等;然后对通用的节能技术,包括冶金工业企业、建材企业、石油化工企业、电力企业、轻纺企业和机械加工企业等高耗能企业的节能,工业锅炉、工业窑炉、内燃机、风机与水泵、电动机等高能耗设备的节能进行了深入讨论;最后对建筑节能进行了简要介绍。

本书深入地讨论了各种节能方法和措施,其取材新颖、内容丰富,既可作为高等学校能源动力类专业的教材,也可供政府有关部门工作人员和企业工程技术人员及管理干部参考。

图书在版编目(CIP)数据

节能概论/龙妍,黄素逸编著.—2 版.—武汉:华中科技大学出版社,2017.12(2024.1 重印)
普通高等院校能源动力类精品教材
ISBN 978-7-5680-3550-7

Ⅰ.①节… Ⅱ.①龙… ②黄… Ⅲ.①节能-高等学校-教材 Ⅳ.①TK01

中国版本图书馆 CIP 数据核字(2017)第 307096 号

节能概论(第二版)   龙 妍 黄素逸 编著
Jieneng Gailun

策划编辑:王新华
责任编辑:王新华
封面设计:潘 群
责任校对:何 欢
责任监印:周治超
出版发行:华中科技大学出版社(中国·武汉)   电话:(027)81321913
         武汉市东湖新技术开发区华工科技园   邮编:430223
录 排:武汉正风天下文化发展有限公司
印 刷:武汉开心印印刷有限公司
开 本:787mm×1092mm 1/16
印 张:18.25
字 数:443 千字
版 次:2024 年 1 月第 2 版第 2 次印刷
定 价:39.80 元

前　　言

自 2008 年本书第一版出版以来,许多高等学校都相继开设了有关能源的课程,并选用本书作为教材。近 10 年来中国经济发生了巨大的变化,人民的生活也有了显著的改善,其中能源起了至关重要的作用。"十三五"是我国建成小康社会的关键时期,新时期新阶段能源发展既有新的机遇,也面临着更为严峻的挑战。其挑战主要表现在:消费需求不断增长,资源约束日益加剧;结构矛盾比较突出,可持续发展面临挑战;国际市场剧烈波动,安全隐患不断增加;能源效率亟待提高,节能降耗任务艰巨;科技水平相对落后,自主创新任重道远;体制约束依然严重,各项改革有待深化;农村能源问题突出,滞后面貌亟待改观。

能源是国民经济的命脉,与人民生活和人类的生存环境休戚相关,在社会可持续发展中起着举足轻重的作用。我国是最大的发展中国家,节能对我国经济和社会发展有着更特殊的意义。为了适应我国节能工作的发展形势,更好地满足高等学校相关专业对教材的要求,我们对本书作了较大的修改。

首先对全书的体系进行了调整,即在能源概述的基础上,先介绍有关节能的基本知识,包括节能的目标和领域、节能的法规和措施、节能术语与技术节能的途径、节能的技术经济评价、能源有效利用的分析方法、企业节能量的计算方法、企业能源计量、企业能耗测试与计算等;然后对通用的节能技术、高耗能企业的节能、高能耗设备的节能进行了深入讨论;最后对建筑节能进行了简要介绍。这样的体系更有利于读者对节能工作的全面了解。

其次进一步突出了全书的重点。全书的重点是通用的节能技术、高耗能企业的节能、高能耗设备的节能。其中除通用的节能技术同第一版外,高耗能企业的节能、高能耗设备的节能是介绍的重点。高耗能企业包括冶金工业企业、建材企业、石油化工企业、电力企业、轻纺企业和机械加工企业。高能耗设备主要是工业锅炉、工业窑炉、内燃机、风机与水泵、电动机。

修订时更加注意和工程实际相结合,如有关节能的基本知识部分新增加了内容,包括企业节能量的计算方法、企业能源计量、企业能耗测试与计算等,更有利于今后读者参与企业的节能工作。此外,在修订时对相关资料和数据进行了更新。

本书仍保留第一版资料新颖、涉猎面广、叙述简洁的特点,以达到既为读者提供更多新的能源信息,又通俗易懂的目的。

感谢华中科技大学靳世平教授、林一歆副教授以及文午祺、裴青龙、李坦等为本书提供的资料和宝贵建议。

由于作者水平有限,且能源科学发展迅速,创新不断,书中不足之处在所难免,诚恳欢迎读者批评指正。

龙　妍　黄素逸

2017 年 1 月于华中科技大学

目　　录

第1章 能源概述

1.1 能量与能源

1.1.1 能量

物质和能量是构成客观世界的基础。科学史观认为,世界是由物质构成的,没有物质,世界便虚无缥缈。运动是物质存在的形式,是物质固有的属性。没有运动的物质正如没有物质的运动一样是不可思议的,能量则是物质运动的度量。由于物质存在各种不同的运动形态,因此能量也就具有不同形式。众所周知,各种运动形态是可以互相转化的,所以各种形式的能量之间也能够相互转换。各种能量相互转换是人类在实践中最伟大的发现之一,也正是不同形式的能量利用和转换促进了人类的文明。

宇宙间一切运动的物体都有能量的存在和转化。人类一切活动都与能量及其使用紧密相关。所谓能量,广义地说,就是"产生某种效果(变化)的能力",反过来说,产生某种效果(变化)的过程必然伴随着能量的消耗或转化。倘若任何效果和变化都没有,那么世界也就不存在了。如果说劳动创造了世界,那么这种创造首先就是从能量的使用开始的。

科学史观还认为,物质是某种既定的东西,既不能被创造也不能被消灭,因此作为物质属性的能量也一样不能被创造或消灭。试想,如果我们创造或消灭了任何能量,岂不意味着与之相伴的某种物质也被创造或消灭了? 能量守恒定律正是反映了物质世界中运动不灭这一事实。这个定律告诉我们:"自然界一切物质都具有能量。能量不可能被创造也不可能被消灭,而只能在一定条件下从一种形式转变为另一种形式,在转换中能量的总量恒定不变。"

1922 年,爱因斯坦揭示了能量和物质质量之间的关系,即

$$E = mc^2 \tag{1-1}$$

式中:E 表示物质释放的能量,单位为 J;m 表示转变为能量的物质的质量,单位为 kg;c 为光速,其值为 3×10^8 m/s。

式(1-1)表示一个可逆过程,其前提是质量和能量的总和在任何能量的转换过程中都必须保持不变。

从式(1-1)可以看出,一个很小的质量消失后,就能够产生巨大的能量。例如功率为 600 MW 的燃煤发电厂,不停地工作,每小时耗煤约 220 t,则每年耗煤约 2 Mt;而功率为 600 MW 的核电站,也不停地工作,每年仅耗 1 t 燃料铀。从能量转换的角度而言,在上述两个不同的发电设备中,实际转变为能量的燃料质量,每年仅为 640 g 左右。因此,无论是化学反应或核反应,在产生或释放能量的过程中,质量一定会相应减少。即反应物的质量的一部分,能够在某种类型的能量转换过程中转换为另一种形式的能量。

在国际单位制中,能量的单位、功及热量的单位通常都用 J(焦)表示,而单位时间内所

做的功或吸收(释放)的热量则称为功率,单位为 W(瓦)。因为在能量的转换和使用中 J 和 W 的单位都太小,因此更多的是用 kJ(千焦)和 kW(千瓦),或 MJ(兆焦)和 MW(兆瓦)。在能源研究中还会用到更大的单位,有关的国际单位制的词头见表 1-1。

表 1-1　能源中常用的国际单位制词头

因　　数	词 头 名 称		符　　号
	英文	中文	
10^{18}	exa	艾[可萨]	E
10^{15}	peta	拍[它]	P
10^{12}	tera	太[拉]	T
10^{9}	giga	吉[咖]	G
10^{6}	mega	兆	M
10^{3}	kilo	千	k
10^{2}	hecto	百	h
10	deca	十	da

1.1.2　能量的形式

作为一个哲学上的概念,能量是一切物质运动、变化和相互作用的度量。利用能量,实质上就是利用自然界的某一自发变化的过程来推动另一人为的过程。例如,水力发电就是利用水从高处流往低处的这一自发过程,使水的势能转化为动能,再推动水轮机转动,水轮机又带动发电机,通过发电机将机械能转换为电能供人类利用。显然能量利用的优劣、利用效率的高低与具体过程密切相关,而且利用能量的结果必然和能量系统的始末状态相联系。例如,水力发电系统通过消耗一部分水能来获得电能,系统的始末状态(如水位、流量等)都发生了变化。

能量的分类方法目前还没有一个统一的标准,到目前为止,人类认识的能量有如下六种形式。

1. 机械能

机械能是与物体宏观机械运动或空间状态相关的能量,前者称为动能,后者称为势能。它们都是人类最早认识的能量形式。具体而言,动能是指系统(或物体)由于作机械运动而具有的做功能力。如果质量为 m 的物体的运动速度为 v,则该物体的动能 E_k 可以用下式计算:

$$E_k = \frac{1}{2}mv^2 \tag{1-2}$$

势能与物体的状态有关,除了受重力作用的物体因其位置高度不同而具有所谓重力势能外,还有弹性势能,即物体由于弹性变形而具有的做功本领,以及所谓表面能,即不同类物质或同类物质不同相的分界面上,由于表面张力的存在而具有的做功能力。重力势能 E_p 可以用下式计算:

$$E_p = mgH \tag{1-3}$$

式中：m 为物体的质量；g 为重力加速度；H 为高度。

弹性势能 E_τ 的计算式为

$$E_\tau = \frac{1}{2}kx^2 \tag{1-4}$$

式中：k 为物体的弹性系数；x 为物体的变形量。

表面能 E_s 可用下式计算：

$$E_s = \sigma S \tag{1-5}$$

式中：σ 为表面张力系数；S 为相界面的面积。

2. 热能

热能是能量的一种基本形式，所有其他形式的能量都可以完全转换为热能，而且绝大多数的一次能源都是首先经过热能形式而被利用的，因此热能在能量利用中有重要意义，也是本书讨论的重点。构成物质的微观分子运动的动能和势能的总和称为热能。这种能量的宏观表现是温度的高低，它反映了分子运动的激烈程度。若系统的温度为 T，熵的变化为 ds，则热能 E_q 可用下式表示：

$$E_q = \int T ds \tag{1-6}$$

3. 电能

电能是和电子流动与积累有关的一种能量，通常是由电池中的化学能转换而来的，或者是通过发电机由机械能转换得到的；反之，电能也可以通过电动机转换为机械能，从而显示出电做功的本领。如果驱动电子流动的电动势为 U，电流强度为 I，则其电能 E_e 可表示为

$$E_e = UI \tag{1-7}$$

4. 辐射能

辐射能是物体以电磁波形式发射的能量。物体会因各种原因发出辐射能，其中从能量利用的角度而言，因热的原因而发出的辐射能（又称热辐射能）是最有意义的。例如，地球表面所接收的太阳光就是最重要的热辐射能。物体的辐射能 E_r 可由下式表示：

$$E_r = \varepsilon c_0 \left(\frac{T}{100}\right)^4 \tag{1-8}$$

式中：ε 为物体的发射率；c_0 为黑体的辐射系数；T 为物体的绝对温度。

5. 化学能

化学能是物质结构能的一种，即原子核外进行化学变化时放出的能量。按化学热力学定义，物质或物系在化学反应过程中以热能形式释放的内能称为化学能。人类利用最普遍的化学能来自燃烧碳和氢，而这两种元素正是煤、石油、天然气、薪柴等燃料中最主要的可燃元素。燃料燃烧时的化学能通常用燃料的发热值表示。

单位质量（固体、液体）或体积（气体）的燃料在完全燃烧，且燃烧产物冷却到燃烧前的温度时所放出的热量称为燃料的发热量（发热值或热值），单位为 kJ/kg 或 kJ/m³。应用上又将发热量分为高位发热量和低位发热量。高位发热量是指燃料完全燃烧，且燃烧产物中的

水蒸气全部凝结成水时所放出的热量;低位发热量是燃料完全燃烧,而燃烧产物中的水蒸气仍以气态形式存在时所放出的热量。显然,低位发热量在数值上等于高位发热量减去水的汽化潜热。由于燃烧设备,如锅炉中燃料燃烧时,燃料中原有的水分及氢燃烧后生成的水均呈蒸汽状态随烟气排出,因此低位发热量接近实际可利用的燃料发热量,所以在热力学计算中均以低位发热量作为计算依据。表1-2所示为各种燃料低位发热量的概略值。

表 1-2　各种燃料低位发热量的概略值

燃　料		低位发热量(概略值)
固体燃料	天然固体燃料	
	木材	13.8 MJ/kg
	泥煤	15.89 MJ/kg
	褐煤	18.82 MJ/kg
	烟煤	27.18 MJ/kg
	加工成的固体燃料	
	木炭	29.27 MJ/kg
	焦炭	28.43 MJ/kg
	焦块	26.34 MJ/kg
液体燃料	天然液体燃料　石油(原油)	41.82 MJ/kg
	加工成的液体燃料	
	汽油	45.99 MJ/kg
	液化石油气	50.18 MJ/kg
	煤油	45.15 MJ/kg
	重油	43.91 MJ/kg
	焦油	37.22 MJ/kg
	甲苯	40.56 MJ/kg
	苯	40.14 MJ/kg
	酒精	26.76 MJ/kg
气体燃料	天然气体燃料　天然气	37.63 MJ/m³
	加工成的气体燃料	
	焦炉煤气	18.82 MJ/m³
	高炉煤气	3.76 MJ/m³
	发生炉煤气	5.85 MJ/m³
	水煤气	10.45 MJ/m³
	油气	37.65 MJ/m³
	丁烷气	125.45 MJ/m³

6. 核能

核能是蕴藏在原子核内部的物质结构能。轻质量的原子核(氘、氚等)和重质量的原子核(铀等)其核子之间的结合力比中等质量原子核的结合力小,前两类原子核在一定的条件下可以通过核聚变和核裂变转变为在自然界更稳定的中等质量的原子核,同时释放出巨大的结合能,这种结合能就是核能。由于原子核内部的运动非常复杂,目前还不能给出原子核结合力的完全描述,但在核裂变和核聚变反应中都有所谓的"质量亏损",这种质量和能量之间的转换完全可以用式(1-1)来描述。

1.1.3 能量的性质

能量的性质主要有状态性、可加性、传递性、转换性、做功性和贬值性。

1. 状态性

能量取决于物质所处的状态,物质的状态不同,所具有的能量也不同(包括数量和质量)。对于热力系统而言,其基本状态参数可以分为两类:一类与物质的量无关,不具有可加性,称为强度量,例如温度、压力、速度、电势和化学势等;另一类与物质的量相关,具有可加性,称为广延量,例如体积、动量、电荷量等。对能量利用中常用的工质,其状态参数为温度 T、压力 p 和体积 V,因此它的能量 E 的状态可表示为

$$E = f(p, T) \quad \text{或} \quad E = f(p, V)$$

2. 可加性

物质的量不同,所具有的能量也不同,即可相加;不同物质所具有的能量也可相加,即一个体系所获得的总能量为输入该体系的多种能量之和,故能量的可加性可表示为

$$E = E_1 + E_2 + \cdots + E_n = \sum_{i=1}^{n} E_i \tag{1-9}$$

3. 传递性

能量可以从一个地方传递到另一个地方,也可以从一种物质传递到另一种物质。例如对传热来讲,能量的传递性可表示为

$$Q = KA\Delta t \tag{1-10}$$

式中:Q 为传递的热量;K 为传热系数;A 为传热面积;Δt 为传热的平均温差。

4. 转换性

各种形式的能量可以互相转换,其转换方式、转换数量、转换难易程度也不尽相同,即它们之间的转换效率是不一样的。研究能量转换方式和规律的科学是热力学,其核心的任务就是研究如何提高能量转换的效率。

5. 做功性

利用能量来做功是利用能量的基本手段和主要目的。这里所说的功是广义功,但通常主要是针对机械功而言的。各种能量转换为机械功的方法是不一样的,转换程度也不相同。通常按其转换程度可以把能量分为无限制转换(全部转换)能、有限制转换(部分转换)能和不转换(废)能;又可分别称为高质能、低质能和废能,显然这一分类也是以转换为功的程度来衡量的。能量的做功性,通常也以能级 ε 来表示,即

$$\varepsilon = \frac{E_x}{E} \tag{1-11}$$

式中:E_x 称为"㶲"。

6. 贬值性

根据热力学第二定律,能量不仅有"量的多少",还有"质的高低"。能量在传递与转换等

过程中,由于多种不可逆因素的存在,总伴随着能量的损失,表现为能量的质量和品位的降低,即做功能力的下降,直至达到与环境状态平衡而失去做功的本领,成为废能,这就是能量的质量贬值。例如,最常见的有温差的传热与有摩擦力的做功,就是两个典型的不可逆过程,在这两个不可逆过程中,能量都会贬值。能量的贬值性即能量的质量损失(或称内部损失、不可逆损失),其贬值程度可用参与能量交换的所有物体熵的变化(熵增)来反映。即能量的贬值 E_0 可表示为

$$E_0 = T_0 \Delta S \tag{1-12}$$

式中:T_0 为环境温度;ΔS 为系统的熵增。

1.1.4　能源的分类

能源可简单地理解为含有能量的资源。对于能源,常常有不同的表述。例如,《大英百科全书》中对"能源"一词的解释为"能源是一个包括所有燃料、流水、阳光和风的术语,人类采用适当的转换手段,给人类自己提供所需的能量"。在《现代汉语词典》中,对能源的注解为"能够产生能量的物质,如燃料、水力、风力等"。总之,不论何种表述,其内涵基本相同,即能源就是能量的来源,是提供能量的资源。这些来源或资源,要么来自物质,要么来自物质的运动。前者如煤炭、石油、天然气等矿物燃料(又称化石燃料),后者如水流、风流、海浪、潮汐等。

从广义上讲,在自然界里有一些自然资源本身就拥有某种形式的能量,它们在一定条件下能够转换成人们所需要的能量形式,这种自然资源显然就是能源,如煤、石油、天然气、太阳光、风、水、地热、核燃料等。但生产和生活过程中由于需要或为便于运输和使用,常将上述能源进行一定的加工、转换,使之成为更符合使用要求的能量来源,如煤气、电力、焦炭、蒸汽、沼气、氢气等,它们也称为能源,因为它们同样能为人们提供所需的能量。

由于能源形式多样,因此通常有多种不同的分类方法,它们或按能源的来源、形成、使用进行分类,或从技术、环保角度进行分类。不同的分类方法都是从不同的侧重面来反映各种能源特征的。

1. 按地球上的能量来源分类

地球上能源的成因不外乎以下三方面:

(1) 地球本身蕴藏的能源,如核燃料、地热等;

(2) 来自地球外天体的能源,如宇宙射线及太阳能,以及由太阳能转换的水能、风能、波浪能、海洋温差能、生物质能和化石燃料(如煤、石油、天然气等,它们是约一亿年前由积存下来的有机物质转化而来的)等;

(3) 地球与其他天体相互作用的能源,如潮汐能。

2. 按被利用的程度分类

从被开发利用的程度、生产技术水平和经济效果等方面对能源分类如下:

(1) 常规能源,其开发利用时间长、技术成熟、能大量生产并广泛使用,如煤、石油、天然气、薪柴、水等,常规能源有时又称为传统能源。

(2) 新能源,其开发利用较少或正在研究开发之中,如太阳能、地热能、潮汐能、生物质

能等。核能通常也称为新能源,尽管核燃料提供的核能在世界一次能源的消费中已占15％,但从被利用的程度来看,还远不能和已有的常规能源相比。另外,核能利用的技术非常复杂,可控核聚变反应至今未能实现,这也是将核能仍视为新能源的主要原因之一。不过也有不少学者认为,应将核裂变作为常规能源,而将核聚变作为新能源。新能源有时又称为非常规能源或替代能源。

3. 按获得的方法分类

按获得的方法对能源分类如下:

(1) 一次能源,即自然界已存在、可供直接利用的能源,如煤、石油、天然气、风、水等;

(2) 二次能源,即由一次能源直接或间接加工、转换而来的能源,如电、蒸汽、焦炭、煤气、氢等,它们使用方便,易于利用,是高品质的能源。

4. 按能否再生分类

按能否再生对能源分类如下:

(1) 可再生能源,它不会随其本身的转化或人类的利用而日益减少,如水能、风能、潮汐能、太阳能等;

(2) 非再生能源,它会随人类的利用而越来越少,如石油、煤、天然气、核燃料等。

5. 按能源本身的性质分类

按能源本身的性质将其分类如下:

(1) 含能体能源,其本身就是可提供能量的物质,如石油、煤、天然气、氢等,它们可以直接储存,因此便于运输和传输,含能体能源又称为载体能源;

(2) 过程性能源,它是指由可提供能量的物质的运动所产生的能源,如水能、风能、潮汐能、电能等,其特点是无法直接储存。

6. 按是否能作为燃料分类

按是否能作为燃料对能源分类如下:

(1) 燃料能源,它可以作为燃料使用,如矿物燃料、生物质燃料,以及二次能源中的汽油、柴油、煤气等;

(2) 非燃料能源,它是不可作为燃料使用的能源,其含义仅指其不能燃烧,而非不能起燃料的某些作用,如加热等。

7. 按对环境的污染情况分类

按对环境的污染情况对能源分类如下:

(1) 清洁能源,即对环境无污染或污染很小的能源,如太阳能、水能、波浪能、潮汐能等;

(2) 非清洁能源,即对环境污染较大的能源,如煤、石油等。

此外在各种书籍和报刊中还常常看到另外一些有关能源的术语或名词,如商品能源、非商品能源、农村能源、绿色能源、终端能源等。它们也都是从某一方面来反映能源的特征。例如,商品能源是指经流通环节大量消费的能源,如煤、石油、天然气、电力等。而非商品能源则是指不经流通环节而自产自用的能源,如农户自产自用的薪柴、秸秆,牧民自用的牲畜粪便等。表 1-3 所示为能源分类的情况。

表 1-3   能源的分类

按使用状况分类	按性质分类	按一、二次能源分类	
		一次能源	二次能源
常规能源	燃料能源	泥煤(化学能) 褐煤(化学能) 烟煤(化学能) 无烟煤(化学能) 石煤(化学能) 油页岩(化学能) 油砂(化学能) 原油(化学能、机械能) 天然气(化学能、机械能) 生物燃料(化学能) 天然气水合物(化学能)	煤气(化学能) 余热(化学能、机械能) 焦炭(化学能) 汽油(化学能) 煤油(化学能) 柴油(化学能) 重油(化学能) 液化石油气(化学能) 丙烷(化学能) 甲醇(化学能) 酒精(化学能) 苯胺(化学能) 火药(化学能)
	非燃料能源	水(机械能)	电(电能) 蒸汽(热能、机械能) 热水(热能) 余热(热能、机械能)
新能源	燃料能源	核燃料(核能)	沼气(化学能) 氢(化学能)
	非燃料能源	太阳光(辐射能) 风(机械能) 地热(热能) 潮汐(机械能) 海水温差(热能、机械能) 海流、波浪(机械能)	激光(光能)

1.1.5   能源的评价

能源的形式多种多样,各有优缺点。为了正确地选择和使用能源,必须对各种能源进行正确的评价。能源评价包括以下几方面。

1. 储量

储量是能源评价中的一个非常重要的指标。作为能源的一个必要条件是储量要足够丰富。对储量常有不同的理解。一种理解认为,对煤和石油等化石燃料而言,储量是指地质资源量;对太阳能、风能、地热能等新能源而言,则是指资源总量。而另一种理解是,储量是指有经济价值的可开采的资源量或技术上可利用的资源量。在有经济价值的可开采的资源量中又分为普查量、详查量和精查量等几种情况。在油气田开采中,通常又将累计探明的可采储量与可采资源量之比称为可采储资比,用以说明资源的探明程度。储量丰富且探明程度高的能源才有可能被广泛地应用。

2. 能量密度

能量密度是指在一定的质量、空间或面积内,从某种能源中所能得到的能量。显然,如果能量密度很小,就很难用作主要能源。太阳能(指在地球表面接收的太阳光)和风能的能量密度就很小,各种常规能源的能量密度都比较大,核燃料的能量密度最大。几种能源的能量密度见表1-4。

表 1-4　几种能源的能量密度

能源类别	能量密度
风能(风速 3 m/s)	0.02 kW/m²
水能(流速 3 m/s)	20 kW/m²
波浪能(波高 2 m)	30 kW/m²
潮汐能(潮差 10 m)	100 kW/m²
太阳能(晴天平均)	1 kW/m²
太阳能(昼夜平均)	0.16 kW/m²
天然铀	5.0×10^8 kJ/kg
铀 235(核裂变)	7.0×10^{10} kJ/kg
氘(核聚变)	3.5×10^{11} kJ/kg
氢	1.2×10^5 kJ/kg
甲烷	5.0×10^4 kJ/kg
汽油	4.4×10^4 kJ/kg

3. 储能的可能性

储能的可能性是指能源不用时是否可以储存起来,需要时是否又能立即供应。在这方面化石燃料容易做到,而太阳能、风能则比较困难。由于在大多数情况下,能量使用是不均衡的,比如白天用电多,深夜用电少,冬天需要热,夏天却需要冷,因此在能量的利用中,储能是很重要的。

4. 供能的连续性

供能的连续性是指能否按需要和所需的速度连续不断地供给能量。显然太阳能和风能就很难做到供能的连续性。太阳光白天有,夜晚无;风力则时大时小,且随季节变化大。因此,常常需要有储能装置来保证供能的连续性。

5. 能源的地理分布

能源的地理分布和能源的使用关系密切。能源的地理分布不合理,则开发、运输、基本建设等费用都会大幅度地增加。例如,我国煤炭资源多在西北,水能资源多在西南,主要工业区却在东部沿海,因此能源的地理分布对使用很不利,带来"北煤南运"、"西电东送"等诸多问题。

6. 开发费用和利用能源的设备费用

各种能源的开发费用以及利用该种能源的设备费用相差悬殊。例如,太阳能、风能不需要任何成本即可得到。各种化石燃料从勘探、开采到加工需要大量投资。利用能源的设备费用则正好相反,太阳能、风能、海洋能(潮汐、波浪、海水温差)的利用设备费用按每千瓦计,远高于利用化石燃料的设备费用。核电站的核燃料费用远低于燃油电站,但其设备费用高得多。因此在对能源进行评价时,开发费用和利用能源的设备费用是必须考虑的重要因素,并需进行经济分析和评估。

7. 运输费用与损耗

运输费用与损耗是能源利用中必须考虑的一个问题。例如,太阳能、风能和地热能都很难输送出去,但煤、油等化石燃料很容易从产地输送至用户。核电站的核燃料运输费用极少,而燃煤电站的输煤就是一笔很大的费用,因为核燃料的能量密度是煤的几百万倍。此外,运输中的损耗也不可忽视。

8. 能源的可再生性

在能源日益匮乏的今天,评价能源时不能不考虑能源的可再生性。比如太阳能、风能、水能等都可再生,而煤、石油、天然气则不能再生。在条件许可和经济上基本可行的情况下,应尽可能地采用可再生能源。

9. 能源的品位

能源的品位有高、低之分。例如水能能够直接转变为机械能和电能,它的品位必然要比先由化学能转变为热能,再由热能转换为机械能的化石燃料高些。另外在热机中,热源的温度越高,冷源的温度越低,则循环的热效率就越高,因此温度高的热源品位比温度低的热源高。在使用能源时,特别要防止高品位能源降级使用,并根据使用需要,适当安排不同品位的能源。

10. 对环境的影响

使用能源一定要考虑对环境的影响。化石燃料对环境的污染大,太阳能、风能对环境基本上没有污染。在使用能源时,应尽可能地采取各种措施,防止对环境的污染。

1.2　能量转换原理

1.2.1　能量的转换

能量转换是能量最重要的属性,也是能量利用中的最重要的环节。人们通常所说的能量转换是指能量形态上的转换,如燃料的化学能通过燃烧转换成热能,热能通过热机再转换成机械能等。然而广义地说,能量转换还应当包括以下两项内容:

(1) 能量在空间上的转移,即能量的传输;

(2) 能量在时间上的转移, 即能量的储存。

任何能量转换过程都必须遵守自然界的普遍规律——能量守恒和转换定律, 即

$$输入能量-输出能量=储存能量的变化$$

在国民经济和日常生活中用得最多、最普遍的能量形式是热能、机械能和电能。它们都可以由其他形态的能量转换而来, 它们之间也可以互相转换。显然, 任何能量转换过程都需要一定的转换条件, 并在一定的设备或系统中实现。表 1-5 给出了能量转换过程及实现转换所需的设备或系统。对不同能源与热能的转换及热能的利用情况如图 1-1 所示。

表 1-5 能量转换过程及实现转换所需的设备或系统

能　源	能量转换过程	转换设备或系统
石油、煤炭、天然气等化石燃料	化学能→热能	炉子、燃烧器
	化学能→热能→机械能	各种热力发动机
	化学能→热能→机械能→电能	热机、发电机、磁流体发电、压电效应
氢和酒精等二次能源	化学能→热能→电能	热力发电、热电子发电
	化学能→电能	燃料电池
水、风、潮汐、海流、波浪	机械能→机械能	水车、水轮机、风力机
	机械能→机械能→电能	水轮发电机组、风力发电机组、潮汐发电装置、海流发电装置、波浪发电装置
太阳光	辐射能→热能	热水器、采暖、制冷、太阳灶、光化学反应
	辐射能→热能→机械能	太阳能发动机
	辐射能→热能→机械能→电能	太阳能发电
	辐射能→热能→电能	热力发电、热电子发电
	辐射能→电能	太阳电池、光化学电池
	辐射能→化学能	光化学反应 (水分解)
	辐射能→生物能	光合成
海洋温差	热能→机械能→电能	海洋温差发电 (热力发动机)
海洋盐分	化学能→电能	浓度发电
	化学能→机械能→电能	渗透压发电
	化学能→热能→机械能→电能	浓度差发电
地热	热能→机械能→电能	热力发电机
	热能→电能	热电发电
核燃料	核分裂→热能→机械能→电能	核发电、磁流体发电
	核分裂→热能	核能炼钢
	核分裂→热能→电能	热力发电、热电子发电
	核分裂→电磁能→电能	光电池
	核聚变→热能→机械能→电能	核聚变发电

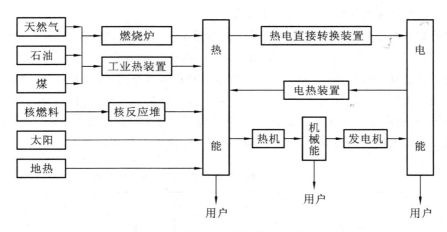

图 1-1   不同能源与热能的转换及利用情况

1.2.2   能量的传递

能量的利用是通过能量传递来实现的,故能量的利用过程通常也是一个能量的传递过程。能量的传递过程有如下一些要素。

1. 能量的传递条件

能量传递是有条件的,其传递的推动力是所谓"势差"。如传热要有温差,导电要有电位差,流动要有压差(即压力差)或势差,扩散要有浓度差,化学反应要有化学势差等。

2. 能量传递的规律

能量传递遵循一定的规律,即能量传递的速率正比于传递的动力,反比于传递的阻力,由此有

$$传递速率 = \frac{传递的动力}{传递的阻力} \tag{1-13}$$

例如,对导电有

$$I = \frac{U}{R}$$

对传热则有

$$Q = \frac{\Delta T}{R_T}$$

式中:I 为电流强度;R 为电阻;R_T 为热阻。

3. 能量传递的形式

能量的传递包括转移与转换两种形式。转移是某种形态的能,从一地到另一地,从一物到另一物;转换则是由一种形态变为另一种形态。这两种形式往往同时或交替存在,共同完成能量的传递。

4. 能量传递的途径

能量传递的途径基本有两条:由物质交换和质量迁移而携带的能量称为携带能;在体系

边界面上的能量交换称为交换能。对开口系这两种途径同时存在,对封闭系则主要靠交换。

5. 能量传递的方法

在体系边界面上的能量交换通常以两种方法进行:传热——有温差引起的能量交换,这是能量传递的微观形式;做功——由非温差引起的能量交换,这是能量传递的宏观形式。这里的功是指广义功。

6. 能量传递的方式

通过能量交换而实现的能量传递,即传热和做功,其具体方式如下:传热的三种基本方式是热传导、热对流和热辐射;做功(这里指机械功)的三种基本方式是容积功、转动轴功和流动功(推动功)。

7. 能量传递的结果

能量传递的结果主要体现在两方面,即能量使用过程中所起的作用,以及能量传递的最终去向。例如,以生产为例,能量在使用过程中的作用主要是用于物料并最终成为产品的一部分,或用于某一过程,包括工艺过程、运输过程和动力过程,并成为过程的推动力,使过程能够进行,生产得以实现。能量传递的最终去向通常只有两条:转移到产品;散失于环境(包括直接损失和用于过程后再进入环境这两种情况)。

8. 能量传递的实质

能量传递的实质实际上就是能量利用的实质。如果把产品的使用也包括在内,能量的最终去向只能是唯一的,即最终进入环境。能量的利用是通过能量的传递,使能量由能源最终进入环境,其结果是能量被利用了,能源被消耗了。作为能量而言,它是守恒的,不会消失;就能量利用的本质而言,人类利用的不是能量的数量,而是能量的质量(品质、品位),即能的质量急剧降低,直至进入环境,最终成为废能。

1.2.3　能量守恒与转换定律

研究能量属性及转换规律的科学是热力学。从热力学的角度看,能量是物质运动的度量,运动是物质的存在的形式,因此一切物质都有能量。物质的运动可以分为宏观运动和微观运动。度量物质宏观运动能量的是宏观动能和位能,度量物质微观运动能量的是所谓"热力学能"。热力学能广义上包括分子热运动形成的内动能、分子间相互作用所形成的内位能、维持一定分子结构的化学能和原子核内部的核能。温度越高,分子的内动能越大;内位能取决于分子之间的距离,距离越小,内位能越大。在没有化学反应和核反应的物理过程中,化学能和核能都不变,所以热力学能的变化只包括内动能和内位能的变化。只要物质运动状态一定,物质拥有的能量就一定。所以物质的能量仅仅取决于物质的状态,是状态参数。

尽管物质的运动形式多种多样,但就其形态而论,只有有序(有规则)运动和无序(无规则)运动两类。人们常将有序运动的能量称为有序能,将无序运动的能量称为无序能。显然,一切宏观整体运动的能量和大量电子定向运动的电能都是有序能,而物质内部分子杂乱无章的热运动则是无序能。大量事实证明,有序能可以完全、无条件地转换为无序能;相反的转换却是有条件的、不完全的。能量和能量转换这一特性,导致能量不仅有"量"的多少,而且有"质"的高低,这正是能量转换中两个最重要的方面。

众所周知,能量在量方面的变化,遵循自然界最普遍、最基本的规律,即能量守恒与转换定律。这一定律和细胞学说及进化论被称为 19 世纪自然科学的三大发现。能量守恒和转换定律指出:自然界的一切物质都具有能量;能量既不能创造,也不能消灭,而只能从一种形式转换成另一种形式,从一个物体传递到另一个物体;在能量转换与传递过程中能量的总量恒定不变。

热能是自然界广泛存在的一种能量,其他形式的能量(机械能、电能、化学能)都很容易转换成热能。热能与其他形式能量之间的转换也必然遵循能量守恒和转换定律——热力学第一定律。热力学第一定律指出:热能作为能量,可以与其他形式的能量相互转换,在转换过程中能量的总量保持不变。在热力学第一定律提出前,许多人曾幻想制造一种不消耗任何能量却能连续获得机械能的永动机。热力学第一定律发现后,制造这种违背热力学第一定律的永动机(后人就称之为第一类永动机)的企图最终被科学理论所否定。因此,热力学第一定律也常表述为:第一类永动机是不可能制成的。

1.2.4　能量贬值原理

能量不仅有量的多少,还有质的高低。热力学第一定律只说明了能量在量上要守恒,并没有说明能量在"质"方面的高低。事实上能量是有品质上的差别的。比如一大桶水,所含热量可谓很多,却不足以煮熟一个鸡蛋;而一勺沸水所含热量可能很少,却可以烫伤人。所以一样多的两个热量,如果它们的温度不同,产生的客观效果也不同,因此有加以区分的必要。

热力学第一定律只告诉我们某一个变化过程中的能量关系,并没有告诉我们这个变化过程进行的方向。比如在两个温度不同物体所组成的孤立系统中,热力学第一定律只告诉我们,如果它们之间有热交换的话,则一个物体所得的热量必然等于另一个物体所失的热量。但热力学第一定律并不能告诉我们是哪一个失去热量,哪一个得到热量。事实上我们都知道,温度高的物体失去热量,温度低的物体得到热量;永远不会有这样一个孤立系统,其中热者得到热量变得更热,冷者失去热量变得更冷。热力学第一定律没有包含这个尽人皆知的事实。

上述例子说明了自然界进行的能量转换过程是有方向性的。不需要外界帮助就能自动进行的过程称为自发过程,反之称为非自发过程。自发过程都有一定的方向。前述温差传热就是典型的例子,即热量只能自发地(即不花代价地)从高温物体传向低温物体,却不能自发地由低温物体传向高温物体。

热能和机械能之间的转换也是有方向性的。因为机械能是有序能,热能是无序能。实践证明,机械能可以不花代价地全部转换成热能(如摩擦生热),而热能却不可能全部转换为机械能。可见机械能转换成热能是自发过程,反之则为非自发过程。

自由膨胀是另一个过程方向性的例子。一个刚性绝热容器分隔成两室,分别储有同类的高压和低压气体,若在隔板上开一个小孔,高压气体就会自动流入低压室,直到两室压力相等时宏观流动才停止。这种自由膨胀过程也是自发过程。若要恢复到初始状态,则必须付出一定的代价。

在上例中,若隔板两侧有不同种类的气体,则不论两侧的温度、压力是否相等,当抽去隔板时两侧的气体就会互相扩散、混合,最后成为均匀一致、处处状态相同的混合气体。显然这种扩散混合过程也是自发的。若要使过程反向进行,并恢复到初始状态,则也要付出代价。

由此可见,自发过程都是朝着一定方向进行的,若使自发过程反向进行并回到初始状态则需付出代价,所以自发过程都是不可逆过程。产生过程不可逆的原因有很多,如有序的机械能通过摩擦转换为无序的热能,有序的电能通过电阻转换为无序的热能。这种通过摩擦或电阻使有序能不可逆转换为无序能的现象称为耗散效应。而温差传热、扩散混合等过程是在温度差、浓度差的推动下进行的过程,它们虽然没有耗散效应,但也是不可逆过程。因此有耗散效应以及在有限的势差推动下的过程都是不可逆过程。

过程的方向性反映在能量上,就是能量有品质的高低。能量可以区分为有序能和无序能,有序能之间可以无条件地转换,但当能量转换或传递过程中有无序能参与时就会产生转换的方向性和不可逆问题。由此可以看出,有序能比无序能更宝贵和更有价值。正如能量"量"的属性遵循热力学第一定律一样,能量"质"的属性则遵循热力学第二定律。

考察一种普通的自然现象——摩擦生热。由于摩擦,机械能转换为热能,即有序能变成了无序能。从能量的数量上看没有变化,但从品质上看降低了,即它的使用价值变小了。这种情况称为能量贬值。因此,从能量的品质上看,摩擦使高品质的能量贬值为低品质的能量。

能量贬值是自然界的普遍现象。例如在发电机中由于摩擦、内电阻等耗散结构,输入的机械能除绝大部分变成电能外,总有一小部分机械能要变成热能,使总的能量品质下降。只有在完全理想的可逆条件下才能使机械能全部变成电能,能量品质保持不变,但这只是一种理想的情况。

就像热力学第一定律一样,热力学第二定律也是长期实践经验的总结。尽管有许多不同的表达方式,热力学第二定律的实质就是能量贬值原理。热力学第二定律指出,能量转换过程总是朝着能量贬值的方向进行。高品质的能量可以全部转换成低品质的能量。能量传递过程也总是自发地朝着能量品质下降的方向进行,能量品质提高的过程不可能自发地单独进行。一个能量品质提高的过程必定伴随着另一个能量品质下降的过程,并且这两个过程是同时进行的,即这个能量品质下降的过程就是实现能量品质提高的过程所必要的补偿条件。在实际过程中,作为代价的能量品质下降过程必须足以补偿能量品质提高过程,因为某一系统中实际过程之所以能进行都是以该系统中总的能量品质必定下降为代价的,即任何实际过程的进行都会产生能量贬值。因此,在以一定的能量品质下降作为补偿的条件下,能量品质的提高也必定有一个最高的理论限度。显然这个最高的理论限度是:能量品质的提高值正好等于能量品质的下降值。此时系统总的能量品质不变。

热力学第二定律指明了能量转换过程的方向、条件及限度。以热能和机械能之间的转换为例,机械能可以自发、无条件地转换为热能;热能转换为机械能或电能则是有条件的。即使在理想、完全可逆的条件下,也不可能连续不断地把热能全部转换成机械能,总有一部分热能不可避免地要传给低温热源,而无法转换成机械能,即必须以部分热能从高温传向低温作为补偿条件才能实现热能转换为机械能这一能量品质提高的过程。因此,任何实现热能转换成机械能的热机的效率都不可能是100%。在完全可逆的条件下,可以算出热能转换为机械能的最高理论限度。在实际的转换过程中,由于不可逆因素的存在,热能转换成机械能的数量必定低于这个理论限度。两者之间的差距可以用来度量实际转换过程的不可逆损失,也可反映在改进转换过程时可能具有的潜力。

热力学第二定律也指明了能量传递过程的方向、条件和限度。当存在有限势差(温差、浓度差等)时,自发过程总是朝着消除势差的方向进行,在势差消除后自发过程即终止(过程的极限)。例如当物体之间存在温差时,就会发生热量的传递过程,热量总是自发地从高温物体传向低温物体;当两物体温度相等时,热量的传递过程就结束了;当热量从高温物体传给低温物体时,能量在数量上是守恒的,但能量品质下降了。又如:水总是自动地从高处流向低处;电流总是自发地由高电势流向低电势;气体总是自发地由高压向低压膨胀;气体分子总是自由地从高浓度向低浓度扩散;不同气体可以自动地混合;相变过程和化学反应过程能自动地向一定的方向进行等。这些都是司空见惯的自发过程的例子。它们的进行都朝着消除势差的方向,即朝着能量品质贬值的方向。虽然它们的逆向过程并不违反热力学第一定律,却是不可能自发进行的。

可以从概率论的角度来阐述过程存在方向性的原因。例如,一个刚性绝热容器被隔板分成左、右两室,其中左室充满气体,右室为真空。当隔板抽出后气体分子必定均匀地充满全部容器。若无外力作用,气体分子决不会自动地回到左室中去。从概率论的角度分析,若容器中只有一个分子,因为分子运动的不规则性,分子出现在左室和右室的可能性完全一样,其概率都是1/2;若容器中有4个分子,则4个分子同时出现在左室或右室的概率也相同,但只有$(1/2)^4 = 1/16$。这时,左、右室中可能出现的分子分布情况共有16种。从微观的角度看,每一种分布的可能性都是一样的,均为1/16。所以4个分子均集中在左室的概率为1/16;而左室中3个分子、右室中1个分子的概率就为4/16;左室中2个分子,右室中也是2个分子的均匀分布的概率则为6/16。由此可见,均匀分布的状态有最大的概率,较不均匀的状态有较小的概率,而最不均匀的状态概率最小。

实际上,一个宏观容器中所包含的气体分子数目是非常巨大的,所以气体集中分布在左室或右室的概率极小,实际上是不可能的,而出现均匀分布的概率则极大。所以容器抽出隔板后的气体分子扩散过程就是气体分子从概率小的状态变到概率大的状态的过程。由此可以得出:从概率较小的状态变化到概率较大的状态是自发过程,反之是非自发过程。显然自发过程是不能自动回复的。

实践证明,在付出一定代价的条件下,自发过程的逆向过程也是可以实现的。例如通过制冷装置,以机械能转换成热能的过程为代价;或者以热量从高温传给低温的过程作为补偿,可以实现把热量从低温区传给高温区的过程。又如,利用压气机,以消耗一定的机械能为代价,可以实现对气体的压缩;应用水泵,也以消耗机械能为代价,可以把水由低处输向高处;利用气体分离装置,以消耗机械能为代价,可以把混合气体中的组成气体分离出来。可见:这些非自发的过程(能量品质提高的过程)不可能自发地单独进行;一种能量品质提高的非自发过程必定有一个能量品质下降的自发过程作为补偿;在一定的补偿条件下,非自发过程进行的程度不能超过最大的理论限度。

热力学第二定律有各种不同的说法。例如,克劳修斯的说法是"不可能把热量从低温物体传到高温物体而不引起其他变化"，它指出了热量传递过程的单向性。开尔文的说法是"不可能从单一热源吸取热量使之完全转变成功而不产生其他影响"，它说明了热能与机械能转换的方向性。显然，这些说法都是等效的。

人们常把能够从单一热源取热，使之完全变为功而不引起其他变化的机器叫做第二类永动机。人们设想的这种机器并不违反热力学第一定律。它在工作过程中能量是守恒的，只是这种机器的热效率是100％，而且可以利用大气、海洋和地壳中蕴藏的热源，把其中无穷无尽的热能完全转换为机械能，机械能又可变为热能，循环使用，取之不尽，用之不竭。这种机器显然违反开尔文的说法。因此热力学第二定律又可表述为：第二类永动机是不可能制成的。

值得指出的是：热力学第一定律和热力学第二定律是两条互相独立的基本定律。前者揭示在能量转换和传递过程中，能量在数量上必定守恒。后者则指出在能量转换和传递过程中，能量在品质上必然贬值。一切实际过程必须同时遵守这两条基本定律，违背其中任何一条定律的过程都是不可能实现的。

能量从"量"的观点看，只有是否已利用、利用了多少的问题；从"质"的观点看，还有是否按质用能的问题。所谓提高能量的有效利用，其实质就是在于防止和减少能量贬值的发生。

1.2.5 能量转换的效率

根据能量贬值原理，不是每一种能量都可以连续、完全地转换为任何一种其他形式的能量的。从转换的角度，可以把能量分为"㶲"（exergie）和"炻"（anergie）两部分。㶲是这样一种能量，即在给定的环境条件下，它可以连续地完全转换为任何一种其他形式的能量。所以㶲又称为可用能或有效能。炻则是一种不可以转换的能量，称为无用能或无效能。由此，对于一切形式的能量都可以表示为

$$能量＝㶲＋炻 \tag{1-14}$$

或用符号表示成

$$E＝E_x＋A_n \tag{1-15}$$

正如1.1节中指出的，各种不同形式的能量，按其转换能力可分为以下三大类。

（1）无限转换能（全部转换能）。无限转换能可以完全转换为功，称为高质能。高质能全部都是㶲，即 $E＝E_x$，$A_n＝0$，因此它的数量和质量是统一的。如电能、机械能、水能、风能和燃料中储存的化学能等。从本质上讲，高质能是有序运动所具有的能量，而且各种高质能理论上可以无限地相互转换。

（2）有限转换能（部分转换能）。有限转换能只能部分地转换为功，称为低质能，即 $E_x < E$，$A_n > 0$，因此它的数量和质量是不统一的，如热能、流动体系的总能（通常用焓表示总能的大小）等。

（3）非转换能（废能）。非转换能受环境限制不能转换为功，称为废能。如处于环境条件下的介质的内能、焓等。根据能量贬值原理，尽管废能有相当的数量，但从技术上讲，无法使之转换为功，所以对废能而言，$E_x＝0$，$E＝A_n$。

根据"㶲"和"炻"的概念，热力学第一定律也可表述为：在孤立系统的任何过程中，㶲和炻的总和保持不变。热力学第二定律则可表述为：一切实际过程均朝着总㶲减少的方向进

行,也就是说,由炕转换为㶲是不可能的。

热力学的这两个基本定律告诉我们:欲节约能源,必须综合考虑能的量和质两方面。

对能源利用中最重要的热能而言,可用能㶲可理解为,处于某一状态的体系可逆地变化到与基准态(周围环境状态)相平衡时,理论上能对外界所做的最大有用功。采用周围环境作为基准态,是因为它是所有能量相关过程的最终冷源。

然而实际上,由于各种过程都不可避免地存在各种损失,都是不可逆过程,因此即使对高品质能量而言,其传递和转换的效率也不可能是100%。例如在机械能的传递过程中,由于传动机构(如变速箱)或支承件(如轴和轴承)之间的摩擦必然损失一部分能量,即部分机械能被转换成热能。这部分热能不但毫无用处,而且还需设置专门的冷却装置,以带走变速箱和轴承中的热量。在机械能转换成电能的装置(如汽轮发电机组、水轮发电机组)中,由于摩擦、电阻和磁耗等原因,发电的效率也不是100%。

对热能利用而言,热设备存在的能量损失更多,它通常包括:

(1) 由设备的壁面辐射、对流、导热而损失的能量;

(2) 从设备排出的物质带走的能量;

(3) 设备内由于发生不可逆过程所损失的可用能。

第一类损失引起的原因:设备的保温性能不好,密封不严,有空隙;设备内的温度和压力波动,设备的频繁启动、停车等。

第二类损失引起的原因:由烟气、冷却水、炉渣等带走的热量;燃烧不完全,漏入的空气过多,传热不好,设备设计不完善,烟气旁通等。

第三类损失,通常是没有注意到的,其特点是热量完全没有损失,而是发生了可用能质的降低。例如燃料具有的化学可用能,通过燃烧转换为燃烧气体的热可用能时,一部分可用能发生了损失,这相当于传热时由于温度降低而引起的可用能减少一样。此外,因冷空气侵入而产生的炉内温度降低,并不表现为热量的损失,而是可用能减少了。蒸汽由于节流作用而产生的压力损失,也不是热量损失,而是可用能损失。

概括起来,以下几种情况都会带来可用能的损失:

(1) 热量从高温传向低温,直至接近环境温度;

(2) 流体从压力高处流向压力低处,直至接近与环境相平衡的压力;

(3) 物质从浓度高处扩散转移到浓度低处,直至接近与环境相平衡的浓度;

(4) 物体从高的位置降落到稳定的位置;

(5) 电荷从高电位迁移到接近于环境的电位。

在能量利用中,热效率和经济性是非常重要的两个指标。由于存在着耗散作用、不可逆过程以及可用能损失,在能量转换和传递过程中,各种热力循环、热力设备和能量利用装置,其效率都不可能是100%。根据热力学原理,对于一切热工设备,有

$$经济性指标 = \frac{获得的收益}{花费的代价} \tag{1-16}$$

例如:对热设备,有

$$热效率\ \eta = \frac{有效利用热}{供给热} \tag{1-17}$$

对动力循环,有

$$\text{热效率 } \eta = \frac{\text{输出功}}{\text{供给热}} \tag{1-18}$$

对理想的卡诺循环,有

$$\eta = 1 - \frac{T_2}{T_1} \tag{1-19}$$

式中:T_2 为低温热源的温度;T_1 为高温热源的温度。

对制冷循环,有

$$\text{制冷系数 } \varepsilon_c = \frac{\text{从低温热源"抽"走的热}}{\text{消耗功}} \tag{1-20}$$

对理想的逆向卡诺制冷循环,有

$$\varepsilon_c = \frac{T_2}{T_0 - T_2} \tag{1-21}$$

式中:T_0 为高温热源(如大气)的温度;T_2 为低温热源(如冷库)的温度。

对供热循环,有

$$\text{供暖系数 } \varepsilon_n = \frac{\text{供给高温热源的热}}{\text{消耗功}} \tag{1-22}$$

对理想的逆向卡诺热泵循环,有

$$\varepsilon_n = \frac{T_1}{T_1 - T_0} \tag{1-23}$$

式中:T_1 为高温热源(如室温)的温度;T_0 为低温热源(如大气)的温度。

以上 η、ε_c、ε_n 不仅指出了在同样温度范围内实际的动力循环、制冷循环和供暖循环的经济指标的极限值,而且指明了提高其经济性指标的途径。

1.3　能量的储存

1.3.1　概述

在日常生活和工业生产中,能量的储存都是非常重要的。这是因为对大多数能量转换或利用系统而言,获得的能量和需求的能量常常是不一致的,因此为了使利用能量的过程能连续地进行,就必须有某种形式的能量储存措施或专门设置一些储能设备。从某种程度上来讲,能量的储存有时是如此地平常,以至于常常被人们忽略。例如汽车的油箱,飞机和飞行器的燃料储箱,燃煤电厂的堆煤场,储气罐中的天然气,水电站大坝后的水以及飞轮所储存的动能,儿童玩具中弹簧所蓄的势能,它们都是能量储存中最常见的例子。即使是建筑物的墙壁、地板和其他围护结构也都具有蓄热的功能,它们白天吸收太阳能,晚上又将所吸收的太阳能释放出来。

对电力工业而言,电力需求的最大特点是昼夜负荷变化很大,巨大的用电峰谷差使峰期电力紧张,谷期电力过剩。如我国东北电网最大峰谷差已达最大负荷的 37%,华北电网峰谷差更大,达 40%。如果能将谷期(深夜和周末)的电能储存起来供峰期使用,则可大大缓解电力供需矛盾,提高发电设备的利用率,节约投资。另外在太阳能利用中,由于太阳光昼夜的变化和受天气、季节的影响,也需要一个储能系统来保证太阳能利用装置的连续工作。

化石燃料如煤、石油、天然气以及由它们加工而获得的各种燃料油、煤气等,其本身就是含能体,因此将这些含能体(或含能的物质)储存起来就能达到能量储存的目的。因为这种储能相对简单,所以上述含能体本身就可以看成一种化学能的储能材料。但是对电能、太阳能、热能等,其储存就比较困难,常常需要某些所谓储能材料和储能装置来实现。

衡量储能材料及储能装置性能优劣的主要指标:储能密度;储存过程的能量损耗;储能和取能的速率;储存装置的经济性;寿命(重复使用的次数)以及对环境的影响。表 1-6 所示为某些储能材料和装置的储能密度。显然作为核能和化学能的储存者,即核燃料和化石燃料装置有很大的储能密度,而电容器、飞轮等储能装置的储能密度就非常小。

表 1-6　某些储能材料和装置的储能密度　　　　　　　(单位:kJ/kg)

储 能 材 料	储 能 密 度	储 能 装 置	储 能 密 度
反应堆燃料(2.5%浓缩 UO_2)	7.0×10^{10}	银氧化物-锌蓄电池	437
烟煤	2.78×10^7	铅-酸蓄电池	112
焦炭	2.63×10^7	飞轮(均匀受力的圆盘)	79
木材	1.38×10^7	压缩气(球形)	71
甲烷	5.0×10^4	飞轮(圆柱形)	56
氢	1.2×10^5	飞轮(轮圈-轮辐式)	7
液化石油气	5.18×10^7	有机弹性体	20
一氢化锂	3.8×10^3	扭力弹簧	0.24
苯	4.0×10^7	螺旋弹簧	0.16
水(落差 100 m)	9.8×10^3	电容器	0.016

在实际应用中涉及的储能问题主要是机械能、电能和热能的储存。下面将对其分别予以介绍。

1.3.2　机械能的储存

机械能以动能或势能的形式储存。动能通常可以储存于旋转的飞轮中。一个旋转飞轮的动能可以用下式计算:

$$E_k = 2\pi^2 n^2 I \qquad\qquad (1-24)$$

式中:n 为飞轮的转速;I 为飞轮的惯性矩。

在许多机械和动力装置中常采用旋转飞轮来储存机械能。例如:带连杆曲轴的内燃机、空气压缩机及其他工程机械都利用旋转飞轮储存的机械能使汽缸中的活塞顺利通过上死点,并使机器运转更加平稳;曲柄式压力机更是依靠飞轮储存的动能工作。在核反应堆中的主冷却泵也必须有一个巨大的(重约 6 t)飞轮,这个飞轮储存的机械能即使在电源突然中断的情况下也能延长泵的转动时间达数十分钟之久,而这段时间是确保紧急停堆所必需的。

势能则是机械能最古老的储存形式之一,包括弹簧、扭力杆和重力装置等。大多数这类储存装置储存的能量较小,常被用来驱动钟表、玩具等。需要更大的势能储存时,则只有采用压缩空气储能和抽水蓄能。

压缩空气是工业中常用的气源,除了吹灰、清砂外,还是风动工具和气动控制系统的动力源。现在大规模利用压缩空气储存机械能的研究已呈现诱人的前景。它利用地下洞穴(例如废弃的矿坑、废弃的油田或气田、封闭的含水层、天然洞穴等)来容纳压缩空气。供电需要量少时,利用多余的电能将压缩空气压入洞穴,当需要时,再将压缩空气取出,混入燃料并进行燃烧,然后利用高温烟气推动燃气轮机做功,所发的电能供高峰时使用。与常规的燃气轮机相比,因为省去了压缩机的耗功,故可使燃气轮机的功率提高 50%。

1.3.3 热能的储存

热能是最普遍的能量形式,所谓热能储存,就是把一个时期内暂时不需要的多余的热量,通过某种方式收集并储存起来,等到需要时再提取使用。从储存的时间来看,有以下三种情况。

(1) 随时储存。以小时或更短的时间为周期,其目的是随时调整热能供需之间的不平衡。例如热电站中的蒸汽蓄热器,依靠蒸汽凝结或水的蒸发来随时储热和放热,使热能供需之间随时维持平衡。

(2) 短期储存。以日或周为储热的周期,其目的是维持一日(或一周)的热能供需平衡。例如对太阳光采暖,太阳能集热器只能在白天吸收太阳光的辐射热,因此集热器在白天收集到的热量除了满足白天采暖的需要外,还应将部分热能储存起来,供夜晚或阴雨天采暖使用。

(3) 长期储存。以季或年为储存周期,其目的是调节季(或年)的热能供需关系。例如把夏季的太阳能或工业余热长期储存下来,供冬季使用;或者冬季将天然冰储存起来,供来年夏季使用。

1. 热能储存的方法

热能储存的方法一般可以分为显热储存、潜热储存、化学能储存、地下含水层储能四大类。

1) 显热储存

显热储存是通过升高蓄热材料温度来达到蓄热的目的。蓄热材料的比热容越大,密度越大,所蓄的热量也越多。表 1-7 所示为若干蓄热材料的蓄热性质。从表中可以看出,水的比热容最大,单位体积的热容也最大,因此水是一种比较理想的蓄热材料。在选择蓄热材料时,价格便宜且易大量取得,无疑也是一个重要因素。在太阳能采暖系统中都必须配备蓄热装置,对于采用空气作为吸热介质的太阳能采暖系统,通常选用岩石床作为热储存装置中的蓄热材料(见图 1-2);对于采用水作为吸热介质的太阳能采暖系统,则选用水作为蓄热材料(见图 1-3)。

表 1-7   若干蓄热材料的蓄热性质

材　　料	密度/(kg/m³)	比热容/[J/(kg·℃)]	单位体积热容/[MJ/(m³·℃)]	
			无空隙	30%的空隙
水	1 000	4 180	4.18	
碎铁块	7 830	460	3.61	2.53
碎铝块	2 690	920	2.48	1.74
碎混凝土块	2 240	1 130	1.86	1.78
岩石	2 680	879	2.33	1.63
砖块	2 240	879	1.97	1.38

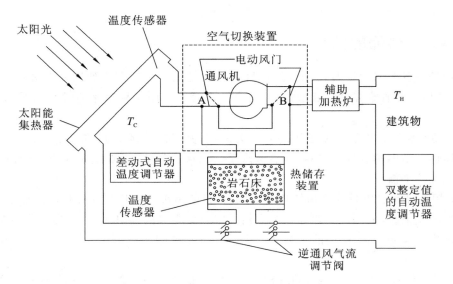

图 1-2   以空气作工质的太阳能采暖系统

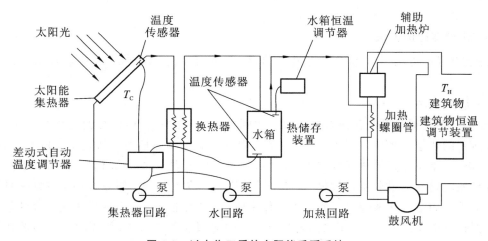

图 1-3   以水作工质的太阳能采暖系统

2）潜热储存

潜热储存是利用蓄热材料发生相变而储热。由于相变的潜热比显热大得多，因此潜热储存有更高的储能密度。通常潜热储存都是利用固体-液体相变蓄热。因此，熔化潜热大、熔点在适应范围内、冷却时结晶率大、化学稳定性好、热导率大、对容器的腐蚀性小、不易燃、无毒、价格低廉是对蓄热材料性能的主要要求。表1-8所示为常用的低温潜热蓄热材料的性质。

表1-8 常用的低温潜热蓄热材料的性质

材 料	熔点/℃	熔化热/（kJ/kg）
六水氯化钙	29.4	170
十水碳酸钠	33	251
十二水磷酸二钠	36	280
十水硫酸钠	32.4	253
五水硫代硫酸钠	49	200
正十八烷	28.0	243
正二十烷	36.7	247
聚乙二醇600	20～25	146
硬脂酸	69.4	199
水	0.0	333.4
甘油三硬脂酸酯	56	190.8
十水硫酸钠/氯化钠/氯化铵（低熔共晶盐）	13	181.3

液体-气体相变蓄热应用最广的蓄热材料是水。因为水有汽化潜热较大、温度适应范围较大、化学性质稳定、无毒、价廉等许多优点。不过水在汽化时有很大的体积变化，所以需要较大的蓄热容器，只适用于随时储存或短期储存。

3）化学能储存

化学能储存是利用某些物质在可逆反应中的吸热和放热过程来达到热能的储存和提取。这是一种高能量密度的储存方法，但在应用上还存在不少技术上的困难，目前尚难实际应用。

4）地下含水层储能

采暖和空调装置是典型的季节性负荷，如何采用长期能量储存的方法来应付这类负荷一直是科学家关注的问题。地下含水层储能就是解决这一问题的途径之一。

地下含水层储能是利用地下岩层的孔隙、裂隙、溶洞等储水构造，以及地下水在含水层中流速慢和水温变化小的特点，用管井回灌的方法，冬季将冷水或夏季将热水灌入含水层储存起来。由于灌入含水层的冷水或热水有压力，它们推挤原来的地下水而储存在管井周围的含水层里。随着灌入水量的增加，灌入的冷水或热水不断向四周迁移，从而形成"地下冷水库"或"地下热水库"。当需要提取冷水或热水时，再通过管井抽取。

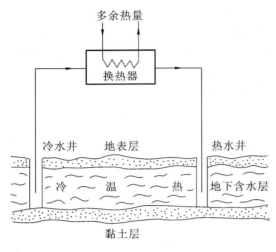

图 1-4　含水层储热、储冷示意图

地下含水层储能可以分为储冷和储热两大类（见图 1-4）。

（1）含水层储冷：冬季将净化过的冷水用管井灌入含水层里储存，到夏季抽取使用，叫"冬灌夏用"。

（2）含水层储热：夏季将高温水或工厂余热水经净化后用管井灌入含水层储存，到冬季时抽取使用，叫"夏灌冬用"。

储能含水层必须具备灌得进、存得住、保温好、抽得出等条件，满足了这样的条件才能达到储能的目的。因此适合储能的含水层必须符合一定的水文地质条件：

（1）含水层要具备一定的渗透性，含水的厚度要大，储水的容量要多；

（2）含水层中地下水热交换速度慢，无异常的地温梯度现象；

（3）含水层的相邻隔水层有良好的隔水性，能形成良好的保温层；

（4）含水层储能后，不会引起其他不良的水文地质和工程地质现象，如地面沉降、土壤盐碱化等。

用作含水层储能的回灌水源，主要有地表水、地下水和工业排放水。地表水是指江河、湖泊、水库或池塘等水体。工业排放水则可分为工业回水和工业废水两大类：工业回水如空调降温使用过的水，它一般不含杂质，是含水层回灌的理想水源；工业废水含有多种盐类和有害物质，不能作为回灌水源。回灌水源的水质必须符合一定要求，否则会使地下水遭受污染。

除了地下含水层储能外，大规模的土壤库储能、岩石库储能等地下储能方法也有较大的发展。

2．储能的工业应用

在工业生产和日常生活中有许多储能应用的例子。例如，地下含水层储能技术已广泛地用于纺织、化工、制药、食品等工业部门，也用于影院和宾馆等建筑物的夏季降温、冷却和洗涤用水，冬季采暖及锅炉房供水等。这里仅介绍另外几种重要的储能应用。

1）蒸汽蓄热器

蒸汽蓄热器是最典型的利用液体-气体相变潜热的蓄热器。这种蓄热器是一个巨大的能承受压力的罐体，有立式和卧式之分。其上部为汽空间，下部为水空间，通常连接于蒸汽锅炉和需要蒸汽的热用户之间。当热用户对蒸汽的需求量减小时，多余的蒸汽通过控制阀进入蓄热器的水空间。由于蒸汽温度高于水温，蒸汽会迅速凝结并放出热量，使水空间的水温升高，水位也因蒸汽的凝结而升高。于是上部的汽空间也随之减小，蒸汽压力也随之增高，多余蒸汽的热能就储存在蒸汽蓄热器中。反之，当热用户对蒸汽的需求量增加时，锅炉的供汽不足，这时蓄热器上部汽空间的蒸汽会通过控制阀向热用户提供蒸汽。由于蒸汽从汽空间排出,蓄热器内的压力下降;当压力低于高温水的饱和温度所对应的压力时,水空间中的饱和水就会迅速汽化成蒸汽来补充汽空间的蒸汽,以维持对热用户的稳定供汽。由于设置了蒸汽蓄热器,消除了因热用户负荷变动对锅炉运行产生的不良影响,使锅炉的燃烧稳定、效率高。运行实践证明,一台 10 t/h 的锅炉,配备蒸汽蓄热器后,可供最大负荷为 15~20 t/h 的不均衡负荷使用,经济效益显著。

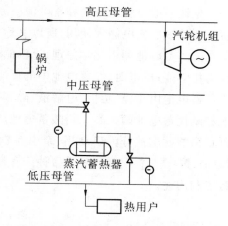

图 1-5 蒸汽蓄热器在热电厂中的应用

蒸汽蓄热器还广泛地用于热电厂中。通常在高、低压蒸汽母管之间串联或并联着背压式汽轮机和蒸汽蓄热器(见图 1-5),汽轮机组的排汽负担热负荷的基本部分,热负荷的变动部分则借助于蒸汽蓄热器来保证。蒸汽蓄热器的并入不但能使供热系统更加稳定,而且还能节约燃料。

2)蓄冷空调

随着生活水平的提高,空调发展十分迅速,不但大商场、超市、影剧院需要安装空调设备,就是大量普通家庭也使用各种空调器,而且空调用电负荷是典型的与电网峰谷同步的负荷,其增长速度远远超过发电量的增长速度。因此,如何平衡空调用电的峰谷负荷变得十分重要。

采用"蓄冷空调"是平衡空调用电峰谷最好的办法,所谓"蓄冷空调"就是利用深夜至凌晨用电低谷时的电能,采用电动压缩制冷机制冷的方式,将制取的冷量储存在水(温度通常为 4~7 ℃)、冰或共晶盐中,到白天用电高峰时则停开制冷机,利用储存的冷量供建筑物空调或用于需要冷量的生产过程。有关建筑物蓄冷空调将在第 6 章"建筑节能"中予以介绍。

3)建筑物蓄热供暖

建筑物蓄热通常有两种含义:一种是指建筑物的围护结构(墙体、屋顶、地板等)本身的蓄热作用;另一种是指为了减少城市用电的峰谷差,充分利用夜间廉价的电能加热相变材料,使其产生相变,以潜热的形式储存热能,白天这些相变材料再将储存的热能释放出来,供房间采暖。有关建筑物蓄热供暖将在第 6 章"建筑节能"中予以介绍。

1.3.4 电能的储存

由于峰谷用电的不均衡,电能的储存有很大的意义。大规模的电能储存多采用抽水蓄能发电的方式。它是利用电力系统低谷时的剩余电力,把水从下池(库)中由抽水机组抽到上池(库)中,以位能的形式储存起来。当电力系统负荷超出总的可发电容量时,将存水用于发电,供电力系统调峰之用。

日常生活和生产中最常见的电能储存形式是采用蓄电池。它是先将电能转换成化学能,在使用时再将化学能转换成电能。此外,电能还能以电场的形式储存在静电场和感应电场中。

1. 蓄电池

电池一般分为原电池和蓄电池。原电池只能使用一次,不能再充电,故又称一次电池;蓄电池能多次充电循环使用,所以又称二次电池。因此只有蓄电池能通过化学能的形式储存电能。蓄电池利用化学原理,充电储存电能时,在其内发生一个可逆吸热反应,将电能转换为化学能;放电时,在蓄电池中的反应物在一个放热的化学反应中化合并直接产生电能。

蓄电池由正极、负极、电解液、隔膜和容器等五部分组成。通常将蓄电池分为铅酸蓄电池和碱性蓄电池两大类。铅酸蓄电池历史最长,产量最大,价格便宜,用途最广。按用途又可将铅酸蓄电池分为启动用、牵引车辆用、固定型及其他用途四个系列。碱性蓄电池包括镍-镉、镍-铁、锌-银、镉-银等品种。常用蓄电池的特性见表1-9,表1-10给出了它们的使用特点和用途。

表 1-9　常用蓄电池的特性

类　　型	平均电压/V	开路电压/V	每月电荷损耗/(%)	充电-放电次数	比功率/(W·h/kg)	功率密度/(kW·h/m³)
镍-铁	1.2	1.34	30	2 000	24	54.9
铅酸	2.0	2.14	25	300	33	79.3
镍-镉	1.2	1.34	2	2 000	26	54.9
镉-银	1.1	1.34	3	2 000	53	146.4
密封锌-氧化银	1.46	1.86	3	100	44～100	79～189
一次锌-氧化银	1.86	1.86			121	220

表 1-10　常用蓄电池的使用特点和用途

类　　型	使 用 特 点	用　　途
铅酸蓄电池	价格便宜,可大电流工作,使用寿命1～2年	汽车、拖拉机启动,照明电源、搬运车、叉车、井下矿用车的动力电源,矿灯照明电源
镍-镉蓄电池	价格较贵,中等电流工作,使用寿命2～5年	井下矿用电机车,飞机直流部分及仪表、仪器、通信卫星等电源
镍-铁蓄电池	价格便宜,中等电流工作,使用寿命1～2年	井下矿用电机车、矿灯电源
锌-银蓄电池	价格昂贵,可大电流工作,使用寿命短	导弹、鱼雷、飞机启动,闪光灯等

正在研究的新蓄电池:有机电解液蓄电池,例如钠-溴蓄电池、锂-二氧化硫蓄电池和锂-溴蓄电池,它们的特点是成本低;金属-空气蓄电池,主要是锌-空气蓄电池,它是以锌作为负极,由作为氧化剂的空气制成的气体电极为正极,其特点是比能量大;使用熔盐或固体电解液的高温蓄电池,例如钠-硫蓄电池,它可以在300～350 ℃运行。

　　为了减少现有使用内燃机的汽车对环境的污染,无污染的电动汽车日益受到人们的青睐,而廉价、高效,能大规模储存电能的蓄电池正是电动汽车的核心。在这种需求的刺激下,蓄电池一定会有新的突破。

2. 静电场和感应电场

　　可用静电场的形式将电能储存在电容器中。电容器在直流电路中广泛用作储能元件;在交流电路中则用于提高电力系统或负荷的功率因数,调整电压。储存在直流电容器中的电能 E 按下式计算:

$$E = \frac{1}{2}CU^2 \tag{1-25}$$

式中:C 为电容器的额定电容;U 为电容器的额定电压。

　　储能电容器是一种直流高压电容器,主要用以产生瞬间大功率脉冲波或高电压脉冲波,在高电压技术、高能核物理、激光技术、地震勘探等方面都有广泛的应用。电容器介质材料多为电容器纸、聚酯薄膜、矿物油、蓖麻油。电容器的使用寿命与其储能密度、工作状态(振荡放电、非振荡放电、反向率、重复频率)及电感的大小有关。储能密度越高、反向率和重复频度越高、电感越小,其寿命就越短。储能电容器用途广泛、规格品种多,最高工作电压超过 500 kV,最大电容量超过 1 000 μF,充放电次数超过 10 000。

　　电能还可以储存在有电流通过如电磁铁这类大型感应器而建立的磁场中。储存在磁场中的能量可用下式计算:

$$E = \frac{1}{2}LI^2 \tag{1-26}$$

式中:L 为绕组的电感;I 为绕组的电流。

　　利用感应电场储存电能的方式并不常用,因为它需要一个电流流经绕组去保持感应磁场。然而随着高温超导技术的进步,超导磁铁为这种储能方式带来了新的活力。

1.4　能源与环境

1.4.1　环境概述

　　地球是人类赖以生存的环境。地球上的生物和非生物物质则被视为环境要素,与人类息息相关。人类环境还有别于其他生物环境,它既包含自然环境,也包含社会和经济环境。自然环境包括人类赖以生存的环境要素,如大气圈、水圈、土壤圈和岩石圈等。社会和经济环境则指经济基础和上层建筑包括社会制度、城乡结构以及同各种社会制度相适应的政治、经济、法律、宗教、艺术、哲学的观念和机构等,即所谓智慧圈。

　　世界经济发展和人类赖以生存的环境是不协调的,经济发展和人口增长给环境造成了巨大的压力,在发展中国家这种情况尤为突出。联合国最新公布的研究结果显示,虽然国际社会在环保领域取得了一定成绩,但全球整体环境状况持续恶化。国际社会普遍认为,贫困和过度消费导致人类无节制地开发和破坏自然资源,这是造成环境恶化的罪魁祸首。

全球环境恶化主要表现在大气和江海污染加剧、大面积土地退化、森林面积急剧减少、淡水资源日益短缺、大气臭氧层空洞扩大、生物多样化受到威胁等多方面,同时温室气体的过量排放导致全球气候变暖,使自然灾害发生的频率和烈度大幅增加。

我国的环境状况也不容乐观,除了国内资源难以支撑传统工业文明的持续增长外,我国的环境更难以支撑当前这种高污染、高消耗、低效益生产方式的持续扩张。人类从来没有像今天这样意识到和感受到生存环境所受的威胁,社会也从来没有像现在这样企盼生活空间质量的改善。

能源作为人类赖以生存的基础,在其开采、输送、加工、转换、利用和消费过程中,都直接或间接地改变着地球上的物质平衡和能量平衡,必然对生态系统产生各种影响,成为环境污染的主要根源。能源对环境的污染主要表现在温室效应、酸雨、臭氧层空洞、热污染、放射性污染等。

1.4.2 温室效应

全球气候正在变暖已是不争的事实。自1860年有气象仪器观测记录以来,全球平均气温升高了(0.6 ± 0.2) ℃。最暖的13个年份均出现在1983年以后。20世纪北半球气温的增幅可能是过去1000年中最高的。降水分布也发生了变化。大陆地区尤其是中高纬度地区降水量增加,非洲等一些地区降水量减少。有些地区极端天气气候事件(如厄尔尼诺、干旱、洪涝、雷暴、冰雹、风暴、高温天气和沙尘暴等)出现的频率与强度均有所增加。近百年我国气候也同样在变暖,气温上升了0.4~0.5 ℃,尤以冬季和西北、华北、东北地区最为明显。降水量自20世纪50年代逐渐减少,华北地区呈现出暖干化趋势。

地球为什么会变暖?是由于人类大量使用能源,其放出的热量使地球变暖的吗?目前人类一年使用的全部能源约为33×10^{16} kJ,大约相当于80亿吨石油。如果把这些热量全部用来加热海洋中的海水,则仅仅可以使海水温度上升6×10^{-5}℃,即使加热一万年,海水的温度也只能上升1 ℃。从另一方面看,人类使用能源一天所放出的热量约为1.0×10^{15} kJ,而地球一天从太阳获得的热量即为1.5×10^{19} kJ。因此地球变暖一定另有原因。

太阳射向地球的辐射能中约有1/3被云层、冰粒和空气反射回去;约25%穿过大气层时暂时被大气吸收,起到增温作用,但以后又返回到太空;其余的大约37%则被地球表面吸收。这些被吸收的太阳辐射能大部分在夜间又重新发射到天空。如果这部分热量遇到了阻碍,不能全部被反射出去,地球表面的温度就会升高。单原子气体和空气中的氮、氧、氢等双原子气体的辐射和吸收能力微不足道,均可看作透明体。然而二氧化碳、水蒸气、二氧化硫、甲烷、氟利昂(制冷剂)等多原子气体都有相当大的辐射能力和吸收能力。与固体不同,上述这些气体的辐射和吸收有选择性,即它们只能辐射和吸收某些波长区间的能量;对该波长区以外的能量则既不辐射,也不吸收。对于二氧化碳这类气体,它们只能吸收长波,不能吸收短波。太阳表面的温度约为6 000 K,辐射能主要是短波(可见光);地球表面温度约为288 K,辐射能主要为长波(红外线)。因此从太阳发射出来的短波辐射被地球表面吸收后,向宇宙空间发射的是长波的红外线。这样一来,二氧化碳这类气体能让太阳的短波辐射自由地通过,同时却吸收地面发出的长波辐射。其结果是,大部分太阳短波辐射可以通过大气层到达地面,使地球表面温度升高;与此同时,由于二氧化碳等气体强烈地吸收地面的长波辐射,使散失到宇宙空间的热量减少,于是地面吸收的热量多,散失的热量少,导致地球温度升高,这就是所谓"温室效应"。像二氧化碳这类会使地球变暖的气体就称为温室气体。主要的温室气体及其来源如图 1-6 所示。

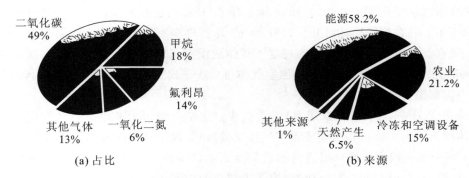

(a) 占比　　　　　　　　　　　　　　(b) 来源

图 1-6　主要的温室气体及其来源

　　工业化时代开始以来,仅仅 200 多年的时间,人类的活动已使地球上层的大气发生了很大的变化。在过去的一个世纪里,由于燃烧化石燃料和砍伐森林,大气中二氧化碳的含量已经增加了 20%;大气中的一氧化二氮也增加了 1/3,它主要来自化石燃料的燃烧以及肥料脱氮和森林破坏所释放的污染物质。此外,甲烷在上层大气中的含量也增加了 1 倍,这主要是由于油气井的喷发,森林和原野转变成牧场和耕地,以及海洋捕捞活动中产生的有机废弃物腐烂所引起的。如果这种趋势继续下去,全球平均地表气温到 2100 年将比 1990 年上升 1.4～5.8 ℃。这一增温值将是 20 世纪内增温值(0.6 ℃左右)的 2～10 倍。21 世纪全球平均降水量将会增加,北半球雪盖和海冰范围将进一步缩小。2100 年全球平均海平面将比 1990 年上升 0.09～0.88 m。一些极端事件(如高温天气、强降水、热带气旋强风等)发生的频率将会增加。

　　气候变化对自然生态系统已造成并将继续产生明显影响。它主要表现在:

　　(1) 气候变化将改变植被群落的结构、组成及生物量,使森林生态系统的空间格局发生变化,同时也造成生物多样性减少等;

　　(2) 冰川条数和面积减小,冻土厚度和下界会发生变化,高山生态系统对气候变化非常敏感,冰川规模将随着气候变化而改变,山地冰川普遍出现减少和退缩现象;

　　(3) 气候变化将导致湖泊水位下降和面积萎缩;

　　(4) 农业生产的不稳定性增加,产量波动大,农业生产布局和结构将出现变动,农业生产条件改变,农业成本和投资大幅度增加;

　　(5) 气候变暖将导致地表径流、旱涝灾害频率以及水质等发生变化,水资源供需矛盾将更为突出;

　　(6) 对气候变化敏感的传染性疾病的传播范围可能增加,与高温热浪天气有关的疾病和死亡率增加；

（7）气候变化将影响人类居住环境。

为了应对全球气候变化，1979 年主要由科学家参加的第一次世界气候大会呼吁保护气候。1988 年 11 月，世界气象组织和联合国环境署成立了政府间气候变化专门委员会（IPCC）。1991 年 2 月联合国组成气候公约谈判工作组，并于 1992 年 5 月完成了公约的谈判工作。1992 年 6 月"联合国环境与发展大会"期间，153 个国家和区域一体化组织正式签署了《联合国气候变化框架公约》。1994 年 3 月 21 日公约正式生效。公约缔约方第一次大会于 1995 年 3 月在德国柏林召开。1997 年 12 月在日本京都召开的公约第三次缔约方大会通过了《京都议定书》，为发达国家规定了具体的温室气体减排义务。议定书规定发达国家在 2008—2012 年内要将其 CO_2 等温室气体排放水平比 1990 年平均减少 5.2%。但对广大发展中国家没有规定新的义务。

2005 年 2 月 16 日，《京都议定书》正式生效。这是人类历史上首次以法规的形式限制温室气体排放。为了促进各国完成温室气体减排目标，议定书允许采取以下四种减排方式：

（1）两个发达国家之间可以进行排放额度买卖（"排放权交易"），即难以完成削减任务的国家，可以花钱从超额完成任务的国家买进超出的额度；

（2）以"净排放量"计算温室气体排放量，即从本国实际排放量中扣除森林所吸收的二氧化碳的数量；

（3）可以采用绿色开发机制，促使发达国家和发展中国家共同减排温室气体；

（4）可以采用"集团方式"，即欧盟内部的许多国家可视为一个整体，采取有的国家削减，有的国家增加的方法，在总体上完成减排任务。

2009 年 9 月，胡锦涛主席在联合国气候变化峰会上承诺，中国将进一步把应对气候变化纳入经济社会发展规划，并继续采取如下强有力的措施：

（1）加强节能、提高能效工作，争取到 2020 年单位国内生产总值二氧化碳排放量比 2005 年有显著下降；

（2）大力发展可再生能源和核能，争取到 2020 年非化石能源占一次能源消费比重达到 15% 左右；

（3）大力增加森林碳汇，争取到 2020 年森林面积比 2005 年增加 4.0×10^5 km^2，森林蓄积量比 2005 年增加 1.3×10^9 m^3；

（4）大力发展绿色经济，积极发展低碳经济和循环经济，研发和推广气候友好技术。

最新的《巴黎协定》是 2015 年 12 月 12 日在巴黎气候变化大会上通过、2016 年 4 月 22 日在纽约签署的气候变化协定。

《巴黎协定》是继 1992 年《联合国气候变化框架公约》、1997 年《京都议定书》之后，人类历史上应对气候变化的第三个里程碑式的国际法律文本，形成 2020 年后的全球气候治理格局。《巴黎协定》共 29 条，当中包括目标、减缓、适应、损失损害、资金、技术、能力建设、透明度、全球盘点等内容。《巴黎协定》规定将在 2018 年建立一个对话机制，盘点减排进展与长期目标的差距。

2016 年 9 月 3 日，中国全国人大常委会批准中国加入《巴黎气候变化协定》，中国成为

23 个完成了协定批准的缔约方之一。

《巴黎协定》的三个目标如下：

（1）把全球平均气温升幅控制在工业化前水平以上 2 ℃之内，并力争将气温升幅控制在工业化前水平以上 1.5 ℃之内，同时认识到这将大大减少气候变化的风险和影响；

（2）提高适应气候变化不利影响的能力，并以不威胁粮食生产的方式增强气候抗御力，促进温室气体低排放发展；

（3）使资金流动符合温室气体低排放和气候适应型发展的路径。

在温室气体减排方面全球取得了一些进展：①燃料结构出现变化，特别是可再生能源比重提高以及以气代煤等，其结果是使排放增长与一次能源消费增长逐渐脱钩；②因为采取了碳减排政策，欧盟的碳排放量继续减少；③因石油需求量降低（汽车能效提高），利用可再生能源发电和以气代煤，美国的碳排放量也出现下降；④中国经济结构的转变放慢了能源需求的增长，使中国的碳排放量增长大幅降低。

展望未来，能源需求增长将进一步推高二氧化碳排放量。英国石油（BP）估计 2011—2030 年二氧化碳排放量将增加 26%（每年 1.2%）。即使为应对气候变化采取更严格的政策，二氧化碳排放量增长仍远高于科学家建议的稳定温室气体浓度（450 ppm）的增长水平。图 1-7 为一次能源与二氧化碳排放量的增长预测。

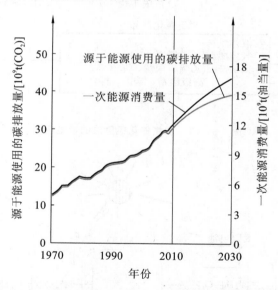

图 1-7 一次能源与二氧化碳排放量的增长预测

减缓温室效应的对策如下：

（1）提高能源的利用率，减少化石燃料的消耗量，大力推广节能新技术；

（2）开发不产生 CO_2 的新能源，如核能、太阳能、地热能、海洋能；

（3）推广植树绿化，限制森林砍伐，制止对热带森林的破坏；

（4）减慢世界人口增长速度，在农村发展"能源农场"，利用种植薪柴树木通过光合作用固定 CO_2；

（5）采用天然气等低含碳燃料,大力发展氢能。

为了减少 CO_2 的排放量,CO_2 资源化已日益受到重视。所谓 CO_2 资源化,就是通过各种方法将 CO_2 转换成非 CO_2 的有用的有机物质。CO_2 资源化的方法有加氢催化还原法、电化学还原法和光化学还原法等。图 1-8 是 CO_2 加氢催化还原法的示意图。图 1-9 是 CO_2 电化学还原法的示意图。

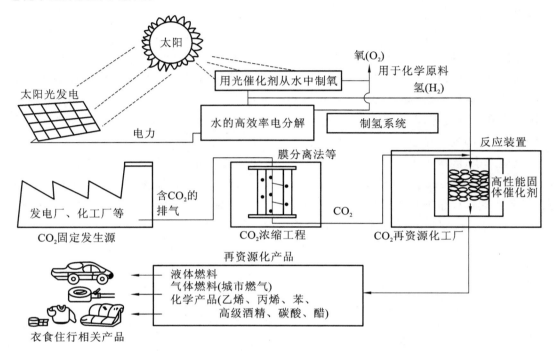

图 1-8　CO_2 加氢催化还原法的示意图

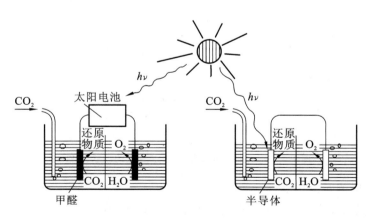

图 1-9　CO_2 电化学还原法的示意图

通常燃烧烟气中的 CO_2 浓度低,回收成本高,新发展起来的富氧和纯氧燃烧技术可以使 CO_2 成为烟气中的主要成分,从而有利于 CO_2 的回收、利用和储存。图 1-10 为新型 O_2/CO_2 燃烧系统的示意图。

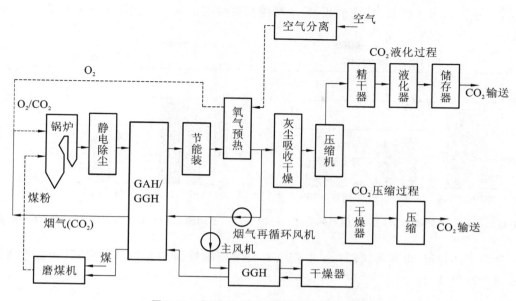

图 1-10　新型 O_2/CO_2 燃烧系统的示意图

GAH—烟气/空气加热器;GGH—烟气/烟气加热器

1.4.3　酸雨

天然降水的本底 pH 值为 6.55,一般将 pH 值小于 5.6 的降水称为酸雨。可能引起雨水酸化的主要物质是 SO_2 和 NO_x,它们形成的酸雨占总酸雨量的 90% 以上。而上述两类物质的 90% 以上都是燃烧化石燃料造成的。中国的酸雨以硫酸为主,硝酸的含量不到硫酸的 1/10,这与中国以煤为主的能源结构有关。

酸雨会以不同的方式危害水生生态系统、陆生生态系统,腐蚀材料和影响人体健康。首先,酸雨会使湖泊变成酸性,引起水生生物死亡。其次,酸雨是造成大面积森林死亡的原因。酸雨还加速了建筑结构、桥梁、水坝、工业设备、供水管网和名胜古迹的腐蚀,影响人体健康。例如,酸雨使地面水成酸性,地下水中的金属含量增加,饮用这种水或食用酸性河水中的鱼会对人体健康产生危害。20 世纪 70 年代,酸雨在世界仍是局部性问题,进入 80 年代后,酸雨危害更加严重,并且扩展到世界范围。

化石燃料燃烧,特别是煤炭燃烧所产生的 SO_2 和 NO_x 是产生酸雨的主要原因。近一个多世纪以来,由于能源消耗的持续增长,全球的 SO_2 排放量一直在上升;中国的能源消耗以煤为主,因此 SO_2 的排放更加严重。

根据 2014 年《中国环境状况公报》,2014 年全国酸雨污染主要分布在长江以南青藏高原以东地区,主要包括浙江、江西、福建、湖南、重庆的大部分地区,以及长三角、珠三角地区。

2014 年监测的 470 个市(县)中,出现酸雨的市(县)比例为 44.3%;酸雨频率在 25% 以上的城市比例为 26.6%;酸雨频率在 75% 以上的城市比例为 9.1%(见图 1-11)。2014 年,降水 pH 年均值在 5.0～5.6(酸雨)、4.5～5.0(较重酸雨)和 4.5 以下(重酸雨)的市(县)分别占 29.8%、14.9% 和 1.9%。酸雨、较重酸雨和重酸雨的城市比例同比均基本持平（见图 1-12）。

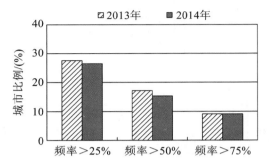

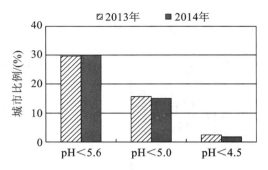

图 1-11　不同酸雨频率的市（县）比例年际变化　　图 1-12　不同降水 pH 年平均值的市（县）比例年际变化

针对上述情况，世界各国都在采取切实有效的措施控制 SO_2 的排放量，其中最重要的是推进洁净煤技术。

1.4.4　臭氧层破坏

1984 年英国科学家首次发现南极上空出现了臭氧空洞，随后的气象卫星证实，由于人类的活动，这个臭氧空洞已在迅速扩大（见图 1-13）。目前不仅在南极，而且在北极也出现了臭氧层减少的现象，2000 年 1—3 月间，北极上空 18 km 处的臭氧同温层里，臭氧含量减少了 60% 以上，这是近 10 年同一区域臭氧损失最严重的一次。造成臭氧层破坏的主要原因是人类过多地使用氟氯烃类物质和燃料燃烧产生的 N_2O 所致。

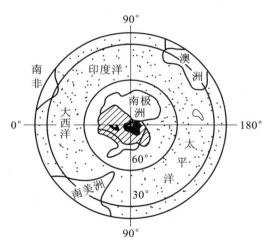

图 1-13　南极上空的臭氧空洞

▨ O_3 含量为正常值一半
■ O_3 含量接近正常值的 40%

臭氧（O_3）是氧的同位素，它存在于地面 10 km 以上的大气平流层中，吸收太阳辐射中对人类、动物、植物有害的紫外光中的大部分，为地球提供了一个防止太阳辐射的屏障。研究表明，臭氧浓度降低 1.0%，地面的紫外辐射强度将提高 2.0%，皮肤癌患者的数量也将增加百分之几。

大气中的 N_2O 的浓度每年正以 0.2%～0.3% 的速度增长，而 N_2O 浓度的增加将引起臭氧层中 NO 浓度增加，NO 和臭氧作用将生成 NO_2 和氧，最终导致臭氧层变薄。大气中的 N_2O 主要来源于自然土壤的排放和化石燃料及生物质燃料的燃烧。因此，发展低 NO_x 燃烧技术及烟气和尾气的脱硝是减少 N_2O 排放的关键。

1.4.5　热污染

人们一般认为,当今的环境污染是指有毒、有害的化学物、粉尘、放射性物质等对空气和水造成的污染等。其实,除此之外,热污染也是一种严重威胁人类生存和发展的新的环境污染。所谓热污染,是指日益现代化的工农业生产和人类生活中排放的各种废热所造成的环境污染。

热污染可以污染水体和大气。例如用江河、湖泊水作冷源的火力发电厂、核电站和冶金、石油、化工、造纸等工业企业所使用的工业锅炉、工业窑炉等用热设备,冷却水吸收热量后,温度将升高 $6 \sim 9$ ℃,然后再返回自然水源。于是大量的排热进入自然水域,引起自然水温升高,从而形成热污染。在工业发达的美国,每天所排放的冷却用水高达 4.5×10^8 m³,接近美国用水量的 $1/3$,废热水含热量约 1.04×10^{12} J。

热污染首当其冲的受害者是水生物。水温升高,一方面导致水中的含氧量减少,水体处于缺氧状态,另一方面水温升高又会使水生物代谢率增高而需要更多的氧。这样一来,水中鱼类和其他浮游生物的生长将受到影响。同时水温升高还会使水中藻类大量繁殖,堵塞航道,破坏自然水域的生态平衡。此外,水体水温上升给一些致病微生物造成一个人工温床,使它们得以滋生、泛滥,引起疾病流行,危害人类健康。例如,1965 年澳大利亚曾流行过一种脑膜炎,后经科学家证实,其祸根是一种变形原虫,由于发电厂排出的热水使河水温度增高,这种变形原虫在温水中大量孳生,当人们取河水饮用、烹食、洗涤时,变形原虫便进入人体,引起了这次脑膜炎的流行。还有资料表明,流行性出血热、伤寒、流感、登革热等许多疾病的发生,在一定程度上也与热污染有关。

随着人口的增加和能耗的增长,城市排入大气的热量日益增多。按照热力学原理,人类使用的全部能量终将转化为热,传入大气,逸向太空。这种对大气的热污染会造成大城市的所谓"热岛效应",即城市气温比农村气温高出好几度,使一些原本十分炎热的城市变得更加炎热。城市气温过高会诱发冠心病、高血压、脑卒中等,直接损害人体健康。世界上热岛效应最强的是中、高纬度的大中城市,如加拿大温哥华最大的城乡温差(城市热岛强度)为 11 ℃(1972 年 7 月 4 日),德国柏林为 13.3 ℃,美国阿拉斯加州首府费尔班克斯市曾达 14 ℃。我国观测到的城市热岛强度,上海是 6.8 ℃,北京是 9.0 ℃。美国航空航天局近年来实施了一个"城市热区监测计划"。科研人员采用先进的热像仪,从空中把一个城市的温度分布情况拍摄下来,不同的温度以不同的颜色表示,只要分析这些颜色的变化情况,就可以知道各个地方的温度差异。

火力发电厂和核电站是水体热污染的主要来源。例如:美国发电厂使用的冷却水占全部冷却水用量的 80%;一座 1000 MW 的火力发电厂,每小时有 4.6×10^{12} J 的热量排放到自然水域中。位于法国吉隆河入海口的布来埃核电站装有 4 台 900 MW 的机组,每秒钟产生的温水高达 225 m³,致使吉隆河口几千米范围内的水温升高了 5 ℃。法国巴黎塞纳河水也由于大量废热的涌入,其水温比天然温度高出 5 ℃。另外采用冷却塔的电厂,由于冷却水蒸发也会使周围空气温度增高,这种温度较高的湿空气对电厂周围的建筑物有强烈的腐蚀作用。例如德国莱茵河畔的费森海姆核电站,冷却水塔高达 180 m,直径 100 m,每小时耗水 3 600 t,冷却水的蒸发使周围空气温度升高了 15 ℃。

提高电厂和一切用热设备的热效率，不仅能量有效利用率提高，而且由于排热量减少，对环境的热污染也可随之减轻。

1.4.6　放射性污染

核能的开发和核技术在医疗、农业、工业和科学研究中的应用，在带给人类巨大利益的同时也造成了对环境的污染。这种环境污染主要是放射性污染。从污染物对人和生物的危害程度来看，放射性物质要比其他污染物严重得多。正因为如此，从核能开发以来，人们就对放射性污染的防治极其重视，采取了一系列严格的措施，并将这些措施以法律的形式明确下来。例如对核电站，国际原子能机构和我国国家核安全局都制定了核电站厂址选择、设计、运行和质量保证等四个安全法规。我国还制定了《中华人民共和国放射性污染防治法》，该法律已于 2003 年 10 月 1 日起正式实施。正是这些法规的实施，使核电站的安全有了可靠的保证。

1.4.7　能源对人体健康的影响

能源对环境的影响是一种综合的影响。表 1-11 给出了各种能源在生产、加工和利用中对三个环境要素的影响。化石燃料燃烧时排放的大量粉尘、SO_2、H_2S、NO_x 等除了污染环境外，还会影响人体健康。例如，过量的 SO_2 会导致呼吸道疾病，最典型的例子是 1952 年发生的伦敦烟雾事件。该事件的污染源是进入大气的大量烟尘和 SO_2，这些污染物在当时特定的气候条件下聚集起来，浓度越来越大并长时间不消散。4 天中死亡 4000 人，在发生事件的一周中，因支气管炎死亡 704 人，为事件发生前一周的 9.3 倍。后来的研究发现，煤尘中含有 Fe_2O_3 成分，它促使空气中的 SO_2 形成硫酸液沫，并附着在烟尘粒上进入人的呼吸道而致病。

表 1-11　各种能源在生产、加工和利用中对环境的影响

能源	对土地资源的影响			对水资源的影响			对空气资源的影响		
	生产	加工	利用	生产	加工	利用	生产	加工	利用
煤	地面破坏、侵蚀、沉降	固体废物	飞灰、渣的排放	酸性矿水、淤泥排出	废水、污染物排出	提高水温			二氧化硫、氧化氮、颗粒物
油	废水排放			油泄漏、漏气、废水	油泄漏、漏气	提高水温	蒸发损失	蒸发损失	二氧化硫、一氧化硫、氧化氮、烃类
天然气	废水排放					提高水温	泄漏	杂质	一氧化碳、氧化氮

续表

能源	对土地资源的影响			对水资源的影响			对空气资源的影响		
	生产	加工	利用	生产	加工	利用	生产	加工	利用
铀	地面破坏、少量放射性固体废物	固体废物	放射性废物排放	排出物中很少量的放射性物质	放射性废物排放	提高水温、释放少量短半衰期核素	排放很少量的放射性物质		释放少量短半衰期核素
水电			淹没损失						
地热			地面沉降、地震活动			废水排出、提高水温			硫化氢、二氧化硫
油页岩	地面破坏、沉降	大批的废物			需要大量水,排放有机、无机污染物	提高水温		硫化氢	氧化氮、一氧化碳、烃类
煤的气化	地面破坏、侵蚀、沉降	固体废物	酸性矿水、淤泥排出	飞灰、渣的排放		提高水温			氧化氮、一氧化碳

另外,原煤中均含有微量重金属元素,这些微量重金属元素在燃烧过程中会随烟尘和炉渣排出,从而对大气、水和土壤产生污染,并影响人体健康。例如:砷会使人体细胞正常代谢发生障碍,导致细胞死亡;铅会影响神经系统,抑制血红蛋白的合成代谢;镉中毒,会引起肾功能障碍;汞中毒,更会引起肾功能衰竭,并损害神经系统;镍是致癌物质,某些铬化合物可能致肺癌。因此,化石燃料燃烧中的重金属污染已日益引起人们的重视。

我国是发展中国家,改革开放以来随着经济的迅速发展和人民生活水平的提高,环境污染也日趋严重。因此,在提高能源利用率的同时大力治理能源所造成的环境污染仍是我国的当务之急。2012 年,中央财政补助 10.9 亿元,支持《重点区域大气污染防治"十二五"规划》中 15 个重点城市实施燃煤锅炉综合整治工程。共改造燃煤锅炉 28 997 蒸吨,其中除尘设施改造 15 406 蒸吨,清洁能源替代 13 591 蒸吨。工程实施以来,相关城市环境空气质量显著改善。

此外,2012 年 9 月国务院正式批复《重点区域大气污染防治"十二五"规划》,规划范围为京津冀、长三角、珠三角等 13 个重点区域,涉及 19 个省(市、自治区)的 117 个地级及以上城市,明确提出"到 2015 年,空气中 PM10、SO_2、NO_2、PM2.5 年均浓度分别下降 10%、10%、7%、5%"的目标;明确了防治 PM2.5 的工作思路和重点任务,增强了区域大气环境管理合力。这是中国第一部综合性大气污染防治规划,标志着中国大气污染防治工作逐步由以污染物总量控制为目标导向向以改善环境质量为目标导向转变。该规划对贯彻落实中国共产党第十八次全国代表大会精神,大力推进生态文明建设,加快构建美丽中国,切实改善大气环境质量具有重要意义。

1.5　能源的可持续发展

1.5.1　能源在国民经济中的地位

回顾人类的历史,可以明显地看出能源和人类社会的发展关系密切。人类社会已经经历了三个能源时期,即薪柴时期、煤炭时期和石油时期。

古代从人类学会利用"火"开始,就以薪柴、秸秆和动物的排泄物等生物质燃料来烧饭和取暖,同时以人力、畜力和一小部分简单的风力和水力机械作动力,从事生产活动。这个以薪柴等生物质燃料为主要能源的时代,延续了很长时间,生产和生活水平都很低,社会发展迟缓。

18世纪的产业革命,以煤炭取代薪柴作为主要能源,蒸汽机成为生产的主要动力,于是工业得到迅速发展,劳动生产力有了很大的增长。特别是19世纪末,电力开始进入社会的各领域,电动机代替了蒸汽机,电灯代替了油灯和蜡烛,电力成为工矿企业的主要动力,成为生产和生活照明的主要来源,出现了电话、电影。不但社会生产力有了大幅度的增长,而且人类的生活水平和文化水平也有极大的提高,从根本上改变了人类社会的面貌。但这时的电力工业主要是以煤炭作为主要燃料的。

石油资源的发展,开启了能源利用的新时期。特别是20世纪50年代,美国、中东、北非相继发现了巨大的油田和气田,于是西方发达国家很快地从以煤为主要能源转换到以石油和天然气为主要能源。汽车、飞机、内燃机车和远洋客货轮的迅猛发展,不但极大地缩短了地区和国家之间的距离,也大大地促进了世界经济的繁荣。近50多年来,世界上许多国家依靠石油和天然气,创造了人类历史上空前的物质文明。

能源是国民经济发展不可缺少的重要基础,是现代化生产的主要动力来源。现代工业和现代农业都离不开能源动力。

工业方面,各种锅炉、窑炉都要用油、煤和天然气作为燃料;钢铁冶炼要用焦炭和电力;机械加工、起重、物料传送、气动液压机械、各种电机、生产过程的控制和管理都要用电力;交通运输需要动力、油和煤;国防工业也需要大量的电力和石油。能源还是珍贵的化工原料,从石油中可以提炼出5000多种有机合成原料,其中最重要的基本原料有乙烯、丙烯、丁二烯、苯、甲苯、二甲苯、乙炔、萘等。利用这些原料进行加工可得到塑料、合成纤维、人造橡胶、化肥、人造革、染料、炸药、医药、农药、香料、糖精等各种工业制品。

在现代化农业生产中,农产品产量的大幅度提高,也是和使用大量能源联系在一起的。例如,耕种、收割、烘干、冷藏、运输等都需要直接消耗能源,化肥、农药、除草剂又都要间接消耗能源。

世界各国经济发展的实践证明,在经济正常发展的情况下,能源消耗总量和能源消耗增长速度与国民生产总值和国民生产总值增长率成正比例关系。这个比例关系通常用能源弹性系数来表示。能源弹性系数是能源消费的年增长率与国民生产总值年增长率之比。这个数值越大,说明国民生产总值每增加1%,能源消费的增长率越高;这个数值越小,则能源消费的增长率越低。能源弹性系数的大小与国民经济结构、能源利用效率、生产产品的质量、原材料消耗、运输以及人民生活需要等因素有关。

　　世界经济和能源发展的历史显示,处于工业化初期的国家,经济的增长主要依靠能源密集工业的发展,能源效率也较低,因此能源弹性系数通常大于1。例如发达国家工业化初期,能源增长率比工业产值增长率高一倍以上(见表1-12)。到工业化后期,一方面经济结构转向服务业,另一方面技术进步促使能源效率提高,能源消费结构日益合理,因此能源弹性系数通常小于1。尽管各国的实际条件不同,但只要处于类似的经济发展阶段,它们就具有大致相近的能源弹性系数。发展中国家的能源弹性系数一般大于1,工业化国家能源弹性系数大多小于1。人均收入越高,弹性系数越低。我国的能源弹性系数见表1-13。

表 1-12　几个发达国家工业化初期的能源弹性系数

国家	产业革命开始年份	初步实现工业化年份	工业化初期能源弹性系数	初步实现工业化时人均能耗	能源效率/(%)	
					1860 年	1950 年
英国	1760	1860	1.96 (1810—1860 年)	2.93	.8	24
美国	1810	1900	2.76 (1850—1900 年)	4.85	8	30
法国	1825	1900	1.37	12	20	
德国	1840	1900	2.87 (1860—1900 年)	2.65	10	20

表 1-13　我国能源弹性系数

年　份	能源生产比上年增长率/(%)	电力生产比上年增长率/(%)	国民生产总值比上年增长率/(%)	能源弹性系数	电力生产弹性系数
1985	9.9	8.9	13.5	0.73	0.66
1990	2.2	6.2	3.8	0.58	1.63
1991	0.9	9.1	9.2	0.10	0.99
1992	2.3	11.3	14.2	0.16	0.80
1993	3.6	15.3	14.0	0.26	1.09
1994	6.9	10.7	13.1	0.53	0.82
1995	8.7	8.6	10.9	0.80	0.79
1996	3.1	7.2	10.0	0.31	0.72
1997	0.3	5.1	9.3	0.03	0.55
1998	−2.7	2.7	7.8		0.35
1999	1.6	6.3	7.6	0.21	0.83

年　份	能源生产比 上年增长率/(%)	电力生产比 上年增长率/(%)	国民生产总值比 上年增长率/(%)	能源 弹性系数	电力生产 弹性系数
2000	2.4	9.4	8.4	0.28	1.12
2001	6.5	9.2	8.3	0.79	1.11
2002	4.7	11.7	9.1	0.52	1.29
2003	14.1	15.5	10.0	1.41	1.55
2004	14.4	15.3	10.1	1.43	1.51
2005	10.0	13.5	11.3	0.88	1.19
2006	7.4	14.6	12.7	0.58	1.15
2007	6.5	14.5	14.2	0.46	1.02
2008	5.4	5.6	9.6	0.56	0.58
2009	5.4	7.1	9.2	0.59	0.77
2010	8.1	13.3	10.4	0.78	1.28
2011	7.1	12.0	9.3	0.76	1.29

注:国民生产总值增长速度按不变价格计算。

　　能源还与人民生活休戚相关。不但人们的衣、食、住、行离不开能源,而且文化娱乐、医疗卫生都与能源有着密切的关系。随着生活水平的提高,所需的能源也越来越多。因此,从一个国家人民的能耗量就可以看出一个国家人民的生活水平。例如,生活最富裕的北美地区比贫穷的南亚地区每年每人的平均能耗要高出55倍。

　　值得注意的是,传统工业文明比农耕文明的发展程度高,但持续性差。随着世界人口的增加、经济的飞速发展,能源消费量持续增长,能源利用给环境带来的污染也日益严重。与此同时,由于人类的活动,地球生态系统也受到破坏,森林锐减、物种毁灭、气候变暖、荒漠扩大、灾害频发。因此使能源和环境协调,使社会可持续发展是摆在全人类面前的共同任务。

1.5.2　可持续发展的概念

　　1992年6月在巴西里约热内卢召开了联合国环境与发展大会(UN Conference on Environment and Development),该会议通常也称为地球峰会(Earth Summit)。地球峰会形成了若干重要的以保护环境为目的的方针性公约,其中包括《联合国气候变化框架公约》(UN Framework on Climate Change)、《生物多样性公约》(Convention on Biological Diversity)以及《二十一世纪议程》(Agenda 21)等。后者第一次正式提出了可持续发展的思想,是一份为实现人类社会的可持续发展而制定的行动纲领。现在,可持续发展问题早已成为世界各国政府、学者和公众关注的热点。我国政府对此也非常重视,明确提出了实施可持续发展和科教兴国的两大战略,并于1994年率先制定了《中国二十一世纪议程——中国二十一世纪人口、环境与发展白皮书》。2003年1月开始实施《中国二十一世纪初可持续发展行动纲要》。

朴素的可持续发展思想渊源已久。在春秋战国时代,中国就有"永续利用"的思想和封山育林、定期开禁的法令。19 世纪西方经济学界提出并分析了可再生资源的"可持续产量问题"。1987 年,世界环境与发展委员会在《我们共同的未来》长篇报告上首次采用了"可持续发展"的概念,但迄今为止,还没有统一严格的关于可持续发展的定义。比较通俗的提法是,可持续发展是既满足当代人的需求,又不危害后代人满足自身需求能力的发展。这一定义强调了可持续发展的时间维,而忽视了其空间维。实际上可持续发展是有其深刻内涵的,它表现在以下四方面。

(1)"发展"是大前提,即发展是人类永恒的主题。为了实现全球范围的可持续发展,应把发展经济、消除贫困作为首要条件。

(2)"协调性"是核心。可持续发展是由于人与环境、资源间的矛盾引出的,因此可持续发展的基本目标是人口、经济、社会、环境、资源的协调发展。

(3)"公平性"是关键。可持续发展的关键性问题是资源分配和福利分享,它追求在时间和空间上的公平分配,也就是代际公平和代内不同人群、不同区域和国家之间的公平。

(4)"科学技术进步"是必要保证。科学技术进步是对人类历史起推动作用的主导力量,是第一生产力。它不但通过不断创造、发明、创新、提供新信息为人类创造财富,而且还为可持续发展的综合决策提供依据和手段,加深人类对自然规律的理解,开拓新的可利用的自然资源领域,提高资源的综合利用效率和经济效益,提供保护自然和生态环境的技术。

"但存方寸地,留与子孙耕。"在经济日益全球化的今天,为了进一步推进可持续发展,并阻止人类生态环境的进一步恶化,2002 年 8 月 26 日至 9 月 4 日在南非约翰内斯堡举行了联合国可持续发展世界峰会(UN World Summit on Sustainable Development)。会议通过的《约翰内斯堡实施计划》(Johannesburg Plan of Implementation)是以《二十一世纪议程》和联合国针对可持续发展所开展的其他工作为基础而制订的实施计划。该文件对五个领域,即水与卫生设施、能源、卫生保健、农业、生物多样性和生态系统管理等制订了实施日程。

1.5.3 能源问题

能源是国民经济的命脉,与人民生活和人类的生存环境休戚相关,在社会可持续发展中起着举足轻重的作用。从 20 世纪 70 年代以来,能源就与人口、粮食、环境、资源被列为世界上的五大问题。人们要在愈来愈恶劣的环境下求得发展,并让子孙后代生活得更好,首先就要解决这五大问题。

1. 世界能源所面临的问题

世界性的能源问题主要反映在能源短缺及供需矛盾所造成的能源危机。第一次能源危机是 20 世纪 70 年代世界上的一次经济大危机,它使过去 20 年靠廉价石油发家的西方发达国家受到极大的冲击,严重地影响了那些国家的政治、经济和人民生活。例如 1973 年中东战争期间,由于阿拉伯国家的石油禁运,当年美国缺少 1.16×10^8 t 标准煤的能源,致使生产损失达 930 亿美元;日本缺少 6.0×10^7 t 标准煤的能源,使生产损失达 485 亿美元,1974 年日本国民生产总值不但没有增长,而且下降了,此前日本的国民生产总值每年递增 10％。由此可见,20 世纪 70 年代的能源危机,实质上是石油危机。

石油燃烧效率高、污染低,便于携带、使用、储存,又是多种化工产品的重要原料,在交通运输方面还是不可替代的燃料。20 世纪 50 年代以来长期的低油价更使石油主宰了 50 年代后的能源市场。由于政治和经济等多方面原因,20 世纪 70 年代中,石油经两次提价,廉价石油已成为珍贵石油。石油是一种非再生能源,储量有限。一方面,石油生产国为保持长期油价优势,采取限量生产的政策;另一方面,发达的用油国由于受到石油危机的冲击和价格的压力,多方面采取了节油政策并研究石油代用技术。与此同时,天然气工业也迅速崛起。尽管在近期内世界上大多数国家还能依靠石油输出国供应石油,并更多地使用天然气,但需求的增加反过来又会刺激油价上涨;因此从长远的角度看,继续依靠石油来满足不断增长的能源需求的日子不会持续太长。这正是世界能源所面临的主要问题之一。

世界能源面临的另一问题是,随着经济的发展和生活水平的提高,人们对环境质量的要求也越来越高,相应的环保标准和环保法规也越来越严格。由于能源是环境的主要污染源,因此为了保护环境,世界各国不得不在能源开发、运输、转换、利用的各个环节上投入更多的资金和科技力量,从而使能源消费的费用迅速增加。

随着化石燃料资源的消耗,易于探明和开采的燃料,特别是石油和天然气,已逐渐减少。因此,能源资源的勘探、开采也越来越难,投入资金多,建设周期长,科技含量高,既是今后能源开发的特点,也是具世界性的能源问题。

2. 我国能源面临的问题

我国的能源问题主要反映在以下几方面。

(1) 人均能源资源相对不足,资源质量较差,探明程度低。我国常规能源资源的总储量就其绝对量而言,是较为丰富的,然而由于我国人口众多,就可采储量而言,人均能源资源占有量仅相当于世界平均水平的二分之一。

(2) 能源生产消费以煤为主。改革开放以来,原煤在一次能源生产和消费结构中的比例均超过 70％,从而给环境保护带来了极大的压力。

(3) 能源工业技术水平低下,劳动生产率较低。

(4) 能源资源分布不均,交通运力不足,制约了能源工业发展。我国能源资源西富东贫,大多远离人口集中、经济发达的东南沿海地区。这种格局大大增加了能源输运的压力,形成了西电东送、北煤南运的输送格局。多年来,由于运力不足造成了大量的煤炭积压,严重制约了煤炭工业的发展,也造成了电力供应的紧张。

(5) 能源供需形势依然紧张。我国的能源生产经过 60 年的努力,取得了十分显著的成绩,能源紧张的矛盾明显缓解。然而与经济的长远发展需要相比,仍存在较大的差距,特别是洁净高效能源,缺口依然很大。

(6) 能耗水平高,能源利用率低下。据有关部门的调查测算,我国工业产品单耗比工业发达国家高出 30％～90％。如火电标准煤耗,我国是国外先进水平的 1.25 倍,吨水泥煤耗是国外的 1.64 倍,表 1-14 为国内外能耗的比较。目前我国第一产业能耗水平为 0.90 t 标准煤,第二产业为 6.58 t 标准煤,第三产业为 0.91 t 标准煤。产业结构不合理、能源品质低下,管理落后等是能耗水平较高的重要原因。

表 1-14　国内外能耗的比较

指标	原煤耗电	供电煤耗	吨钢可比能耗	合成氨综合能耗	水泥熟料标准煤耗	铁路货运综合能耗
国内与国外之比	1.84	1.25	1.49	1.41	1.64	1.02

（7）农村能源问题日趋突出，影响越来越大，其主要表现在下述三方面。其一，农村生活用能严重短缺。过度燃烧薪柴造成大面积植被破坏，引起了水土流失和土壤有机质减少。其二，随着农业生产机械化和化学化的发展，农业生产的能耗量急剧增长。其三，乡镇工业能耗直线上升，能源利用率严重低下。

（8）能源环境问题日趋严重，制约了经济社会发展。以城市为中心的环境污染进一步加剧，并开始向农村蔓延，生态破坏的范围仍在继续扩大。目前，在污染环境的各种因素中，70%以上的总悬浮颗粒物、90%以上的二氧化硫、60%以上的氮氧化合物、85%以上的矿物燃料产生的二氧化碳来自煤炭。

（9）能源开发逐步西移，开发难度和费用增加。近年来，随着中部地区能源资源的日渐枯竭，开发条件的逐步恶化，我国能源开发呈现西移的态势，特别是水能资源开发和油气资源的勘察更是如此。

（10）从能源安全角度考虑，面临严重挑战。能源安全是指保障能源可靠和合理的供应，特别是石油和天然气的供应。从 1993 年开始，中国成为石油净进口国。在国际风云变幻的背景下，保障石油的可靠供应对国家安全至关重要。这是我国能源领域面临的一项重大挑战。

（11）能源建设周期长，投资超预算。能源建设是一种基础设施建设，建设时间长，难度大，投资多。一个大型煤矿、一个相当规模的油田、一个大型水电站、一座核电站从勘探到投产，一般要 8~10 年，这种建设周期拖长，投资超预算的情况，减慢了能源工业的发展。

（12）能源价格未能反映其经济成本和能源资源的稀缺性。尽管我国能源较为紧张，资源相对贫乏，但能源价格类似于资源丰富的美国。例如，煤炭价格偏低，而且目前的市场价格还不能完全反映煤炭中硫分和灰分的含量。天然气的生产和销售目前还受到严格控制，化肥工业不仅有供气的优先权，还享受价格补贴。我国国内原油的价格也低于国际市场。此外在一些能源使用部门中，能源占生产成本的比例很小，不利于节能和提高能源利用率。

1.5.4　中国能源可持续发展的对策

为了实现中国能源的可持续发展，应充分运用以下三方面的手段：加强政府的宏观管理和行政管理；运用市场机制的调节作用；利用经济增长的机遇。

政府行为在能源可持续发展中起着关键性的作用，它包括制定科学的能源政策和颁布相应的法规，采用行政手段进行能源管理。例如：根据国情制定开发与节约并重的能源工业的长期方针；确立优先发展水电，油气并举，大力开发天然气的能源政策；颁布《节约能源法》；采用行政手段关闭能耗大、污染严重的小煤窑、土法炼油厂等；根据我国能源消费情况的变化,以及经济发展和当前的技术水平,对耗能越来越多的行业,如采暖行业、建筑行业、家电制造业制定或完善能源效率标准。

运用市场机制包括很多方面。例如:取消煤炭运输补贴,降低铁路运输分配量的比例,以鼓励多运优质煤炭;逐步放开天然气供应价格,使其真正反映消费者的支付意愿;取消煤气及区域集中供热的补贴,调整其价格,使之完全反映生产成本;建立一个透明的石油和天然气的价格体系,允许国外投资者进入石油和天然气工业的全过程,以加快发展煤炭的替代燃料;根据煤炭的含硫量及灰分含量在试点省份征收煤炭污染税等。

利用经济增长的关键在于要保证新的增长是由能源集约型投资和低污染的清洁投资所推动。例如:增加对洁净煤技术的研究、开发及其商业化应用的投资;大力开发国内天然气资源,投资天然气或液态天然气进口设施的建设,以尽快提高天然气的供应量;逐步关闭以煤为原料的小化肥厂,代之以天然气和石油为原料的化肥厂,同时废除对小化肥厂建设和运行的优惠政策;取消对洗煤项目进行商业投资的障碍,允许非国有制企业经营洗煤。正是由于经济的增长,才有可能在投资、技术、人力、物力等方面给能源可持续发展以更多、更大的支持。

当前为了解决我国能源所面临的问题,应当采取以下对策。

(1) 努力改善能源结构。为了解决我国一次能源以煤为主的结构,减轻能源对环境的压力,必须努力改善能源结构,包括:优先发展优质、洁净能源,如水能和天然气;在经济发达而又缺能的地区,适当建设核电站;进口一部分石油和天然气等。

(2) 提高能源利用率,厉行节约。提高能源利用率、厉行节约的范围十分广泛,主要措施如下。

① 对一次能源生产,应降低自身能耗。对一次能源使用,应合理加工、综合利用,以达到最大经济效益。

② 开发和推广节能的新工艺、新设备和新材料,如连续铸钢、平板玻璃浮选法生产、化纤高温湿法纺织、连续蒸煮造纸等。

③ 发展煤矿、油田、气田、炼油厂、电站的节能技术,提高生产过程中的余热、余压利用。

④ 加强节能技术改造工作,如限期淘汰低效率、高能耗的设备,更新工业锅炉、风机、水泵、电动机、内燃机等量大面广的机电产品,改造工业炉窑和中、低压发电机组,改造城市道路,减少车辆耗油。

⑤ 调整高耗能工业的产品结构。

⑥ 设计和推广节能型的房屋建筑。

⑦ 节约商业用能,推广冷冻食品、冷库储藏的节能新技术。

⑧ 制定并实施鼓励和促进节能的经济政策,包括能源价格、节能信贷、税收优惠、节能奖罚等。

(3) 加速实施洁净煤技术。洁净煤技术是旨在减少污染和提高效率的煤炭加工、燃烧、转换和污染控制新技术的总称,是世界煤炭利用技术的发展方向。由于煤炭在相当长一段时间内仍是我国最主要的一次能源,因此除了发展煤坑口发电,以输送电力来代替煤的运输外,加速实施洁净煤技术是解决我国能源问题的重要举措。

(4) 合理利用石油和天然气,改造石油加工和调整油品结构。石油和天然气不仅是重要的化石燃料,而且是宝贵的化工原料,因此应合理利用石油和天然气,禁止直接燃烧原油并逐步压缩商品燃料油的生产。石油炼制和加工应大型化,要根据油品轻质化的趋势调整油品结构,进行油品的深加工,提高经济效益。

(5)加快电力发展速度。在国民经济中,电力必须先行。应根据区域经济的发展规划,建立合理的电源结构,提高水电的比重。加强区域电网,增加电网容量,扩大电网之间的互联和大电网的优化调度。

(6)积极开发利用新能源。我国应积极开发利用太阳能、地热能、风能、生物质能、潮汐能、海洋能等新能源,以补充常规能源的不足。在农村和牧区,应逐步因地制宜地建立新能源示范区。

(7)建立合理的农村能源结构,扭转农村严重缺能局面。因地制宜地发展小水电、太阳灶、太阳能热水器、风力发电、风力提水、沼气池、地热采暖、地热养殖,种植快速生长的树木等是解决我国农村能源的主要措施。此外,提高农村生活用能的质量也非常重要,如推广节柴灶和烧民用型煤,前者可使热效率提高 15%～30%,后者除热效率可比烧散煤节约 20%～30%以外,还可使烟尘和 SO_2 排放量减少 40%～60%,CO 排放量减少 80%。

(8)改善城市民用能源结构,提高居民生活质量。煤气是今后城市生活能源的主要形式,供暖、供热水也将是城市居民的普遍要求,因此大力发展城市的煤气、实现集中供热和热电联产是城市能源的发展方向。

(9)重视能源的环境保护。防止能源对环境的污染将是能源利用中长期的,也是最困难的任务。

改革开放以来,我国经济迅猛发展,综合国力大大增强,基础设施日趋完善,科技水平不断提高,这些都为 21 世纪我国能源可持续发展创造了良好的条件。

能源在可持续发展中的作用既有积极的一面,又有消极的一面。正如联合国 1980 年通过的《世界自然资源保护大纲》中指出的:"地球是宇宙中唯一已知的可维持生命的星球";"人类寻求经济发展及享用自然界丰富的资源,必须符合资源有限的事实及生态系统的支持能力,还必须考虑子孙后代的需要"。因此,使能源与环境协调发展是摆在全人类面前的共同任务。

第 2 章 有关节能的基本知识

2.1 节能的目标和领域

2.1.1 节能的意义

能源是国民经济和社会发展的重要物质基础,是提高和改善人民生活的必要条件。它的开发和利用是衡量一个国家经济发展和科学技术水平的重要标志。

19 世纪 70 年代,世界发生两次能源危机,引起各国政府对能源的重视。到 80 年代,能源更成为世界瞩目的三大问题之一,由于能源问题日益突出,不仅是中国,就世界范围而言,节能已经成为解决当代能源问题的一个公认的重要途径。有科学家把"节能"称为开发"第五大能源",与煤、石油与天然气、水能、核能等四大能源相并列,由此可见节能的重要意义。

节能,从能源的角度,顾名思义就是节约能源消费,即从能源生产开始,一直到最终消费为止,在开采、运输、加工、转换、使用等各个环节上都要减少损失和浪费,提高其有效利用程度。节能,从经济的角度,则是指通过合理利用、科学管理、技术进步和经济结构合理化等途径,以最少的能耗取得最大的经济效益。显然节能时必须考虑环境和社会的承受能力,因此我国节约能源法给节能赋予了更科学的定义,即节能是指加强用能管理,采取技术上可行、经济上合理以及环境和社会可以承受的措施,减少能源生产到消费各个环节中的损失和浪费,更加有效、合理地利用能源。

我国是最大的发展中国家,节能对我国经济和社会发展更有着特殊的意义,主要表现在以下几方面:

(1) 节能是实现我国经济持续、高速发展的保证。

能源是经济发展的物质基础,我国能源的生产能力,特别是优质能源,如石油、天然气和电力的生产能力远远赶不上国民经济的发展需求,其中液体燃料的短缺显得特别突出。根据国家发改委研究中心的预测,2020 年我国液体燃料的年消费量将达到 $4.3 \times 10^8 \sim 4.75 \times 10^8$ t。目前我国液体燃料的 98% 来自石油,据估计,国内石油的年产量今后只能维持在 $1.6 \times 10^8 \sim 2.0 \times 10^8$ t,即使考虑到海外合作开发油田所获得的份额油,也很难突破 2.2×10^8 t/a。从 1993 年开始我国已成为净石油输入国。因此为了维持我国经济的高速发展,节能就显得特别重要。

(2) 节能是调整国民经济结构,提高经济效益的重要途径。

当前深化经济改革的关键是调整国民经济结构,提高经济效益。其目的是转变经济增长的方式,走集约型的发展道路,少投入,多产出。能源在工业产品的成本中占相当大的比重,平均约为 9%,化工行业则为 30%,电力行业更高达 80%,因此节能是提高企业的经济效益的重要途径。

（3）节能将缓解我国运输的压力。

由于我国能源资源分布不均，能源运输压力很大。例如，全国铁路煤炭运量约占总运量的 50%，公路运输和水运也有类似的情况。显然大量煤炭的开发利用和长距离运输，严重地制约了我国国民经济的发展，节能将有效缓解我国运输的压力。

（4）节能将有利于我国的环境保护。

能源开发利用所引发的环境污染问题已日益引起人们的关注。在节能的同时，也相应减少了污染物的排放，其环保效益非常明显。当然在采取各种节能措施时都应充分考虑对环境的影响。

2.1.2　节能的主要任务

1. 调整优化产业结构

1）抑制高耗能、高排放行业过快增长

合理控制固定资产投资增速和火电、钢铁、水泥、造纸、印染等重点行业发展规模，提高新建项目节能、环保、土地、安全等准入门槛，严格进行固定资产投资项目节能评估审查、环境影响评价和建设项目用地预审，完善新开工项目管理部门联动机制和项目审批问责制。对违规在建的高耗能、高排放项目，有关部门要责令停止建设，金融机构一律不得发放贷款。对违规建成的项目，要责令停止生产，金融机构一律不得发放流动资金贷款，有关部门要停止供电供水。严格控制高耗能、高排放和资源性产品出口。把能源消费总量、污染物排放总量作为节能评估和环境影响评价审批的重要依据，对电力、钢铁、造纸、印染行业实行主要污染物排放总量控制，对新建、扩建项目实施排污量等量或减量置换。优化电力、钢铁、水泥、玻璃、陶瓷、造纸等重点行业区域空间布局。中西部地区承接产业转移必须坚持高标准，严禁高污染产业和落后生产能力转入。

2）淘汰落后产能

重点淘汰小火电、炼铁产能、炼钢产能、水泥产能、焦炭产能、造纸产能等。制订年度淘汰计划，并逐级分解落实。对稀土行业实施更严格的节能环保准入标准，加快淘汰落后生产工艺和生产线，推进形成合理开发、有序生产、高效利用、技术先进、集约发展的稀土行业持续健康发展格局。完善落后产能退出机制，对未完成淘汰任务的地区和企业，依法落实惩罚措施。鼓励各地区制定更严格的能耗和排放标准，加大淘汰落后产能力度。

3）促进传统产业优化升级

运用高新技术和先进适用技术改造提升传统产业，促进信息化和工业化深度融合。加大企业技术改造力度，重点支持对产业升级带动作用大的重点项目和重污染企业搬迁改造。调整加工贸易禁止类商品目录，提高加工贸易准入门槛。提升产品节能环保性能，打造绿色低碳品牌。合理引导企业兼并重组，提高产业集中度，培育具有自主创新能力和核心竞争力的企业。

4）调整能源消费结构

促进天然气产量快速增长，推进煤层气、页岩气等非常规油气资源开发利用，加强油气战略进口通道、国内主干管网、城市配网和储备库建设。结合产业布局调整，有序引导高耗能企业向能源产地适度集中,减少长距离输煤输电。在做好生态保护和移民安置的前提下积极发展水电,在确保安全的基础上有序发展核电。加快风能、太阳能、地热能、生物质能、煤层气等清洁能源商业化利用,加快分布式能源发展,提高电网对非化石能源和清洁能源发电的接纳能力。

5) 推动服务业和战略性新兴产业发展

加快发展生产性服务业和生活性服务业,推进规模化、品牌化、网络化经营。推动节能环保、新一代信息技术、生物、高端装备制造、新能源、新材料、新能源汽车等战略性新兴产业发展。

2. 推动能效水平提高

1) 加强工业节能

(1) 电力。鼓励建设高效燃气-蒸汽联合循环电站,加强示范整体煤气化联合循环技术(IGCC)和以煤气化为龙头的多联产技术。发展热电联产,加快智能电网建设。加快现役机组和电网技术改造,降低厂用电率和输配电线损。

(2) 煤炭。推广年产 4.0×10^6 t 选煤系统成套技术与装备,鼓励高硫、高灰动力煤入洗,灰分大于 25% 的商品煤就近销售。积极发展动力配煤,合理选择具有区位和市场优势的矿区、港口等煤炭集散地建设煤炭储配基地。发展煤炭地下气化、脱硫、水煤浆、型煤等洁净煤技术。实施煤矿节能技术改造。加强煤矸石综合利用。

(3) 钢铁。优化高炉炼铁炉料结构,降低铁钢比。推广连铸坯热送热装和直接轧制技术。推动干熄焦、高炉煤气、转炉煤气和焦炉煤气等二次能源高效回收利用,鼓励烧结机余热发电,支持大中型钢铁企业建设能源管理中心。

(4) 有色金属。重点推广新型阴极结构铝电解槽、低温高效铝电解等先进节能生产工艺技术。推广氧气底吹熔炼技术、闪速技术。加快短流程连续炼铅冶金技术、连续铸轧短流程有色金属深加工工艺、液态铅渣直接还原炼铅工艺与装备产业化技术开发和推广应用。加强有色金属资源回收利用。提高能源管理信息化水平。

(5) 石油石化。原油开采行业要全面实施抽油机驱动电机节能改造,推广不加热集油技术和油田采出水余热回收利用技术,提高油田伴生气回收水平。鼓励符合条件的新建炼油项目发展炼化一体化。原油加工行业重点推广高效换热器并优化换热流程、中段回流取热比例,降低气化率。推广塔顶循环回流换热节能技术。

(6) 化工。合成氨行业重点推广先进煤气化技术、节能高效脱硫脱碳技术、低位能余热吸收制冷技术,实施综合节能改造。烧碱行业提高离子膜法烧碱比例,加快零极距、氧阴极等先进节能技术的开发应用。纯碱行业重点推广蒸汽多级利用、变换气制碱、新型盐析结晶器及高效节能循环泵等节能技术。电石行业加快采用密闭式电石炉,全面推行电石炉炉气综合利用,积极推广新型电石生产技术。

(7) 建材。推广大型新型干法水泥生产线。普及纯低温余热发电技术。推进水泥粉磨、熟料生产等节能改造。推进玻璃生产线余热发电。加快开发推广高效阻燃保温材料、低辐射节能玻璃等新型节能产品。推进墙体材料革新,城市城区限制使用黏土制品,县城禁止使用实心黏土砖。加快新型墙体材料发展。

2）强化建筑节能

开展绿色建筑行动,从规划、法规、技术、标准、设计等方面全面推进建筑节能,提高建筑能效水平。

对新建建筑严把设计关,加强施工图审查,城镇建筑设计阶段 100% 达到节能标准要求。加强施工阶段监管和稽查,施工阶段节能标准执行率达到 95% 以上。严格建筑节能专项验收,对达不到节能标准要求的不得通过竣工验收。鼓励有条件的地区适当提高建筑节能标准。加强新区绿色规划,重点推动各级机关、学校和医院建筑,以及影剧院、博物馆、科技馆、体育馆等执行绿色建筑标准;在商业房地产、工业厂房中推广绿色建筑。

加大既有建筑节能改造力度。以围护结构、供热计量、管网热平衡改造为重点,大力推进北方采暖地区既有居住建筑供热计量及节能改造,加快实施"节能暖房"工程。开展大型公共建筑采暖、空调、通风、照明等节能改造,推行用电分项计量。以建筑门窗、外遮阳、自然通风等为重点,在夏热冬冷地区和夏热冬暖地区开展居住建筑节能改造试点。在具备条件的情况下,鼓励在旧城区综合改造、城市市容整治、既有建筑抗震加固中,采用加层、扩容等方式开展节能改造。

3）推进交通运输节能

(1) 铁路运输。大力发展电气化铁路,进一步提高铁路运输能力。加强运输组织管理。加快淘汰老旧机车机型,推广铁路机车节油、节电技术,对铁路运输设备实施节能改造。积极推进货运重载化。推进客运站节能优化设计,加强大型客运站能耗综合管理。

(2) 公路运输。全面实施营运车辆燃料消耗量限值标准。建立物流公共信息平台,优化货运组织。推行高速公路不停车收费,继续开展公路甩挂运输试点。实施城乡道路客运一体化试点。推广节能驾驶和绿色维修。

(3) 水路运输。建设以国家高等级航道网为主体的内河航道网,推进航电枢纽建设,优化港口布局。推进船舶大型化、专业化,淘汰老旧船舶,加快实施内河船型标准化。发展大宗散货专业化运输和多式联运等现代运输组织方式。推进港口码头节能设计和改造。加快港口物流信息平台建设。

(4) 航空运输。优化航线网络和运力配备,改善机队结构,加强联盟合作,提高运输效率。优化空域结构,提高空域资源配置使用效率。开发应用航空器飞行及地面运行节油相关实用技术,推进航空生物燃油研发与应用。加强机场建设和运营中的节能管理,推进高耗能设施、设备的节油节电改造。

(5) 城市交通。合理规划城市布局,优化配置交通资源,建立以公共交通为重点的城市交通发展模式。优先发展公共交通,有序推进轨道交通建设,加快发展快速公交。探索城市调控机动车保有总量。开展低碳交通运输体系建设城市试点。推行节能驾驶,倡导绿色出行。积极推广节能与新能源汽车,加快加气站、充电站等配套设施规划和建设。抓好城市步行、自行车交通系统建设。发展智能交通,建立公众出行信息服务系统,加大交通疏堵力度。

4）推进农业和农村节能

完善农业机械节能标准体系。依法加强大型农机年检、年审,加快老旧农业机械和渔船淘汰更新。鼓励农民购买高效节能农业机械。推广节能新产品、新技术,加快农业机电设备节能改造,加强用能设备定期维修保养。推进节能型农宅建设,结合农村危房改造加大建筑节能示范力度。推动省柴节煤灶更新换代。开展农村水电增效扩容改造。推进农业节水增效,推广高效节水灌溉技术。因地制宜、多能互补发展小水电、风能、太阳能和秸秆综合利用。科学规划农村沼气建设布局,完善服务机制,加强沼气设施的运行管理和维护。

5) 强化商用和民用节能

开展零售业等流通领域节能减排行动。商业、旅游业、餐饮等行业建立并完善能源管理制度,开展能源审计,加快用能设施节能改造。宾馆、商厦、写字楼、机场、车站严格执行公共建筑空调温度控制标准,优化空调运行管理。鼓励消费者购买节能环保型汽车和节能型住宅,推广高效节能家用电器、办公设备和高效照明产品。减少待机能耗,减少使用一次性用品,严格执行限制商品过度包装和超薄塑料购物袋生产、销售和使用的相关规定。

6) 实施公共机构节能

新建公共建筑严格实施建筑节能标准。实施供热计量改造,国家机关率先实行按热量收费。推进公共机构办公区节能改造,推广应用可再生能源。全面推进公务用车制度改革,严格油耗定额管理,推广节能和新能源汽车。在各级机关和教科文卫体等系统开展节约型公共机构示范单位建设。健全公共机构能源管理、统计监测考核和培训体系,建立完善公共机构能源审计、能效公示、能源计量和能耗定额管理制度,加强能耗监测平台和节能监管体系建设。

2.1.3　重点的节能改造工程

1. 锅炉(窑炉)改造和热电联产

实施燃煤锅炉和锅炉房系统节能改造,提高锅炉热效率和运行管理水平;在部分地区开展锅炉专用煤集中加工,提高锅炉燃煤质量;推动老旧供热管网、换热站改造。推广四通道喷煤燃烧、并流蓄热石灰窑煅烧等高效窑炉节能技术。东北、华北、西北地区大城市居民采暖除有条件采用可再生能源外,基本实行集中供热,中小城市因地制宜发展背压式热电或集中供热改造,提高热电联产在集中供热中的比重。

2. 电机系统节能

采用高效节能电动机、风机、水泵、变压器,更新淘汰落后耗电设备。对电机系统实施变频调速、永磁调速、无功补偿等节能改造,优化系统运行和控制,提高系统整体运行效率。开展大型水利排灌设备、电机总容量 100 MW 以上电机系统示范改造。

3. 能量系统优化

加强电力、钢铁、有色金属、合成氨、炼油、乙烯等行业企业能量梯级利用和能源系统整体优化改造,开展发电机组通流改造、冷却塔循环水系统优化、冷凝水回收利用等,优化蒸汽、热水等载能介质的管网配置,实施输配电设备节能改造,深入挖掘系统节能潜力,大幅度提升系统能源效率。

4. 余热余压利用

能源行业实施煤矿低浓度瓦斯、油田伴生气回收利用;钢铁行业推广干熄焦、干式炉顶压差发电、高炉和转炉煤气回收发电、烧结机余热发电;有色金属行业推广冶金炉窑余热回收；建材行业推行新型干法水泥纯低温余热发电、玻璃熔窑余热发电；化工行业推行炭黑余热利用、硫酸生产低品位热能利用；积极利用工业低品位余热作为城市供热热源。

5. 节约和替代石油

推广燃煤机组无油和微油点火、内燃机系统节能、玻璃窑炉全氧燃烧和富氧燃烧、炼油含氢尾气膜法回收等技术。开展交通运输节油技术改造，鼓励以洁净煤、石油焦、天然气替代燃料油。在有条件的城市公交客车、出租车、城际客货运输车辆等推广使用天然气和煤层气。因地制宜推广醇醚燃料、生物柴油等车用替代燃料。实施乘用车制造企业平均油耗管理制度。

6. 建筑节能

主要工作包括：北方采暖地区居住建筑供热计量和节能改造；夏热冬冷地区居住建筑节能改造；公共建筑节能改造。

7. 交通运输节能

铁路运输实施内燃机车、电力机车和空调发电车节油节电、动态无功补偿以及谐波负序治理等技术改造；公路运输实施电子不停车收费技术改造；水运推广港口轮胎式集装箱门式起重机油改电、靠港船舶使用岸电、港区运输车辆和装卸机械节能改造、油码头油气回收等；民航实施机场和地面服务设备节能改造，推广地面电源系统代替辅助动力装置等措施；加快信息技术在城市交通中的应用。深入开展"车船路港"千家企业低碳交通运输专项行动。

8. 绿色照明

实施"中国逐步淘汰白炽灯路线图"，分阶段淘汰普通照明用白炽灯等低效照明产品。推动白炽灯生产企业转型改造，支持荧光灯生产企业实施低汞、固汞技术改造。积极发展半导体照明节能产业，加快半导体照明关键设备、核心材料和共性关键技术研发，支持技术成熟的半导体通用照明产品在宾馆、商厦、道路、隧道、机场等领域的应用。推动标准检测平台建设。加快城市道路照明系统改造，控制过度装饰和亮化。

2.2　节能的法规和措施

2.2.1　节约能源法

目前，我国尚未制定专门的能源法，但有关能源的法规，如《中华人民共和国煤炭法》、《中华人民共和国电力法》、《中华人民共和国节约能源法》、《中华人民共和国可再生能源法》等已先后发布和实施。除了对上述法规根据实施情况和社会经济发展进行修订外，目前正在制定《中华人民共和国能源法》、《中华人民共和国石油天然气法》和《国家石油储备管理条例》等法律法规，以尽快完善与社会主义市场经济体制相适应的能源法律法规体系。

我国在 1997 年 11 月 1 日第八届全国人大常委会第 28 次会议通过，1998 年 1 月 1 日起正式施行的《中华人民共和国节约能源法》（以下简称《节约能源法》），首次将节能赋予法律地位。《节约能源法》内容涉及节能管理、能源的合理使用、促进节能技术进步、法律责任等。该法明确了我国发展节能事业的方针和重要原则，确立了合理用能评价、节能产品标志、节能标准与能耗限额、淘汰落后高耗能产品、重点用能单位管理、节能监督和检查等一系列法律制度。

《节约能源法》指出，节能是国家发展经济的一项长远战略方针，并重申了能源节约与能源开发并举，把能源节约放在首位的能源政策。《节约能源法》规定，固定资产投资工程项目的可行性研究报告应当包含合理用能的专题论证，达不到合理用能标准和节能设计规范要求的项目，审批机关依法不得批准建设；项目建成后达不到合理用能标准和节能设计规范的，不予验收。把固定资产投资工程项目的经济效益与环境保护、合理用能统一起来，将使国家的经济建设、环境保护、能源利用等方面协调发展。

《节约能源法》明确指出，国家鼓励开发、利用新能源和可再生能源，并支持节能科学技术的研究和推广。目前，国家大力发展下列通用节能技术：

（1）推广热电联产、集中供热，提高热电机组的利用率，发展热能梯级利用技术，热、电、冷联产技术和热、电、煤气三联供技术，提高热能综合利用率；

（2）逐步实现电动机、风机、泵类设备和系统的经济运行，发展电动机调速节电和电力电子节电技术，开发、生产、推广质优价廉的节能器材，提高电能利用效率；

（3）发展和推广适合国内煤炭品种的流化床燃烧、无烟燃烧和气化、液化等洁净煤技术，提高煤炭的利用效率；

（4）发展和推广其他在节能工作中证明技术成熟、效益显著的通用节能技术。

《节约能源法》的颁布施行，对于推进全社会节约能源，提高能源利用效率和经济效益，保护环境，保障国民经济和全社会可持续发展，满足人民生活需要，具有十分重要的意义。

近年来，我国能源消费增长很快，能耗高、利用率低的问题依然严重，节能工作面临的形势十分严峻，迫切需要通过完善相关法律，加大对节能工作的推动力度。《中华人民共和国节约能源法（2016年7月修订）》意味着我国将借助法律手段推动节能减排目标如期实现。修订后提出了很多具体可操作的节能措施，包括逐步施行供热分户计量、公共建筑物施行室内温度控制制度、鼓励发展节能环保型交通工具、限制能耗高污染重的机组发电以及鼓励工业企业采用洁净煤和热电联产技术等。在强化政府指导和监管职能的同时，专门新增"激励政策"一章，明确国家实行财政、税收、价格、信贷和政府采购等政策，促进企业节能和产业升级。还进一步明确了一系列强制性措施，限制发展高耗能、高污染行业，包括制定强制性能效标志和实行淘汰制度等。

2.2.2　节能应遵循的原则

节能已是我国的一项基本国策，应遵循如下原则。

（1）坚持把节能作为转变经济增长方式的重要内容。

我国能源消耗高、浪费大的根本原因在于粗放型的经济增长方式。要大幅度提高能源利用效率，必须从根本上改变单纯依靠外延发展、忽视挖潜改造的粗放型发展模式，走科技含量高、经济效益好、资源消耗低、环境污染少、人力资源优势得到充分发挥的新型工业化道路,努力实现经济持续发展、社会全面进步、资源永续利用、环境不断改善和生态良性循环。

（2）坚持节能与结构调整、技术进步和加强管理相结合。

通过调整产业结构、产品结构和能源消费结构,淘汰落后技术和设备,加快发展以服务业为主的第三产业和以信息技术为主的高新技术产业,用高新技术和先进适用技术改造传统产业,促进产业结构优化和升级,提高产业的整体技术装备水平。开发和推广应用先进、高效的能源节约和替代技术、综合利用技术及新能源和可再生能源利用技术。加强管理,减少损失和浪费,提高能源利用效率。

（3）坚持发挥市场机制与政府宏观调控相结合。

以市场为导向,以企业为主体,通过深化改革,创新机制,充分发挥市场配置资源的基础性作用。政府通过制定和实施法律、法规,加强政策导向和信息引导,营造有利于节能的体制环境、政策环境和市场环境,建立符合市场经济体制要求的企业自觉节能的机制,推动全社会节能。

（4）坚持依法管理与政策激励相结合。

新增项目要严格市场准入,加强执法监督检查,辅以政策支持,从源头控制高耗能企业、高耗能建筑和低效设备（产品）的发展。现有项目要深入挖潜,在严格执法的前提下,通过政策激励和信息引导,加快能源使用的结构调整和技术进步。

（5）坚持突出重点、分类指导、全面推进。

对年耗能 10^4 t标准煤以上的重点用能单位要严格依法管理,明确目标措施,公布能耗状况,强化监督检查;对中小企业在严格依法管理的同时,要注重政策引导和提供服务。交通节能的重点是对新增机动车,要建立和实施机动车燃油经济性标准及配套政策和制度。建筑节能的重点是严格执行节能设计标准,加强政策导向。商用和民用节能的重点是提高用能设备的能效标准,严格市场准入,运用市场机制,引导和鼓励用户和消费者购买节能型产品。

（6）坚持全社会共同参与。

节能涉及各行各业、千家万户,需要全社会共同努力,积极参与。企业和消费者是节能的主体,要改变不合理的生产方式和消费方式,依法履行节能责任;政府通过制定法规、政策和标准,引导、规范用能行为,为企业和消费者提供服务,并带头节能;中介机构要发挥政府和企业、企业和企业之间的桥梁和纽带作用。

2.2.3　节能措施

根据我国节能的中长期专项规划,对节能工作应采取以下保障措施。

（1）坚持和实施节能优先的方针。

从我国国情出发,树立和落实以人为本和全面、协调、可持续的科学发展观,从战略和全局的高度充分认识能源对经济和社会发展的支撑作用和约束作用,节能对缓解能源约束、保障国家能源安全、提高经济效益、环境保护的重要意义,把节能作为能源发展战略和实施可持续发展战略的重要组成部分。无论生产建设还是消费领域,都要把节能放在突出位置,长期坚持和实施节能优先的方针,推动全社会节能。

节能优先要体现在制定和实施发展战略、发展规划、产业政策,以及财政、税收、金融和价格等政策中。编制专项规划,要把节能作为重要内容加以体现,各地区都要结合本地区实际来制订节能中长期规划;建设项目的项目建议书、可行性研究报告应强化节能的论证和评估;要在推进结构调整和技术进步中体现节能优先;要在国家财政、税收、金融和价格政策中支持节能。

(2)制定和实施统一、协调、促进节能的能源和环境政策。

为确保经济增长、能源安全和可持续发展,促进能源高效利用,需要建立基于我国资源特点、统筹规划、协调一致的能源和环境政策。

① 煤炭应主要用于发电。煤炭在大型燃煤发电机组上使用,同时配套安装烟气脱硫装置等。一方面,能够大幅度提高煤炭利用效率,减少原煤消耗;另一方面,集中解决 SO_2 排放等污染问题,做到高效、清洁利用煤炭。这是最经济、最有效的解决能源环境问题的办法。应提高我国煤炭用于发电的比重,终端用户更多地使用优质电能,鼓励用户和消费者合理用电,提高电力终端能源消费的比例。

② 石油应主要用于交通运输、化工原料和现阶段无法替代的用油领域。对目前燃料用油领域要区别不同情况,因地制宜,鼓励用洁净煤、天然气和石油焦来替代燃油。对烧低硫油的燃油锅炉实施洁净煤替代改造,能够实现达标排放的企业,应合理调整污染物排放总量控制指标。统一规划交通运输发展模式,制订符合我国国情的交通运输发展整体规划。特大城市要加快城市轨道交通建设,形成立体城市交通系统,大力发展城市公共交通系统,提高公共交通效率,抑制私人机动交通工具对城市交通资源的过度使用。

③ 城市大气污染治理应以改造后达标排放和污染物总量控制为原则,城市燃料结构要从实际出发,不宜硬性规定燃煤锅炉必须改为燃油锅炉,以控制盲目"弃煤改油"带来燃料油需求量的过快增加。对中、小型燃煤锅炉,在有天然气资源的地区应鼓励使用天然气进行替代;在无天然气或天然气资源不足的地区,应鼓励优先使用优质洗选加工煤或其他优质能源,并采用先进的节能环保型锅炉,减少燃煤污染。

(3)制定和实施促进结构调整的产业政策。

加快调整产业结构、产品结构和能源消费结构是建立节能型工业、节能型社会的重要途径。研究制定促进服务业发展的政策和措施,发挥服务业引导资金的作用,从体制、政策、机制、投入等方面采取有力措施,加快发展低能耗、高附加值的第三产业,重点发展低密集型服务业和现代服务业,扭转服务业发展长期滞后局面,提高第三产业在国民经济中的比重。

制定了《产业结构调整指导目录》,鼓励发展高新技术产业,优先发展对经济增长有重大带动作用的低能耗的信息产业,不断提高高新技术产业在国民经济中的比重。鼓励运用高新技术和先进适用技术改造和提升传统产业,促进产业结构的优化和升级。国家对落后的耗能过高的用能产品、设备实行淘汰制度,节能主管部门要定期公布淘汰的耗能过高的用能产品、设备的目录,并加大监督检查的力度。对达不到强制性能效标准的耗能产品或建筑,不能出厂销售或不准开工建设,对生产、销售和使用国家淘汰的耗能过高的用能产品、设备的,要加大惩罚力度。制定钢铁、有色金属、水泥等高耗能行业的发展规划、政策,提高行业准入标准。制定限制用能的领域以及限制国内紧缺资源及高耗能产品出口的政策。严禁新建、扩建常规燃油发电机组;在区域供电平衡、能够满足用电需求的情况下,限制柴油发电机和燃油的燃气轮机的使用和建设。

（4）制定和实施强化节能的激励政策。

制定的《节能设备（产品）目录》中，重点是终端用能设备，包括高效电动机、风机、水泵、变压器、家用电器、照明产品及建筑节能产品等，对生产或使用《节能设备（产品）目录》中所列节能产品的企业实行鼓励政策，并将节能产品纳入政府采购目录。

国家对一些重大节能工程项目和重大节能技术的开发、示范项目给予投资和资金补助或贷款贴息支持。将政府节能管理、政府机构节能改造等所需费用，纳入同级财政预算。

深化能源价格改革，逐步理顺不同能源品种的价格，形成有利于节能、提高能源使用效率的价格激励机制。建立和完善峰谷、丰枯电价和可中断电价补偿制度，对国家淘汰和限制类项目及高耗能企业按国家产业政策实行差别电价，抑制高耗能行业的盲目发展，引导用户合理用电，节约用电。

研究鼓励发展节能车型和加快淘汰高油耗车辆的财政税收政策，择机实施燃油税改革方案。取消一切不合理的限制低油耗、小排量、低排放汽车使用和运营的规定。研究鼓励混合动力汽车、纯电动汽车的生产和消费政策。

（5）加大依法实施节能管理的力度。

加快建立和完善以《节约能源法》为核心，配套法规、标准相协调的节能法律法规体系，依法强化监督管理。一是研究完善节约能源的相关法律，制定了《节约用电管理办法》、《节约石油管理办法》、《能源效率标志管理办法》、《建筑节能管理办法》等配套法规、规章。二是制定和实施强制性、超前性能效标准。包括主要工业耗能设备、家用电器、照明器具、机动车等能效标准。组织修订和完善主要耗能行业节能设计规范、建筑节能标准，加快制定建筑物制冷、采暖温度控制标准等。当前重点是加快制定机动车燃油经济性限值标准，同时建立和实施机动车燃油经济性申报、标志、公布三项制度。三是建立和完善节能监督机制。组织对钢铁、有色、建材、化工、石化等高耗能行业用能情况、节能管理情况的监督检查，对产品能效标准、建筑节能设计标准、行业设计规范执行情况进行监督检查，对固定资产投资项目可行性研究报告增列节能篇（章）的规定进行监督检查。健全依法淘汰的制度，采取强制性措施，依法淘汰落后的耗能过高的用能产品、设备。充分发挥建设、工商、质检等部门及各地节能监测（监察）机构的作用，从各环节加大监督执法力度。

（6）加快节能技术开发、示范和推广。

组织对共性、关键和前沿节能技术的科研开发，实施重大节能示范工程，促进节能技术产业化。建立以企业为主体的节能技术创新体系，加快科技成果的转化。消化、吸收和引进国外先进的节能技术。组织先进、成熟的节能新技术、新工艺、新设备和新材料的推广应用，同时组织开展原材料、水等载能体的节约和替代技术的开发和推广应用。重点推广列入《节能设备（产品）目录》的终端用能设备（产品）。

国家制订节能技术开发、示范和推广计划，明确阶段目标、重点支持政策，分步组织实施。国家修订颁布的《中国节能技术政策大纲》，引导企业有重点地开发和应用先进的节能技术，引导企业和金融机构的投资方向。在国家中长期科学技术发展规划、国家高技术产业发展项目计划等各类国家科技计划以及地方相应的计划中，加大对重大节能技术开发和产业化的支持力度。

建立节能共性技术和通用设备科研基地(平台)。鼓励依托科研单位和企业、个人,开发先进节能技术和高效节能设备。引入竞争机制,实行市场化运作,国家将对高投入、高风险的项目给予经费支持。

地方各级人民政府要采取积极措施,加大资金投入,加强节能技术开发、示范、推广、应用。

(7) 推广以市场机制为基础的节能新机制。

一是建立节能信息发布制度,利用现代信息传播技术,及时发布国内外各类能耗信息,以及先进的节能新技术、新工艺、新设备及先进的管理经验,引导企业挖潜改造,提高能效。二是推行综合资源规划和电力需求管理,将节约量作为资源纳入总体规划,引导资源合理配置。采取有效措施,提高终端用电效率,优化用电方式和节约电力。三是大力推动节能产品认证和能效标志管理制度的实施,运用市场机制,引导用户和消费者购买节能型产品。四是推行合同能源管理,克服节能新技术推广的市场障碍,促进节能产业化;为企业实施节能改造提供诊断、设计、融资、改造、运行、管理一条龙服务。五是建立节能投资担保机制,促进节能技术服务体系的发展。六是推行节能自愿协议,即耗能用户或行业协会与政府签订节能协议。

(8) 加强重点用能单位节能管理。

落实《重点用能单位节能管理办法》和《节约用电管理办法》,加强对年耗能 10 000 t 标准煤以上重点用能单位的节能管理和监督。组织对重点用能单位能源利用状况的监督检查和主要耗能设备、工艺系统的检测,定期公布重点用能单位名单、重点用能单位能源利用状况及与国内外同类企业先进水平的比较情况,做好对重点用能单位节能管理人员的培训。重点用能单位应设立能源管理岗位,聘用符合条件的能源管理人员,加强对本单位能源利用状况的监督检查,建立节能工作责任制,健全能源计量管理、能源统计和能源利用状况分析制度,促进企业节能、降耗上水平。

(9) 强化节能宣传、教育和培训。

广泛、深入、持久地开展节能宣传,不断提高全民资源忧患意识和节约意识。将节能纳入中小学教育、高等教育、职业教育和技术培训体系。新闻出版、广播影视、文化等部门和有关社会团体,要充分发挥各自优势,搞好节能宣传,形成强大的宣传声势,曝光那些严重浪费资源、污染环境的用户和现象,宣传节能的典型。节能要从小学生抓起,各级教育主管部门要组织中小学开展节能宣传和实践活动。各级政府有关部门和企业,要组织开展经常性的节能宣传、技术和典型交流,组织节能管理和技术人员的培训。在每年夏季用电高峰,组织开展"全国节能宣传周"活动,通过形式多样的宣传教育活动,动员社会各界广泛参与,使节能成为全体公民的自觉行动。

(10) 加强组织领导,推动规划实施。

节能是一项系统工程,需要有关部门的协调配合、共同推动。各地区、有关部门及企事业单位要加强对节能工作的领导,明确专门的机构、人员和经费,制订规划,组织实施。行业协会要积极发挥桥梁和纽带作用,加强行业节能自律。

2.3　节能术语与技术节能的途径

2.3.1　节能相关的术语

1. 能源效率

能源效率是指能源产出与能源投入之比,一般用百分率来表示。通常有能源经济效率和能源技术效率。能源经济效率用来分析国家或地区的能源效率水平。能源经济效率指标常用宏观经济领域的单位 GDP(国内生产总值)能耗和微观经济领域的单位产值能耗或单位产品能耗等指标表示。单位 GDP 能耗(能源消费系数、能源强度)是指产出单位经济量(或实物量、服务量)所消耗的能源量。单位 GDP 能耗是对能源使用效率进行比较的基本指标,通常指每万元(或亿元)GDP 的能耗,是综合了国家经济结构、能源结构和设备技术工艺和管理水平等多种因素形成的能耗水平与经济产出的比例关系。单位 GDP 能耗从投入和产出的宏观比较可反映一个国家(或地区)的能源经济效率,具有宏观参考价值。单位 GDP 能耗越低,能源经济效率越高。

能源技术效率是指使用能源转换过程中有效利用的能源与实际输入的能源之比。能源系统效率包括能源加工、转换、储运和终端利用各个环节在内的能源效率,是能源生产、中间环节的效率与终端使用效率的乘积。目前中国的能源系统效率大约在 30%,与发达国家的40% 以上还有较大差距。

2. 单位产值能耗和单位产品能耗

单位产值能耗和单位产品能耗是分析能源效率的指标,单位产值能耗是指实现单位产值的某种能源消耗量,通常以每万元单位产值能耗的吨标准煤表示。单位产品能耗主要是用于计算和比较一些产品,如钢铁、化工、建材、电力等单位产品的能耗。

3. 单位能耗的 GDP

单位能耗的 GDP 是指单位能源消费能创造的 GDP,也是分析能源经济效率的一种指标,表示投入能源所产出的附加值。

4. 能源弹性系数

能源弹性系数是反映能源消费增长速度与国民生产总值增长速度之间比例关系的指标,其计算公式为

$$能源弹性系数 = \frac{能源消费量年平均增长速度}{国民生产总值年平均增长速度}$$

5. 电力弹性系数

电力弹性系数是指一定时期内,需求电量的平均增长速度与国民生产总值的平均增长速度之比。其计算公式为

$$电力弹性系数 = \frac{电力消费年平均增长率}{国民生产总值年平均增长率}$$

由于国民生产总值和电力消费之间有一定的相关关系,所以当电量的平均增长速度高于国民生产总值的平均增长速度时,电力弹性系数大于1,反之,则小于1。电力弹性系数可反映电力与经济发展的相关性。我国电力弹性系数变化幅度较大,从20世纪50年代初期的2.41变化到80年代的0.64和21世纪初的1.6以上,大致上展示了持续缺电和严重缺电时期电力弹性系数较高,电力供求缓和时期电力弹性系数急剧下降的趋势。

以往,一般将电量的增长速度快于国民生产总值的增长速度称为电力工业超前发展。电力弹性系数大于1曾作为电力超前发展的标志,在缺电时期以电力弹性系数大于1为目标来加快电力的发展,并根据电力弹性系数的变化趋势来预测未来的电力负荷需求。但是,国民生产总值是一个综合性指标,且电量增长速度和国民生产总值增长速度之间存在着不确定性。目前,电力弹性系数方法已被更为精确的需求模型和规划方法所取代。

2.3.2　节能的类型

节能从广义上讲,就是要降低能源消费系数,使实现同样的国民生产产值M所消耗的能源量E最少。节能可以从以下几方面着手。

(1) 提高用能设备的能源利用效率,直接减小能耗和E/M,通常将这种方法称为技术节能;

(2) 采用新工艺以降低某产品的有效能耗,称为工艺节能;

(3) 加强组织管理,通过各种途径减少原材料消耗,提高产品质量,以减少间接能耗,称为间接节能;

(4) 调整工业结构和产品结构,发展耗能少的产品,以降低E/M,称为结构节能,结构节能也是一种间接节能。

技术节能和工艺节能合称为直接节能。

在节能工作中,如果运用价值工程的观点,用能效益就相当于价值,能源消耗则相当于成本,因此有如下关系:

$$用能效益 = \frac{产品功能}{能源消耗}$$

不论产品的功能和能耗是增加还是减少,只要用能效益提高了就取得了节能的效果。这样就将节能从单纯数量的含义扩展到效益的范畴,即节能效益。因此根据产品功能和能耗的改变情况,有以下几种节能的类型。

(1) 功能不变,能耗降低,称为纯节能型。这就是目前普遍采用的节能形式。

(2) 功能增强,能耗不变,称为增值节能。这是一种值得提倡的节能形式。

(3) 功能增强,能耗降低,称为理想节能。这种情况只有在改革工艺方法后才能达到。

(4) 功能大幅度增强,能耗略有提高,称为相对节能。

(5) 功能略有减弱,能耗大量降低,称为简单节能。这是在能源短缺时不得已才允许采用的方式。

（6）功能或增强或不变或减弱，但能耗为零，称为零点节能或超理想节能。例如省去一道工序，或利用生产过程中的化学反应放热代替外供能源消耗等，都属于这种节能形式。

2.3.3　技术和工艺节能的一般途径

一切能源的利用过程本质上都是能量的传递和转换过程。这两个过程在理论上和实践上都存在着限制，存在着一系列物理、技术和经济方面的限制因素。如热能的利用首先要受热力学第一定律（能量守恒）和第二定律（能量贬值）的制约。能量在传递和转换过程中由于热传导、对流和辐射，能量的数量要产生损失，能源的品质也要降低。因此能源有效利用的实质是：在热力学原则的指导下提高能量传递和转换效率；整体上使所有需要消费能源的地方做到最经济、最合理地利用能源，充分发挥能源的利用效果。能源节约既要着眼于提高用能设备的效果，也要考虑整个用能系统的最优化。为了提高能源的有效利用，从技术方面讲可以从以下五方面入手：

（1）提高能量传递和转换设备的效率，减少转换的次数和传递的距离；

（2）在热力学原则的指导下，从能量的数量和质量两方面分析，计算能量的需求和评价能源使用方案，按能量的品质合理使用能源，尽可能防止高品质能量降级使用；

（3）按系统工程的原理，实现整个企业或地区用能系统的热能、机械能、电能、余热、余压全面综合利用，使能源利用最优化；

（4）大力开发节能新技术，如高效清洁的燃烧技术、高温燃气涡轮机、高效小温差换热设备、热泵技术、热管技术及低品质能源动力转换系统等；

（5）作为节约高品质化石燃料的一个有效途径，把太阳能、地热能、海洋能等低品质、低密度替代能源纳入能源结构体系，因地制宜地加以开发和利用。

值得指出的是，节能还是减少环境污染的一个重要方面。在一般情况下，大多数节能措施都会有效地减少污染，如提高锅炉热效率、回收余热、利用太阳能和地热等。但也有些节能技术措施，如处理不当，反而会造成污染。例如，提高燃烧温度可以强化燃烧过程，但如果燃烧温度超过 1 600 ℃，就会形成大量 NO_x，从而污染环境。因此一定要将节能技术和环境保护结合起来。

2.4　节能的技术经济评价

2.4.1　技术经济分析的基本要素

节能和其他工程项目一样，都需要从技术和经济两方面来进行分析和评价。其目的是要求在技术可行的前提下，获得经济上的合理性。技术经济分析就是以技术方案为对象，比较和分析对项目有影响、经济上可用数量表示的各种因素，并结合政治、社会、环境、资源等多方面进行综合分析、平衡，最终获得对该方案的客观评价。

为了对某一具体项目进行经济评估,应尽可能多地将各种因素转化为经济上可以计量的参数,并尽可能用货币来表示。在经济评价时应考虑的主要因素有投资费、成本费、折旧费、利润和税金等。

1. 投资及其估算

针对某一项目的投资,包括固定资产投资和流动资金投资。

1) 固定资产投资

固定资产投资由以下几方面构成:

(1) 设备投资与建筑安装费,包括主要生产项目费用、辅助生产项目费用、公用工程项目费用、服务性工程项目费用、生活福利设施的项目费用、治理"三废"项目费用、厂外工程费用等;

(2) 其他费用,包括管理费,规划、勘测、设计费,研究试验费,外事费,其他独立费用等;

(3) 不可预见费,包括职工培训费、报废工程损失费用、施工临时设施费用等。

2) 流动资金投资

流动资金投资由以下几方面构成:

(1) 储备资金,包括原材料、辅助材料、燃料、包装物、修理配件、低值易耗品等;

(2) 生产资金,包括在生产产品、半成品、其他待摊费用等;

(3) 成品资金,主要指产成品资金;

(4) 结算及货币资金,包括发出商品、结算资金、货币基金等。

其中储备资金、生产资金和成品资金是定额流动资金,而结算及货币资金则为非定额流动资金。

2. 成本

产品的成本通常由以下几部分构成:①原材料及辅助材料;②燃料及动力;③员工工资及附加费;④废品损失;⑤车间经费;⑥企业管理费;⑦销售费。

前5项之和为车间成本,加上第6项则为工厂成本,再加上第7项则为销售成本。

3. 折旧费

折旧费通常用下式计算:

$$D = \frac{P_0 + R + F - L}{n} \tag{2-1}$$

式中:D 为年折旧额;P_0 为固定资产原值或重估值;R 为折旧期内维修费总和;F 为拆除报废固定资产发生的费用;L 为残值;n 为折旧年限。

4. 利润、税金

企业的利润由产品销售利润和非销售利润两部分构成。

产品销售利润包括销售商品利润、其他销售利润和非销售利润。

销售商品利润通常由两部分利润组成,即产出商品的销售利润及期初和期末库存商品的差额利润。产品销售利润通常按下式计算:

$$产品销售利润 = 销售收入 - 销售成本 - 税金 \tag{2-2}$$

其他销售利润主要指来自不属于商品的产品,如废品、回收品、农副产品的销售利润,以及劳务利润。

非销售利润主要指罚款、违约金收入和去年发生而今年入账的利润等。

税金按我国现行税制主要有以下六类：

（1）流转税类，包括增值税、营业税、消费税、关税等；

（2）收益税类，包括企业所得税、个人所得税等；

（3）资源税类，包括资源税、城镇土地使用税等；

（4）农业税类，包括农业税、农林特产税、耕地占用税、契税等；

（5）特定目的税类，包括固定资产投资方向调节税、城乡维护建设税、教育附加费、土地增值税等；

（6）财产和行为税类，包括房产税、车船使用税、印花税、宴席税、屠宰税等。

2.4.2 资金的时间价值及其等值计算

1. 资金的时间价值

在不同时间付出或得到同样数量的资金在价值上是不相等的，这就是资金的时间价值。资金具有时间价值是商品经济条件下的普遍规律。充分认识和发挥资金的时间价值对于提高经济效益有重要意义。

通常衡量资金时间价值的尺度有利息、盈利（净收益）。其中利息是指银行存款获得的资金增值，盈利是指把资金投入生产产生的资金增值。

2. 利息和利率

利息是使用他人资金所付的费用。借款人付给贷款人超过原借款金额（本金）的部分叫利息。本利（F_n）、本金（P）和利息（I_n）应存在以下的关系：

$$F_n = P + I_n \tag{2-3}$$

式中：下标 n 表示计算利息的周期数。两次计算利息的时间间隔称为计息周期。

利率是每单位计息周期的利息与本金之比。可以通过下式计算出利率：

$$i = \frac{I_1}{P} \times 100\% \tag{2-4}$$

式中：i 代表利率；I_1 表示一个计息周期的利息。

这里的计息包括单利计息和复利计息。所谓单利计息，就是仅用本金计息，利息不再生利。其计算公式如下：

$$F_n = P(1 + in) \tag{2-5}$$

复利计息是按本金和前期累计利息总额之和计算利息，即

$$F_n = P(1 + i)^n \tag{2-6}$$

在利率较低，时间期限不长，本金数额不大的情况下，单利计息和复利计息之间的差别不大。但如果这三个数值各自差别较大，则两者差别就比较显著。

复利计息符合资金再生产的实际情况，多在技术经济中采用。

3. 现金流量图和资金等值概念

如果要考察一个投资项目在整个寿命期内的经济效果，通常采用现金流量图的方式。

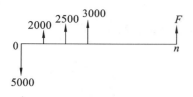

图 2-1　现金流量图

现金流量图如图 2-1 所示。

图中的横坐标代表年份,其中 0 为考察起点,n 为考察终点。

图中的纵坐标表示现金流量。箭头向上表示现金流入系统,现金流量为正;箭头向下表示现金流出系统,现金流量为负。

资金等值的定义是:处于不同时刻的两笔资金,货币面额不同,但考虑时间价值之后,其实际资金相等,则该两笔资金等值。例如,若年利率为 10%,那么今年的 100 元就等值于一年后的 110 元。采用资金等值概念的作用是使不同时点的现金流量在一定利率条件下具有可比性。

4. 资金等值的计算

在进行资金等值计算时,要涉及折现、终值和折现率的概念。所谓折现,也可称为贴现,就是把将来某一时点资金金额换算成零时点等值资金的过程,折现后的资金金额称为现值。终值就是将来值,是指与现值等价的将来某时点的资金金额。折现率是指在进行资金等值计算时使用的体现资金时间价值的参数(与单纯借贷关系中的利率类似)。

资金等值的计算公式与复利的计算公式相同。根据支付方式和等值换算时点的不同,有三种基本形式。

1) 一次性支付

分析系统的现金流量(无论流入或流出),均在一个时点上一次性支付。一次性支付的情况有两种计算公式。

(1) 一次性支付终值公式。

就是当现值为已知,需要求解终值时所采用的公式。设现在投资 P 元,折现率为 i,则在第 n 年年末的终值 F 为

$$F=P(1+i)^n \tag{2-7}$$

式中的 $(1+i)^n$ 称为一次性支付的终值系数。

(2) 一次性支付现值公式。

当终值 F 已知,需要求解现值 P 时所采用的公式。它是一次性支付终值公式的逆运算。计算公式为

$$P=F\frac{1}{(1+i)^n} \tag{2-8}$$

式中的 $1/(1+i)^n$ 称为一次性支付的现值系数。

很显然,一次性支付现值系数和一次性终值系数互为倒数。

例 2-1 某企业向银行借款 500 万元,年利率 7.56%,借期 5 年,问:5 年后一次性归还银行的本利和是多少?

解 这是求解终值的问题,即 5 年后归还银行的本利和应与现在的借款金额等值,折现率就是银行利率。

$$F=P(1+i)^n=500(1+0.0756)^5 \text{万元}=500×1.44 \text{万元}=720 \text{万元}$$

例 2-2 某投资项目 5 年后获利可达 1 000 万元,年折现率为 6%,问:现值是多少?

解

$$P = F \frac{1}{(1+i)^n} = 1\ 000 \times \frac{1}{(1+0.06)^5} \text{万元}$$

$$= 1\ 000 \times 0.747 \text{万元} = 747 \text{万元}$$

由例题可以得知,一次性支付终值系数和一次性支付现值系数都与 i 和 n 有关。通常,一次性支付终值系数可用符号 $(F/P,i,n)$ 表示,一次性支付现值系数可用符号 $(P/F,i,n)$ 表示。并且它们均被制成了表格(复利系数表),根据不同 i、n,就可以查到与之相对应的一次性支付终值系数和一次性支付现值系数。那么例 2-1、例 2-2 也可以通过查表获得答案,查表求得上述一次性支付终值系数和一次性支付现值系数分别为 1.44 和 0.747,然后带入公式即可。

2)等额分付

当现金的流入或流出在多个连续时点上发生,且数额相等时,属等额分付。如工厂的年运行费和年收入等。计算公式有以下三种。

(1)等额分付终值公式。

若等额流入或流出金额为 A,折现率为 i,计算年限为 n,因最后一笔等额年值与终值发生在同一时点上,故此笔等额年值不计利息,由此得到的计算公式为

$$F = A \frac{(1+i)^n - 1}{i} \tag{2-9}$$

式中:$\dfrac{(1+i)^n - 1}{i}$ 称为等额分付终值系数,符号为 $(F/A,i,n)$。

例 2-3　某电厂从现在起每年末存款 50 万元,以此作为 5 年后更新厂房的资金,如果银行利率为 5%,问:5 年后共有多少建设资金?

解

$$F = A \frac{(1+i)^n - 1}{i} = 50 \times \frac{(1+0.05)^5 - 1}{0.05} \text{万元}$$

$$= 50 \times 5.526 \text{万元} = 276.3 \text{万元}$$

同样,也可由复利系数表查得本题的等额分付终值系数 $(F/A,i,n) = 5.526$。

(2)等额分付偿债资金公式。

等额分付偿债资金公式是等额分付终值公式的逆运算,其原意是指,为了支付 n 年后到期的一笔债务,每年应预先存入多少等额年值,作为偿债的准备金。通过上式可以推出

$$A = F \frac{i}{(1+i)^n - 1} \tag{2-10}$$

式中:$\dfrac{i}{(1+i)^n - 1}$ 称为等额分付偿债资金系数,符号为 $(A/F,i,n)$。

例 2-4　某企业计划 3 年后用自筹资金更新部分设备,该预算需 400 万元,现打算设立专项存储基金,银行利率为 6%,问:每年年末需存入多少资金?

解

$$A = F \frac{i}{(1+i)^n - 1} = 400 \times \frac{0.06}{(1+0.06)^3 - 1} \text{万元}$$

$$=400 \times 0.314 \text{万元} = 125.6 \text{万元}$$

值得注意的是,式(2-9)、式(2-10)只适用于每年等额流入或流出现金,若每年不等额流入或流出,则不能使用上述公式。

(3) 等值分付现值公式。

将一系列等额年值按给定的折现率 i 和计息期数 n 转换为现值的总和,即可求得等值分付现值公式,即

$$P = A \frac{(1+i)^n - 1}{i(1+i)^n} \tag{2-11}$$

式中: $\frac{(1+i)^n - 1}{i(1+i)^n}$ 称为等额分付现值系数,符号为 $(P/A, i, n)$。

例 2-5 某设备经济寿命为 8 年,预计年净收益为 20 万元,若投资者要求的收益率为 20%,问:投资者最多愿意用什么价格购买该设备?

解

$$P = A \frac{(1+i)^n - 1}{i(1+i)^n} = 20 \times \frac{(1+0.2)^8 - 1}{0.2(1+0.2)^8} \text{万元}$$
$$= 20 \times 3.837 \text{万元} = 76.74 \text{万元}$$

(4) 等额分付资本回收公式。

等额分付资本回收公式是指目前投资 P 元,利率为 i,在 n 年内,每年年末要等额回收多少才能连本带利回收全部资金。它是等额分付现值公式的逆运算。其计算公式为

$$A = P \frac{i(1+i)^n}{(1+i)^n - 1} \tag{2-12}$$

式中: $\frac{i(1+i)^n}{(1+i)^n - 1}$ 称为等额分付资本回收系数,符号为 $(A/P, i, n)$。

例 2-6 新建一工厂,初期投资 2 000 万元,建设期 4 年,第 5 年年初投产,打算投产后 9 年内收回全部投资,若不计期末残值,年利率为 12%,问:该厂每年应最少获利多少?

解 现金流量图如图 2-2 所示。

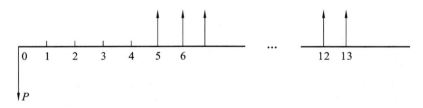

图 2-2　等额分付现金流量图

注意:此例不是等值问题,前 4 年没有资金回收,第 5 年年末才开始回收,故不能直接用前面的公式,需将期初现值换算成第 4 年年末的等值资金,再用前面的公式,计算 9 年的等额回收资金。

$$A = P(F/P, i, n)(A/P, i, n)$$
$$= 2\,000(F/P, 12\%, 4)(A/P, 12\%, 9)$$
$$= 2\,000 \times 1.517\,4 \times 0.187\,7 \text{万元}$$

$=589.9$ 万元

3）等差分付

等差序列的现金流量图如图 2-3 所示（G 为常量）。

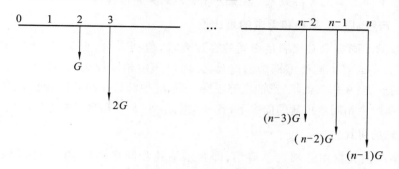

图 2-3　等差序列的现金流量图

当现金流序列是连续的而数额为等差数列时，则称为等差序列现金流。

例如，工厂设备维护费随设备服务年限的增长而逐年增加，增加的费用通常为常量。常用公式有以下两个。

（1）等差序列终值公式。

为便于推导，规定现金流量从第 2 年年末开始按等差变额 G 逐年增加，终止于第 n 年年末。其计算公式为

$$F=\frac{G}{i}\left[\frac{(1+i)^n-1}{i}-n\right] \tag{2-13}$$

式中：$\frac{1}{i}\left[\frac{(1+i)^n-1}{i}-n\right]$ 称为等差序列终值系数，符号为 $(F/G,i,n)$。

（2）等差序列现值公式。

将终值公式求得的终值乘以一次性支付现值系数，即可求得等差序列现值公式，即

$$P=F\frac{1}{(1+i)^n}=\frac{G}{i(1+i)^n}\left[\frac{(1+i)^n-1}{i}-n\right] \tag{2-14}$$

式中：$\frac{1}{i(1+i)^n}\left[\frac{(1+i)^n-1}{i}-n\right]$ 称为等差序列现值系数，符号为 $(P/G,i,n)$。

例 2-7　某施工企业租用施工机械，第 1 个月支付租金 5 000 元，考虑到物价上涨等因素的影响，从第 2 个月起每个月的租金要在前一个月的基础上增加 300 元，估计租用该机械的时间为 18 个月，问：在月利率为 1% 时，租用该机械支付租赁费的现值应是多少？

解

$$P=\frac{G}{i(1+i)^n}\left[\frac{(1+i)^n-1}{i}-n\right]+5\,000\times\frac{(1+i)^n-1}{i(1+i)^n}$$

$$=\frac{300}{0.01(1+0.01)^{18}}\times\left[\frac{(1+0.01)^{18}-1}{0.01}-18\right]元$$

$$+5\,000\times\frac{(1+0.01)^{18}-1}{0.01(1+0.01)^{18}}元=122\,496\ 元$$

2.4.3 技术经济的可比性

为了比较不同方案的经济效果,必须使每个方案具有可比性。

1. 产品、产量、质量、品种和需求的可比性

参加比较的不同方案必须满足相同的客观要求,包括产量、质量、品种等指标。如燃用不同燃料的锅炉,或者不同类型锅炉的比较,必须以产生相同压力、温度和相同数量的蒸汽作为可比性的前提;采用柴油机、汽油机等不同方案,必须满足相同的拖动要求;不同制冷方案的比较,必须在产生相同冷负荷的前提下;各种发电方案,必须扣除厂用电和线损才能比较。

2. 总消耗的可比性

各个方案的消耗费用必须是总费用,即直接消耗和间接消耗,生产性消耗和非生产性消耗。

3. 时间的可比性

通过资金的等值计算,使各方案的经济效益在时间上具有可比性。对此必须采用相同的计算期,并进行计算期的合理选择,从而公平地评价不同方案。

4. 价格可比性

各不同方案必须采用同一价格体系进行比较。如受物价涨落的影响,价格体系应和计算期相一致。

2.4.4 节能经济评价的常用方法

节能经济评价的目标主要有两类:一类是对某一节能技术改造项目进行评价,即计算其经济上是否合理,或者是几个技术方案中选择一个较优方案;另一类是对关键的能源设备的更新项目进行技术经济评价,从而为设备更新提供决策依据。节能经济评价常用的方法有以下四种。

1. 投资回收年限法

投资回收年限法主要考虑节能措施在投资和收益两方面的因素,以每年节能回收的金额偿还一次性投资的年限作为评价指标。如某项节能措施的一次性投资为 K(元),每年节能获得的净收益为 S(元),则投资回收的年限 τ 为

$$\tau = \frac{K}{S} \tag{2-15}$$

若某项节能措施有多个技术方案可供选择,显然投资回收年限 τ 最小的那个方案应该首选。

投资回收年限法概念清楚,计算简单,是比较常用的一种经济评价方法。然而,以经济学的观点来看,这一方法没有考虑资金的利率及设备使用年限这两个主要因素,因而未涉及超过回收年限以后的经济效益。采用这一方法,显然对效益高,但使用年限短的节能方案有利;相反,对效益低而使用年限长的节能方案则不利。所以投资回收年限法不适合用于不同利率、不同使用年限的投资方案的比较。另外,投资回收年限法只能反映各节能方案之间的相对经济效益,因此这种简单的投资回收年限法只常用于节能工程初步设计阶段的审查。

一般经验指出，如果简单计算的回收年限小于设计使用年限的一半，而又不大于 5 年时，即可认为投资合理。

2. 投资回收率法

若某项节能措施投产后，在确定的使用年限 N 内，逐年取得的收益为 R，该项措施总的一次性投资为 K，则使总收益的现值等于一次性投资 K 时的相应利率 r 就称为投资回收率。投资回收率可通过下式计算出来：

$$K = \frac{(1+r)^N - 1}{r(1+r)^N} \times R \tag{2-16}$$

因为投资回收率表示一项投资不受损失而获得的最高利率，所以可以用它来表征节能措施经济性的优劣，适用于比较不同使用年限的技术方案。显然，对某一项节能方案，如用式（2-16）计算出的投资回收率 r 大于投资的利率，则该方案在经济上是可行的。当有几种不同的技术方案时，应选取投资回收率最高，而又大于投资利率的方案。

3. 等效年成本法

一项节能措施的投资 K，可以按给定的利率 i 和使用年限 n 折算成一定的金额，用于在使用期内每年还本付息，以保证投资在使用期满时全部还清，这就是资金费用。如果资金费用再加上每年的运行维护费用 S，就构成了等效年成本。当计及投资在使用期满的残值 A 时，应将残值从投资中扣除，另加残值的利息。因此节能措施的等效年成本 C 可按下式计算：

$$C = (K-A)\frac{i(1+i)^n}{(1+i)^n - 1} + Ai + S \tag{2-17}$$

显然在节能措施的多方案比较中，等效年成本最低者即为优选的方案。

4. 纯收入法

纯收入法是根据节能项目的纯收入进行比较，纯收入高，该方案经济效果就好。具体做法如下：根据合理的计算生产年限，先把每个方案的初期投资、流动资金和折旧费综合起来，求出投产当年的折算投资；将折算投资乘以资金的年利率并与成本费相加，即得出年支出；最后从年收入减去上述年支出就得到各方案的年纯收入，其中年纯收入最高的方案即为最优方案。

用纯收入法进行节能经济评价的关键，是从初期投资、流动资金及折旧费来求得投产当年的折算投资 K_x。通常 K_x 可按下式计算：

$$K_x = K\frac{(1+i)^{n_0+n} - 1}{(1+i)^n - 1} + F - R\sum_{\tau=1}^{n}\frac{(1+i)^{n-\tau} - 1}{(1+i)^n - 1} \tag{2-18}$$

式中：K 为初期投资；n_0、n 分别为节能措施的建设年限和计算生产年限；F 为流动资金；R 为年折旧费。

2.4.5　节能技术改造项目的技术经济评价

根据经济学原理，扩大再生产有两种方式：一种是增加生产要素的投入量来扩大生产规模；另一种是改造生产要素的质量，提高要素的资源利用效率来扩大生产规模。技术改造就属于后一种方式。

技术改造的经济特征是，通过追加一笔技术改造投资来提高原先投入资金的使用效率。技术改造的关键是有针对性地改造最落后的部位和薄弱环节，即所谓生产过程的"瓶颈"。

1．节能技术改造项目的费用和收益

节能技术改造追加的费用主要包括以下内容：

（1）追加的投资费，包括节能技术改造项目的前期费用（如可行性研究论证费、设计费等）、追加的固定资产投资、追加的流动资金投资；

（2）追加的经营成本，包括新增加的原料费、燃料费、管理费用等；

（3）因技术改造引起的减产或停工损失。

节能技术改造项目的收益包括以下内容：

（1）由于改进产品质量而增加销售所获得的销售收入增加的那一部分；

（2）由于减少能耗和原材料消耗所节约的成本费。

2．经济效益的评价

对节能技术改造项目进行经济评价时，常用企业在"改造"和"不改造"这两种情况下的若干差额数据来评价追加投资的经济效果。

在计算现金流动时，要充分考虑可比性原则。因为在进行比较时，"改造"方案的现金流多取自改造后各年的预测数据，而"不改造"方案的现金流则多取自改造前的某一年份的数据，该两组数据在时间上是不可比的。如果项目不改造，在未来若干年内其经营状态也可能上升或下降，因此，对"不改造"方案在计算现金流时应充分考虑未来年份其效益的变化情况，只有这样才能使评估和预测更符合实际情况。

2.4.6 设备更新项目的技术经济评价

新设备投入运行使用一段时间后，因磨损或因技术发展导致该设备陈旧落后，要使生产得以持续进行，就必须对该设备进行所谓"补偿"。补偿的形式有修理、现代化改装，或用更先进、更经济的设备更换。这种补偿在广义上就称为设备更新。设备更新也是节能的一个重要内容。

1．设备的磨损分析

设备磨损是广义的磨损，它包括有形磨损和无形磨损。

有形磨损是指设备在使用过程中，由于摩擦、振动、疲劳等原因导致设备实体的损伤，当设备闲置不用时，也会由于锈蚀、材料老化等产生有形磨损。

无形磨损是指设备原始价值的贬值。因此有时将无形磨损称为经济磨损。

2．有形磨损的补偿——检修

有形磨损会导致零部件变形、公差配合改变、加工精度下降、工作效率降低、能耗增加等。对于有形磨损，通常是通过修理来进行局部补偿的。例如修复或修理被磨损的零部件，更换已损坏的密封件、连接件、管道阀门等，以恢复设备的性能。

根据修理程度的大小，通常又将其分为日常维护、小修理、中修理和大修理等几种形式。对于能源、动力、化工、炼油、冶金等工业中使用的设备，由于其系统复杂和大型设备多，这种修理是非常重要的。

修理常常和对设备的检测联系在一起,故在企业中又将其称为检修。目前设备的检修体系可以归纳为三种,即事后检修、预防性的定期检修和基于状态的检修。事后检修又称为故障检修,是指当设备发生故障或失效时进行的非计划性检修。这种事后检修只适合于对生产影响很小的非重点设备。预防性的定期检修则是一种以时间为基础的预防检修方式,它是根据设备磨损或性能下降的统计规律或经验而事先制订的,所以又称为计划检修。预防性的定期检修的类别、周期、工作内容、检修方式都是事先确定的。它适合于已知设备磨损或性能下降规律的那些设备,以及难以随时停机进行检查的工业过程设备、自动生产线设备。目前发电、炼油、化工、冶金等行业都是采用预防性检修方式。基于状态的检修是由预防性检修发展而来的一种更高层次的检修体制。基于状态的检修以设备在线状态的监测数据为基础,通过故障诊断和专家系统对历史数据和在线数据的分析判断来决定设备的健康和性能状态,并预测其发展趋势。基于状态的检修能在设备故障发生前或性能下降到不允许的极限前有计划地安排检修。基于状态的检修能及时和有针对性地对设备进行检修,不仅可以提高设备的可用率,还能有效地降低检修费用,取得明显的经济效益。基于状态的检修代表了当今检修的方向,但这种检修与设备的在线检测技术、信号处理技术、信息融合技术、故障诊断技术以及设备的寿命评价等有着密切的关系,并随着这些技术的发展而发展。

不论采用何种检修都是要花费代价的,因此必须对维修,特别是大修进行经济评价,并确定大修的经济界限。如果一次大修的费用超过该种设备的重新购置价值,则这种大修在经济上是不合算的。通常把这个条件称为大修在经济上合理的起码条件,又称为最低经济界限。光有最低经济界限还不行,显然只有大修后使用该设备生产的单位产品成本,在任何情况下都不超过用相同的新设备生产的单位产品成本时,这样的大修在经济上才是合算的。对小修和中修,这一原则也是适用的。

3. 无形磨损的补偿——设备更新

导致设备无形磨损通常有两方面的原因。一是由于设备制造工艺改进,劳动生产力提高,生产同种设备的成本下降,致使原有设备贬值。通常将这种原因引起的磨损称为第一种磨损。二是由于技术进步,市场上出现了结构更先进、性能更优越、生产效率更高、能源和原材料消耗更少的新型设备,新型设备的出现使原有设备在技术上显得陈旧落后而贬值,这种原因引起的无形磨损又称为第二种无形磨损。

对第一种无形磨损,原有设备虽然贬值,但设备本身的技术特性和功能并不受影响,其使用价值并没有发生变化,因此也不存在对现有设备提前更换的问题。对第二种无形磨损,原有设备不但价值降低,而且还可能局部或全部丧失其使用价值。这是因为原有设备虽然还能正常工作,但生产效率已大大低于新型设备,如果继续使用,就会使生产成本大大高于同类产品,在这种情况下,使用新型设备将比继续使用原有设备经济,这时就有必要淘汰原有设备。

由于社会消费结构的变化或环保的要求,也可能使某些设备丧失使用价值,这种情况属于所谓现代经济条件下的设备无形磨损。有些设备在使用过程中也可能既受到有形磨损,又受到无形磨损。

对于第二种无形磨损的补偿通常有以下两种方法:

（1）对于程度较轻的无形磨损,往往采用现代化改装（即技术改造）来进行局部补偿；

（2）对于程度严重的无形磨损,或设备产生不可消除的有形磨损时,就必须进行完全补偿,即设备更新。

现代化改装是根据生产需要,给旧设备装上新部件、新装置或新附件,改善现有设备的技术性能,使之局部或全部达到新型、先进设备的水平。

通常的设备更新有以下两种含义：

（1）原型更新,即用结构性能完全相同的新设备来更换不宜或不能使用的旧设备,显然这种更新只能补偿有形磨损；

（2）换型更新,即用结构更先进、性能更好的新型设备来更换旧设备,这种更新既能补偿有形磨损,又能补偿无形磨损。

在技术迅速发展的今天,换型更新应该是设备更新的主要方式。

4. 设备更新的经济决策

设备更新的经济决策一般采用经济寿命期法。这种方法的要点是计算设备使用期内每年的实际支出,然后选择实际支出最少的年份作为旧设备更新的年份。设备使用期内每年的实际支出由以下两部分组成：

（1）购置、安装设备的投资费；

（2）设备的运行成本,包括能源费、保养费、修理费、废次品损失费等。

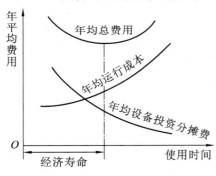

图 2-4　设备的经济寿命

显然,随着使用时间的延长,每年所分摊的成本费将减少,但设备磨损、性能下降,运行成本会逐年增加。因此,年均总费用的最低值所对应的使用期限即为设备的经济寿命期。从设备的经济寿命图很容易确定旧设备的更新年份（见图 2-4）。经济寿命期法只考虑了设备本身的年均总费用,未能涉及设备更新所需新的资金投入。

在技术发展很快的今天,旧设备的使用期虽未超过经济寿命,但很可能出现了工作效率更高、运行成本更低的新设备,这样用新设备更新旧设备可能有更好的经济效果,为此应采用年费用比较法。年费用比较法的要点是,分别计算新、旧设备在各自经济寿命期内的年均总费用,如果新设备的年均总费用低于旧设备的年均总费用,则设备应更新,否则就应该继续使用旧设备。

2.5　能源有效利用的分析方法

2.5.1　能源有效利用的评价指标

能源的有效利用是能源利用中最重要的问题。通常能源的有效利用是指消耗同样的能源获得较多的效益,或者获得同样的效益,消耗较少的能源。对能源利用的分析评价常常包括两方面,即对能源利用过程的分析评价和对能源消耗效果的分析评价。

能源有效利用的评价指标主要有能源消费系数、能源利用效率。

1. 能源消费系数

从宏观上评价能源有效利用的优劣,通常采用能源消费系数来评价。能源消费系数是指某一时期(如某一年)为实现单位国民生产总值平均消耗的能源量。

$$能源消费系数 = \frac{E}{M} \tag{2-19}$$

式中:E 为能源消费量,kg(标准煤)或 kg(标准油);M 为同期国民生产总值,元或美元(与国外的比较时)。由此可见,能源消费系数是一个从整个社会经济效益去考察能源有效利用的指标。

2. 能源利用效率

能源利用效率是衡量能量利用技术水平和经济性的一项综合性指标。对能源利用效率的分析,有助于改进企业的工艺和设备,挖掘节能的潜力,提高能量利用的经济效果。

能源利用效率是指能量被有效利用的程度。它通常以 η 表示,其计算公式如下:

$$\eta = \frac{有效利用能量}{供给能量} \times 100\% = \left(1 - \frac{损失能量}{供给能量}\right) \times 100\% \tag{2-20}$$

对不同的对象,计算能源利用效率的方法也不尽相同。通常有以下几种计算方法。

1) 按产品能耗计算法

一个国家或一个地区可能生产多种产品,对主要的耗能产品,如电力、化肥、水泥、钢铁、炼油、制碱等,按单位产品的有效利用能量和供给能量加权平均,即可求得总的能源利用效率 η_t,即

$$\eta_t = \frac{\sum G_i E_{0i}}{\sum G_i E_i} \times 100\% \tag{2-21}$$

式中:G_i 为某项产品的产量;E_{0i} 为该项产品的有效利用能量;E_i 为该项产品的供给能量(综合能耗量)。

上述综合能耗量包括两部分:一部分为直接能耗,即生产该种产品所直接消耗的能量;另一部分是间接能耗,它是指生产该种产品所需的原料、材料及耗用的水、压缩空气、氧等,以及设备投资所折算的能耗。

2) 按部门能耗计算法

将国家和地区所消耗的一次能源,按发电、工业、运输、商业和民用四大部门,分别按技术资料及统计资料,计算各部门的有效利用能量和损失能量,求得部门的能量利用效率 η_d,然后再求得全国或地区的总的能源利用效率 η_t,即

$$\eta_d = \frac{部门有效利用能量}{部门有效利用能量 + 部门损失能量} \times 100\% \tag{2-22}$$

$$\eta_t = \frac{\sum 部门有效利用能量}{\sum 部门有效利用能量 + \sum 部门损失能量} \times 100\% \tag{2-23}$$

3）按能量使用的用途计算法

一次能源在国民经济各部门使用，除了少数作为原料外，绝大部分是作为燃料使用的。其中一类是直接燃烧，如各种窑炉、内燃机、炊事和采暖等；另一类转换为二次能源后再使用，如电、蒸汽、煤气等。因此按用途计算便可分为发电、锅炉、窑炉、蒸汽动力、内燃动力、炊事、采暖等。先求得某项用途的 η_p，然后求总的能量利用效率，即

$$\eta_p = \frac{\text{某种用途的有效利用能量}}{\text{某种用途的有效利用能量} + \text{某种用途的能量损失}} \times 100\% \qquad (2\text{-}24)$$

$$\eta_t = \frac{\sum \text{各种用途的有效利用能量}}{\sum \text{各种用途的有效利用能量} + \sum \text{各种用途的能量损失}} \times 100\% \qquad (2\text{-}25)$$

4）按能量开发到利用的计算法

把能源从开采、加工、转换、运输、储存到最终使用，分为四个阶段，分别计算出各个阶段的效率，然后相乘求得总的能源利用效率，即

$$\eta_t = \eta_{exp} \times \eta_{pro} \times \eta_{tra} \times \eta_{use} \qquad (2\text{-}26)$$

2.5.2　热平衡分析法

对能量的转换、传递和终端利用中的任一环节或整体进行热平衡分析是最常用的分析方法。能量平衡法又称为热平衡法，它是依据热力学第一定律，对某一能量利用装置（或系统）考察其输入能量和输出能量的数量上的平衡关系。其目的是对考察对象的用能完善程度作出评价，对能量损失程度和原因作出判断，对节能的潜力及影响因素作出估计。这种方法简单实用，是多年来企业普遍采用的方法。

1. 能量平衡和热平衡

能量平衡法是按照能量守恒的法则，采用所谓"黑箱方法"，在指定时期内，对能量利用系统输入能量和输出能量在数量上的平衡关系进行考察，以定量分析用能的情况，为提高能量利用水平提供依据。

所谓"黑箱"，是指具有某种功能而不知其内部构造和机理的事物或系统。"黑箱方法"则是利用外部观测、试验，通过输入和输出信息来研究黑箱的功能和特性，以探索其构造和机理的一种科学的研究方法。它强调的是外部观测和整体功能，而不注重内部构造与局部细节。

能量平衡既包括一次能源和二次能源所提供的能量，也包括工质和物料所携带的能量，以及在工艺过程、发电、动力、照明、物质输送等能源转换和传输过程的各项能量的输入和输出。由于热能往往是能量利用中的主要形式，因此，在考察系统的能量平衡时，通常将其他各种形式的能量（如电能、机械能、辐射能等）都折算成等价热能，并以热能为基础来进行能量平衡的计算，因此往往又将能量平衡称为热平衡。

能量平衡的理论依据是众所周知的能量守恒和转换定律，即对一个有明确边界的系统有

$$\text{输入能量} = \text{输出能量} + \text{体系内能量的变化} \qquad (2\text{-}27)$$

对正常的连续生产过程，可以视其为稳定状态，此时系统内的能量将不发生变化，于是有

$$输入能量＝输出能量 \tag{2-28}$$

由此可见,能量平衡主要是通过考察进出系统的能量状态与数量来分析该系统能量利用的程度和存在的问题,而不细致考察系统内部的变化,因此它是一种典型的"黑箱方法"。

具体做法如下:

(1) 确定热平衡分析的范围;

(2) 根据热力学第一定律对所选定范围进行热平衡测试;

(3) 热平衡测试时不能有漏计、重计和错计等;

(4) 热平衡测试结果用表格或热流图反映,以便于分析;

(5) 分析的重点是各种损失能量的去向、比重,以便采取措施,减小损失。

2. 企业能量平衡

能量平衡具体应用在设备和装置时,称为设备的能量平衡;应用在车间、企业时,则称为企业能量平衡。设备能量平衡着眼于设备单元的能量输入、输出分析;企业能量平衡则以企业为基本单位,着眼于企业整体能量利用的综合平衡分析。企业的能量平衡所涉及的范围、采用的方法、包含的内容都远远超过了设备能量平衡,但设备的能量平衡是企业能量平衡的基础。有时为了考察企业中某一类能源形式的输入、输出关系,还可以有蒸汽平衡、油平衡、电平衡等。

企业能量平衡是提高企业能源管理水平,推动企业节能技术改造的一项基础性的技术工作。有关企业能量平衡的定义、方法和要求等,国家标准《企业能量平衡通则》(GB/T 3484—2009)中均有详细的说明和具体的规定。

企业能量平衡的技术指标,包括单位能耗、单位综合能耗、设备效率和企业能量利用率等。值得指出的是,根据企业能量平衡对设备效率进行计算时,可以采用正平衡法或反平衡法,并可将两种方法进行比较,以确定测试的精度。正平衡法是确定供给能量和有效能量,由此计算设备能源利用率的方法。反平衡法是确定供给能量和损失能量,由此计算设备能源利用率的方法。

采用正平衡法时有

$$设备效率＝\frac{有效能量}{供给能量}×100\% \tag{2-29}$$

采用反平衡法时有

$$设备效率＝\left(1-\frac{损失能量}{供给能量}\right)×100\% \tag{2-30}$$

3. 企业能量平衡表和能流图

企业能量平衡测试的结果常绘制成企业能量平衡表。通过能量平衡表可以获得诸如企业的用能水平、耗能情况、节能潜力等诸多信息。企业能源平衡表有多种形式,主要有按车间计的企业能源平衡表、按不同能源计的企业能源平衡表(其表格形式见表 2-1、表 2-2)。为了便于能源管理,通常要求能量平衡表既能反映企业的总体用能、系统用能和过程用能,又能反映企业的能耗情况、用能水平。此外,能量平衡表还要尽可能简单、清晰、明确,为此一般按能源种类、能源流向、用能环节、终端使用情况等来设计表格。

通过企业能量平衡表可以获得如下的信息:

（1）企业的耗能情况，如能源消耗构成、数量、分布与流向；

表 2-1　按车间计的企业能源平衡表

车间	供入生产系统能量/t(标准煤)		能量分配/t(标准煤)												有效利用能量/t(标准煤)
	按等价值	按当量值	主要生产系统			辅助生产系统			附属生产系统			其他			
			供入能量	有效利用	损失	供入能量	有效利用	损失	供入能量	有效利用	损失	供入能量	有效利用	损失	
(1)	(2)	(3)	(4)	(5)	(6)	(7)	(8)	(9)	(10)	(11)	(12)	(13)	(14)	(15)	(16)
一车间															
二车间															
三车间															
⋮															
合计															
企业能源利用率/(%)															

表 2-2　按不同能源计的企业能源平衡表

项　目		购入储存			加工转换				输送分配	最终使用						
		实物量	等价值	当量值	发电站	制冷站	其他	小计		主要生产	辅助生产	采暖空调	照明	运输	其他	合计
		(1)	(2)	(3)	(4)	(5)	(6)	(7)	(8)	(9)	(10)	(11)	(12)	(13)	(14)	(15)
供入能量	蒸汽															
	电力															
	柴油															
	汽油															
	煤															
	冷媒水															
	热水															
	小计															
有效能量	蒸汽															
	电力															
	柴油															
	汽油															
	煤															
	冷媒水															
	热水															
	小计															

续表

项　　目	购入储存			加工转换				输送分配	最终使用						
	实物量	等价值	当量值	发电站	制冷站	其他	小计		主要生产	辅助生产	采暖空调	照明	运输	其他	合计
	(1)	(2)	(3)	(4)	(5)	(6)	(7)	(8)	(9)	(10)	(11)	(12)	(13)	(14)	(15)
回收利用															
损失能量															
合计															
能量利用率															
企业能量利用率/(%)															

（2）企业的用能水平，如能源利用与损失情况、主要设备和耗能产品的效率等；

（3）企业的节能潜力，如可回收的余热、余压、余能的种类、数量、参数等；

（4）企业的节能方向，如主要耗能设备环节和工艺的改进方向，余热、余能的利用途径等。

由于图形比表格更加直观、形象，因此在进行热平衡分析时也应用各种图形。常用的有热流图、能流图和能源网络图。图 2-5 是某大型锅炉的热流图，图 2-6 是某炼铁厂的能流图。

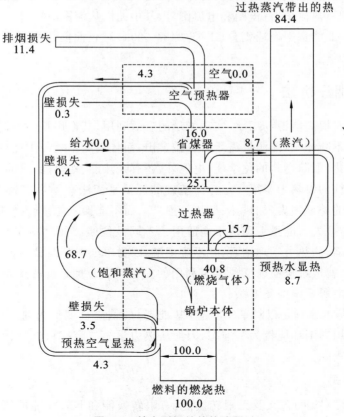

图 2-5　某大型锅炉的热流图

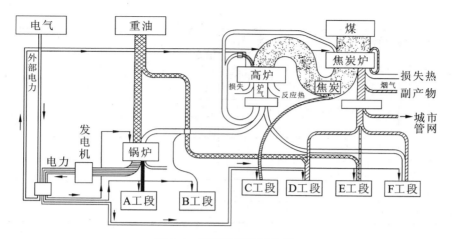

图 2-6　某炼铁厂的能流图

通过能流图可以形象直观地表示能量的来龙去脉、能量的分布、利用程度和损失的数量。在能流图中应明显地表示各项输入能量、输出能量、有效利用能量、损失能量和回收利用的能量。各项能量均以供给能的百分数表示,并按一定比例用不同宽度的能流带来表示百分数的大小。能流图按表示的范围,可以分为全国和地区能流图、企业能流图和设备能流图等,按其性质则有热流图、汽流图和电流图等,其中尤以热流图应用最为普遍。

国家标准《企业能量平衡通则》(GB/T 3484-2009)对企业能量平衡有具体的规定和要求,应遵照执行。

2.5.3　㶲分析法

能量平衡法对提高能源利用率,实现能量的有效利用,其作用是不容低估的。但随着生产和能源消费的不断增长,能源供需矛盾日益突出,而且用能系统使用能源的种类和能量的品位也日趋多样化(如除燃料的化学能、电能外,还有余热能、地热能、风能、太阳能等),人们愈来愈认识到单纯的以热力学第一定律为基础的能量平衡法有不足之处。例如,能量平衡法只能反映系统的外部损失(如排热、散热等损失),而不能揭示能量转换和利用过程中的内部损失(即不可逆损失);能量平衡法不能适用于不同品位能源同时存在的综合系统。能量平衡法的这种缺陷,从热力学理论看,并不难理解,因为单纯考察能量的数量平衡,而不考虑能量"质"的差异,就很难全面地反映能源利用的完善程度。㶲分析法正是从"质"和"量"两方面来综合评价能源系统的新方法。

㶲分析法的基本原理是以对平衡状态(基准态)的偏离程度作为㶲,或者作为做功能力的度量。通常采用周围环境作为基准态,因为从热力学第二定律可知周围环境是所有能量利用过程的最终冷源。

1. 㶲的表达式

在 1.2 节中已对㶲的含义及无限转换能、有限转换能和非转换能的概念作了介绍。对于不同的情况,㶲有不同的表达式。下面对㶲的不同表达式予以介绍。

1）热量㶲

从恒温热源可逆地取出热量 Q 的㶲，称为热量㶲，其表达式为

$$E = W_{max} = Q\left(1 - \frac{T_0}{T}\right) \tag{2-31}$$

式中：T_0 为环境温度；T 为热源温度；W_{max} 为可用的最大功。

2）闭口体系的㶲

初始状态为 p、V、T、U、H、s，闭口体系处于状态 p_0、T_0、H_0、s_0 的外界环境中，且除环境外没有其他热源，此时闭口系统的㶲

$$E = W_{max} = H - H_0 - T_0(s - s_0) - V(p - p_0) \tag{2-32}$$

3）开口体系（稳定流动）的㶲

$$E = W_{max} = H - H_0 - T_0(s - s_0) \tag{2-33}$$

单位质量的开口体系的㶲（比㶲）

$$e = h - h_0 - T_0(s - s_0) \tag{2-34}$$

式中：h 为初始状态比焓；h_0 为外界环境状态比焓。

4）理想气体的㶲

$$e(p, T) = \int_{T_0}^{T} c_p\left(1 - \frac{T_0}{T}\right)dT + RT_0\ln\frac{p}{p_0} = e(p_0, T) + e(p, T_0) \tag{2-35}$$

常压气体的比㶲

$$e = h - h_0 - T_0\int_{T_0}^{T} c_p\frac{dT}{T} \tag{2-36}$$

气体的压力㶲

$$E = W_{max} = -nRT_0\int_{p}^{p_0}\frac{dp}{p} = nRT_0\ln\frac{p}{p_0} \tag{2-37}$$

低温物质的㶲

$$e = \int_{T_0}^{T}\frac{T_0 - T}{T}dh = \int_{T}^{T_0} c_p\frac{T_0 - T}{T}dT \tag{2-38}$$

5）潜热㶲

当物质发生相变（熔化或汽化）时，相变温度 T 保持不变，但需要吸收潜热 r，潜热㶲实际上是指吸收热量 r 后产生的㶲的变化，即

$$\Delta e_x = r\left(1 - \frac{T_0}{T}\right) \tag{2-39}$$

6）非压缩性流体的压力㶲

非压缩性流体的压力㶲（设密度为 ρ）表示为

$$e = \frac{p - p_0}{\rho} \tag{2-40}$$

7）燃料㶲

燃料㶲是燃料与氧气可逆地进行燃烧反应和变化后，与周围环境（T_0，p_0）达到平衡时所能提供的最大有用功。

由于燃料是与环境状态有关的,故定义 $T_0=298.15$ K(25 ℃), $p_0=0.098$ MPa 的燃料㶲定义为标准㶲,以符号 e_f° 表示,若燃料在高温、高压下供入燃烧系统,则应将相应的燃料显热㶲计入燃料的总㶲值 e_f 中,即

$$e_f=e_f^\circ+e_f^p, \quad e_f^\circ=Q_{ar}+T_0\Delta s \tag{2-41}$$

式中: Q_{ar} 为燃料的低发热值。

工程上因燃料的 Δs 缺乏,通常都采用以下近似公式。

对于气体燃料,有 $\qquad\qquad e_f=0.95Q_{gr}$ (2-42)

对于液体燃料,有 $\qquad\qquad e_f=0.975Q_{gr}$ (2-43)

对于固体燃料,有 $\qquad\qquad e_f=Q_{ar}+rm_t$ (2-44)

在以上各式中, Q_{gr} 为高位发热值, r 为 1 个标准大气压、温度为 25 ℃ 的水的汽化潜热($r=2\ 438$ kJ/kg), m_t 为燃料中的水分含量。

2. 㶲平衡和㶲效率

任何不可逆过程都必定引起㶲损失,只有可逆过程才没有㶲损失。因为实际过程均为不可逆过程,故㶲并不守恒,而且在能量利用过程中㶲是不断减少的。也就是说,一个实际的系统或过程,各项㶲的变化是不满足平衡关系的,需要附加一项㶲损失,才能给一个实际系统或过程建立㶲平衡方程式。

为了全面衡量设备或过程在能量转换方面的完善程度,通常采用所谓"㶲效率"来作为全面反映能量在转换过程中的有效利用程度和判断能量利用的综合水平的统一标准尺度。具体而言,在进行㶲分析时,对正平衡法有

$$㶲效率=\frac{(净)收益的㶲}{消耗的㶲} \tag{2-45}$$

对反平衡法而言则有

$$㶲效率=1-\frac{各项㶲损耗之和}{消耗的㶲} \tag{2-46}$$

值得注意的是,从原则上讲,㶲效率是很容易定义的,无非是收益㶲与消耗㶲之比。但采用什么标准来区分收益㶲与消耗㶲,在某种程度上则有任意性。区分方法不同,就会有不同的㶲效率定义。在㶲分析法中常用的㶲效率有两种:㶲的传递效率和㶲的目的效率。

对节流阀、齿轮箱、换热器等装置常采用㶲的传递效率,其定义为

$$㶲的传递效率=\frac{出口㶲总和}{入口㶲总和}=\frac{通过某些设备(或过程)的传递而得到的㶲}{由此设备(或过程)来传递的㶲} \tag{2-47}$$

某些设备的采用或某过程的进行,往往与某一特定的目的相联系(如为获取机械功或热量或为改变物质的组成和状态),为达到此目的必须付出一定的代价,此时多采用㶲的目的效率,其定义为

$$㶲的目的效率=\frac{工质㶲的增加+输出功}{消耗的总㶲} \tag{2-48}$$

显然,目的不同,㶲的目的效率的内涵也有所不同,通常能源利用中有如下目的:

(1) 获取功(即热能转换成机械能),如内燃机、蒸汽轮机、燃气轮机等热机;

（2）增加工质的㶲（机械能变成焓），如水泵、空气压缩机等；

（3）改变工质的物态，以增加工质的㶲（化学能转变为热能），如锅炉等。

㶲损耗是㶲的消耗和损失的简称。对某一工艺过程或能量转换过程，㶲损耗可能有以下三种情况。

（1）㶲被转移。例如把原料的㶲转移到产品上，这是符合工艺目的的客观需要。最优的工艺过程是㶲被完全转移而没有损耗，这正是我们所希望实现的。

（2）㶲被消耗。㶲被消耗能推动生产或能量转化中各种过程的进行，比如流体的流动、热量的传递、物质的扩散和混合、化学反应等所消耗的㶲。对由此所消耗的㶲，需要进行具体的分析，不能简单地一概认为是浪费，因为实际过程的进行总是需要一定的速率，并克服一定的阻力，而㶲的消耗就是过程推动的代价。过程速率的选择，直接影响生产的速率和投资的大小，是一个技术经济问题，而阻力的大小则要看其是否与当前的技术水平相适应，并从这个角度考察㶲损耗大小是否合理。

（3）㶲被散失。㶲被散失是指未产生实际效益而自发地转变为㶲。如各种炉窑中燃料的不完全燃烧，锅炉和热机的排烟和排热损失，冷却水（随管道排弃）带走的㶲，蒸汽管道和水管中介质的跑、冒、滴、漏和各种热力设备、热力管道向周围环境散热所损失的㶲（这些热量全部或部分变为㶲）。以上这些都是可以节省的㶲。应在技术经济合理的范围内，使这部分㶲散失减少至最低程度。

㶲分析法是一种新的方法，它正在能源有效利用和节能分析工作中发挥越来越大的作用。

2.6　企业节能量的计算方法

对节能而言，企业节能量计算方法是十分重要的。国家标准 GB/T 13234—2009《企业节能量计算方法》规定了企业节能量的分类、企业节能量计算的基本原则、企业节能量的计算方法以及节能率的计算方法。该标准适用于企业节能量和节能率的计算。下面介绍企业节能量计算方法。

2.6.1　概述

对节能量指标进行科学的、统一的解释，是进行节能量化目标管理的要求，也是节能的重要依据。

为便于执行时的统一，国家标准定义了以下八个概念：

（1）节能量：满足同等需要或达到相同目的的条件下，能源消费减少的数量。

（2）企业节能量：企业统计报告期内实际能源消耗量与按比较基准计算的能源消耗量之差。

（3）产品节能量：用统计报告期产品单位产量能源消耗量与基期产品单位产量能源消

耗量的差值和报告期产品产量计算的节能量。

（4）产值节能量：用统计报告期单位产值能源消耗量与基期单位产值能源消耗量的差值和报告期产值计算的节能量。

（5）技术措施节能量：企业实施技术措施前后能源消耗变化量。

（6）产品结构节能量：企业统计报告期内，由于产品结构发生变化而产生的能源消耗变化量。

（7）单项能源节能量：企业统计报告期内，按能源品种计算的能源消耗变化量。

（8）节能率：统计报告期比基期的单位能耗降低率，用百分数表示。

企业节能量一般可分为产品节能量、产值节能量、技术措施节能量、产品结构节能量和单项能源节能量等。

企业节能量计算的基本原则如下：①节能量计算所用的基期能源消耗量与报告期能源消耗量应为实际能源消耗量；②节能量计算应根据不同的目的和要求，采用相应的比较基准；③当采取一个考察期间能源消耗量推算统计报告期能源消耗量时，应说明理由和推算的合理性；④节能量计算值为负时表示节能。

2.6.2　企业节能量的计算

1. 产品节能量

1）单一产品节能量

生产单一产品的企业，产品节能量按下式计算：

$$\Delta E_c = (e_b - e_j)M_b \tag{2-49}$$

式中：ΔE_c 为企业产品节能量，单位为 t(标准煤)(吨(标准煤)，tce)；e_b 为统计报告期的单位产品综合能耗，单位为 t(标准煤)；e_j 为基期的单位产品综合能耗，单位为 t(标准煤)；M_b 为统计报告期产出的合格产品数量。

2）多种产品节能量

生产多种产品的企业，企业产品节能量按下式计算：

$$\Delta E_c = \sum_{i=1}^{n}(e_{bi} - e_{ji})M_{bi} \tag{2-50}$$

式中：e_{bi} 为统计报告期第 i 种产品的单位产品综合能耗，单位为 t(标准煤)；e_{ji} 为基期第 i 种产品的单位产品综合能耗或单位产品能源消耗限额，单位为 t(标准煤)；M_{bi} 为统计报告期产出的第 i 种合格产品数量；n 为统计报告期内企业生产的产品种类数。

2. 产值节能量

产值节能量按下式计算：

$$\Delta E_g = (e_{bg} - e_{jg})G_b \tag{2-51}$$

式中：ΔE_g 为企业产值(或增加值)总节能量，单位为 t(标准煤)；e_{bg} 为统计报告期企业单位产值(或增加值)综合能耗，单位为 t(标准煤)/万元；e_{jg} 为基期企业单位产值(或增加值)综合能耗，单位为 t(标准煤)/万元；G_b 为统计报告期企业的产值(或增加值，可比价)，单位为万元。

3. 技术措施节能量

1）单项技术措施节能量

单项技术措施节能量按下式计算：

$$\Delta E_{ti} = (e_{th} - e_{tq}) P_{th} \tag{2-52}$$

式中：ΔE_{ti} 为某项技术措施节能量，单位为 t（标准煤）；e_{th} 为某种工艺或设备实施某项技术措施后其产品的单位产品能源消耗量，单位为 t（标准煤）；e_{tq} 为某种工艺或设备实施某项技术措施前其产品的单位产品能源消耗量，单位为 t（标准煤）；P_{th} 为某种工艺或设备实施某项技术措施后其产品产量。

2）多项技术措施节能量

多项技术措施节能量按下式计算：

$$\Delta E_t = \sum_{i=1}^{m} E_{ti} \tag{2-53}$$

式中：ΔE_t 为多项技术措施节能量，单位为 t（标准煤）；m 为企业技术措施项目数。

4. 产品结构节能量

产品结构节能量按下式计算：

$$\Delta E_{cj} = G_z \times \sum_{i=1}^{n} (K_{bi} - K_{ji}) \times e_{jci} \tag{2-54}$$

式中：ΔE_{cj} 为产品结构节能量，单位为 t（标准煤）；G_z 为统计报告期总产值（总增加值，可比价），单位为万元；K_{bi} 为统计报告期替代第 i 种产品产值占总产值（或总增加值）的比重；K_{ji} 为基期第 i 种产品产值占总产值（或总增加值）的比重；e_{jci} 为基期第 i 种产品的单位产值（或增加值）能耗，单位为 t（标准煤）/万元；n 为产品种类数。

5. 单项能源节能量

1）产品单项能源节能量

产品单项能源节能量按下式计算：

$$\Delta E_{cn} = \sum_{i=1}^{n} (e_{bci} - e_{jci}) M_{bi} \tag{2-55}$$

式中：ΔE_{cn} 为产品某单项能源品种能源节能量，单位为 t、kW·h 等；e_{bci} 为统计报告期第 i 种单位产品某单项能源品种能源消耗量，单位为 t、kW·h 等；e_{jci} 为基期第 i 种单位产品某单项能源品种能源消耗量或单位产品某单项能源品种能源消耗限额，单位为 t、kW·h 等；M_{bi} 为统计报告期产出的第 i 种合格产品数量；n 为统计报告期企业生产的产品种类数。

2）产值单项能源节能量

产值单项能源节能量按下式计算：

$$\Delta E_{gn} = \sum_{i=1}^{n} (e_{bgi} - e_{jgi}) G_{bi} \tag{2-56}$$

式中：ΔE_{gn} 为产品某单项能源品种能源节能量，单位为 t、kW·h 等；e_{bgi} 为统计报告期第 i 种产品单位产值(或单位增加值)某单项品种能源消耗量，单位为 t/万元、kW·h/万元等；e_{jgi} 为基期第 i 种产品单位产值某单项品种能源消耗量，单位为 t/万元、kW·h/万元等；G_{bi} 为统计报告期第 i 种产品产值(或增加值，可比价)，单位为万元；n 为统计报告期企业生产的产品种类数。

2.6.3　节能率的计算

1. 产品节能率

产品节能率按下式计算：

$$\xi_c = \frac{e_{bc} - e_{jc}}{e_{jc}} \times 100\%$$ (2-57)

式中：ξ_c 为产品节能率；e_{bc} 为统计报告期单位产品能耗，单位为 t(标准煤)；e_{jc} 为基期单位产品能耗或单位产品能源消耗限额，单位为 t(标准煤)。

2. 产值节能率

产值节能率按下式计算：

$$\xi_g = \frac{e_{bg} - e_{jg}}{e_{jg}} \times 100\%$$ (2-58)

式中：ξ_g 为产值节能率；e_{bg} 为统计报告期单位产值能耗，单位为 t(标准煤)/万元；e_{jg} 为基期单位产值能耗，单位为 t(标准煤)/万元。

3. 累计节能率

累计节能率分为定比节能率和环比节能率。

1) 定比节能率

定比节能率按式(2-57)或式(2-59)计算。

2) 环比节能率

环比节能率按下式计算：

$$\xi_h = \left(\sqrt[n]{\frac{e_b}{e_j}} - 1 \right) \times 100\%$$ (2-59)

式中：ξ_h 为环比节能率；e_b 为统计报告期单位产品能耗或单位产值能耗，单位为 t(标准煤)或 t(标准煤)/万元；e_j 为基期单位产品能耗或单位产值能耗，单位为 t(标准煤)或 t(标准煤)/万元；n 为统计期的个数。

2.7　企业能源计量

2.7.1　概述

企业能源计量既是企业能源管理的重要工作，也是节能工作的主要依据。没有准确的能源计量,就不可能提供可靠的用能数据,各项统计、分析也就失去了意义。能源消耗的定额管理、能量平衡以及节能效益考核也无法进行。

修订后的《中华人民共和国节能法》规定了19项法律责任,包括未按规定配备、使用能源计量器具,瞒报、伪造、篡改能源统计资料或编造虚假能源统计数据,重点用能单位无正当理由拒不落实整改要求或者整改未达到要求,不按规定报送能源利用状况报告或报告内容不实,不按规定设立能源管理岗位,建设、设计、施工、监理等单位违反建筑节能的有关标准等方面的法律责任。

《企业能源计量器具配备和管理导则》(GB/T 17167—1997)和《用能单位能源计量器具配备和管理通则》(GB17167—2006)是企业能源计量依据。该标准对能源计量器具的配备、检测率和准确度均提出了明确的要求。在上述标准中给出了以下定义。

(1)能源计量器具:测量对象为一次能源、二次能源和载能工质的计量器具。

(2)能源计量器具配备率:能源计量器具实际的安装配备数量占理论需要量的百分数。能源计量器具理论需要量是指为测量全部能源量值所需配备的计量器具数量。

(3)次级用能单位:用能单位下属的能源核算单位。

能源计量的种类包括煤炭、原油、天然气、电力、焦炭、煤气、热力、成品油、液化石油气、生物质能和其他直接或者通过加工、转换而取得有用能的各种资源。

企业能源计量的范围包括一次能源、二次能源和耗能工质所耗能源三部分,其计量分为三级:一级计量,以企业为核算单位进行计量;二级计量,以车间为核算单位进行计量;三级计量,以班组为核算单位进行计量。

能源计量器具的配备原则如下。

(1)满足下列国家标准:《企业能耗计量与测试导则》(GB/T 6422—1986);《节能监测技术通则》(GB/T 15316—2009);《天然气计量系统技术要求》(GB/T 18603—2014);《综合能耗计算通则》(GB/T 2589—2008);《单位产品能源消耗限额编制通则》(GB/T 12723—2013)。

(2)应满足能源分类计量的要求。企业的能源分配与消耗计量要满足企业内与外、生产与生活、外销与自用"分别计量"的要求。

(3)应满足用能单位实现能源分级分项考核的要求。

(4)重点用能单位应配备必要的便携式能源检测仪表,以满足自检自查的要求。

主要次级用能单位能源消耗量(或功率)限定值见表 2-3。主要用能设备能源消耗量(或功率)限定值见表 2-4。

表 2-3　主要次级用能单位能源消耗量(或功率)限定值

能源种类	电力	煤炭、焦炭	原油、成品油、石油液化气	重油、渣油	煤气、天然气	蒸汽、热水	水	其他
单位	kW	t/a	t/a	t/a	m^3/a	GJ/a	t/a	GJ/a
限定值	10	100	40	80	10000	5000	5000	2926

注:① 表中 a 是法定计量单位中"年"的符号;

② 表中 m^3 指在标准状态下;

③ 2926 GJ 相当于 100 t(标准煤),其他能源应按等价热值折算。

表 2-4　主要用能设备能源消耗量(或功率)限定值

能源种类	电力	煤炭、焦炭	原油、成品油、石油液化气	重油、渣油	煤气、天然气	蒸汽、热水	水	其他
单位	kW	t/h	t/h	t/h	m³/h	MW	t/h	GJ/h
限定值	100	1	0.5	1	100	7	1	29.26

注:① 对于可单独进行能源计量考核的用能单元(装置、系统、工序、工段等),如果用能单元已配备了能源计量器具的主要用能设备,可以不再单独配备能源计量器具;

② 对于集中管理同类用能设备的用能单元(锅炉房、泵房等),如果原计量考核的用能单元(装置、系统、工序、工段等)已配备了能源计量器具,用能单元中的主要用能设备可以不再单独配备能源计量器具;

③ 7 MW 相当于 10 t/h 蒸汽。

2.7.2　能源计量器具配备

能源计量器具配备是计量工作的基础,通常将能源计量器具已配备的台数与应配备的器具总台数之比,称为计量器具的配备率。企业的能源计量器具的配备率一般不应低于95%。凡需要进行用能技术经济分析和考核的设备、炉窑、机台等均需要单独安装计量器具。根据一般情况,凡容量为 50 kW 以上的交流电机,100 A 以上的直流用电设备,用煤500 t(标准煤)/a、焦炭 100 t/a、用水 2 t/h、用蒸汽 3 t/h、煤气 50 m³/h、液化气 50 kg/h、重油 1 t/h、轻油 50 kg/h 以上的设备也都要单独安装计量器具,由多台小功率机台组成的生产组合和生产线,需要进行能源和经济考核的,也应单独配备。

企业能源管理中除对计量器具的配备有一定要求外,还对检测率提出了具体要求。检测率是指某一段时间内实际通过计量器具的能源总量与需要计量的能源总量之比。能源计量对检测率的要求如表 2-5 所示,对计量器具的精确度要求见表 2-6。此外,为保证计量器具的精确度,还应对计量器具进行定期检查。

表 2-5　能源计量对检测率的要求

能源种类	计量器具配备点	能源计量检测率/(%)	
		Ⅰ期	Ⅱ期
煤、焦炭等固体燃料	进出厂车间(班组)、重点用能机台或装置、生活用能	95 75	98 95
电能	进出厂、车间(班组)、重点用能机台或装置 50 kW 以上的装置、生活用能、家属区	95	100
原油、成品油、罐装石油气	进出厂 车间(班组)、重点用能机台或装置	98 90	100 98
煤气、瓦斯、天然气	进出厂、车间(班组)、重点用气装置 生活用气、家属区	95 95	98 100
蒸汽	进出厂、车间(班组)、重点用汽装置、生活用汽	85	95
水(包括自来水、深井水、循环水)	进出厂、车间(班组)、重点用水设备 生活用水、家属区	95 95	98 100
其他能源	进出厂、车间(班组)、重点用能机台或装置	90	95

表 2-6　计量器具的精确度要求

计量器具名称	分类及用途	精确度/(%)
各种衡器	静态：用于燃料进出厂结算的计量	±0.1
	动态：按供需双方协议用于大宗低值燃料进出厂结算的计量	±0.5
	动态：用于车间(班组)、工艺过程的技术经济分析的计量	±(0.5～2)
电度表	用于进出厂、车间的交流电能 1 000 kW·h/h 的计量	±(0.1～1)
	用于进出厂、车间的交流电能 1 000 kW·h/h 的计量,包括民用电表	±(1～2)
	用于大于 100 A 直流电能的计量	±2
水流量计	用于工业和民用水的计量	±2.5
蒸汽流量计	用于饱和蒸汽和过热蒸汽计量	±2.5
煤气等气体流量计	用于天然气、瓦斯、煤气的工业和民用计量	±2
油流量计	用于国际贸易核算的计量	±0.2
	用于国内贸易核算的计量	±0.35
	用于车间、班组、重点用能设备及工艺过程的计量监测	±(0.5～1.5)
耗能工质计量器具		±2

能源计量器具配备率按下式计算：

$$RP = NS/NX \times 100\%$$

(2-60)

式中：RP 为能源计量器具配备率；NS 为能源计量器具实际的安装配备数量；NX 为能源计量器具理论需要量。

2.7.3　能源计量器具的管理

1. 能源计量制度

用能单位应建立能源计量管理体系,形成文件,并保持和持续改进其有效性。同时用能单位还应建立、保持和使用文件化的程序来规范能源计量人员行为、能源计量器具管理和能源计量数据的采集、处理和汇总。

2. 能源计量人员

用能单位应设专人负责能源计量器具的管理,负责能源计量器具的配备、使用、检定(校准)、维修、报废等管理工作。同时设专人负责主要次级用能单位和主要用能设备能源计量器具的管理。

用能单位的能源计量管理人员应通过相关部门的培训考核,持证上岗；同时建立和保存能源计量管理人员的技术档案。

能源计量器具检定、校准和维修人员应具有相应的资质。

3. 能源计量器具

用能单位应备有完整的能源计量器具一览表。表中应列出计量器具的名称、型号规格、准确度等级、测量范围、生产厂家、出厂编号、用能单位管理编号、安装使用地点、状态(指合格、准用、停用等)。主要次级用能单位和主要用能设备应备有独立的能源计量器具一览表分表。

用能设备的设计、安装和使用应满足《用能设备测试导则》(GB/T 15316—2009)关于用能设备的能源监测要求。用能单位还应建立能源计量器具档案,内容包括:①计量器具使用说明书;②计量器具出厂合格证;③计量器具最近两个连续周期的检定(测试、校准)证书;④计量器具维修记录;⑤计量器具其他相关信息。

用能单位应备有能源计量器具量值传递或溯源图,其中作为用能单位内部标准计量器具使用的,要明确规定其准确度等级、测量范围、可溯源的上级传递标准。

用能单位的能源计量器具,凡属自行校准且自行确定校准间隔的,应有现行有效的受控文件(即自校计量器具的管理程序和自校规范)作为依据。

能源计量器具应实行定期检定(校准)。凡经检定(校准)不符合要求的或超过检定周期的计量器具一律不准使用。属强制检定的计量器具,其检定周期、检定方式应遵守有关计量法律法规的规定。

在用的能源计量器具应在明显位置粘贴与能源计量器具一览表编号对应的标签,以备查验和管理。

2.7.4　能源计量数据

用能单位应建立能源统计报表制度,能源统计报表数据应能追溯至计量测试记录。能源计量数据记录应采用规范的表格,计量测试记录表格应便于数据的汇总与分析,应说明被测量与记录数据之间的转换方法或关系。

重点用能单位可根据需要建立能源计量数据中心,利用计算机技术实现能源计量数据的网络化管理,并按生产周期(班、日、周)及时更新能源计量数据。重点用能单位可根据需要按生产周期(班、日、周)及时计算出其单位产品的各种能源消耗量。

2.8　企业能耗测试与计算

2.8.1　设备能量平衡测试

1. 概述

设备能量平衡测试是对进入设备的能量与离开设备的能量进行考察,确定供给能量、自耗能量、损失能量和设备能源利用率的全部试验和测量过程。设备能量平衡测试结果是能源审计的重要依据。

一般测定设备的能源利用效率有直接测定法(正平衡法)和间接测定法(反平衡法)。

在进行设备能量平衡测试时必须计量的能源包括一次能源、二次能源和耗能工质。而且应对下述各项实行分别计量:①自用与外销的能源;②企业与企业附属单位使用的能源;③用作原料与燃料的能源;④生产与生活使用的能源;⑤主要生产系统与辅助生产系统、附属生产系统使用的能源。

能源计量器具的配备和管理应按规定执行。监测的参数包括:①反映供给能量的参数;②反映有效利用能量的参数;③反映主要损失能量的参数;④反映余能利用状况的参数;

⑤反映能量重复利用状况的参数;⑥为调整和控制用能工况必须监测的项目;⑦反映外销能量的参数;⑧与上述各项有关的分析化验参数。

监测位置应满足下述要求:①正确、有代表性地反映被测参数;②符合监测仪器仪表使用条件,兼顾设备能量平衡测试的需要。

仪器仪表选型的原则如下:①根据监测参数的准确度要求选用,同时考虑仪器仪表的先进性、可靠性和经济性;②根据监测参数的量值范围、监测方式和现场条件选用,同一参数监测可选用一种或相同准确度的几种仪器仪表,并确定优先选用的类型。

设备能量平衡测试一般分三级进行。

(1) 一级测试适用于新研制产品、改型产品的鉴定,新建造、新安装设备、装置的验收和国家级的监测、检查评比。一级测试必须由经部委、省(市、自治区)级部门认可的专业组织承担。

(2) 二级测试适用于设备的定期能量平衡测试,以及对新安装的和经大修、改造后的设备的测试。承担二级测试的组织必须经部委、省(市、自治区)级部门认可。

(3) 三级测试适用于对设备及其他设施与耗能有关的某些参数进行测试。

测试基本要求如下:

(1) 企业的主要用能设备要定期进行能量平衡测试。产品种类、技术规格、运行工况和条件相同的多台设备,可选有代表性的若干台进行测试。

(2) 一级测试原则上应采用两种不同方法,即效率直接测定法(正平衡法)与效率间接测定法(反平衡法),并确定其中一种方法为主要方法。每一种方法的测试次数,两种不同方法测试结果允许绝对偏差和条件相同、方法相同的几次测试结果允许绝对偏差,由各专业设备的有关标准作出规定。

(3) 各类设备能量平衡测试的有关标准应对下列各项作出规定:①测试前和测试时的工况;②各项参数测点和分析样品采样位置;③读数和取样的时间间隔;④测试持续时间;⑤计算方法和误差分析等。

(4) 测试用的仪器仪表的准确度由各专业设备的有关标准作出规定。

2. 设备能量平衡测试的实施

1) 准备工作

首先,根据设备能量平衡测试任务确定测试负责人,并配备经过培训的测试人员。其次,勘察现场,收集与设备和生产工艺有关的资料、数据。按确定的测试级别,根据设备能量平衡测试的有关标准编制测试方案,一般包括下列内容:①测试体系的确定;②计算基准的确定;③应测参数及相应的测量方法、计算方法及经验公式、经验数据的选定;④测试仪器仪表的选型;⑤测试工况、测试持续时间和各项参数测试程序的规定;⑥测试记录表格的制定;⑦测试工作计划的拟订。

按照检定周期检定或校准测试仪器,保证测试仪器在测试过程中功能完好,量值准确。检查设备运行工况,消除影响测试的缺陷,准备测点、测孔和取样孔,安装仪器仪表。

2) 测试工作及结果处理

首先进行一、二级测试的设备,要进行预备测试。各项参数的测试或化验分析方法,应按照有关标准或规程进行。数据整理应根据参数测量的准确度,按有效数字处理规则进行。计算结果按 GB/T 1.1—2009《标准化工作导则——编写标准的一般规定》附录 C 执行。测量记录及计算表格上要填写测量者、记录者或计算者、复核者姓名和日期。

3）编写测试报告的基本要求

测试报告一般包括概况说明、数据图表、测试结果分析等部分。概况说明一般包括任务提出、测试目的、测试体系、计算基准、对采用非标准测试方法的说明、测试工况等。

数据图表一般包括设备主要参数、测量分析项目、测点或采样位置、测试仪器仪表、测量数据汇总、计算公式及结果、能量平衡结果等。

测试结果分析一般包括被测设备用能状况和性能水平的评价、合理用能的建议、一级测试的综合不确定度分析。

测试报告完成后要由计算者、校对者、测试负责人、审核者签字。

2.8.2　设备热效率计算

设备热效率是反映热设备能量利用的技术水平和经济性的一项综合指标,用于衡量设备的能量有效利用程度。国家标准《设备热效率计算通则》(GB/T 2588—2000)规定了设备热效率的计算方法。该标准适用于使用燃料和利用热量的热设备。

设备的热效率是指供热设备为达到特定目的,供给能量的有效利用程度在数量上的表示,它等于有效能量占供给能量的百分数。

设备的热效率的计算公式为

$$\eta = \frac{Q_{YX}}{Q_{GJ}} \times 100\% = \left(1 - \frac{Q_{SS}}{Q_{GJ}}\right) \times 100\% \tag{2-61}$$

式中:η 为设备热效率;Q_{GJ} 为供给能量,J;Q_{YX} 为有效能量,J;Q_{SS} 为损失能量,J。

在上述计算公式中,供给能量通常包括下列诸条中的一项或几项:

(1) 燃料燃烧所供给的能量。

燃料带入能量,包括燃料应用基低位发热量和燃料由基准温度加热到体系入口温度的显热。空气带入热量,为体系入口处的焓与基准温度下的焓之差。计算中认为空气的含湿量不变。雾化蒸汽带入热量,为体系入口蒸汽的焓与基准温度下水的焓之差。

(2) 外界供给体系的电、功。

(3) 外界向体系的传热量。

(4) 载能体带入体系的能量。

若载能体为蒸汽,则供给能量为体系入口蒸汽的焓与基准温度下水的焓之差。若载能体为热空气、烟气、燃气或其他热流体,则供给能量为相应载能体在体系入口处的焓与其基准温度下的焓之差。

(5) 物料带入体系的显热。

(6) 有化学反应时,放热反应的反应热。

(7) 未包括在以上各项中的其他供给能量。

有效能量通常包括下列诸条中的一项或几项:

(1) 在一般的加热工艺中,从体系入口状态加热到出口状态所吸收的热量;

(2) 在工艺要求温度高于出口温度的加热工艺中,从体系入口温度加热到工艺要求温度所需要的热量;

(3) 有化学反应时,吸热反应的反应热;

（4）在干燥、蒸发等工艺中,水分等物质升温和相变所吸收的热量;

（5）产品或同时产生的副产品本身包含部分可燃物时,有效能量包括这部分可燃物应用基低位发热量;

（6）体系向外界输出的电、功;

（7）未包括在以上各项中的其他有效能量。

损失能量通常包括下列诸条中的一项或几项:

（1）设备排出的烟气带走的显热。

（2）燃料未完全燃烧时的热损失。

化学（气体）未完全燃烧的热损失,为燃烧产物中可燃气体低位发热量、机械（固体）未完全燃烧的热损失。

（3）设备外表面的散热损失。

（4）设备的盖、门等开启时的辐射和逸气热损失。

（5）设备排渣、飞灰、残料等带走的显热。

（6）设备的蓄热损失。

（7）有冷却装置时冷却液带走的热损失。

（8）有排风机构时排风带走的热损失。

（9）未包括在以上各项中的其他损失能量。

值得注意的是,计算热效率时,必须明确划定设备的体系及计算基准,热平衡关系的建立必须满足热力学基本定律要求。对于连续工作的设备,设备热效率是指热稳定工况下的热效率;对于间歇式或周期性工作的设备,设备热效率是指正常工作周期的热效率。对特殊设备或设备在特殊状态下运行的热效率的计算应加以说明。

2.8.3 能源消耗定额

不断减少能源消耗是企业能源管理的重点。要评价和考核一个企业的能源利用率,就必须对企业的产品、产量和产值的情况予以综合考虑,能源消耗定额就是反映企业能源利用经济效果的综合性指标。

能源消耗定额是指企业在一定的生产技术和生产组织条件下,为生产一定质量和数量的产品或完成一定量的作业所规定的能源消耗标准。由于生产过程中所消耗的能源种类（煤、油、蒸汽、水、电等）不同,而且对所消耗的能源数量统计的口径不同,因此有不同的能源消耗指标。如只对消耗的某一种能源计算,则称之为单项能源消耗;若将所消耗的两种以上的能源合并计算,则称之为综合能源消耗。

1. 能源的折算

由于再生产过程中使用各种形式的能源,其单位含能量差别很大,因此在计算耗能时必须将其折算成可以相加的统一能量单位。因为热能是一种利用最多的能量形式,所以热量单位就成为能源折算的基础单位。

按国家标准《综合能耗计算通则》（GB/T 2589—2008）,燃料的发热量以低位发热量为计算基准。低位发热量等于 29.27 MJ 的固体燃料称为 1 kg 标准煤（kgce）;低位发热量等于 41.82 MJ 的液体燃料或气体燃料称为 1 kg 标准油(kgoe)或 1 标准立方米标准气。在计算和统计时企业消耗的一次能源量,均应按低位发热量换算成标准煤量,企业消耗的二次能源以及所消耗的耗能工质也应折算到一次能源消费量。根据上述规定,其折算方法如下:

$$标准煤量 = 能源(或耗能工值)的实物量 × 折算系数 \qquad (2-62)$$

式中

$$折算系数 = \frac{每单位某种能源(耗能工质)的等价热量}{29.27 \ MJ(1 \ kg \ 标准煤的发热量)}$$

式中的等价热量,对各种燃料而言取它们的低位发热量,而对非燃料的二次能源(如电、蒸汽、热水等)和耗能工质则是指它们在生产和转换过程中实际消耗的一次能源的热量。显然随着转换技术的进步,等价热量值是逐渐变小的。表 2-7 给出了某些二次能源和耗能工质的平均等价热量的参考值。

表 2-7   某些二次能源和耗能工质的平均等价热量

类别	名称		单位	等价热量		折标准煤
				/MJ	/kcal	/kg
二次能源	电		千瓦时(kW·h)	12.54	3000	0.429(1978 年)
				12.35	2954	0.422(1979 年)
				11.91	2849	0.407(1981 年)
	蒸汽(低压)		千克(kg)	4.18	1000	0.143(1979 年)
				3.97	950	0.136(1981 年)
				3.76	900	0.129(1983 年)
	石油制品	汽油	千克(kg)	47.36	11330	1.519(1979 年
				44.77	10710	1.530(1981 年)
		柴油	千克(kg)	50.58	12100	1.729(1979 年)
				57.65	11400	1.634(1981 年)
		煤油	千克(kg)	47.36	11330	1.619(1979 年)
				44.77	30710	1.530(1981 年)
		重油	千克(kg)	41.8	10000	1.428
		渣油	千克(kg)	37.62	9000	1.286
		燃料油	千克(kg)	45.39	10860	1.551(1979 年)
				42.89	10260	1.468(1981 年)
		焦炭	千克(kg)	33.44	8000	1.148
	燃气	城市煤气	标准立方米(m³)	32.19	7700	1.10
		焦炉气	标准立方米(m³)	21.15	5060	0.723
		炼油厂气	标准立方米(m³)	48.28	11550	1.65
		液化石油气	标准立方米(m³)	55.18	13200	1.886
		焦炭	千克(kg)	33.44	8000	1.148

续表

类别	名称	单位	等价热量		折标准煤
			/MJ	/kcal	/kg
耗能工质	新鲜水	吨(t)	7.52	1800	0.257
	循环水	吨(t)	4.18	1000	0.143
	软化水	吨(t)	14.21	3400	0.486
	除氧水	吨(t)	28.42	6800	0.971
	压缩空气	标准立方米(m³)	1.17	280	0.04
	鼓风	标准立方米(m³)	0.88	210	0.03
	氧气	标准立方米(m³)	11.7	2800	0.4
	二氧化碳	标准立方米(m³)	6.27	1500	0.214
	氮气	标准立方米(m³)	11.7	2800	0.4
	电石	千克(kg)	60.82	14550	2.079
	乙炔	标准立方米(m³)	243.28	58200	8.314

2. 能源消耗

企业的生产能耗包括基本生产能耗和辅助生产能耗,前者是指生产工艺过程中直接消耗的能量,后者是指为保证生产过程正常进行的辅助设备和辅助部门的能耗,如采暖通风、照明、供水、运输、检修所消耗的能量以及能源转换设备、管道、线路的能量损失等,这两部分能耗之和即为企业的总综合能耗。

在能源管理和统计上常用单位综合能耗,它是以企业单位产品或单位产值所表示的综合能耗。例如每吨钢的综合能耗,每万米布的综合能耗或煤百万元净产值的能耗等。为了在同一行业中实现综合能耗的比较,还有可比单位综合能耗。由于各企业之间生产情况差异很大,因此对可比单位综合能耗而言,需有同行业内人士均认可的标准产品或标准工序,以作为比较的基础。

除了综合能耗外,国家、地区或部门在了解企业能耗时,还常常用到总单项能耗和单位单项能耗。前者是指企业在统计报告期内某种单项能源的总消耗量,如耗煤量、耗电量等。后者则是企业在统计报告期内某种单项能源的单位消耗量,它又可以分为单位产量单项能耗和单位产值单项能耗,其定义为

$$单位（产量）单项能耗＝总单项能耗/产品总产量 \qquad (2\text{-}63)$$
$$单位（产值）单项能耗＝总单项能耗/产品净产值$$

上述各种能耗指标和本章前面介绍的其他能源利用效率指标一起就构成了国家、地区、部门或企业的有关能源利用指标体系。

3. 能源消耗定额的制定和考核

为了考核企业的能源利用情况,挖掘节能潜力和杜绝浪费,各企业应根据本企业的实际

情况，参照国家主管部门制定的综合能耗考核定额和单项能耗定额，以及国内外同行业的能源消耗指标，制定出适合本企业的各种能源消耗定额。

制定的能源消耗定额，既要有科学依据，切合企业的实际情况，又要有一定的先进性，以促进企业的降耗和节支。为了有效地贯彻能源消耗定额的执行，企业能耗的总定额应分解成若干分定额，并层层落实到车间、班组、各道工序及主要耗能设备。

能源消耗定额的考核也应和执行相一致，即实行分级考核。考核的比较标准既可按定额指标，也可按历史消耗水平或按行业消耗水平来制定。考核应在能源的日常记录和统计资料的基础上进行，应要求建立经常性的记录和报告制度，不能采取平时不监督，年终算总账的管理方法。

能源消耗定额应和奖惩制度结合起来，有条件的企业应实行节约额提成的办法。为了做好能源消耗定额管理，除了采取组织措施外，还要有技术措施，并根据实际执行情况和技术进步修订和完善能源消耗定额。

2.8.4　综合能耗计算

国家标准《综合能耗计算通则》（GB/T 2589—2008）规定了综合能耗的定义和计算方法。该标准适用于任一基层耗能核算单位（主要是企业），也适用于能源统计部门。

1. 综合能耗的定义

综合能耗是规定的耗能体系在一段时间内实际消耗的各种能源实物量按规定的计算方法和单位分别折算为一次能源后的总和。

所谓耗能体系，一般是指企业，也可以是核算单位内的分厂、车间、工段或生产线、生产工序等其他耗能单元。对能源统计，体系也可规定为行业（部门）、地区。

实际消耗的各种能源是指一次能源（原煤、原油、天然气等）、二次能源（如电力、热力、焦炭等国家统计制度所规定的能源统计品种）和生产使用的耗能工质（水、氧气等）所消耗的能源。

所消耗的各种能源不得重计或漏计。存在供需关系时，输入、输出双方在计算量值上应保持一致。

企业实际消耗的各种能源，系指用于生产活动的各种能源。它包括主要生产系统、辅助生产系统和附属生产系统用能，不包括生活用能和批准的基建项目用能。

生活用能是指企业系统内的宿舍、学校、文化娱乐、医疗保健、商业服务和托儿幼教等方面用能。

在企业实际消耗的能源中，用作原料的能源也必须包括在内。

在综合能耗中所涉及的耗能工质是指在生产过程中所消耗的那种不作原料使用、也不进入产品，制取时又需要消耗能源的工作物质。

在综合能耗计算中所涉及的能源等价值，对二次能源，是指生产单位数量的二次能源所消耗的一次能源量；对耗能工质，是指生产单位数量的耗能工质所消耗的一次能源量。

2. 综合能耗分类

综合能耗分为六种，即企业综合能耗、企业单位产值（净产值）综合能耗、产品单位产量

综合能耗、产品单位产量直接综合能耗、产品单位产量间接综合能耗和产品可比单位产量综合能耗。

1）企业综合能耗

企业综合能耗是在统计报告期内企业的主要生产系统、辅助生产系统和附属生产系统的综合能耗总和。

能源及耗能工质在企业内部进行储存、转换及分配供应（包括外销）中的损耗，也应计入企业综合能耗。

2）企业单位产值综合能耗

企业单位产值综合能耗是企业在统计报告期内的企业综合能耗与期内创造的净产值（价值量）总量的比值。

3）产品单位产量综合能耗

产品单位产量综合能耗是产品单位产量直接综合能耗与产品单位产量间接综合能耗之和。

产品是指合格的最终产品和中间产品；对某些以工作量或原材料加工量为考核能耗对象的企业，据此计算其综合能耗。

4）产品单位产量直接综合能耗

产品单位产量直接综合能耗是生产某种产品时主要生产系统的综合能耗与期内产出的合格品总量的比值。

对同时生产多品种产品的情况，应按实际耗能计算；在无法分别进行实测时，或折算成标准产品统一计算，或按产量分摊。

5）产品单位产量间接综合能耗

产品单位产量间接综合能耗是指企业的辅助生产系统和附属生产系统在产品生产的时间内实际消耗的各种能源，其他损耗折算为综合能耗后分摊到该产品上的综合能耗量。

6）产品可比单位产量综合能耗

产品可比单位产量综合能耗是为在同行业中实现相同产品能耗可比，对影响产品能耗的各种因素，用折算成标准产品的办法、能耗统计计算的办法等加以考虑所计算出来的综合能耗量。

3. 在统计期内用于生产活动的能源消耗量的确定

企业在计划统计期内用于生产活动中的能源消耗量，是指在生产活动中经过实测得到的各种能源消耗量。特别是主要生产系统的能耗，必须以实测的为准。燃料发热量也应按实测求得。

能源实物量的计量必须符合《中华人民共和国计量法》和《企业能源计量器具配备和管理通则》的要求。

统计期内企业的某种燃料实物消耗量可按下式进行计算：

企业的燃料实物消耗量＝企业购入的燃料实物量＋期初库存燃料实物量－外销的燃料实物量－生活用燃料实物消耗量－期末库存燃料实物量

4. 各种能源（包括生产耗能工质消耗的能源）折算的原则

规定计算综合能耗时，各种能源分别折算为一次能源的统一单位为 t（吨）（标准煤）。

任一规定的体系实际消耗的燃料能源均应按应用基低位发热量为计算基础，折算为标准煤量。在统计计算时可采用 t（吨）、kt（千吨）、Mt（兆吨）（标准煤）等做单位。

任一规定的体系实际消耗的二次能源及耗能工质均按相应的能源等价值折算为一次能源。本企业自产时，它的能源等价值按投入产出原则自行规定；由集中生产单位外销供应时，其能源等价值须经主管部门规定；外购外销时，其能源等价值必须相同。当未提供能源等价值时，可按国家统计局公布的折算系数进行折算。

5. 各种综合能耗的计算

1）企业综合能耗的计算

企业综合能耗等于企业消耗的各种能源实物量与该种能源的等价值的乘积之和。

$$E = \sum_{s=1}^{n} (\lambda_s \times \rho_s) \qquad (2\text{-}64)$$

式中：E 为企业综合能耗，t（标准煤）；λ_s 为生产活动中消耗的第 s 种能源实物量；ρ_s 为第 s 种能源的等价值；n 为企业消耗的能源种数。

2）企业单位产值综合能耗的计算

企业单位产值综合能耗等于企业综合能耗与期内产出的净产值（价值量）之比。

$$E_g = \frac{E}{G} \qquad (2\text{-}65)$$

式中：E_g 为企业单位产值综合能耗，t（标准煤）/万元；G 为期内产出的净产值（价值量），万元。

3）产品单位产量综合能耗的计算

某种产品单位产量综合能耗等于该产品单位产量直接综合能耗与该产品单位产量间接综合能耗之和。

$$E_{Di} = E_{Zi} + E_{Di} \qquad (2\text{-}66)$$

式中：E_{Di} 为某种产品的单位产量综合能耗，t（标准煤）/产品单位；E_{Zi} 为某种产品的单位产量直接综合能耗，t（标准煤）/产品单位；E_{Ji} 为某种产品的单位产量间接综合能耗，t（标准煤）/产品单位。

产品单位产量综合能耗又可分为直接综合能耗和间接综合能耗。某种产品的单位产量直接综合能耗等于生产该种产品的直接综合能耗量除以期内产出的合格品数量。即

$$E_{Zi} = \frac{E_{CZi}}{M_i} \qquad (2\text{-}67)$$

式中：E_{CZi} 为某种产品的直接综合能耗，t（标准煤）；M_i 为期内产出的某种产品的合格品数量，件、箱等。

某种产品的直接综合能耗等于主要生产系统生产该种产品所消耗的各种能源（含耗能工质耗能）实物量与相应的能源等价值乘积之和。即

$$E_{CZi} = \sum_{s=1}^{n'} (\lambda_s \times \rho_s) \tag{2-68}$$

式中：n' 为某种产品直接消耗的能源种数。

关于辅助生产系统与附属生产系统的综合能耗，既可按式（2-67）计算进行分摊，也可按实测值进行分摊，或者按企业认为是科学、合理又符合标准规定的原则进行分摊。

$$E_{CZi} = \frac{(E_f + E_{f'} + E_{f''})\zeta_i}{M_i} \tag{2-69}$$

式中：E_f 为辅助生产系统的综合能耗，t（标准煤）；$E_{f'}$ 为附属生产系统的综合的能耗，t（标准煤）；$E_{f''}$ 为各种损耗，t（标准煤）；ζ_i 为某种产品的间接能耗分摊系数。

辅助生产系统与附属生产系统的综合能耗等于它们在统计报告期内用于生产活动中消耗的各种能源实物量与各自的能源等价值乘积之和。即

$$E_f = \sum_{s=1}^{r} (\lambda_s \times \rho_s) \tag{2-70}$$

$$E_{f'} = \sum_{s=1}^{r'} (\lambda_s \times \rho_s) \tag{2-71}$$

式中：r, r' 分别为辅助生产系统和附属生产系统消耗的能源种数。

辅助生产系统和附属生产系统的综合能耗分摊到某种产品上的比例系数称为产品间接能耗分摊系数，是第 i 种产品直接综合能耗与全部产品直接综合能耗的比值。即

$$\zeta_i = \frac{E_{CZi}}{\sum_{i=1}^{m} E_{CZi}} \tag{2-72}$$

式中：m 为产品直接综合能耗的产品种数。

4）产品可比单位产量综合能耗的计算

产品可比单位产量综合能耗只适用于同行业内部对产品能耗相互比较，计算方法应在专业综合能耗计算办法中，由各专业主管部门予以具体规定。

第3章 通用的节能技术

3.1 高效低污染燃烧技术

3.1.1 燃烧概述

燃料燃烧是获取热能的最主要方式。燃料燃烧过程是一个很复杂的化学、物理过程,燃料燃烧必须具备的条件如下:

(1) 有可能燃烧的可燃物(燃料);

(2) 有使可燃物着火的能量(或称热源),即使可燃物的温度达到燃点以上;

(3) 供给足够的氧气或空气(因为空气中也含有助燃的氧气)。

缺少任何一个条件,燃烧就无法进行。此外,为了维持燃烧过程,还必须保证:

(1) 把温度维持在燃烧的着火温度以上;

(2) 把适当的空气量以正确的方式供应给燃料,使燃料能充分地与空气接触;

(3) 及时、妥善地排走燃烧后的产物;

(4) 提供燃烧所必需的足够空间(燃烧室)和时间。

根据燃烧状况的好坏,可以把燃烧分为完全燃烧和不完全燃烧。完全燃烧是指燃料中的可燃成分全部燃尽,不完全燃烧则是指燃烧产物中仍含有一些可燃物质,如游离碳、炭黑、一氧化碳、甲烷、氢等。为衡量燃烧的完善程度,引入了燃烧效率的概念。燃烧效率是指燃料燃烧时,实际所产生的热量与燃料标准发热量之比。

由于燃烧燃料不同,如煤、油和气体燃料等,它们的燃烧也各有特点。

(1) 气体燃料的燃烧:气体燃料的燃烧方式可以分为容器内燃烧和燃烧器燃烧,它们和油的两种燃烧方式相近。气体燃料的燃烧过程包括三个阶段,即混合、着火和正常燃烧。

(2) 油的燃烧:油的燃烧有内燃和外燃两种方式。内燃是指在发动机汽缸内部极为有限的空间进行高压燃烧,是一种瞬间的燃烧过程。外燃是指不在汽缸内部燃烧,而是在燃烧室内燃烧,并直接利用燃烧发出的热量,如锅炉、窑炉内进行的燃烧。

油燃烧的全过程包含传热过程、物质扩散过程和化学反应过程。

(3) 煤的燃烧:煤的燃烧方式基本上有两种:第一种是煤粉悬浮在空间燃烧,称为室燃或粉状燃烧;第二种是煤块在炉排上燃烧,称为层燃或层状燃烧。其他燃烧方式,如旋风燃烧只是空间燃烧的一种特殊形式,流化床燃烧则介于第一种和第二种方式之间,它既有空间燃烧,又有层状燃烧。

煤从进入炉膛到燃烧完,一般要经过三个阶段,即着火前的准备阶段(水分蒸发、挥发分析出、温度升高到着火点)、挥发分和焦炭着火与燃烧阶段、残碳燃尽形成灰渣阶段。

根据不同燃料燃烧的特点,采用各种措施提高燃料的燃烧效率是节能的重要途径。此外,燃料燃烧时会产生严重的环境污染问题,因此发展和推广高效低污染的燃烧技术既是节能的需要,也是保护环境实现可持续发展的重要措施。

3.1.2　气体燃料的燃烧技术

气体燃料便于储存、运输,且燃烧方便,因此随着天然气的开发和煤的气化,其应用越来越广。气体燃料燃烧的效率主要取决于气体燃烧器。气体燃烧器的基本要求如下:

(1) 不完全燃烧损失小,燃烧效率高;

(2) 燃烧速率高,燃烧强烈,燃烧热负荷高;

(3) 着火容易,火焰稳定性好,既不回火,又不脱火;

(4) 燃烧产物中有害物质少,对大气污染小;

(5) 操作方便,调节灵活,寿命长,能充分利用炉膛空间。

常用的气体燃烧器有一种是扩散式燃烧器,对这类燃烧器,可燃气体与助燃空气不需预先混合,燃烧所需空气由周围环境或相应管道供应、扩散而来。图 3-1(a)、(b)所示为简单的扩散式燃烧器。还有一种是预混式燃烧器。其特点是燃烧前可燃气体与氧化剂已经混合均匀,燃烧时这种燃烧器通常无焰,故也称无焰燃烧器。此外还有一种部分预混式燃烧器,这种燃烧器的特点是,在燃烧器头部设预混段,可燃气体与空气进行部分预混,其余空气靠扩散供应,目前家庭用的煤气灶大多属此类。

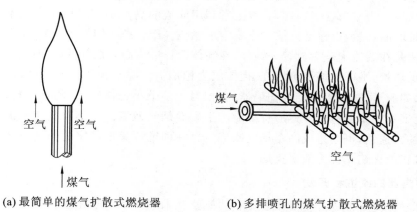

(a) 最简单的煤气扩散式燃烧器　　　　　(b) 多排喷孔的煤气扩散式燃烧器

图 3-1　简单的扩散式燃烧器

气体燃料的燃烧效率通常都很高。在气体燃料的燃烧技术中,应将注意力放在以下几方面。

1. 正确选用燃烧器

各种燃烧器的特点均不相同,在选用时应充分掌握其特点。例如扩散式燃烧器,其安全性较好,不会回火,因此没有回火爆炸的危险,但其火焰较长,仅适合于高热值燃料的燃烧。预混式燃烧器,燃烧强度高,而且不会产生炭黑,其缺点是燃烧不稳定,可能出现回火或脱火,它主要适用于低热值燃料的燃烧。又如对某些供热量很大的工业炉,以天然气作燃料时所需流量很大,此时采用部分预混式燃烧器不但可以提高燃烧热负荷,而且能控制火焰的发光程度,有利于改善炉内辐射传热。

2. 正确选择燃烧器的参数

燃烧器的参数包括结构参数和流动参数。结构参数的改变会对燃烧情况(如火焰长度)产生明显的影响。例如扩散式燃烧器,如果助燃空气喷口和燃气喷口相邻平行布置,其火焰长度就明显长于燃气喷口位于空气喷口内并彼此同心布置的情况。此外,燃气喷口放在空气喷口内,当两喷口均为不收缩的圆形时,火焰长度也明显长于同样结构但两喷口收缩为扁形时的情况。流动参数对燃烧的影响也是很明显的。例如对预混火焰,一方面,当燃烧器喷出的气流速度小于火焰传播速度时,火焰可能传到燃烧器内部,产生回火,而回火有引起爆炸的危险;另一方面,如果燃烧器喷出的气流速度大于火焰传播速度,火焰有可能被吹熄,产生脱火。因此应控制好燃烧器的流动参数。

3. 提高火焰的稳定性

火焰的稳定性是指火焰能够连续稳定地维持在某个空间位置上,既不熄火,又不随意移动位置。火焰稳定性是高效低污染燃烧的关键,因此在燃烧过程中应采取各种措施提高火焰的稳定性。提高火焰的稳定性,必须针对各种不同的情况采取不同的措施。例如对层流火焰,为提高火焰的稳定性防止回火,可以将单喷口改成许多小喷口,以加强散热。又如喷口气流速度过大有可能脱火时,可在喷口外加障碍物,以降低气流速度,保持火焰稳定。

在工程应用中,通常喷口气流速度都较高,呈湍流状态,如不采取措施,火焰很难稳定,甚至会被吹熄。为避免这一问题,工程上常利用回流的高温烟气或用小火焰不断地向可燃气体提供足够的热量,以保证火焰连续稳定地燃烧。产生高温烟气回流有很多方法,其中最简单的方法是在湍流火焰后放置一钝体,在钝体后将形成高温烟气的回流区,可持续地向可燃气体提供热量,维持火焰稳定燃烧,钝体成为稳焰器。除了钝体稳焰器外,还有其他形式的稳焰器,如船形稳焰器、多孔板稳焰器(它相当于多个小钝体)等。此外旋转射流、复杂射流(如射流突然扩张、突然转弯等)也都能产生高温烟气回流区。小股高速射流和主流气体之间形成的大速差,也会造成高温烟气回流。另一种维持火焰稳定的简捷方法是采用点火火焰,通常将此火焰又称为值班火焰。

4. 燃烧器的改进和开发

燃烧器的改进和开发一直是高效低污染燃烧技术的一个主要方面,在此方面发展非常迅速。例如气流旋转将有利于可燃气体和助燃空气的混合和燃烧,根据这一原理设计的旋流式燃烧器,燃烧热负荷高,火焰稳定性好。如进一步提高气流的旋转强度,燃烧时将形成燃烧旋涡,此时燃烧更加激烈,热负荷更高,此种燃烧器则称为旋风燃烧器。此外还有所谓高速燃气燃烧器,它是提高燃气和空气从各自喷口喷出的速度,使它们喷出后能迅速混合燃烧,不但燃烧室热负荷高,而且高速烟气对强化传热十分有利,这种燃烧器适合于加热炉,炉腔升温快,效率高。

另外一种多喷口板式无焰燃烧器(见图 3-2),燃气与空气经过混合器均匀混合后,再通过分配室分配到许多由耐火砖砌成的燃烧道。这种方式不但燃烧效率高,而且温度场均匀,烧嘴寿命长,非常适合燃烧低热值的煤气。与上述燃烧器相类似的有平焰式燃烧器,这种部分预混燃烧器,煤气从中心管端部四周小孔喷出并与四周扩展的空气相混合,形成平展的圆盘形火焰,其火焰短而且展开,因此温度场均匀,适于作为加热炉的燃烧器。

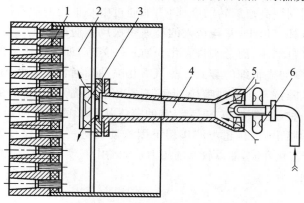

图 3-2　多喷口板式无焰燃烧器
1—耐火砖燃烧道;2—分配室;3—分配锥;4—混合器;
5—喷嘴;6—空气调节阀

3.1.3　油的燃烧技术

油是最常用的液体燃料。由于油的沸点总是低于其着火温度,所以油总是先蒸发成油蒸气,再在蒸气状态下燃烧,其燃烧过程和气体燃料燃烧几乎完全相同。油的燃烧包含油加热蒸发、油蒸气和助燃空气的混合以及着火燃烧三个过程,其中油加热蒸发是制约燃烧速率的关键。为了加速油的蒸发,扩大油的蒸发面积是主要的方法,为此,油总是被雾化成细小油滴来燃烧。

油雾化质量的好坏直接影响燃烧效率。雾化细度是衡量雾化质量的一个主要指标。通常雾化气流中油滴的大小各不相同,显然油滴的直径越小,单位质量的表面积就越大。例如 $1 cm^3$ 的球形油滴,其表面积仅为 $4.83 cm^2$,如将它分成 10^7 个直径相同的小油滴,它的表面积将增加到 $1 200 cm^2$,即增加约 250 倍。从雾化的角度讲,不仅要求雾化油滴的平均直径小,而且要求油滴的直径尽量均匀,通常用索太尔平均直径来表征油滴的尺寸分布。索太尔平均直径可以这样理解:实际的油雾与一个假想的油雾的质量和油滴的总表面积都相同,所不同的是,假想油雾是由等直径的油滴组成,此时假想油雾的直径就称为实际油雾的索太尔平均直径。显然索太尔平均直径越小,油滴雾化得越好,其蒸发混合及燃烧的速率也越快。

影响雾化质量的主要因素是喷射速度和燃油温度。研究表明,雾化油滴的尺寸取决于油气间相对速度的平方,相对速度越大,雾化油滴越细。同时燃油温度增加,由于其表面张力和黏度下降,雾化油滴的直径变小。

为了实现油的高效低污染燃烧,应从以下两方面来着手。

1. 提高燃油的雾化质量

燃油的雾化是通过各种雾化器来实现的。雾化器又称喷油嘴,按其工作形式可以分为两大类:机械式喷油嘴(压力式和旋杯式);介质式喷油嘴(以蒸汽或空气作介质)。压力式雾化喷油嘴是借送入燃烧器的油的压力来实现雾化,它又可分为简单式和回油式两种形式。旋杯式雾化喷油嘴则利用高速旋转的金属杯,油通过中心轴内的油管注入转杯内壁,在内壁形成的油膜被高速从杯口甩出,并与送入的高速一次风相遇而雾化。在蒸汽雾化喷油嘴中,油雾化的能量不是来自油压,而是来自雾化介质——蒸汽,即一定压力的蒸汽以很高的速度冲击油流,并把油流撕裂成很细的雾滴。蒸汽雾化喷油嘴通常又有两种形式,即外混式蒸汽雾化喷油嘴和内混式蒸汽雾化喷油嘴(Y 形蒸汽雾化喷油嘴)。新发展的超声波喷油嘴也是蒸汽雾化喷油嘴的一种(见图 3-3),进入汽室的蒸汽从环形间隙中喷出,激发谐振器产生超声波。油从喷油孔中喷出后,在超声波作用下因振动而进一步破碎。另一种低压空气雾化喷油嘴是利用空气作雾化介质,油以较低的压力从喷嘴中心喷出,而高速的空气(约 80 m/s)从油四周喷入,使油雾化。

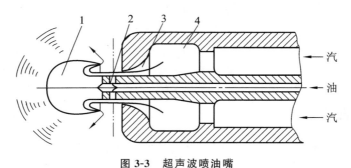

图 3-3 超声波喷油嘴
1—谐振器;2—喷油孔;3—环形间隙;4—汽室

要提高燃油的雾化质量,首先就应根据各种喷油嘴的特性正确选择。例如对简单压力式雾化喷油嘴,因为其喷油量的调节是依靠改变油压来实现的,低负荷时油压将降低,雾化质量也随之下降。因此这种喷油嘴只适用于带基本负荷的锅炉和窑炉。对于负荷变动较大的情况,特别是低负荷运行较多时,可以采用回油式压力雾化喷油嘴,这种喷油嘴设有回油道,可以依靠回油压力的调整来调节喷嘴的流量特性,而油的旋流强度基本不变。

当企业有蒸汽源时,可以考虑优先选用蒸汽雾化喷油嘴。因为蒸汽雾化喷油嘴的雾化特性好、雾化油滴细,而且雾化角与喷油量无关,火焰形状易于控制,调节性能好,负荷调节比可达 1∶6 以上。此外这种喷油嘴对燃油的适应性好:燃油黏度变化对雾化特性影响很小;对燃油压力要求不高,可简化供油系统;结构简单,操作方便,不易堵塞。这种喷油嘴也存在一些明显缺点:耗汽量大,且雾化蒸汽不能回收;噪声大;启动性差;烟气中的蒸汽含量会使锅炉尾部受热面腐蚀和积灰等。值得注意的是,近几年蒸汽雾化喷油嘴已有很大的改进,耗汽量大大降低,噪声和启动性能也有很大的改善。特别是 Y 形蒸汽雾化喷油嘴,它综合了压力式雾化喷油嘴和蒸汽雾化喷油嘴的优点,采用比压力式雾化喷油低的油压,又不消耗太多的蒸汽,因此雾化质量更好,单个喷油嘴出力高,且不受油压和油温的影响,适合于大型燃油锅炉。为了节能和提高经济效益,所使用的燃油品质越来越差,而使用上又要求锅炉对负荷的适应能力越来越好,这一因素也促使了蒸汽雾化喷油嘴的广泛应用。

对于小型燃油锅炉和窑炉，多优先采用低压空气雾化喷油嘴。这是由于这种喷油嘴的雾化质量好，火焰较短，油量调节范围广，对油质要求不高，且结构和系统均较简单。此外，转杯式喷油嘴对油压、油质要求不高，调节性能优良，特别是低负荷运行时，因油膜减薄雾化质量反而好。因此转杯式喷油嘴也适合于小型工业锅炉，但因有高速运转部件，且转杯易污染，故影响它的应用。

由于雾化质量与喷射速度和燃油温度有很大的关系，因此也可以从这两方面来改善雾化质量。例如当燃油黏度较大时，可以将油预热温度提高，对重油更应将加热温度提高到 110～130 ℃。此外重油中大相对分子质量的碳氢化合物占相当大的比重，它们不易蒸发，且在缺氧的情况下易受热（600 ℃左右）裂解，形成炭黑微粒，致使重油燃烧时间延长。因此在燃烧重油时，还应保证火焰尾部有足够高的温度和充足的氧气供应。

2. 实现良好的配风

油燃烧器是由喷油嘴和配风器两部分组成的。配风器的任务是供给适量的空气，以形成有利于空气和油雾混合的空气动力场。好的配风器应满足以下要求：

（1）将空气分为一次风和二次风，一次风量占总风量的 15％～30％，一次风在点火前就已和油雾混合，其作用是避免油雾着火时，由于缺氧严重而分解，产生大量炭黑；

（2）一次风应当是旋转的，从而可以产生一个适当的回流区，以保持火焰的稳定；

（3）二次风可以是直流的，也可以有小的旋流强度，后者是为了控制火焰的形状，以有利于早期混合。

配风器通常分为直流式和旋流式两大类。直流式是一种最简单的配风器，它有两种形式，即直管式和文丘里管（又称文氏管）式。图 3-4 所示为直管式配风器的示意图，它多用于小型锅炉和窑炉。

旋流式按进风方式可以分为蜗壳型和叶片型，其中叶片型又可分为切向叶片和轴向叶片两种形式。旋转气流从旋流式配风器喷出后，由于强烈的湍流运动，能使油雾和空气很好地混合。早期的蜗

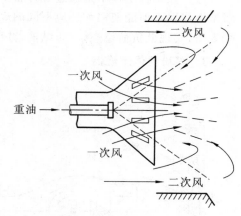

图 3-4　直管式配风器的示意图

壳型配风器由于通风阻力大，且沿喷口周围气流分布不均，目前已很少采用。切向或轴向叶片型的旋流式配风器既可使一次风直吹、二次风旋转，也可使一、二次风互为反向旋转，甚至还可在两股旋转风之间再加入一股不旋转的三次风，因此湍流强烈，喷进炉膛后可以形成强烈的油气混合气流，十分有利于燃烧，故适合于大、中型的锅炉和窑炉。

不论采用何种配风方式都应该使空气和油雾扩展角很好配合，一般气流的扩展角应比油雾扩展角稍小些，以使空气能高速喷入油雾中形成良好的配合（见图 3-5）。

3.1.4　煤粉燃烧稳定技术

我国大型锅炉和工业窑炉大多采用煤粉燃烧。煤粉燃烧技术发展至今已经历半个多世纪。为了适应煤种多变、锅炉调峰及稳燃和强化燃烧的需要，煤粉燃烧技术得到了迅速的发

展。随着环保要求的日益提高,低污染煤粉燃烧技术也越来越受到重视。近几年来,为了将稳燃和低污染燃烧结合起来,高浓度煤粉燃烧技术的发展也非常迅速。这些先进的煤粉燃烧技术不但提高了燃烧效率,节约了煤炭,减少了污染,还为锅炉的调峰和安全运行创造了条件。

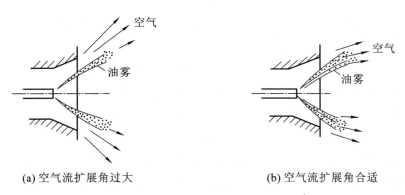

(a) 空气流扩展角过大　　　　　　　　(b) 空气流扩展角合适

图 3-5　空气流扩展角和油雾扩展角的配合

煤粉燃烧稳定技术是通过各种新型燃烧器来实现煤粉的稳定着火和燃烧强化的。采用新型燃烧器不但能使锅炉适应不同的煤种,特别是燃用劣质煤和低挥发分煤,而且能提高燃烧效率,实现低负荷稳燃,防止结渣,并节约点火用油。

1. 煤粉钝体燃烧器

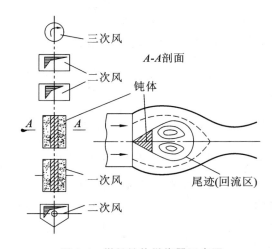

图 3-6　煤粉钝体燃烧器示意图

煤粉钝体燃烧器是 20 世纪 80 年代华中工学院(现更名为华中科技大学)开发的(见图 3-6)。它利用煤粉气流绕过钝体时的脱体分离现象产生的内、外回流,使煤粉着火提前、燃烧稳定。采用钝体不但提高了气流的湍流强度,形成了一个高温烟气的回流区(温度可达900 ℃),而且在回流区边缘形成了一个局部的高浓度煤粉区。这些条件非常有利于煤粉的稳定着火和燃烧强化。煤粉钝体稳焰器特别适合于燃用劣质煤和低挥发分煤的锅炉和窑炉,并已得到广泛的应用。

2. 稳燃腔燃烧器

稳燃腔燃烧器是在钝体燃烧器的基础上发展起来的另一种新型燃烧器。它是在钝体燃烧器的外面罩上一个稳燃腔,利用腔壁来消除钝体上下端部效应带来的端部卷吸,从而使来自钝体后方的高温烟气的回流强度得到大大提高。由于钝体被罩在稳燃器中,钝体不易烧坏,延长了使用寿命。这种燃烧器对低负荷稳燃、节约点火用油、提高燃烧效率起到了明显的效果。

3. 开缝钝体燃烧器

开缝钝体燃烧器也是在钝体燃烧器的基础上开发的新型燃烧器。它是在三角形钝体中间开一条中缝,它除了具有钝体燃烧器的基本功能外,由于中缝的存在,又具有增大速差的功能,即在回流区中形成一定的煤粉浓度,这是钝体燃烧器所没有的。中缝射流充分利用了回流区中高温、低速、高湍流的特点,可以首先着火,从而进一步提高回流区和尾流恢复区的温度,更有利于主流的点燃。此外,中缝射流可以屏蔽从正面来的部分辐射热,有利于保护喷口和开缝钝体不被烧坏,故这种燃烧器也得到了广泛的应用。

4. 夹心风燃烧器

夹心风燃烧器是西安交通大学和武汉锅炉厂合作研制的一种直流式煤粉燃烧器。它的特点是在二次风口中间加装一个狭长的喷口,从中喷射出一股速度较高但不带煤粉的空气流。该股射流能增强一次风的抗偏转能力,将两侧的一次风气流向喷口中心牵引,减少了煤粉的散射,有利于煤粉气流的着火和火焰稳定。

5. 火焰稳定船式燃烧器

火焰稳定船式燃烧器是将船形火焰稳定器装设在一次风口内,由于船形作用,在出风口处将形成一种束腰形的气固两相流结构,在腰束外缘形成局部的高温区,由于气流作用促使煤粉浓淡分离。高浓度的煤粉集中在腰束外缘,这种高温和高浓度煤粉对着火和稳燃是非常有利的,以致在低负荷运行时不投油也能稳定燃烧。

6. 双通道自稳燃式燃烧器

双通道自稳燃式燃烧器是清华大学开发的一种新型燃烧器。它的特点是在同一喷口上开上、下两个一次风喷口,在两个喷口之间设计一个回流空间。这样一次风射流自身将产生一个强烈的回流区,利用高温烟气回流加热一次风和煤粉,使煤粉稳定燃烧。

3.1.5 煤粉低氮氧化物燃烧技术

燃煤电站对环境的污染是十分严重的。目前世界上大多数燃煤电站对粉尘和 SO_2 的排放已有相当成熟的控制和处理技术,但对如何减少另一种污染物即 NO_x 的排放仍在进一步深入研究之中。目前降低 NO_x 的排放比较成熟的办法是采用空气分级燃烧和烟气再循环燃烧等技术。

1. 低过量空气燃烧

如果使煤粉燃烧过程的供气量接近理论空气量,则由于烟气中过氧量的减少将有效地抑制 NO_x 的生成,显然这是一种最简单的降低 NO_x 排放的方法。一般来说,采用低过量空气燃烧可以降低 NO_x 排放量 $15\% \sim 20\%$。值得注意的是,采用这种方法有一定的限制。如炉内氧的浓度过低,例如低于 3% 以下时,将造成 CO 浓度急剧增加,从而大大增加未完全燃烧损失;飞灰含碳量也会增加,会使燃烧效率降低;还会引起炉壁结渣和腐蚀的危险。因此在锅炉和窑炉的设计和运行时,应选取最合理的过量空气系数,避免出现为降低 NO_x 排放量而产生的其他问题。

2. 空气分级燃烧

空气分级燃烧是目前国内外燃煤电厂采用最广泛、技术上也比较成熟的低 NO_x 的燃烧技术。空气分级燃烧的基本原理是将燃料的燃烧过程分阶段来完成。在第一阶段,将主燃烧器供入炉膛的空气量减少到总燃烧空气量的 $70\%\sim75\%$(相当于理论空气量的 80% 左右),使燃料先在缺氧的富燃料燃烧条件下燃烧。此时由于过量空气系数小于 1,因而降低了该燃烧区内的燃烧速度和温度水平,抑制了 NO_x 在这一燃烧区中的生成量。为了完成全部燃烧过程,完全燃烧所需的其余空气则通过布置在主燃烧器上方的专门空气喷口(称为"火上风"喷口)送入炉膛,与在"贫氧燃烧"条件下所产生的烟气混合,在过量空气系数大于 1 的条件下完成全部的燃烧过程。图 3-7 为空气分级燃烧原理的示意图。实践表明,采用空气分级燃烧的方法可以降低 $15\%\sim30\%$ 的 NO_x 排放量。

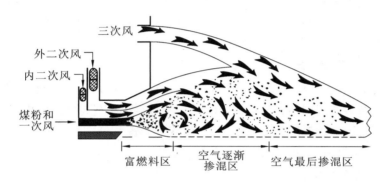

三次风
外二次风
内二次风
煤粉和一次风
富燃料区　空气逐渐掺混区　空气最后掺混区

图 3-7　空气分级燃烧原理的示意图

3. 燃料的分级燃烧

燃料的分级燃烧与空气分级燃烧类似。它先将 $80\%\sim85\%$ 的燃料送入第一级燃烧区,使之在过量空气系数大于 1 的条件下燃烧,并生成 NO_x;其余的 $15\%\sim20\%$ 的燃料则在主燃烧器的上部送入第二级燃烧区,在过量空气系数小于 1 的条件下形成很强的还原气氛,从而使得在第一级燃烧区中生成的 NO_x 在第二级燃烧区中被还原成氮分子(N_2);与此同时,新的 NO_x 的生成也受到了抑制。采用此法可使 NO_x 的排放量降低 50%。通常将进入第一级燃烧区的燃料称为一次燃料,送入第二级燃烧区的燃料称为二次燃料,二次燃烧区又称为再燃区。为了保证再燃区中生成的未完全燃烧产物能够燃尽,通常在再燃区上方还需布置"火上风"喷口,以形成第三级燃烧区,即燃烬区。

4. 烟气再循环

除了利用空气和燃料分级燃烧减少 NO_x 排放量外,目前还采用烟气再循环来减少 NO_x 的排放量。这种方法是在锅炉尾部空气预热器前抽取一部分低温烟气,或直接送入炉膛,或与一次风或二次风混合后再送入炉膛。这样不但可以降低进入炉膛的氧气浓度,而且可以降低燃烧温度,这些都有利于抑制 NO_x 的生成。经验表明,当烟气再循环率为 $15\%\sim20\%$ 时,煤粉炉 NO_x 的排放量可降低 25% 左右。

3.1.6　高浓度煤粉燃烧技术

高浓度煤粉燃烧技术不但能实现煤粉锅炉低氮氧化物燃烧,而且能实现无烟煤等难燃煤种的稳燃。为了实现高浓度煤粉燃烧技术,必须提高一次风中的煤粉浓度,目前主要有以下三种提高煤粉浓度的方法。

1. 高浓度给粉

它是直接采用高浓度输粉,即用独立的风源或其他介质把高浓度的煤粉,经比常规给粉管细得多的管道直接送至燃烧器进行高浓度的燃烧。这种方法已用于燃用无烟煤、褐煤和烟煤的 200 MW、300 MW、500 MW 和 800 MW 的锅炉机组上,取得了良好的效果。

2. 采用燃烧器浓缩技术

这种技术或是形成浓淡偏差燃烧,或是大范围地调节一、二次风粉流,间接形成高浓度燃烧,或是通过特殊的喷嘴设计形成局部浓缩着火区。日、美等国多采用这种方法。实际运行证明,这种燃烧器浓缩技术除了能大幅度地降低 NO_x 的生成量外,还具有明显的低负荷稳燃性能。

3. 采用浓缩器浓缩技术

它是在燃烧器之外设置专门的浓缩机构,从而浓缩一次风粉流,实现高浓度煤粉燃烧。浓缩器可以分为惯性式和离心式。设计优良的浓缩器的浓缩技术,无油稳燃负荷可低至 20%。

3.1.7　流化床燃烧技术

煤的流化床燃烧是继层煤燃烧和粉煤燃烧后,于 20 世纪 60 年代开始迅速发展起来的一种新的煤燃烧方式。这种方式煤种适应性广,易于实现炉内脱硫和低氮氧化物排放,且燃烧效率高,负荷调节性好,能有效地利用灰渣。由于以上优点,在经历了 50 多年的发展历程后,这种技术呈现出良好的发展势头。

1. 特殊的气固流动形态——流态化

固体颗粒本身是没有流动性的,但在气体的作用下固体颗粒也能表现出流体的宏观特性。图 3-8 所示为气固两相随气流速度变化所呈现的不同流态。固体颗粒被置于一块开有小孔的托板上,当气流速度较低时,气体只能通过静止固体颗粒之间的间隙,而不会使固体颗粒运动。这就是所谓固定床,层煤燃烧方式就是处于这种固定床状态(见图 3-8(a))。

当气体流速升高到使全部固体颗粒都刚好悬浮于向上流动的气体中时,颗粒与气体的摩擦力与其重力正好平衡,颗粒在垂直方向受到的合力等于零。此时认为颗粒处于临界流态化。当气体速度超过临界流态化速度时,床层就会出现不稳定。超过临界流态化所需的气体大多以气泡的形式通过床层。这时的床层成为鼓泡流化床,整个床从表象上看极像处于沸腾状态的液体,因此工业界也将之形象地称为沸腾床(见图 3-8(b))。

进一步增加气流速度,使得它高到足以超过固体颗粒的终端速度时,床层上界面就消

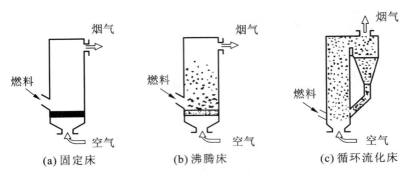

图 3-8　气固两相随气流速度变化所呈现的不同流态

失,固体颗粒将随气体从床层中带出,此时成为气体输送状态。若在床层出口处用一气固分
离器将固体颗粒分离下来,再用颗粒回送装置将颗粒不断地送回床层之中,这样就形成了颗
粒的循环,此时称它为循环流化床(见图 3-8(c))。

将流态化技术应用于煤的燃烧,发展出了鼓泡流化床燃烧(也称常规流化床燃烧)和循
环流化床燃烧这两种介于层煤燃烧和粉煤燃烧之间的新的燃烧方式。流化床燃烧又可分为
常压流化床燃烧和增压流化床燃烧两大类。

2. 流化床锅炉的优点

(1) 燃料的适应性好。

由于固体颗粒在流化气体的作用下处于良好的混合状态,故燃料进入炉膛后很快与床
料混合,燃料被迅速加热至高于着火温度。只要燃烧的放热量大于加热燃料本身和燃烧所
需的空气至着火温度所需的热量,流化床锅炉就可不需要辅助燃料而直接燃用该种燃料。
流化床锅炉可燃用常规燃烧方式难于使用的燃料,如各种高灰分、高水分、低热值、低灰熔点
的劣质燃料和难于点燃和燃尽的低挥发分煤。

(2) 污染物排放量低。

低的燃烧温度(800～950 ℃)和床内碳的还原作用,使流化床锅炉燃烧过程中 NO_x 的
生成量大幅度地减少,而流化床内的燃烧温度又恰好是石灰石脱硫的最佳温度,在燃烧过程
中加入价廉易得的石灰石或白云石,就可方便地实现炉内脱硫。流化床燃烧与采用煤粉炉
和烟道气净化装置的电站相比,SO_2 和 NO_x 的排放量可降低 50% 以上。

(3) 燃烧效率高。

由于颗粒在床内停留时间较长以及燃烧强化等因素,流化床燃烧的燃烬度高,再采用飞
灰回燃或循环燃烧技术后,燃烧效率的范围通常在 97.5%～99.5%。

(4) 负荷调节性好。

采用流化床燃烧,既可实现低负荷的稳定燃烧,又可在低负荷时保证蒸汽参数。其负荷
的调节速率可达(4%)/min,调节范围可在 20%～100%。

(5) 有效利用灰渣。

低温燃烧所产生的灰渣具有较好的活性,可以用来做水泥熟料或其他建筑材料的原料。
由于燃料中的钾、磷成分保留在灰渣中,故灰渣可改良土壤和作为肥料添加剂。有的石煤中

含有稀有元素,如钒、硒等,在石煤燃烧后,还可从灰渣中提取稀有金属。

正是上述这些优点,使流化床燃烧技术在较短的时间内得到了迅速发展和广泛应用。

3. 流化床锅炉的发展

流化床锅炉已从 20 世纪 60 年代的第一代鼓泡流化床锅炉发展到 80 年代的第二代循环流化床锅炉,锅炉的容量也从以小于 75 t/h 为主,逐步发展到 220 t/h、410 t/h,目前正向 800 t/h 和更大容量发展,并与 200 MW 的汽轮发电机组配套。目前,流化床锅炉部分地取代煤粉锅炉,从而大幅度地减少了污染物的排放量,降低了电厂治理污染的投资和运行费用,已成为全世界洁净煤技术的重要发展方向之一。图 3-9 为 ACE 热电公司 180 MW 循环流化床锅炉的示意图。

目前为发展燃气-蒸汽联合循环发电装置,一种与燃气轮机配套的增压流化床锅炉也正在迅速发展之中。因此,根据我国能源以煤为主且煤质较差的国情,大力发展流化床燃烧技术是十分必要的。

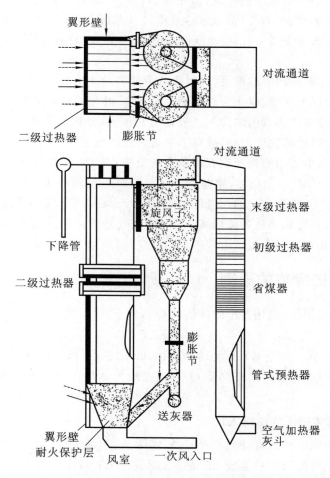

图 3-9　ACE 热电公司 180 MW 循环流化床锅炉的示意图

3.2　强化传热技术

3.2.1　概述

只要存在着温度差,热量就会自发地由高温物体传向低温物体,因此热传递过程是自然界中基本的物理过程之一。它广泛见诸动力、化工、冶金、航天、空调、制冷、机械、轻纺、建筑等领域,大至单机功率为 1.3×10^6 kW 的汽轮发电机组,小至微电子器件的冷却,都与传热过程密切相关。

热传递过程可以分为导热、对流换热和辐射换热等三种基本方式,它们各自有不同的传热规律,实际中遇到的传热问题常常是几种传热方式同时起作用。实现热量由冷流体传给热流体的设备称为换热器,它是上述工业领域广泛应用的一种通用设备。以电厂为例,如果把锅炉也看作换热设备,则再加上冷凝器,除氧器,高、低压加热器等换热设备,换热器的投资约占整个电厂设备投资的 70%。在炼油企业中,1/4 的设备投资用于各种各样的换热器,换热器的质量占设备总质量的 20%。在制冷设备中,蒸发器、冷凝器的质量占整个机组质量的 30%~40%。

由于换热器在工业部门中的重要性,因此从节能的角度出发,为了进一步减小换热器的体积,减重和减少金属消耗量,减小换热器消耗的功率,并使换热器能够在较低温差下工作,必须用各种办法来增强换热器内的传热。最近十几年来,强化传热技术受到了工业界的广泛重视,得到了十分迅速的发展,并且取得了显著的经济效果。如美国通用油品公司将该公司电厂汽轮机冷凝器中采用的普通铜管用单头螺旋槽管代替,螺旋槽管强化传热的效果,使冷凝器的管子总长度减少了 44%,数量减少了 15%,质量减轻了 27%,总传热面积节约 30%,投资节省了 10 万美元。又如作者研制的椭圆矩形翅片管代替圆形翅片管制作的空冷器(即空气冷却器),其传热系数可以提高 30%,而空气侧的流动阻力可以降低 50%。这种空冷器已在我国石化行业和火力发电厂得到广泛应用,取得了明显的经济效益。

3.2.2　强化传热的原则

从传热学中我们知道,换热器中的传热量 Q 可用下式计算:

$$Q = kF\Delta T \tag{3-1}$$

式中:k 为传热系数,W/(m^2·K);F 为传热面积,m^2;ΔT 为冷热流体的平均温差,K。

从式(3-1)可以看出,欲增大传热量 Q,可通过增大 ΔT、F 或 k 来实现。下面对此分别加以讨论。

1. 增大冷热流体的平均温差 ΔT

在换热器中,冷热流体的流动方式有四种,即顺流、逆流、交叉流、混合流。在冷热流体进出口温度相同时,逆流的平均温差 ΔT 最大,顺流时 ΔT 最小。因此为增大传热量,应尽可能采用逆流或接近于逆流的布置。

当然,可以用增加冷热流体进出口温度的差别来增大 ΔT。比如某一设备采用水冷却时传热量达不到要求,则可采用氟利昂来进行冷却,这时平均温差 ΔT 就会显著增大。但是在一般的工业设备中,冷、热流体的种类和温度的选择常常受到生产工艺过程的限制,不能随意变动,而且还存在一个经济性的问题,如许多工业部门经常采用饱和水蒸气作为加热工质,当压力为 1.586×10^6 Pa 时,相应的饱和温度为 437 K。若为了增大 ΔT,采用更高温度的饱和水蒸气,则其饱和压力也相应提高,此时饱和温度每增高 2.5 K,相应压力就要上升 10^5 Pa。压力增加后,换热器设备的壁厚必须增加,从而使设备庞大、笨重,金属消耗量大大增加。虽然可采用矿物油、联苯等作为加热工质,但选择的余地并不大。

综上所述,用增大平均温差 ΔT 的办法来增大传热量只能适用于个别情况。

2. 扩大换热面积 F

扩大换热面积是常用的一种增大换热量的有效方法,如采用小管径。管径越小,耐压越高,而且在金属质量相同的情况下,表面积也越大。采用各种形状的肋片管来增大传热面积,其效果就更佳了。这里应特别注意的是,肋片(扩展表面)要加在换热系数小的一侧,否则会达不到增强传热的效果。

一些新型的紧凑式换热器(如板式和板翅式换热器)与管壳式换热器相比,在单位体积内可布置的换热面积多得多。如管壳式换热器在 1 m³ 内仅能布置换热面积 150 m² 左右,而在板式换热器中则可达 1 500 m²,板翅式换热器中更可达 5 000 m²,因此,这两种换热器中的传热量要大得多。这就是它们在制冷、石油、化工、航天等领域得以广泛应用的原因。当然,紧凑式的板式结构在高温、高压工况不宜应用。

高温、高压工况下一般采用简单的扩展表面,如普通肋片管、销钉管、鳍片管,虽然它们扩展的程度不如板式结构高,但效果仍然是显著的。

采用扩展表面后,如果几何参数选择合适,还可同时提高换热器的传热系数,这样增强传热的效果就更好了。值得注意的是,采用扩展表面常会使流动阻力增加,金属消耗增加,因此在应用时应进行技术经济比较。

3. 提高传热系数 k

提高传热系数 k 是强化传热的最重要的途径,且在换热面积和平均温差给定时,是增加换热量唯一途径。当管壁较薄时,从传热学中我们知道,传热系数 k 可用下式计算:

$$k = \frac{1}{\dfrac{1}{\alpha_1} + \dfrac{\delta}{\lambda} + \dfrac{1}{\alpha_2}} \tag{3-2}$$

式中:α_1 为热流体和管壁之间的对流换热系数;α_2 为冷流体和管壁之间的对流换热系数;δ 为管壁的厚度;λ 为管壁的导热系数。

一般来讲,金属壁很薄,导热系数很大,δ/λ 可以忽略。因此传热系数 k 可以近似写成

$$k = \alpha_1 \alpha_2 / (\alpha_1 + \alpha_2)$$

由此可知,欲增大 k,就必须增大 α_1 和 α_2;当 α_1 和 α_2 相差较大时,增大它们之中较小的一个最有效。

要想增大对流换热系数,就需根据对流换热的特点,采用不同的强化方法。我国学者过增元院士在研究对流换热强化时,提出了著名的场协同理论。该理论指出,要获得高的对流换热系数的主要途径如下:

(1)提高流体速度场和温度场的均匀性;

（2）改变速度矢量和热流矢量的夹角，使两矢量的方向尽量一致。

根据上述理论，目前强化传热技术有两类：一类是耗功强化传热技术，另一类是无功强化传热技术。前者需要应用外部能量来达到强化传热的目的，如机械搅拌法、振动法、静电场法等。后者不需外部能量，如表面特殊处理法、粗糙表面法、强化元件法、添加剂法等。

由于强化传热的方法很多，因此在应用强化传热技术时，应遵循以下步骤。

（1）首先应根据工程上的要求，确定强化传热的目的。如减小换热器的体积和质量；提高现有换热器的换热量；减少换热器的阻力，以降低换热器的动力消耗等。因为目的不同，采用的方法也不同，与此同时确定技术上的具体要求。

（2）根据各种强化传热方法的特点和要求，确定应采用哪一类的强化传热手段。

（3）对拟采用的强化传热方法，要从制造工艺、安全运行、维修方便和技术经济性等方面进行具体比较和计算，最后选定强化传热的具体技术措施。

只有按上述步骤，才能使强化传热达到最佳的经济效益。

3.2.3　单相介质管内对流换热的强化

1. 流体旋转法

强化单相介质管内对流换热的有效方法之一是使流体在管内产生旋转运动，这时靠壁面的流体速度增加，加强了边界层内流体的搅动。同时由于流体旋转，使整个流动结构发生变化，边界层内的流体和主流流体得以更好地混合。以上这些因素都使换热得到了强化。

使流体旋转的方法很多，在工艺上可行的有以下几种。

1）管内插入物体

使流体旋转最简单的方法是在管内插入各种可使流体旋转的物体，如扭带、错开扭带、静态混合器、螺旋片、径向混合器、金属螺旋线圈等。

（1）扭带。扭带是一种最简单的使流体旋转的旋流发生器（见图 3-10）。它是由薄金属片（通常是铝片）扭转而成。扭带的扭转程度由每扭转 $360°$ 的长度 H（称为全节距）与管子内径 d 之比来表征。H/d 称为扭率。扭率不同，强化传热的效果也不同，试验表明，扭率为 5 左右效果最好。

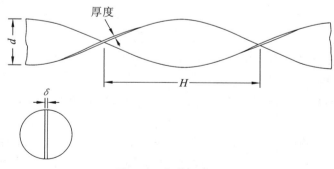

图 3-10　扭带示意图

（2）错开扭带。错开扭带是将扭带剪成扭转 $180°$ 的短元件，互相错开 $90°$ 再点焊而成。

（3）静态混合器。静态混合器是由一系列左、右扭转 $180°$ 的短元件组成，按照一个左旋、一个右旋的排列顺序,互相错开 90°再点焊而成。

（4）螺旋片。螺旋片是由宽度一定的薄金属片,在预先车制出的有一定深度和一定节距的螺旋槽的心轴上绕制而成。

（5）径向混合器。径向混合器是用薄金属片冲压成具有一个圆锥形收缩环和一个圆锥形扩张环的元件,在环上开许多小孔,然后将这些元件按一定间距点焊在一根金属丝上,插入管内而成。

（6）金属螺旋线圈。金属螺旋线圈是用细金属丝绕制成三叶或四叶的螺旋线圈,插入管内,即可使管内流体旋转。

除上述常用的插入物外,还有其他一些形状的插入物。管内插入上述插入物后,由于流体的旋转,使管内流体由层流向湍流过渡的临界雷诺数 Re 降低,以强化管内换热。由于流体的旋转,流动阻力也会相应增加。试验研究证明,在低 Re 区采用插入物比高 Re 区强化传热的效果更加显著,这说明,对层流采用插入物是很有效的。等功率和等流量的试验研究表明,各种插入物的强化效果在层流区都随 Re 的增加而增加。在相当于光管由层流向湍流过渡的临界 Re 时达到最大值,然后又随 Re 的增加而减小。在 $Re = 500 \sim 10\,000$ 的范围内,在相同的流量下,静态混合器可获得较好的传热效果。因此当系统压降有裕量的情况下,为强化传热可优先采用静态混合器。在要求消耗功率一定的情况下,则可选用螺旋片和扭带。另外,螺旋片还有节约材料的优点。

许多研究者提供了管内加插入物后计算流动阻力和传热的公式,这些公式大多是以试验研究为基础的。在选用这些公式时应注意这些公式的应用条件和范围。值得注意的是,采用管内插入物后传热增加了,但流动阻力也随之增加,因此通常在计算强化传热的同时,还应进行流动阻力的核算和经济性的比较,这样才能获得满意的结果。

2）螺旋槽管和螺旋内肋管

采用管内插入物的方法,其结构不够牢靠,制造和安装工作量大,一般在需要增强现有换热设备的传热能力的情况下才采用。

对新设计、制造的换热设备,可以采用螺旋槽管或螺旋内肋管来使流体旋转,螺旋槽管和螺旋内肋管如图 3-11 所示。螺旋槽管可以用普通圆管滚压加工而成,它有单头和多头之分。螺旋槽管的作用也是引起流体旋转,使流体边界层厚度减薄并在边界层内产生扰动,从而使传热增强。

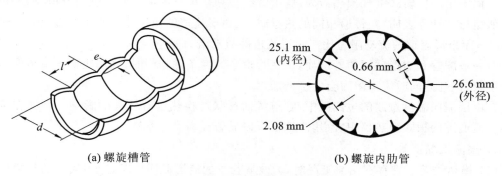

(a) 螺旋槽管　　　　　　　　　　　(b) 螺旋内肋管

图 3-11　螺旋槽管和螺旋内肋管

e—槽深; l—槽距; d—直径

研究表明,在相同的 Re 及槽距、槽深的情况下,单头螺旋和三头螺旋相比,强化传热的效果差别不大,但流动阻力减小很多,因此实际中多采用单头螺旋槽管。

采用螺旋内肋管,一方面可使流体旋转,另一方面内肋片又加大了管内换热面积,有利于增强传热或降低壁温。虽然其加工比较复杂,但仍是一种理想的强化传热管。

2. 改变流道截面形状

1) 层流工况和过渡工况

流动截面形状对换热和阻力有很大的影响,特别是对层流工况而言。试验证明,当管道较长及雷诺数 Re 较小时,换热的努塞特数 Nu 实际上与雷诺数 Re 无关。表 3-1 列出了各种不同截面的流道中最小的 Nu 及阻力系数 ξ 的值。

表 3-1　层流时不同截面形状的 Nu 及阻力系数 ξ 的值

管道截面形状	热流恒定时的 Nu	壁温恒定时的 Nu	$\xi \cdot Re$
等腰三角形			
顶角20°	2.7	2.7	51.5
40°	2.95	2.7	53
60°	3.0	2.7	53.3
80°	2.95	2.7	52.7
100°	2.8	2.7	52
120°	2.7	2.7	51
圆形	4.36	3.66	64
矩形			
长宽比 $a/b=1$	3.63	2.89	56.8
$a/b=0.7$	3.8	3.0	58
$a/b=0.5$	4.1	3.3	62
$a/b=0.3$	4.9	4.3	70
$a/b=0.1$	6.8	6.1	85

从表 3-1 中可以看出,合适高度比的矩形截面的换热要比三角形截面和圆形截面高得多。以锅炉中的回转式空气预热器为例,由波纹板和平板可组成不同形状的流道,如三角形和近似矩形。计算表明,在传递相同的热量时,三角形流道的换热器将比矩形流道的换热器长 18%,而矩形流道的流动阻力比三角形流道的流动阻力要小 30%。

对一般圆管和矩形截面的管道而言,在管道中温度条件相同时,采用矩形管道也能增加换热系数,但与此同时流动阻力会急剧增加。

在由层流向湍流过渡的过渡区中,管道截面形状对换热也有较大的影响。例如在具有槽形截面通道的板式换热器中,改用波纹板可以显著提高换热系数。

2) 湍流工况

(1) 横槽纹管。在存在湍流工况时,为改变管子的流道截面情况,应用最广的是横槽纹管。它是由普通圆管滚轧而成(见图 3-12)。流体流过横槽纹管会形成旋涡和强烈的扰动,从而强化传热。强化的效果取决于节距 l 和横槽纹的突出高度 h 之比。实际应用中，$l/h \geqslant$ 10。它与螺旋槽管相比，由于流体在横槽纹管的旋涡主要在管壁处形成，对流体主流的影响较小，所以其流动阻力比相同节距和槽深的螺旋管小。

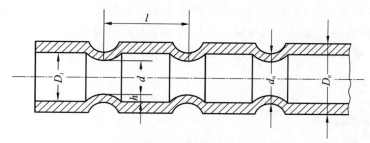

图 3-12　横槽纹管

华南理工大学教授谭盈科等对 $l/d = 0.5$，$h/d = 0.03$ 的横槽纹管的测定表明，当工质为空气时，$Re = 3.4 \times 10^4$。横槽纹管可比普通光管的换热系数提高 1.7 倍，阻力增加 2.2 倍；如工质为水，$Re = 4\,000$，换热系数可提高 1.4 倍，阻力增加 1.7 倍。当流体纵向冲刷环形槽道时，为了强化传热，可在管内采用横槽纹管，这样内外流体都能得到强化传热。

（2）扩张-收缩管。在扩张-收缩管中，流体沿流动方向依次交替流过收缩段和扩张段（见图 3-13）。流体在扩张段中产生强烈的旋涡，被流体带入收缩段时得到了有效的利用，且收缩段内流速增高会使流体层流的底层变薄，这些都有利于增强传热。

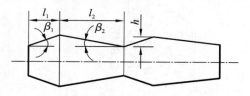

图 3-13　扩张-收缩管

扩张-收缩管的性能取决于 l_1、l_2、h、β_1、β_2 等参数。一般扩张-收缩管中扩张段和收缩段的角度应使流体产生不稳定的分离现象，既要有利于传热，又使流动阻力增加不多。扩张-收缩管是一种很有前途的强化传热管，特别是对污染的流体，扩张-收缩管不易产生堵塞。

对于非圆形槽道也可利用扩张-收缩管的原理使流道扩张和收缩，如在两块平板间加入两块带锯齿表面的板，就可构成扩张-收缩槽道。

3.2.4　单相介质管束外对流换热的强化

单相介质横向或纵向掠过管束是工程上常见的对流换热过程，其最实用的强化换热方法是扩展换热面和采用各种异形管。

1. 扩展换热面

当换热面一侧为气体、另一侧为液体时，由于气体侧的换热系数比液体侧的小得多（一般为 $\frac{1}{50} \sim \frac{1}{10}$）。这时应用扩展换热面的方法来提高传热系数是最有效的方法。为了使换热器更加紧凑和进一步提高气侧的换热，现在各种异形扩展换热面得以迅速发展，它们可使气侧的换热系数较普通扩展面再提高 0.5～1.5 倍。

1）平行板肋换热器中各种异形扩展换热面

平行板肋换热器中的异形扩展换热面发展最快，应用也最广，它们是各种普通扩展面

(如矩形、三角形)的变形,其种类繁多,形状各异。最常用的有波形、叉排短肋形、销钉形、多孔形和百叶窗形(见图 3-14)。这些换热面的肋片密度都很高,一般为 $300\sim500$ 片/m。由于当量直径小,气体密度小,因此它们经常处于低 Re 范围,即 $Re=500\sim1\,500$,亦即处于层流状态。它们的特点:有的是利用流道的特殊截面形状来强化传热,如在波形通道中产生的二次流;有的是使通道中流动的边界层反复形成又反复破坏来强化换热,叉排短肋形、销钉形就是如此。下面分别对常用的异形扩展换热面加以讨论。

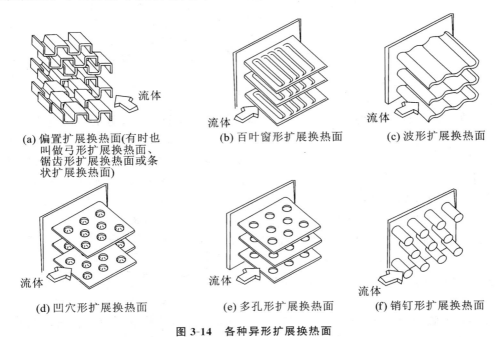

(a) 偏置扩展换热面(有时也叫做弓形扩展换热面、锯齿形扩展换热面或条状扩展换热面)

(b) 百叶窗形扩展换热面

(c) 波形扩展换热面

(d) 凹穴形扩展换热面

(e) 多孔形扩展换热面

(f) 销钉形扩展换热面

图 3-14   各种异形扩展换热面

(1) 波形扩展换热面。波形扩展换热面能使气体流过波形表面的凹面时形成旋涡,造成反方向的旋转,而在凸面处又会形成局部的流体脱离,这两种因素会使换热得到强化。

(2) 叉排短肋形扩展换热面。叉排短肋形扩展换热面是将通常的矩形长直肋变成短肋,并错开排列,这样在前一块短肋上形成的层流边界层在随后的叉排肋处被破坏,并在其后形成旋涡,这一过程反复进行。由于流体边界层开始形成时较薄(入口效应),热阻较小,因此换热得到充分的强化。一般叉排短肋换热系数要比矩形直肋高一倍,当然相应阻力也要增加,一般约增加 2 倍。

(3) 销钉形扩展换热面。销钉形扩展换热面与叉排短肋类似,它使用销钉来代替短肋,其强化换热的机理也与短肋类似。

(4) 多孔形扩展换热面。这种换热面是先在板上打许多孔,再将板弯成通道,当孔足够多时,由于孔的扰动可以破坏板上的流动边界层,从而强化传热。

(5) 百叶窗形扩展换热面。在板上冲出许多百叶窗,再将板弯成通道,这些百叶窗的凸出物能破坏边界层,从而增强传热的效果。

2) 圆管上的各种异形扩展换热面

圆管上的异形扩展换热面通常是在普通圆肋的基础上形成的,如开槽肋片、开三角孔并弯边的肋片、扇形肋片、绕圈形肋片等,它们的目的都是破坏流体边界层,从而强化传热。

肋片的形状对换热有很大的影响。作者研究过椭圆管上套圆形肋片、椭圆形肋片和矩形翅片(其四角上带有绕流孔),结果发现矩形翅片效果最好,可使换热系数较前者提高7%。

2. 采用异形管

为了强化管束传热,在工程应用上已越来越广泛地采用异形管(如扁管、椭圆管、滴形管、透镜管等)来代替圆管,其中以扁管和椭圆管应用最广。

以作者研究的椭圆矩形翅片管为例,它与圆管相比,由于椭圆管的流动性好,流动阻力小,且在相同的管横截面积下,椭圆管的传热周边比圆管长;从布置上讲,在单位体积内可布置更多的管子,因此,它的单位体积的传热量高。作者研制的 TZ 型椭圆矩形翅片管散热器与 SRZ 型圆形圆翅片管散热器相比,阻力可降低59%,传热系数可增加67%,单位体积的传热量可提高80%,性能得到明显改进。

目前,国内外大规模的风冷技术中广泛应用的也是各种椭圆矩形翅片管。在国外直接空冷电厂中,换热面积常常达到几十万平方米。此时椭圆管的尺寸(长、短轴之比)和翅片的形状、间距以及翅片与管子接触的紧密程度对换热性能有很重要的影响。随着技术的发展,螺旋扁管、螺旋椭圆扁盘及交叉缩放椭圆管等也获得越来越多的应用。

3.2.5　单相介质对流换热的耗功强化技术

强化单相介质对流换热,除上面介绍的普遍应用的无功方法外,针对一些特殊的换热问题,也可采用耗功的强化方法。

1. 机械搅拌法

机械搅拌法主要应用于强化容器中的对流换热。一般来说,容器中的单相介质的换热主要是自然对流,这时换热系数低,温度分布很不均匀,而采用机械搅拌法可以得到很好的效果。

容器中的介质黏度较低时,通常采用小尺寸的机械搅拌器。搅拌器的直径 d 一般为容器直径 D 的 1/4～1/2,搅拌叶片的高度,从底部算起约为液体总高度 H 的 1/3。容器中为高黏度介质时,则应用比容器直径略小的低速螺旋式或锚式搅拌器。在进行搅拌器计算时,应区分容器中的介质是牛顿流体还是非牛顿流体,它们的计算方法是不同的。

2. 振动法

振动有两种方法:一种是使换热面振动,另一种是使流体脉动或振动。这两种方法均可强化传热。

1) 换热面的振动

对于自然对流,试验证明,对静止流体中的加热圆柱体水平振动,当振动强度达到临界值时,可以强化自然对流换热系数。试验还证明,圆柱体垂直振动比水平振动效果好。在小振幅和高频率时,振动可使换热系数增加7%～50%。

对于强制对流,许多研究证明,根据振动强度和振动系统的不同,换热系数比不振动时可增大20%～400%。值得注意的是,强制对流时换热面的振动,有时会造成局部地区的压力降低到液体的饱和压力,从而有产生气蚀的危险。

2）流体的振动

利用换热面振动来强化传热,在工程实际应用上有许多困难,如换热面有一定质量,实现振动很难,且振动还容易损坏设备。因此另一种方法是使流体振动。

对于自然对流,许多人研究了振动的声场对换热的影响,根据具体条件的不同,当声强超过 140 dB 时,可使换热系数增加 1～3 倍。

值得注意的是,采用声振动也有不少困难。实际应用中如有可能,首先应用强制对流来代替自然对流,或用机械搅拌,这样才能有更好的效果。

由于强制对流换热系数已经很高,再采用声振动时其效果并不十分显著。除了声振动外,其他的低频脉动(如泵发生的脉动)也能起到类似强化传热的作用。

众所周知,当流体横掠单管或管束时,由于旋涡脱落、湍流抖振、流体弹性激振及声共鸣等诸多原因,会引起管子振动。这种振动通常称为流体诱导振动,它常常是导致换热器管子磨损、泄漏、断裂的主要原因。因此,在设计换热器时,都尽量采用各种措施来避免流体的诱导振动。

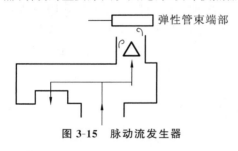

图 3-15　脉动流发生器

能否利用诱导振动来强化传热呢? 我国学者程林创造性地提出并解决了这一问题。他设计了一种弹性盘管,该盘管有两个自由端及两个固定端,通过弹性盘管的曲率半径、管径、管壁厚及端部附加质量等参数的组合来得到一种最有利的固定频率。程林还设计了一种脉动流发生器(见图 3-15),它将进入换热器的水流分成两股,其中一股通过一正置三角块后,在下游方向就会产生不同强度的脉动流,该脉动流直接作用在弹性盘管的附加质量端,从而诱发弹性盘管发生周期性的振动。这种流体振动,换热面也振动的强化传热新方法,几乎不耗外功,却能极大地提高换热系数。根据这种原理设计的弹性盘管汽水加热器,在流速很低的情况下,可使传热系数达到 4 000～5 000 W/(m² · ℃),是普通管壳式换热器的 2 倍。现在这种换热器已在供热工程中得到了广泛的应用。

3. 添加剂法

在流动液体中加入气体或固体颗粒及在气体中喷入液体或固体颗粒,以强化传热,是这类方法的特点。

有的研究者提出,在上升的水流中注入氮气泡,由于气泡的扰动作用可使换热系数提高 50%。在油中加入呈悬浮状态的聚苯乙烯小球,可使换热系数提高 40%。

在实际应用中,在气体中喷入液体或固体颗粒是一种有前途的强化换热的方法。如在汽车散热器的冷却空气中喷入水或乙烯乙二醇后,由于液体在散热片中形成薄的液膜,液膜吸热蒸发以及蒸发时对边界层的扰动都可以增加传热。

作者研究了竖夹层空间的自然对流,此时如果在竖夹层空间中加入极少量的水,由于水在竖夹层空间一侧沸腾蒸发,在另一侧凝结,从而使换热系数提高数倍。气体中加入固体颗粒亦能强化换热。Babcock 公司在气体中加入石墨颗粒后发现,换热系数可提高 9 倍。现在沸腾床的迅速发展也与气-固混合流能强化传热有密切关系。

4. 抽压法

抽压法多用于高温叶片的冷却。在应用抽压法时,冷却介质通过抽吸或压出的方法从叶片或管道的多孔壁流出,由于冷却介质和受热壁面的良好接触能带走大量热量,并且冷却介质在壁上形成的薄膜可把金属表面和高温工质隔开,从而对金属起到了保护作用。此方法在燃气轮机叶片的冷却中已得到广泛的应用。

除了上述方法外,还有使用换热面在静止流体中旋转的方法,利用静电场强化换热的方法,但它们的应用还十分有限。

在工程应用上,应尽可能地根据实际情况,同时采用多种强化传热的方法,以求获得更好的效果。

3.2.6 沸腾换热的强化

沸腾是一种普遍的相变现象,在工业上有广泛的应用。沸腾换热的特点是换热系数很高,在以往的应用中人们认为已不必进行强化换热了,而把主要的注意力集中在单相介质对流换热的强化上。但随着工业的发展,特别是高热负荷的出现,相变传热(沸腾和凝结)的强化换热日益受到重视,并在工业上得到越来越多的应用。

沸腾换热的强化主要从增多汽化核心和提高气泡脱离频率两方面着手。具体方法:使表面粗糙和对表面进行特殊处理;扩展表面;在沸腾液体中加添加剂。下面介绍常用的强化沸腾换热的方法。

1. 使表面粗糙和对表面进行特殊处理

粗糙表面可使汽化核心的数目大大增加,粗糙表面和光滑表面相比,其沸腾换热强度可以提高许多倍。最简单的产生粗糙表面的办法是用砂纸打磨表面或者采用喷砂的方法。在使表面粗糙度增加时,应注意存在某一极限的粗糙度,超过此限之后,换热系数就不再随粗糙度的增加而增加了。此外,增加粗糙度并不能提高沸腾的临界热负荷。

工程上为增强沸腾换热应用最多的还是对表面进行特殊处理。特殊处理的目的是使表面形成许多理想的内凹穴,这些理想的内凹穴在低过热度时就会形成稳定的汽化核心,且内凹穴的颈口半径越大,形成气泡所需的过热度就越低。因此,这些经特殊处理过的表面能在低过热度时形成大量的气泡,大大地强化了泡状沸腾过程。试验证明,表面多孔管的沸腾换热系数可提高 2～10 倍。此外,临界热负荷也相应得到提高。在相同热负荷下,经特殊处理过的表面的传热温差也比普通表面低得多。

制造表面多孔管的方法很多,如在换热面上覆盖一层多孔覆盖层,对换热面进行机械加工来形成表面多孔管。

(1) 带金属覆盖层的表面多孔管:20 世纪 60 年代末,在美国首先出现了用烧结法制成的带金属覆盖层的表面多孔管。除了烧结法外还可采用火焰喷涂法、电镀法等。一般来讲,烧结法的效果最好。作为覆盖层的材料有铜、铝、钢、不锈钢等。用烧结法制成的多孔管已在工业部门获得广泛的应用。这种多孔管一般可使沸腾换热系数提高 4～10 倍,从而推迟膜态沸腾的发生。

(2) 机械加工的表面多孔管:用机械加工方法可使换热表面形成整齐的 T 形凹沟槽(见图 3-16)。这种机械加工的表面多孔管也能大大强化沸腾换热过程和提高临界热负荷值。对形状和尺寸不同的凹沟槽,沸腾换热系数可提高 2～10 倍。用机械加工的方法还可克服烧结法带来的表面孔层不均的缺点,且多孔层也不易阻塞。

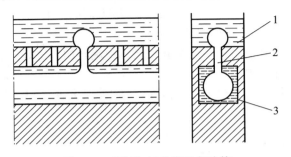

图 3-16　机械加工的表面多孔管
1—外池;2—连通孔(非活性孔);3—通道(内池)

2.　采用扩展表面

用肋管代替光管可以增大沸腾换热系数。这是因为肋管与光管相比,除具有较大的换热面积外,还可以增加汽化核心;另外肋片和管子连接处受到液体润湿作用较差,是良好的吸附气体的场所;加之肋片与肋片之间的空间里的液体三面受热,易于过热。以上这些因素都促进了气泡的生长,一般换热系数可提高 10% 左右。

对于管内强制沸腾换热,通常还采用内肋管或内外肋管。这些内肋片不但强化了沸腾换热过程,还强化了管内单相介质的对流换热,因此在制冷和化工中应用很广。其中应用最多的是带星形嵌入式的内肋管,一般换热系数可提高 50% 左右。

3.　应用添加剂

在液体中加入气体或另一种适当的液体也可强化沸腾换热。例如在水中加入合适的添加剂(如各类聚合物),有时可使沸腾换热系数提高 40%。值得注意的是,如液体和添加剂配合不当,反而会使换热系数降低。

在液体中加入固体颗粒,当颗粒层的高度恰当时也可强化沸腾换热,有时沸腾换热系数甚至可以比无颗粒层时高 2~3 倍。

4.其他强化沸腾换热的方法

前面介绍的强化单相介质对流换热的流体旋转法对于强化管内沸腾也非常有效,这时可以在管内插入扭带、螺旋片或螺旋线圈,也可采用螺旋槽管或内螺纹管。它们不但能使换热系数提高(如扭带可提高 10%~15%,螺旋槽管可提高 50%~200%),还可提高临界热负荷。

3.2.7　凝结换热的强化

凝结是工业中普遍遇到的另一种相变换热过程,一般认为凝结换热系数很高,可以不必采用强化措施。但对氟利昂蒸气或有机蒸气而言,它们的凝结换热系数比水蒸气小得多。例如对氟利昂,其凝结换热系数仅为其另一侧水冷却换热系数的 1/4~1/3。在这种情况下强化凝结换热仍然是非常必要的。对空冷系统而言,由于管外侧空气的肋化系数非常之高,强化管内的水蒸气凝结换热也仍然是有利的。

1. 管外凝结换热的强化

1）冷却表面的特殊处理

对冷却表面的特殊处理，主要是为了在冷却表面上产生珠状凝结。珠状凝结的换热系数可比通常的膜状凝结高 5～10 倍。因为水和有机液体能润湿大部分的金属壁面，所以应采用特殊的表面处理方法（化学覆盖法、聚合物涂层法和电镀法等），使冷凝液不能润湿壁面，从而形成珠状凝结。采用聚四氟乙烯涂层已获得一些实际应用。在冷却壁面上涂一层聚四氟乙烯，再经过热处理后可使凝结换热系数提高 2～3 倍，此时应注意聚四氟乙烯的老化和脱落。另外涂层不能厚，否则会增加壁的附加热阻。

用电镀法在表面镀一层贵金属（如金、铂、钯等）效果很好，缺点是价格昂贵。

2）冷却表面的粗糙化

粗糙表面可增加凝结液膜的湍流度，也可强化凝结换热。试验证明，当粗糙高度为 0.5 mm 时，水蒸气的凝结换热系数可提高 90%。值得注意的是，当凝结液膜增厚到可将粗糙壁面淹没时，粗糙度对增强凝结换热不起作用。有时当液膜流速较低时，粗糙壁面还会滞留液膜，对换热反而不利。

3）采用扩展表面

在管外膜状凝结中常常采用低肋管，低肋管不但增加换热面积，而且由于冷凝流体的表面张力，肋片上形成的液膜较薄，因此其凝结换热系数可比光管高 75%～100%。

日本日立公司开发了一种肋呈锯齿形的冷凝管，其肋高 1.22 mm，肋片密度为 13.8 片/cm，错齿凹处深度为肋高的 40%，凹槽宽度为肋间距的 30%，这种锯齿形肋片管的凝结换热系数可比普通低肋管的提高 0.5～1.5 倍。

此外还有一种销钉形的外肋管，它的扩展面是一系列的销钉，销钉形肋片管的凝结效应和低肋管差不多，但可节约 60% 的材料。

对竖直管外的凝结，采用纵槽管的效果十分显著。这是因为表面张力和重力的作用，顶部冷凝液会顺槽迅速排走，使顶部区及上部液膜变得很薄。试验表明，对某些有机蒸气（如异丁烷）换热系数可增大 4 倍，在竖直管上竖直设置金属丝也可达到类似的效果。

值得注意的是，对于易结垢的介质不宜采用低肋管，因为其结垢难以清除。

也可应用螺旋槽管和管外加螺旋线圈。螺旋槽管的内、外壁均有螺纹槽，既可强化冷凝换热，又可强化冷却侧的单相对流换热。与光管相比，其凝结换热系数可提高 35%～50%。在管外加螺旋线圈，由于表面张力使凝结液流到金属螺旋线圈的底部而排出，上部及四周液膜变薄，因此凝结换热系数可提高 1～2 倍。

2. 管内凝结换热的强化

1）扩展表面法

采用内肋管是强化管内凝结的最有效的方法。试验表明，其换热系数比光管高 20%～40%。按光面计算，则换热系数可提高 1～2 倍。

2）采用流体旋转法

采用插入扭带、静态混合器和螺旋槽管等使流体旋转均可强化凝结换热。如插入扭带，一般可使凝结换热系数提高 30%，但此时流动阻力也会大大增加。

值得注意的是,在强化凝结换热之前,应首先保证凝结过程的正常进行。例如,排除不凝气体的影响,顺利地排除冷凝液等。

强化传热技术在动力、制冷、低温、化工等领域得到了日益广泛的应用。许多新的强化传热的方法正在不断出现和应用。强化传热技术的进步和推广,不但能节约大量的能源,而且能大大减小设备的质量和体积,减小金属消耗量,是当前增产节能向深度发展的重要一环。

3.3　余热回收技术

3.3.1　余热资源

企业中有着丰富的余热资源,从广义上讲,凡是温度比环境温度高的排气和待冷物料所含的热量都属于余热。具体而言,可以将余热分为以下六大类。

(1)高温烟气余热:主要指各种冶炼窑炉、加热炉、燃气轮机、内燃机等排出的烟气余热。这类余热资源数量最大,占整个余热资源的50%以上,其温度为650~1 650 ℃。

(2)可燃废气、废液、废料的余热:主要指高炉煤气、转炉煤气、炼油厂可燃废气、纸浆厂黑液、化肥厂的造气炉渣、城市垃圾等。它们不仅具有物理热,而且含有可燃气体。可燃废料的燃烧温度在600~1 200 ℃,发热值为3 350~10 465 kJ/kg。

(3)高温产品和炉渣的余热:主要有焦炭、高炉炉渣、钢坯、钢锭、出窑的水泥和砖瓦等。它们在冷却过程中会放出大量的物理热。

(4)冷却介质的余热:主要指各种工业窑炉壳体在冷却过程中由冷却介质所带走的热量。例如电炉、锻造炉、加热炉、转炉、高炉等都需采用水冷,而水冷产生的热水和蒸汽都可以利用。

(5)化学反应余热:主要指化工生产过程中的化学反应热。这种化学反应热通常又可在工艺过程中再加以利用。

(6)废气、废水的余热:这种余热的来源很广,如热电厂供热后的废汽、废水,各种动力机械的排气,以及各种化工、轻纺工业中蒸发、浓缩过程中产生的废气和排放的废水等。

余热按温度水平可以分为三挡:高温余热,温度大于650 ℃;中温余热,温度为230~650 ℃;低温余热,温度低于230 ℃。

工业各部门的余热来源及余热所占的比例如表3-2所示。

表3-2　工业各部门的余热来源及余热所占的比例

工 业 部 门	余 热 来 源	余热约占部门燃料消耗量的比例/(%)
冶金工业	高炉、转炉、平炉、均热炉、轧钢加热炉	33
化学工业	高温气体、化学反应、可燃气体、高温产品等	15
机械工业	锻造加热炉、冲天炉、退火炉等	15
造纸工业	造纸烘缸、木材压机、烘干机、制浆黑液等	15
玻璃搪瓷工业	玻璃熔窑、坩埚窑、搪瓷转炉、搪瓷窑炉等	17
建材工业	高温排烟、窑顶冷却、高温产品等	40

3.3.2　余热利用的途径

余热利用的途径主要有三方面:余热的直接利用、余热发电和余热的综合利用。

1. 余热的直接利用

余热的直接利用有以下途径。

(1)预热空气:它是利用高温烟道排气,通过高温换热器来加热进入锅炉和工业窑炉的空气。进入炉膛的空气温度提高,使燃烧效率提高,从而节约燃料。在黑色和有色金属的冶炼过程中,广泛采用这种预热空气的方法。

(2)干燥:利用各种工业生产过程中的排气来干燥材料和部件。例如,陶瓷厂的泥坯、冶炼厂的矿料、铸造厂的翻砂模型等。

(3)生产热水和蒸汽:它主要是利用中低温的余热来生产热水和低压蒸汽,以供应生产工艺和生活方面的需要,在纺织、造纸、食品、医药等工业,以及人们生活上都需要大量的热水和低压蒸汽。

(4)制冷:它是利用低温余热通过吸收式制冷系统来达到制冷目的的。

2. 余热发电

利用余热发电通常有以下几种方式:

(1)用余热锅炉(又称废热锅炉)产生蒸汽,推动汽轮发电机组发电;

(2)高温余热作为燃气轮机的热源,利用燃气发电机组发电;

(3)如余热温度较低,可利用低沸点工质(如正丁烷),来达到发电的目的。

3. 余热的综合利用

余热的综合利用是根据工业余热温度的高低,采用不同的利用方法,实现余热的梯级利用,以达到"热尽其用"的目的。例如高温排气,首先应当用于发电,而发电的余热,再用于生产工艺用热,生产工艺的余热,再用于生活用热。如工艺用热要求的温度较高,则可通过汽轮机的中间抽汽来予以满足。对于高温、高压废气,应尽可能采用燃气-蒸汽联合循环。

3.3.3　余热的动力回收

余热中动力回收的经济性好,许多热设备的排气温度较高(见表3-3),能满足动力回收的条件。此外,许多可燃废气,其温度和热值都比较高,也是理想的动力回收的资源。表3-4给出了部分可燃废气的成分和发热量。

表 3-3　常见热设备的排气温度

设　　备	排气温度/℃	设　　备	排气温度/℃
高炉	1 100～1 200	干法水泥窑	900～1 000
炼钢平炉	600～1 100	玻璃熔窑	650～900
氧气顶吹转炉	1 650～1 900	煤气发生炉	400～700

设　　备	排气温度/℃	设　　备	排气温度/℃
钢坯加热炉	900～1 200	燃气轮机	400～550
炼焦炉	约 1 000	内燃机	300～600
炼铜炉	1 000～1 300	热处理炉	400～600
镍精炼炉	1 400～1 600	干燥炉	250～600
石油化工装备	300～450	锅炉	100～350

表 3-4　部分可燃废气的成分和发热量

废　　气	可燃成分含量/(%)			低位发热量/(kJ/kg)
	CO	H_2	CH_4	
焦炉煤气	5～8	55～60	23～27	16 300～17 600
高炉煤气	27～30	1～2	0.3～0.8	3 770～4 600
转炉煤气	56～61	1.5		6 280～7 540
铁合金冶炼炉气	70	6		＞8 400
合成氨甲烷排气			15	14 600
化肥厂焦结煤球干馏气	6.6	19.3	5	4 200～4 600
电石炉排气	80	14	1	10 900～11 700

在动力回收中,最简单的是直接利用可燃废气驱动燃气轮机。例如,一个年产万吨的小化肥厂,其排放的废气流量为 450 m^3/h,热值为 14 600 kJ/m^3,采用适当的稳压措施后,这种废气即可作为燃料直接驱动 200 kW 的燃气轮机,而燃气轮机的排气还可用作余热锅炉的热源,生产 0.3 MPa 的饱和蒸汽。据估算,这种余热动力回收系统,三年内即可收回全部投资。此外利用高炉煤气的余压(0.2～0.3 MPa)驱动特殊设计的膨胀涡轮机发电,也是一种动力回收的方式。

对于中高温的废气,在很多情况下,都是采用余热锅炉产生蒸汽,再驱动汽轮机发电。在 20 世纪 60 年代以前,一般仅利用余热锅炉生产少量的中低压蒸汽,作为生产或工艺用汽。随着技术的发展,余热锅炉也逐步用于动力回收。20 世纪 90 年代以后,由于石油、化工、冶金等大型企业的发展,余热锅炉也向大容量和高参数方向发展,蒸汽压力已达 10～14 MPa,单机蒸发量也超过 200 t/h。据估算,年产 $3.0×10^5$ t 的合成氨装置,如充分利用余热,可以生产 300 t/h 以上的高压蒸汽,除供发电、驱动合成氨压缩机(18 MW)外,还可有 100 t/h 的蒸汽供工艺过程用,全年可节煤 $2.4×10^5$ t。一套年产 $3.0×10^5$ t 乙烯的装置,利用余热产生的高压蒸汽可以取代一台 190 t/h 的高压锅炉。

余热锅炉的结构和一般锅炉类似,也是由省煤器、蒸发受热面和过热器等组成的,但由于热源分散,温度水平不同,因此不能像普通锅炉那样组成一个整体,其布置应服从工艺要求,多采用分散布置。因为不需要炉膛,所以其外形更类似于换热器。此外,由于工艺排气中往往含有腐蚀性气体和粉尘,在余热锅炉的设计中应充分考虑废气的特点,在除尘和防腐蚀方面采取一些特殊的措施。在大多数情况下,余热源的热负荷是不稳定或周期波动的,为了使余热锅炉保持供汽稳定,在系统中常常还需要并联工业锅炉,或在锅炉中加装辅助燃烧器或蒸汽蓄热器,以调节负荷。

对于低温的余热,在动力回收中通常采用闪蒸法或低沸点工质法。闪蒸法主要用于低温热水或汽水混合物,单级闪蒸动力循环如图 3-17 所示。低温热水在闪蒸器中闪蒸成蒸汽,然后再利用所产生的蒸汽推动蒸汽轮机发电。为充分利用低温余热,还可采用两级闪蒸。与单级闪蒸相比,两级闪蒸可提高有效功率,但系统较复杂。

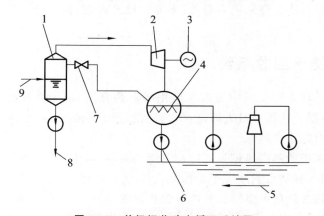

图 3-17　单级闪蒸动力循环系统图
1—闪蒸器;2—汽轮机;3—发电机;4—冷凝器;5—冷水源;
6—水泵;7—阀;8—排热水;9—低温热水

采用低沸点工质的动力回收方法有两种。一种方法是直接利用低温热源将低沸点工质加热并产生蒸气,再利用其蒸气推动汽轮机做功。这种低沸点工质发电的热力系统和普通水蒸气热力系统在工作原理上是完全一样的。可选用的低沸点工质除正丁烷外,还有氯乙烷、异丁烷、各种氟利昂,大多数的碳氢化合物以及其他低沸点物质,如 CO_2、NH_3 等。对低沸点工质的要求主要包括:转换和传热性能好,例如比热容大、密度高、导热系数大等;工作压力适中;来源丰富,价格低廉;化学稳定性好,对金属腐蚀小,毒性小、不易燃易爆等。

另一种采用低沸点工质的动力回收方法是双工质循环法,即低沸点工质作为直接做功工质,而另一种工质则作为中间传热介质,构成双工质循环。图 3-18 为油-氟利昂双工质循环的示意图。

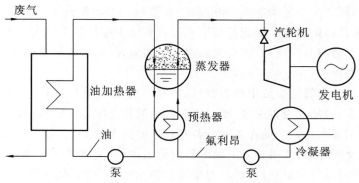

图 3-18　油-氟利昂双工质循环的示意图

这种双工质循环法常用于温度稍高的低温余热利用。这是因为低沸点工质在较高的温度下易发生热分解，不宜采用余热直接加热蒸发。通常作为传热介质的油类为聚醇酯油，它不但和氟利昂亲和力强，而且氟利昂蒸发后分离容易，因此可以采用直接接触式的热交换器，不但换热效率提高，而且换热器尺寸缩小。此外油还起蓄热作用，能适应余热热源流量和温度的波动。

除了闪蒸法和低沸点工质法外，还有一种全流量法。它是采用两相膨胀机，直接利用来自余热热源的两相混合物在膨胀机内做功，无须分离和闪蒸，因此结构简单，是一种有前途的余热发电装置。

3.3.4　凝结水回收系统

蒸汽是工业生产和人们生活中被广泛应用的载热介质，由于其具有来源充足、价格低廉、无毒、无污染、不爆燃且热容量大等优点，已广泛应用于化工、制药、纺织、烟草、造纸、采油与石化、印染、电力等诸多领域。

一般用汽设备利用的蒸汽热量只不过是蒸汽的潜热，而蒸汽中的显热，即凝结水中的热量，几乎没有被利用。凝结水温度等于工作蒸汽压力下的饱和温度，蒸汽压力越高，凝结水中的热量也越多。其含热量可以达到蒸汽所含热量的 $20\% \sim 30\%$。如果不加以回收，不仅损失热能，而且损失了高度洁净的水，使锅炉补给水和水处理费用增加。

目前，我国蒸汽管网系统节能存在的主要问题，一是蒸汽泄漏严重，蒸汽管网上使用的疏水阀 60% 处于超标准的漏气状态，30% 处于严重漏气状态；二是约有 70% 的凝结水未被回收而直接排放到地下。凝结水中所含热能占蒸汽排放热能的 $20\% \sim 25\%$。我国有关规定要求凝结水回收比例为 80%，国际上较先进的国家要求回收比例一般为 90% 左右，仅此一项，我国每年浪费的锅炉软水就非常惊人。

凝结水的最佳回收利用方式就是将凝结水送回锅炉房，作为锅炉的给水。凝结水回收系统可分为开式和闭式两类。所谓开式系统，即从用汽设备来的凝结水，经疏水器由凝结水本身的重力（或由凝结水泵）排至凝结水箱中。此凝结水箱与大气相通，凝结水处于大气压力，并与空气直接接触。闭式系统的凝结水箱则是密封的，其内部压力比大气压力稍高。

显然开式系统比较简单，尤其在凝结水可靠自身重力或压力流回凝结水箱时更是如此。但在工作蒸汽压力较高时，由于冷凝水也具有一定的压力，当流回处于大气压力下的开式水箱时，将会因降压而产生大量的蒸汽，即所谓二次蒸汽。二次蒸汽散逸至大气中，不但导致大量的热损失，而且污染环境。因此在凝结水回收系统中应尽量采用闭式系统。另外，由于闭式系统中的水不会与空气接触，不会吸收空气中的氧，因此系统不易腐蚀。当然闭式系统的投资高于开式系统。

蒸汽在用汽设备和管道中放出潜热以后，即凝结为水。在设备中积存的凝结水应及时排出。如积存过多，对加热设备来说，将减少蒸汽的散热面积，降低设备的加热效果；对动力设备和管道还会引发水击。为此在加热设备和管道的泄水管出口应装设疏水器。疏水器的作用是将凝结水及时排出，并阻止未凝结的蒸汽漏出，所以又将之称为"阻汽器"。由于作用原理不同，疏水器可以分为机械型、热动力型和热静力型。此外，低压蒸汽系统和高压蒸汽系统所用的疏水器也不相同，在设计时必须正确选用。

低压蒸汽系统常采用热膨胀式疏水器(见图 3-19)。其工作原理是,波纹管内充满酒精,当波纹管周围出现泄漏蒸汽时,酒精被加热蒸发,使波纹管伸长,从而将锥形阀关闭,阻止蒸汽漏出。当波纹管周围为凝结水时,由于温度降低,波纹管收缩,将锥形阀打开排水。

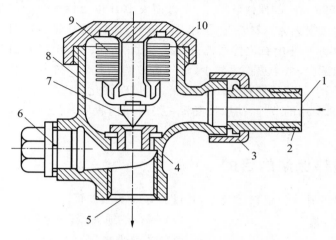

图 3-19 热膨胀式疏水器

1—凝结水入口;2—管接头;3—管箍;4—阀座;5—凝结水出口;
6—丝堵;7—阀尖;8—阀体;9—波纹管;10—阀盖

疏水器的形式多样,它们的结构、性能(例如不同公称直径和压差下的连续排水量)、使用方法都可以在有关手册或产品说明书中查到。除了热静力型疏水器外,其他形式的疏水器都必须水平安装。国家标准规定:疏水器的使用寿命应为 8 000 h,漏气率不超过 3%。我国目前生产的疏水器中,有相当一部分达不到标准。更为严重的是,该装疏水器的地方未装,例如许多工厂在输送蒸汽的主管道上极少或根本不装疏水阀。按设计要求,主蒸汽管道上每隔 150～200 m 就应安装一只疏水阀。以上情况加上疏水器的选型及安装不合理,以及不定期检查维修、更换,造成了蒸汽的大量泄漏。因此我国蒸汽管网系统的节能潜力是十分巨大的。

余热回收虽然可以节能,但又需付出一定的代价,如设备投资、折旧和维护费等。因此在进行余热利用时一定要考虑经济效益,进行余热利用效果的经济评价。

3.4 隔热保温技术

3.4.1 隔热保温与节能

在热能转换、输送和使用过程中,都需要对热设备和输热管网进行隔热保温,以减少热能的损失。即使对低温设备和管道,如冷库、制冷机组和空调管道也需要保温,以防制冷量损失。隔热保温不但可以节约能源,而且可以保证生产工艺过程的实施。

以蒸汽管网的隔热保温为例,我国蒸汽管网系统的年耗煤量约占全国燃煤总耗量的 1/3。整个系统的热能利用率仅为 30% 左右,每年由此而浪费的煤资源相当于蒸汽系统总能耗的

1/4 以上。除了蒸汽泄漏,凝结水回收方面存在的问题外,管道保温不善也是耗能大的主要原因。例如,一根长度为 1 m、直径为 219 mm 的蒸汽管道,如果不隔热,每年损失可达 3~4 t 标准煤的能量;一个不隔热的 150 mm 低压蒸汽阀门,一年的热损失相当于 4 t 标准煤的能量;一个直径为 529 mm 的裸体法兰,一年将损失 10 t 以上标准煤的能量。据测试,由于管道输热而引起的热损失为总输热量的 12%~22%,而保温良好的管网,其热损失则可降至 5%~8%。例如北京燕山石化公司曾在直径为 529 mm、长达 1 619 m 的管道上进行了保温技术改造的工业试验,由于热损失减少,每年可节约燃料油 526 t。如在燕山石化总公司推广此项技术,则每年可节约燃料油 $1.6×10^4$ t。虽然强化保温措施后管网初期投资将有所增加,但由于燃料费用的节约,初期投资将在短时间内收回,视工程情况,一般 1~3 年内即可收回投资。

3.4.2 隔热保温的目的

隔热保温的目的并不仅仅在于节能,其目的有以下三方面。

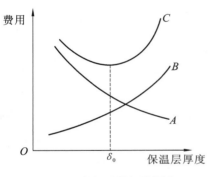

图 3-20 保温层的经济厚度

(1) 减少热损失,节约燃料。

以减少热损失、节约燃料为目的时,经济性是首先应考虑的问题。如图 3-20 所示,对于选定的某一种保温材料,随着保温层厚度的增加,热损失(费用)减少(曲线 A),但敷设保温层的费用增加(曲线 B)。图上曲线 C 表示总费用,总费用最小时所对应的厚度 $δ_0$,就是最经济的保温层的厚度。

(2) 满足用户工艺过程的要求。

保温设计首先应当满足工艺上的要求,如通过热力管网送至某用户的蒸汽温度和压力,不能低于工艺流程所要求的给定值,其次才考虑经济性。

热用户的工艺要求是多方面的。例如在许多工程中,由于化学反应(或燃烧)后排放的废气中含有腐蚀性物质,废气的露点(即冷凝温度)要比环境空气温度高得多。如果管道(或设备)尾部隔热较差,则废气温度将降至露点,腐蚀性气体将在管内壁冷凝,从而产生腐蚀作用。在这种情况下,隔热体的设计就要保证气体出口温度高于废气的露点。又如在制冷工程中,为防止管外壁结露,保温设计应保证管外壁温度高于环境温度下空气的露点。此外,在某些情况下保温还用于管道防冻,许多场合下保温材料兼有防火和隔离噪声的功能。这些在保温设计中都要予以充分考虑。

(3) 满足一定的劳动卫生条件,保证人员安全。

对于热设备和管道,为了防止工作人员被烫伤,保温的目的是使热设备或管道的表面温度不超过某一温度。例如,当供热管道外表面包上金属皮时,管道表面温度为 55 ℃;当外表面为非金属材料时,管道表面温度可为 60 ℃。对某些特殊场合,如空分企业,由于液氮、液氧的温度很低,与之接触也会引起严重的冻伤。因此对低温设备和管道进行保温设计时,也应考虑人员安全的因素。值得注意的是,工业炉窑的炉体外表面温度允许较高,因为如果加厚了保温层,由于散热量减少,炉壁耐火材料的工作温度相应增加,从而影响耐火材料的使用寿命。

3.4.3　保温材料

隔热通常是通过在设备或管道外包上一层保温材料(又称热绝缘材料或隔热材料)来实现的。为了使保温材料长期可靠地使用,在保温层的外面还加了一层防护层。

1. 对保温材料的要求

(1) 保温性能好。

导热系数是保温材料最重要的性质,作为保温材料,要求导热系数越小越好。保温材料的导热系数主要取决于其内所含空气泡或空气层的大小及其分布状态,与构成保温材料的固体性质关系较小。静止空气的导热系数很小,约为 0.025 W/(m·K),因此保温材料中所含不流动的单独小气泡或气层越多,其导热系数就越小。保温材料的导热系数还与温度和湿度有关。一般来讲,容重增加,导热系数增加;水分增加,导热系数也增加;温度增高,导热系数呈直线地增加。

(2) 耐温性好,性能稳定,能长期使用。不同的保温材料有不同的使用温度范围。

(3) 容重小,一般不宜超过 600 kg/m³。容重小,不但导热系数小,而且可以减轻保温管道的支架质量。

(4) 有一定的机械强度,能满足施工的要求,一般其抗压强度应不小于 0.3 MPa。

(5) 无毒,对金属无腐蚀作用。

(6) 可燃物和水分含量极少,易于加工成型。

(7) 价格便宜。

2. 对防护层的要求

为了长期可靠,保温层外面通常还要加一层防护层,对防护层的要求如下:

(1) 好的防水性能;

(2) 耐压强度好,一般不低于 80 MPa,不易燃烧;

(3) 50 ℃时的导热系数不超过 0.33 W/(m·K);

(4) 在温度变化或振动的情况下,不易开裂或脱皮;

(5) 含可燃物或有机物极少,一般应不大于 10%。

3. 常用保温材料的热物理性质

表 3-5 给出了常用保温材料及其制品的热物理性质。更详细的资料可查阅有关手册。

表 3-5　常用保温材料及其制品的热物理性质

材 料 名 称	密度/(kg/m³)	导热系数/[W/(m·K)]	适用温度/℃
膨胀珍珠岩类:			
一级散料	≤80	≤0.052	
二级散料	80~150	0.052~0.064	约 200
三级散料	150~250	0.064~0.076	约 800
水泥珍珠岩板	250~400	0.058~0.087	≤600
水玻璃珍珠岩板	200~300	0.056~0.065	≤650
憎水珍珠岩制品	200~300	0.058	

材 料 名 称	密度/(kg/m³)	导热系数/[W/(m·K)]	适用温度/℃
普通玻璃棉类：			
中级纤维淀粉黏结制品	100～130	0.040～0.047	−35～300
中级纤维酚醛树脂制品	120～150	0.041～0.047	−35～350
玻璃棉沥青黏结制品	100～170	0.041～0.058	−20～250
超细玻璃棉类：			
超细棉(原棉)	18～30		−100～450
超细棉无脂毡缝合垫	60～80	≤0.035	−120～400
无碱超细棉	60～80	≤0.035	−120～600
石棉类：			
石棉绳	590～730	0.070～0.209	<500
石棉碳酸镁管	360～450	0.064+0.000 33t	<300
硅藻土石棉灰	280～380	0.066+0.000 15t	<900
泡沫石棉	40～50	0.038+0.000 23t	<500
硅藻土类：			
硅藻土保温管和板	<550	0.063+0.000 14t	
石棉硅藻土胶泥	<660	0.151+0.000 14t	<900
泡沫混凝土类：			
水泥泡沫混凝土	<500	0.127+0.000 3t	<300
粉煤灰泡沫混凝土	300～700	0.15～0.163	<300
硅酸铝纤维类：			
硅酸铝纤维板	150～200	0.047+0.000 12t	≤1 000
硅酸铝纤维毡	180	0.016～0.047	≤1 000
硅酸铝纤维管壳	300～380	0.047+0.000 12t	≤1 000
泡沫塑料类：			
可发性聚苯乙烯泡沫板	20～50	0.031～0.047	−80～75
可发性聚苯乙烯泡沫管壳	20～50	0.031～0.047	−80～75
硬质聚氨酯泡沫塑料制品	30～50	0.023～0.029	−80～100
软质聚氨酯泡沫塑料制品	30～42	0.023	−50～100

注：t 为保温材料的平均温度(℃)。

3.4.4　管道保温计算

　　管道保温计算有两个目的：一是计算所需保温材料的厚度；二是计算单位长度管道的热损失或核算保温材料的外表面温度。

1. 架空管道

1）基本公式

如图 3-21 所示，为简单起见，假设只包一层保温材料，其厚度为 δ；管子的内直径为 d_1，外直径为 d_2，管内热介质的温度为 t_{f1}，周围环境的温度为 t_{f2}；假设管内壁的温度为 t_{w1}，管外壁的温度为 t_{w2}，保温层外表面的温度为 t_w，环境温度为 t_s。该图还给出了这一系统的串联热阻图。

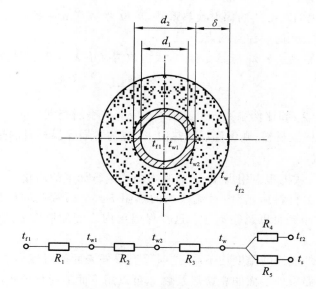

图 3-21　管道保温计算示意图

假设管道各部分的分热阻为 R_i，则通过每米长管道的径向热损失（不包括管道附件的热损失）为

$$Q_L = \frac{(t_{f1} - t_{f2})}{\sum R_i} (\text{W/m}) \tag{3-3}$$

其中各部分的分热阻如下。

（1）热介质与管内壁之间的对流换热热阻（R_1）为

$$R_1 = \frac{1}{\pi d_1 \alpha_1} (\text{m} \cdot \text{K/W}) \tag{3-4}$$

式中：α_1 为热介质对管壁的对流换热系数，单位为 $\text{W/(m}^2 \cdot \text{K)}$。

（2）管壁的热阻（R_2）为

$$R_2 = \frac{\ln(d_2/d_1)}{2\pi\lambda_p} (\text{m} \cdot \text{K/W}) \tag{3-5}$$

式中：λ_p 为金属管壁的导热系数，单位为 $\text{W/(m} \cdot \text{K)}$。

（3）保温层的热阻（R_3）为

$$R_3 = \frac{\ln[(d_2 + 2\delta)/d_2]}{2\pi\lambda_i} (\text{m} \cdot \text{K/W}) \tag{3-6}$$

式中：λ_i 为保温材料的导热系数，单位为 $\text{W/(m} \cdot \text{K)}$。

（4）保温层外表面对周围环境的对流换热热阻（R_4）为

$$R_4 = \frac{1}{\pi(d_2+2\delta)\alpha_2}(\text{m}\cdot\text{K/W}) \tag{3-7}$$

式中：α_2 为保温层外表面对周围环境的对流换热系数，单位为 $\text{W/(m}^2\cdot\text{K)}$。

（5）保温层外表面对空气的辐射热阻（R_5）为

$$R_5 = \frac{1}{\pi(d_2+2\delta)\alpha_3}(\text{m}\cdot\text{K/W}) \tag{3-8}$$

式中：α_3 为保温层外表面对空气的辐射换热系数，单位为 $\text{W/(m}^2\cdot\text{K)}$。

在应用上述基本公式时要注意两点。

（1）保温材料的导热系数 λ_i 与温度有关，大多数情况下 λ_i 与温度呈直线关系，即

$$\lambda_i = \lambda_0 + \frac{b(t_{w2}+t_w)}{2} \tag{3-9}$$

对于不同的保温材料，λ_0 和比例系数 b 可由表 3-5 或有关手册查到。

（2）如采用多层保温材料，则保温层的热阻 R_3 应为各层保温材料的热阻之和。

2）基本公式的简化

为计算简单起见，从工程应用出发，常对基本公式进行如下的简化。

（1）因为包上保温材料后，管内对流换热的热阻 R_1、金属管壁的导热热阻 R_2 相对于 R_3、R_4 和 R_5 而言，常小到可以忽略不计。这样保温层内表面的温度 t_{w2} 就可以近似认为等于热介质的温度 t_{f1}。

（2）一般保温层外表面的温度均不高，这时保温层外表面的对流换热系数 α_2 和辐射换热系数 α_3 之和，即保温层外表面的总换热系数 α，可以用下面的简化公式进行计算。

对室内管道有

$$\alpha = 10.3 + 0.052(t_w - t_{f2})(\text{W/(m}^2\cdot\text{K)}) \tag{3-10}$$

对室外管道有

$$\alpha = 11.6 + 7\sqrt{w}(\text{W/(m}^2\cdot\text{K)}) \tag{3-11}$$

式中：w 为风速，单位为 m/s。

由于采用总换热系数 α，R_4 和 R_5 可以合并为 R_6，即

$$R_6 = R_4 + R_5 = \frac{1}{\pi(d_2+2\delta)\alpha}(\text{m}\cdot\text{K/W}) \tag{3-12}$$

由此得简化公式为

$$Q_L = \frac{t_{f1}-t_{f2}}{R_3+R_6} = \frac{\pi(t_{f1}-t_{f2})}{\frac{1}{2\lambda_i}\ln\left(\frac{d_2+2\delta}{d_2}\right)+\frac{1}{(d_2+2\delta)\alpha}}(\text{W/m}) \tag{3-13}$$

或

$$Q_L = \frac{t_{f1}-t_w}{R} = \frac{t_w-t_{f2}}{R_6}(\text{W/m}) \tag{3-14}$$

上述简化给保温计算带来很大的方便。

3）容许热损失的确定

为满足工艺要求的容许热损失，一般需要计算。对于其他情况，计算容许热损失时可参考表 3-6 和表 3-7。

表 3-6　室内保温管道表面容许热损失（保温表面和周围空气的温差为 20 ℃）

管道外径/mm	热介质温度/℃								
	60	70	100	125	150	160	200	225	250
	容许热损失 Q_L/（W/m）								
20	17.4	26.7	37.2	43.0	48.8	50.0	55.8	64.0	73.3
32	31.4	34.9	44.2	51.2	58.2	62.8	69.8	77.9	87.2
48	37.2	44.2	55.8	62.8	69.8	73.3	84.9	93.0	101.2
57	43.0	50.0	62.8	68.6	75.6	79.1	93.0	102.3	110.5
76	53.5	61.6	69.8	84.9	91.9	95.4	110.8	119.8	130.3
89	60.5	69.8	86.1	94.2	102.3	105.8	118.6	129.1	139.5
108	68.8	81.4	98.9	108.2	116.3	119.8	133.7	144.2	154.7
133	81.4	98.9	116.3	125.6	133.7	137.2	153.5	164.0	174.5
159	93.0	110.5	127.9	139.6	151.2	154.7	168.6	180.3	191.9
194	116.3	133.7	157.0	168.6	180.3	183.8	197.7	209.3	221.0
219	122.1	145.4	174.5	183.8	191.9	196.5	215.2	226.8	238.4
273	151.2	180.3	209.3	218.6	226.8	231.4	250.0	261.7	273.3
325	180.3	215.2	238.4	250.0	261.7	265.3	284.9	296.6	308.2
377	203.5	238.4	273.3	284.9	296.6	301.2	319.8	334.9	348.9
426	226.8	273.3	302.4	314.0	325.6	331.5	354.7	369.8	383.8

表 3-7　室外保温管道表面容许热损失（当周围空气的温度为 5 ℃时）

管道外径/mm	热介质温度/℃								
	50	70	100	125	150	160	200	225	250
	容许热损失 Q_L/（W/m）								
20	15.1	23.3	31.4	38.4	46.5	50.0	62.8	70.9	79.1
32	17.4	26.7	36.1	44.2	53.5	57.0	72.1	80.2	89.6
48	20.9	31.4	41.9	52.3	61.6	67.5	63.7	94.2	104.7
57	24.4	34.9	46.5	57.0	67.5	72.1	90.7	101.2	111.6
76	29.1	40.7	52.3	64.0	76.8	81.4	100.0	112.8	125.6
89	32.6	44.2	58.2	69.8	82.6	87.2	108.2	119.8	132.6
108	36.1	50.0	64.0	77.9	89.6	95.4	117.5	131.4	145.4
133	40.7	55.8	69.8	86.1	98.9	104.7	129.1	144.2	158.2
159	44.2	58.2	75.6	93.0	109.3	116.3	139.6	157.0	172.1

管道外径/mm	热介质温度/℃								
	50	70	100	125	150	160	200	225	250
	容许热损失 Q_L/（W/m）								
194	48.8	67.5	84.9	102.3	119.8	125.6	151.2	169.8	188.4
219	53.5	69.8	90.7	110.5	127.9	134.9	162.8	183.8	203.5
273	61.6	81.4	101.2	124.4	145.4	153.5	186.1	209.3	230.3
325	69.8	93.0	116.3	139.6	162.8	172.1	209.3	232.6	255.9
377	82.6	108.2	132.6	157.0	181.4	191.9	231.4	255.9	279.1
426	95.4	122.1	148.9	174.5	207.0	210.5	253.5	279.1	302.4

4）保温层厚度的计算方法

保温层厚度的计算很复杂。要由式（3-3）～式（3-9）或简化公式计算出保温层的厚度，首先必须确定单位长度管道容许热损失 Q_L。在 Q_L 决定以后，还不能算出所需的保温层的厚度 δ，因为计算中涉及保温层外表面的温度 t_w，而 t_w 又与保温层的厚度 δ 有关。δ 越大，t_w 越小。故只能采用试算法，其步骤如下：

（1）根据算出或选定的容许热损失 Q_L，设定一保温层的外表面温度 t_w'。

（2）根据假定的 t_w'，由基本公式算出所需的保温层的厚度 δ'。

（3）根据 δ'，再由基本公式核算出保温层的外表面温度 t_w。

（4）若 t_w 与 t_w' 相差很小，则算出的 δ' 即为所求的保温层的厚度；若相差很大，则必须重新设定 t_w' 进行计算，直至结果满意为止。

根据上述步骤和基本公式，可以编一计算程序，利用计算机就可以很快地得到计算结果。

5）经济厚度

保温层的经济厚度就是图 3-20 上的 δ_0，在这个厚度下，年总费用最低。每年每米管道的投资、运行和维修的总费用 C 为

$$C = bQ + P(c_0 V + c_b F)（元/(m \cdot a)） \tag{3-15}$$

式中：Q 为单位长度管道的热损失，单位为 $10^8 \text{kJ}/(m \cdot a)$；$b$ 为热量价格，单位为元/（10^8 kJ）；P 为保温结构的年折旧率，%；c_0 为单位长度管道保温材料的投资费（包括材料、运输、安装费等），单位为元/（$m^3 \cdot m$）；V 为单位长度管道保温层体积，单位为 m^3/m；c_b 为单位长度管道防护层的投资费，单位为元/（$m^2 \cdot m$）；F 为单位长度管道保护层的面积，单位为 m^2。

显然式（3-15）与防护层的厚度有关。对式（3-15）求导并令其等于零，即可求得最经济厚度。为简化起见，常用下式来计算经济厚度：

$$\delta_0 = 2.688 \times \frac{d_2^{1.2} \lambda_i^{1.35} t_w^{1.73}}{Q_L^{1.5}}（mm） \tag{3-16}$$

对工艺要求的保温，若计算出的经济厚度 δ_0 大于所需保温层的厚度 δ，可采用经济厚度；若计算出的经济厚度小于所需保温层的厚度，则仍应取所需保温层的厚度，以保证满足工艺要求。

6) 保温管导热损失的计算及核算壁温

热力管道包上保温层后,由于 δ 已知,由式(3-13)或式(3-14),很容易算出管道的热损失和保温层外表面的壁温。

2. 无沟埋设的管道

对直接埋于土壤中的管道,在计算热损失时,除了保温层的热阻外,还要考虑土壤的热阻。根据传热学理论,土壤热阻可用下式计算:

$$R_t = \frac{1}{2\pi\lambda_t}\ln\left[\frac{2h}{d_x} + \sqrt{\left(\frac{2h}{d_x}\right)^2 - 1}\right] (\text{m} \cdot \text{K/W}) \tag{3-17}$$

式中:λ_t 为土壤导热系数,当土壤温度为 $10\sim40\ ℃$ 和通常湿度下,$\lambda_t = 1.1\sim2.3\ \text{W/(m} \cdot \text{K)}$,对稍湿的土壤取低值,对潮湿的土壤取高值,对于干土壤可取 $\lambda_t = 0.55\ \text{W/(m} \cdot \text{K)}$;$h$ 为埋设深度,即管道中心线到地表面的距离,单位为 m;d_x 为与干土壤接触的管道外表面的直径,单位为 m。

当 $h/d_x \geqslant 1.25$ 时,式(3-17)可简化为

$$R_t = \frac{1}{2\pi\lambda_t}\ln\frac{4h}{d_x}(\text{m} \cdot \text{K/W}) \tag{3-18}$$

此时无沟埋设的保温管道的热损失为

$$Q_L = \frac{t_{f1} - t_0}{R_3 + R_t}(\text{W/m}) \tag{3-19}$$

式中:t_0 为土壤的平均温度,单位为 ℃。

3. 地沟中铺设的管道

地沟中铺设的管道的总热阻应包括以下几部分:保温层的热阻 R_3;保温层外表面到地沟内空气的对流换热热阻 R_4;地沟内空气到地沟壁的对流换热热阻 R_7;地沟壁的导热热阻 R_8;土壤的热阻 R_t。其中 R_3、R_4、R_7、R_8、R_t 均可采用前述的计算公式进行计算。

计算地沟中铺设的管道的热损失可采用如下公式:

$$Q_L = \frac{t - t_0}{\sum R_i} = \frac{t - t_0}{R_3 + R_4 + R_7 + R_8 + R_t}(\text{W/m}) \tag{3-20}$$

或

$$Q_L = \frac{t - t_{g0}}{R_3 + R_4}(\text{W/m}) \tag{3-21}$$

式中:t 为管内热介质的温度,单位为 ℃;t_0 为土壤温度,单位为 ℃;t_{g0} 为地沟内的空气温度,单位为 ℃。

从热平衡可求得地沟内的空气温度 t_{g0}。令 $R_7 = R_3 + R_4$,$R_0 = R_7 + R_8 + R_t$,则有

$$t_{g0} = \left(\frac{t}{R_1} + \frac{t_0}{R_0}\right)\Big/\left(\frac{1}{R_1} + \frac{1}{R_0}\right)(\ ℃) \tag{3-22}$$

对于可通行的地沟,还应考虑通风系统排热对地沟内空气温度的影响。

有了地沟内空气的平均温度,就可按常规的保温计算值算出各管道的热损失。

4. 热力管道保温设计中的一些问题

1) 保温管道的附加热损失

这里是指管道中的法兰、阀门、接头、分配器等所带来的热损失。这部分热损失不易求

得,一般按下面给出的值来估算。

(1) 管道吊架:采用圆钢或扁钢时,总管长增加 10%~15%;采用大滑动轴承时,增加 20%。

(2) 法兰:裸露法兰的热损失大致与法兰表面积相等、直径相当的光管的热损失相等;当管道保温材料的外径与法兰外径相等时,不必增加附加的热损失。

(3) 阀门:阀门热损失的相当长度可参见表 3-8。

表 3-8 　阀门热损失的相当长度

阀 门 情 况	管子内径/mm	热损失的相当长度/m	
		管温为 100 ℃时	管温为 400 ℃时
室内裸露	100	6	16
	500	9	26
室内 1/4 裸露,3/4 保温	100	2.5	5
	500	3	7.5
室内 1/3 裸露,2/3 保温	100	3	6
	500	4	10
室外裸露	100	16	22
	500	19	32
室外 1/4 裸露,3/4 保温	100	4.5	6
	500	6	8.5
室外 1/3 裸露,2/3 保温	100	6	8
	500	7	11

2) 保温管道的敷设

在设计保温管道时,应根据具体情况选用合适的敷设方式,并考虑不同敷设方式对保温结构的要求。如管道架空时受自然环境的侵袭,要求高强度的防护层。为了减轻支架的负担,防护层的质量应较轻。对不通行的地沟或无沟埋管,应特别注意保温结构的防水及防潮性能。

保温结构可根据具体情况采用涂抹式、预制式、填充式或捆扎式。包扎保温材料前,管道应涂防锈漆;包扎保温层后,外表面应涂色漆和箭头,以表示管内介质的种类和流动方向。

3.4.5　隔热保温技术的进展

隔热保温技术的进步反映在以下几方面。

1. 新型保温材料的不断出现

新型保温材料的出现极大地增强隔热保温的效果,促进技术的进步。例如低温保温材料聚氨酯及聚氨酯整体发泡工艺出现后,由于其密度小,导热系数很小,而且整体发泡后可以和内护板及外装置板构成一个整体,不但保温性能特别好,而且能够提高组件强度,因此极大地促进了冰箱、冷柜、冷库的发展。

在高温保温材料方面最值得一提的是空心微珠和碳素纤维。1976 年美国首次发现空心微珠这种新型保温材料,它存在于火力发电厂的灰渣之中。这些空心微珠占粉煤灰数量的 50%～70%,其化学成分主要是硅和铝的氧化物。它颗粒微小、呈球形,质轻、中空,具有隔热、电绝缘、耐高温、隔音、耐磨、强度高等特点,价格又便宜,有着非常广阔的应用前景。

作为节能材料的空心微珠,其密度一般仅为 0.5～0.75 g/cm³,耐火温度为 1 500～1 730 ℃,导热系数仅为 0.08～0.1 W/(m·K),是一种非常优质的保温材料。例如电阻炉采用它保温可以节电 50%。

碳素纤维则是另一种既质轻、隔热,又耐高温的热绝缘材料,只是由于价格太高,目前仅用于航天飞机、飞船等航天领域。

2. 采用复合保温管道

这种方法是预先将管道保温层和防护层复合成一体。保温层通常由两层组成,其中内层耐温好,能够承受管内热介质的高温。这种管道的防护层能防水、防潮。因此不但使用方便,安装简单,而且可以直接埋于地下而不用地沟,且使用寿命长,代表了今后管道保温的发展方向。

3. 管网设计和保温计算软件包

大型过程工业(如动力、冶金、化工、炼油企业)的供热(供冷)管网十分复杂,不但管线长、管径类型多、附件多,而且其内热(冷)介质类型和温度水平都不一样,其管网设计和保温计算是耗时费力的工作。由于计算技术的进步,现在已有各种管网设计和保温计算的软件包,它不但提高了设计效率,而且其设计更加合理,节能和经济效益更加显著。

3.5　热泵技术

3.5.1　概述

当前热能利用中的突出浪费是"降级使用",即普遍地把煤炭、石油、天然气直接燃烧来取得所谓低温热介质(通常在 100 ℃以下),用于采暖、空调、生活用热水及造纸、纺织、食品、医药等工业企业,同时又有大量的低温余热被白白浪费。

热泵是一种热量由低温物体转移到高温物体的能量利用装置(如水泵使水从低处流向高处一样),它可以从环境中提取热量用于供热。根据热力学第二定律,热量从低温传至高温不是自发的,必须消耗机械能。但热泵的供热量远大于它所消耗的机械能。例如,如果驱动热泵消耗的机械能为 1 kW,则供热量为 3～4 kW,而用电加热,仅能产生 1 kW 的热量。热泵的供热来自两部分:一部分是从低温热源传到高温热源的热量;另一部分热量则由机械能转换而来。热泵工作原理与制冷装置相同,其工作原理如图 3-22 所示。但热泵的目的不是制冷而是"制热",即热泵以消耗一部分高品质的机械能为代价来"制热"。

在 $T\text{-}S$ 和 $\lg p\text{-}h$ 图上,热泵的理论循环如图 3-23 所示。其中 1→2 为等熵压缩,2→3 在冷凝器中等压放出热量 Q_c,3→4 为等焓节流,4→1 在蒸发器中等压和等温吸收热量 Q_0。供热系数 ε_{th} 为冷凝器的放热量 Q_c 与压缩机消耗功 J 之比。

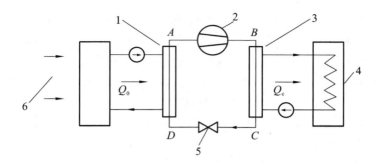

图 3-22　热泵原理图

1—蒸发器；2—压缩机；3—冷凝器；4—供热；5—膨胀阀；6—低温热源

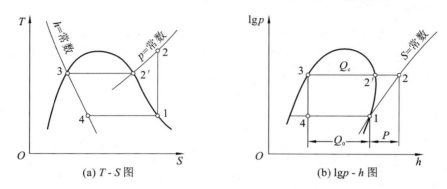

(a) T-S 图　　　　　　　(b) $\lg p$-h 图

图 3-23　热泵的理论循环

在 $\lg p$-h 图上，ε_{th} 为两段直线长度之比，因此有

$$\varepsilon_{th}=\frac{Q_c}{J}=\frac{h_2-h_3}{h_2-h_1} \tag{3-23}$$

$$Q_c=Q_0\frac{\varepsilon_{th}}{\varepsilon_{th}-1} \tag{3-24}$$

供热系数的大小，直接取决于蒸发温度与冷凝温度之差。

地下水、土壤、室外大气、江河湖泊都可作为热泵的低温热源，其供热可用于房间取暖、热水供应、游泳池水加热等。热泵本身并不是自然能源，但从输出可用能的角度来看，它又起到了能源的作用，所以有人又称它为特殊能源。热泵有许多用途，首先它可节约电能，与直接用电取暖相比，采用热泵可节电 80% 以上。采用热泵还可节约燃料，若生产和生活中需要 100 ℃以下的热量，采用热泵比直接采用锅炉供热可节约燃料 50%。

3.5.2　热泵的分类

热泵可分为两大类型，即压缩式热泵和吸收式热泵。视带动压缩机的原动力不同，又可分为电动热泵、燃气轮机热泵或柴油机热泵，其中电动热泵应用最广。对大型热泵，为了节约高品位的电能，故改用燃气轮机或柴油机驱动，在这一类装置中，燃气轮机和柴油机排出的废热（废水和废气）还可以进一步利用。吸收式热泵不用压缩机，而直接利用燃料燃烧或工业过程的废热，其原理与吸收式制冷机类似。

　　不论何种形式的热泵,目前多采用制冷剂 R12、R22、R502 作工质,它们的性质见表 3-9。由于氟利昂这类物质对大气臭氧层的破坏,根据蒙特尔公约,以上制冷剂将逐步禁止使用。人们正在寻找新的替代工质,如 R134a 等。

表 3-9　制冷剂的性质

制 冷 剂	R12	R22	R502
蒸发压力 $p_0/(10^5\ \text{Pa})$	3.09	4.98	5.73
冷凝压力 $p_c/(10^5\ \text{Pa})$	12.24	19.33	21.01
压力比 p_c/p_0	3.96	3.88	3.67
体积供热负荷 $q/(\text{J/m}^3)$	0.64	1.04	1.02
等熵压缩温度 t_2	57	73	57
理论供热系数 ε_{th}	5.2	5.2	4.3
实际供热系数 ε_w	3.5	3.5	3.1

　　不论何种形式的热泵,均可以采用空气、地下水或土壤作为其低温热源。根据使用情况选择合适的低温热源,对提高热泵的经济性有十分重要的意义。图 3-24 所示为不同低温热源温度随大气温度变化的曲线。

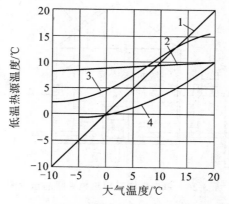

图 3-24　不同低温热源温度随大气温度变化的曲线
1—空气;2—地下水;3—地面水;4—土壤(深 1.8 m)

3.5.3　电动热泵及其应用

　　电动热泵有紧凑式与分离式两种形式。紧凑式电动热泵将供热的各种部件如压缩机、冷凝器、风机、控制设备等均安装在一封闭的机壳中,因此设备安装费用低。以空气作为低温热源的紧凑式热泵的结构如图 3-25 所示。由于空气取之不尽,因此这种热泵应用最广。

　　分离式电动热泵是将压缩机和蒸发器置于室外,室内只保留冷凝器。两者之间用制冷管道连接。这种结构的热泵因布置方式多样,可以满足不同热用户的需要。

　　电动热泵应用最广的是住宅采暖和温水游泳池。图 3-26 为单户住宅采用热泵采暖的示意图。在住宅采暖中常用的热泵有空气-空气热泵、空气-水热泵、空气-盐水-水热泵、水-水热

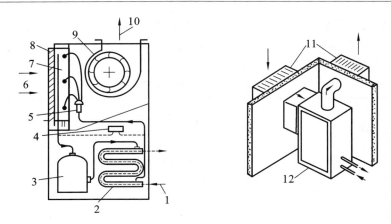

图 3-25 紧凑式热泵的结构示意图

1—热水；2—冷凝器；3—压缩机；4—按钮开关；5—膨胀阀；6—进风；7—蒸发器；
8—过滤器；9—通风机；10—排风；11—风口；12—热泵

泵、土壤-水热泵、水-空气热泵等多种形式。当室外温度不低于 5 ℃时,热泵可以单独工作。当室外温度低于这一温度时,就需要有附加热源配合,采用热泵和附加热源联合运行。

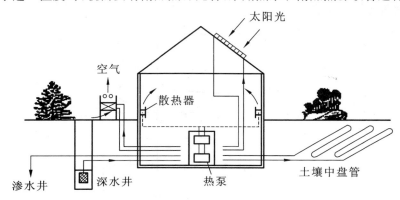

图 3-26 单户住宅采用热泵采暖的示意图

热泵应用的另一个重要方面是游泳馆。游泳馆内由于空气吸收游泳池水面蒸发的水分,湿度增加,使人感到不舒服。池面水的蒸发取决于水温和空气温度、空气相对湿度及空气的流动特性等。一般池面水的蒸发速度为 0.05~0.1 kg/(m² · h)。过去的做法是,将潮湿的热空气抽吸掉,再通入加热的室外空气,这样大量的热量就被白白地浪费掉了。运用热泵以回风方式运行时,既可回收排气中的热量,又可与制冷机的蒸发器相连,使排气冷却到15~18 ℃,同时去湿。在蒸发器后面的冷凝器释放的热量则用于加热进风。

图 3-27 为游泳馆去湿和通风的热泵系统图。当室外温度升高时,多余的冷凝热用于加热池水和淋浴水或地面采暖,也可用于加热生活用水。为了确保馆内空气新鲜,必须不断地通入预热过的室外空气,其最少的添加量为 20 m³/(人 · h)。

由于强调环境保护,露天游泳池采用热泵日益增多。图 3-28 为热泵用于露天游泳池的系统图。河水或地下水在蒸发器中放热,池水则在冷凝器中被加热。露天游泳池的需热量,若不考虑 4—9 月份对太阳辐射的吸热量,池水温度为 22 ℃时,约为 465 W/m²。实际上由

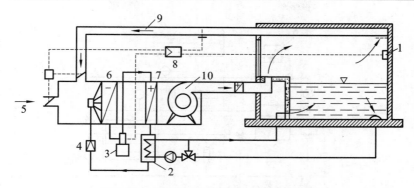

图 3-27 游泳馆去湿和通风的热泵系统图
1—调节器；2—水冷凝器；3—压缩机；4—膨胀阀；5—外部环境空气；
6—蒸发器；7—冷凝器；8—调节器；9—回风；10—通风机

于太阳辐射，在夏季此值将大大减小。经济分析比较表明，对露天游泳池采用热泵比其他供热形式经济。在非使用时间，在露天游泳池上加盖顶棚还可以节能 $30\% \sim 40\%$。

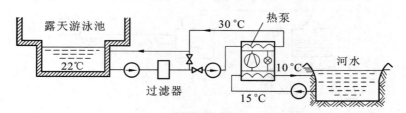

图 3-28 露天游泳池的热泵系统图

热泵近几年也广泛用于办公楼、住宅群和教学大楼之中。它冬季用于采暖，夏季则用于制冷。图 3-29 为具有这种功能的水-水热泵的系统图。

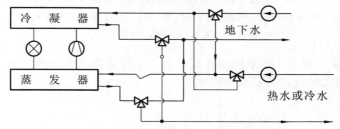

图 3-29 采暖和制冷用的水-水热泵系统图

同时有冷负荷又有热负荷，对热泵运行是极为有利的。如对既有游泳池又有人工溜冰场的体育馆，采用热泵装置其经济性就特别好。图 3-30 为用于这种体育馆的热泵系统图。

3.5.4 吸收式热泵

吸收式热泵的工作原理如图 3-31 所示。制冷剂在发生器中加热后进入冷凝器，被冷却成液体；液体经节流阀节流后进入蒸发器，在蒸发器吸热后进入吸收器中；在较低的压力下被一种流体吸收，然后在加压下再进入发生器。常用的热泵有水-氨水热泵和溴化锂-水热泵。

与压缩式电动热泵相比，吸收式热泵的优点是不用高品位的电能，噪声小、寿命长、维修

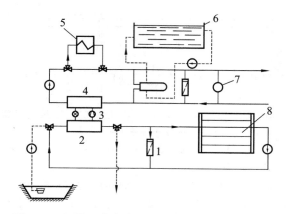

图 3-30 既用于游泳池又用于溜冰场的热泵系统图

1—空冷器;2—蒸发器;3—热泵;4—冷凝器;5—辅助加热器;6—游泳池;7—热用户;8—溜冰场

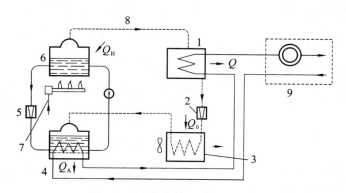

图 3-31 吸收式热泵的工作原理

1—冷凝器;2—节流阀;3—蒸发器;4—吸收器;5—节流阀;
6—发生器;7—煤气;8—制冷剂循环;9—热网

费用低;缺点是设备投资高。吸收式热泵在布置上也有紧凑式和分离式之分。图 3-32 为用于住宅采暖的分离式吸收式热泵系统图。

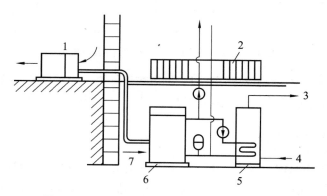

图 3-32 住宅采暖的分离式吸收式热泵系统图

1—蒸发器;2—散热器;3—生活用水;4—冷水;5—生活用水储存器;6—热泵;7—煤气

　　热泵在工厂企业中的应用也很广泛。由于轻纺、造纸、制糖、食品、建材等行业在生产过程中会产生大量低温余热,这些余热经常是被白白地排放掉了。采用热泵"制热"的特性,可将这些低温余热的品位提高。提高品位后的热水或蒸汽,不但可用于采暖和生活用水,而且可用于工艺过程,取得明显的经济效益。

3.6　热管及其在节能中的应用

　　热管是一种新型的传热元件。由于它良好的导热性能及一系列的特点,从 1964 年问世以来就得到了迅速的发展。它现已广泛地应用于宇航、电子、动力、化工、冶金、石油、交通等许多部门,成为强化传热和节能技术的一个重要部分。

3.6.1　热管的基本原理

　　图 3-33 所示为典型的热管工作原理。它由密封的壳体、紧贴于壳体内表面的吸液芯和壳体抽真空后封装在壳体内的工作液组成。当热源对热管的一端加热时,工作液受热沸腾而蒸发,蒸气在压差的作用下高速地流向热管的另一端(冷端),在冷端放出潜热而凝结。凝结液在吸液芯毛细抽吸力的作用下,从冷端返回热端。如此反复循环,热量就从热端不断地传到冷端。因此热管的正常工作过程是由液体的蒸发、蒸气的流动、蒸气的凝结和凝结液的回流组成的闭合循环。

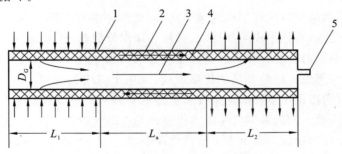

图 3-33　热管的工作原理
1—壳体;2—工作液;3—蒸气;4—吸液芯;5—充液封口管;
L_1—加热段(蒸发段);L_a—绝热段(传热段);L_2—冷却段(凝结段)

　　从热管与外界的换热情况来看,可将热管分成三个区段。
　　(1)加热段:热源向热管传输热量的区段。
　　(2)绝热段:外界与热管没有热量交换的区段,这一区段并不是所有类型的热管都有的。
　　(3)冷却段:热管向冷源放出热量的区段,也即为热管本身受到冷却的区段。
　　从热管内部工质的传热情况来看,热管也可分为三个区段。
　　(1)蒸发段:它对应于外部的加热段。在这一段中,工作液吸收热量而蒸发成蒸气,蒸气进入热管内腔,并向冷却段流动。
　　(2)绝热段:它对应于外部的绝热段。在这一段中,既没有与外部的热交换,也没有液气之间的相变,只有蒸气和液体的流动。

(3)凝结段:它对应于外部的冷却段。蒸气在这个区段内凝结成液体,并把热量传给冷源。

蒸发段和凝结段具有相同的内部结构,外界环境的热状态变化时,蒸发、凝结两个工作段完全可以互换,因此这种结构的热管其传热方向是可逆的。

3.6.2　热管的特性

热管具有许多优良的性能,正是这些优良性能使热管得到了发展和应用。

1. 极好的导热性能

热管利用了两个换热能力极强的相变传热过程(蒸发和凝结)和一个阻力极小的流动过程,因而具有极好的导热性能。相变传热只需要极小的温差,而传递的是潜热。一般潜热传递的热量比显热传递的热量大几个数量级。因此在极小的温差下热管可以传输极大的热量。

2. 良好的均温性

热管内腔的蒸气处于气液两相共存状态,是饱和蒸气。此饱和蒸气从蒸发段流向凝结段所产生的压降甚微,这就使热管具有良好的均温性。热管的均温性已在均温炉和宇航飞行器中得到了应用。另外也可以通过热管来均衡机床的温度场,减少机床的热变形,提高机床加工精度。

3. 热流方向可逆

热管的蒸发段和凝结段内部结构并无不同,因此当一根有芯热管水平放置或处于失重状态时,任何一端受热,则该端成为加热端,另外一端向外散热,就成为冷却端。若要改变热流方向,无须变更热管的位置。热管的这种热流方向的可逆性为某些特殊场合的应用提供了方便,如用于某些需先放热后吸热的化学反应,或用于室内的空调。在冬天换气时,热管式空调器通过热管利用排出室外的热空气来加热从室外吸入的新鲜冷空气;由于热管传热方向的可逆性,夏天吸入的新鲜空气又被排出室外的冷空气冷却。同一种设备两种用途,起到自动适应环境变化的目的。而重力热管则无此性能。

4. 热流密度可变

在热管稳定工作时,由于热管本身不发热,不蓄热,不耗热,因此加热段吸收的热量 Q_1 应等于冷却段放出的热量 Q_2。若加热段的换热面积为 A_1,冷却段的换热面积为 A_2,则它们的热流密度分别为

$$q_1 = Q_1/A_1, \quad q_2 = Q_2/A_2$$

因为
$$Q_1 = Q_2$$

由此得
$$q_1 A_1 = q_2 A_2$$

这样通过改变换热面积 A_1 和 A_2,即可改变热管两工作段的热流密度。

有些场合需要将集中的热流分散冷却,如某些电子元件体积很小,工作时发热强度高达 $500\ \text{W/cm}^2$,即加热段换热面积很小,热流密度很高。若采用空气冷却,冷却段只能达到很小的热流密度。若采用热管,只需将冷却段换热面积加大,即可较好地解决这一矛盾。

另外,利用热管的上述性质,加大加热段的换热面积,也可以把分散的低密度热流收集起来变为高密度热流供用户使用。热管太阳能集热器就是应用这一原理制成的。

5. 适应性较强

与其他换热元件相比,热管有较强的实用性,表现在以下几方面:

(1)无外加辅助设备,无运动部件及其噪声,结构简单、紧凑,质量轻。

(2)热源不受限制,高温烟气、燃烧火焰、电能、太阳能都可以作为热管的热源。

(3)热管形状不受限制,形状可以随热源、冷源的条件及应用需要而改变。除圆管外还可以做成针状、板状等各种形状。

(4)既可用于地面(有重力场),又可用于外层空间(无重力场)。在失重状态下,吸液芯的毛细管作用可使工作液回流。

(5)应用的温度范围广,只要热管材料和工作液选择适当,即可用于−200～2 000 ℃的温度范围。

(6)可实现单向传热,即成为只允许热量向一个方向流动的所谓"热二极管"。如依靠重力回流工作液的无芯重力热管(热虹吸管),其热源只能在下端,产生的热蒸气在上端凝结后,工作液靠重力回流到下端,即热只能由下端传至上端,反向传热则不可能实现。

3.6.3　热管的类型

热管的类型很多,通常按工作温度、工作液回流的原理或热管形状不同进行分类。

1. 按工作温度分类

热管按工作温度可分为以下几类:

(1)极低温热管,工作温度低于−200 ℃;

(2)低温热管,工作温度在−200～50 ℃;

(3)常温热管,工作温度在50～250 ℃;

(4)中温热管,工作温度在250～600 ℃;

(5)高温热管,工作温度高于600 ℃。

应根据热管的工作温度范围选用工作液,保证工作液处在气液共存的范围内,否则热管不能运行。表 3-10 给出了热管常用的工作液与使用温度范围。

表 3-10　热管常用的工作液与使用温度范围

工　作　液	熔点/℃	10^5 Pa 下沸点/℃	工作温度范围/℃
氦	−272	−269	−271～269
氮	−210	−169	−203～160
氨	−78	−33	−60～100
氟利昂-11	−111	24	−40～120
戊烷	−129.75	28	−20～120
氟利昂-113	−35	48	−10～100

工 作 液	熔点/℃	10^5 Pa 下沸点/℃	工作温度范围/℃
丙酮	−95	57	0～120
甲醇	−93	64	10～130
乙醇	−112	78	0～130
庚烷	−90	98	0～150
水	0	100	30～320
导热姆 A	12	257	150～395
汞	−39	361	250～650
铯	29	670	450～900
钾	62	774	500～1 000
钠	98	892	600～1 200
锂	179	1 340	1 000～1 800
银	960	2 212	1 800～2 300

2. 按工作液回流的原理分类

按工作液回流的原理,热管主要可以分为以下几类:

(1)内装有吸液芯的有芯热管。吸液芯是具有微孔的毛细材料,如丝网、纤维材料、金属烧结材料和槽道等。它既可以用于无重力场的空间,也可以用在地面上。在地面重力场中它既可以水平传热,也可以垂直传热,传热的距离取决于毛细力的大小。

(2)两相闭式热虹吸管,又称重力热管。它是依靠液体自身的重力使工作液回流的。这种热管制作方便,结构简单,工作可靠,价格便宜。但它只能用于重力场中,且只能自下向上传热。

(3)重力辅助热管。它是有芯热管和重力热管的结合。它既依靠吸液芯的毛细力,又依靠重力来使工作液回流到加热段。它只限于在地面上应用,加热段必须放在下部,在倾角较小时用吸液芯来弥补重力的不足。

(4)旋转热管。热管绕自身轴线旋转,热管内腔呈锥形,加热段设在锥形腔的大头,冷却段设在锥形腔的小头。在冷却段被凝结的液体依靠离心力的分力回流到加热段,其工作原理如图 3-34 所示。

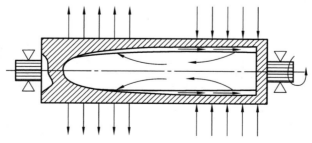

图 3-34 旋转热管工作原理

（5）其他。例如：依靠静电体积力使液体回流的电流体动力热管；依靠磁体积力使液体回流的磁流体动力热管；依靠渗透膜两边工作液的浓度差进行渗透，使液体回流的渗透热管等。

3. 按形状分类

热管按形状不同，可以分为管形、板形、室形、L形、可弯曲形等，此外还有径向热管和分离式热管。径向热管的内外层分别为加热段和冷却段，热量既可由径向导出，也可以由径向导入。

普通热管是将加热段和冷却段放在一根管子上，而分离式热管是将冷却段和加热段分开（见图 3-35）。工作液在加热段蒸发后产生的蒸气汇集在上联箱中，经蒸气管道至冷却段，在冷却段放出热量凝结成液体，通过下降管回流到加热段。这种分离式热管为大型发电厂和冶金工业、化学工业的热能利用开辟了广阔的前景。

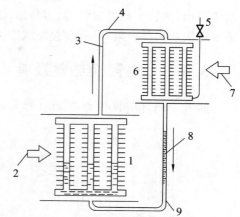

图 3-35　分离式热管的工作原理

1—组合蒸发段；2—热流体；3—蒸气；
4—气导管；5—排气阀；6—组合凝结段；
7—冷流体；8—凝结液；9—气液管

3.6.4　热管的传热极限

热管虽然是一种较好的传热元件，但是其传热能力也受其内部各物理过程自身规律的限制。对典型的有芯热管，其输热能力受到的限制因素有以下四种。

（1）毛细极限：热管内凝结液的回流靠毛细力，但热管工作时不但蒸气流动有阻力，凝结液回流时也有阻力。当传热量增加到一定程度时，上述两阻力可能超过毛细力，此时凝结液将无法回流，热管也就不能正常工作。因此，吸液芯的最大毛细力所能达到的传热量就称为毛细极限。

（2）声速极限：随着热管传热量的增大，管内蒸气流动的速度也相应增加，当蒸气流速达到当地声速时，将产生流动阻塞。此时热管的正常工作被破坏。因此，当蒸发段出口截面的蒸气流速达到当地声速时所对应的传热量称为声速极限。

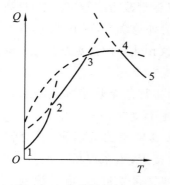

图 3-36　热管的传热极限

1-2—声速极限曲线；2-3—携带极限曲线；
3-4—毛细极限曲线；4-5—沸腾极限曲线

（3）携带极限：热管内蒸气和回流液体是反向运动的，随着传热量增加，两流体的相对速度也增大。由于剪切力的作用，流动蒸气会将部分回流液滴携带至凝结段，当这种携带量增加到一定程度时，凝结液的回流将受阻，使热管不能正常工作。这时的传热量就称为热管的携带极限。

（4）沸腾极限：随着传热量增加，蒸发段工作液的蒸发量也将增加。当传热量增加到沸腾的临界热负荷时，蒸发段将无法正常工作。这时最大的热负荷就是热管的沸腾极限。

上述四个极限可定性地用图 3-36 表示。从图中看出,热管工作温度低时,容易出现声速极限和携带极限;当工作温度高时,须提防出现毛细极限和沸腾极限,只有在包络线 1-2-3-4-5 下,热管才能正常工作。

3.6.5 热管换热器及其应用

将若干热管组装起来,就成了热管换热器。典型的热管换热器如图 3-37 所示。

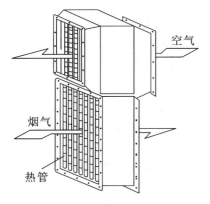

空气

烟气

热管

图 3-37 热管换热器

热管换热器的传热效率高,结构紧凑,质量轻,工作可靠。因此在工业企业,特别是在锅炉、窑炉及各种工业炉中得到了应用。

在动力工程和余热回收中应用最广泛的热管换热器是热管空气预热器、热管省煤器、热管锅炉和热管蒸发器。

空气预热器是常见的气-气式换热器。它利用锅炉或加热炉的排烟余热预热进入炉子的助燃空气,不仅提高了炉子的热效率,还减轻了对环境的污染。由于气-气式换热器两侧的换热系数都很小,为了强化传热,通常两侧都必须同时加装肋片。典型的热管式空气预热器的外形一般为长方体(见图 3-37),主要部件为热管管束、外壳和隔板。热管的蒸发段和凝结段被隔板隔开。隔板、外壳和热管管束组成了冷、热流体的流道。隔板对热管管束起部分支撑作用,其功能主要是密封流道,以防止两种流体的相互渗透。热管元件蒸发段和凝结段的肋化系数一般为 5～30。为防止烟气积尘堵塞,烟气侧肋片间距较大;在空气侧,气流较清洁,为获得较高的肋化系数,肋片间距可取小些。热管管束一般为叉排布置,这样可使换热系数提高。热管管束安装位置有水平、倾斜和竖直三种。重力热管问世以后,已广泛用于空气预热器。这时热管必须倾斜或竖直布置,且下部只能为加热段。

热管空气预热器与一般空气预热器相比,因为气体两侧都可以方便地实现肋化,因此传热过程得以大大强化。其次可将传统的烟气-空气的交叉流型改为纯逆流流型,提高了传热的对数平均温差。另外,还可把一侧气体的管内流动改为外掠绕流,仅此改变,即可使该侧的平均换热系数提高 30%。基于以上几个原因,热管空气预热器的换热系数比普通管壳式空气预热器高得多。

省煤器是一种常见的气-液式换热器。它通常利用排烟的余热来加热给水。对于大型锅炉设备,省煤器和空气预热器可一起作为锅炉的尾部受热面。在中、小型工业锅炉中,给水一般没有前置加热,低温给水将引起省煤器金属壁面的低温腐蚀(对省煤器来说,气侧的热阻较水侧的热阻大得多,壁温与供水温度接近,当壁温低于酸露点时,就会造成金属壁的酸腐蚀)。另外,我国锅炉以燃煤为主,烟气含尘量大,极易积灰、堵灰,加上余热温差小,要求传热面积大,工业锅炉上布置受限制,以上这些原因都阻碍了省煤器的应用。

由于热管的均温性,热管省煤器可以获得较高的壁温,从而能较好地解决低温腐蚀问题,加上传热强度高、结构紧凑、便于更换等优点,使热管省煤器能在工业锅炉上推广应用。因为水侧的热阻比气侧低得多,热管省煤器的水侧一般不需肋化。

热管余热锅炉可以用来回收流体或固体的余热。回收余热时,通常将热管元件的一端置于烟道内,另一端插入锅筒中。由于烟气侧和沸腾水侧的换热系数相差悬殊,因而元件加热段较长,并加装肋片;冷却段较短,一般为光管。水通过热管吸收烟气的余热后,蒸发成一定压力的饱和蒸汽,供动力、工艺加热或生活上用。热管余热锅炉既有类似于火管锅炉的沸腾的特点,循环过程稳定,又有水管锅炉传热强度高的优点,可使余热得到充分的利用。

在采暖和空调工程中,也广泛采用热管换热器来回收排出空气的余热(见图 3-38)。热管换热器在夏天利用排出空气来冷却进入空调房的室外热空气,冬天利用排出空气来加热进入室内的冷空气,这样可以大大节约空调的能耗。值得注意的是,如热管换热器采用重力热管,由于重力热管的加热段必须在下部,因此,冬、夏两季进气和出气的上、下位置应倒换,即夏季室外空气由下端进入(见图 3-38),到冬季则应倒换过来。

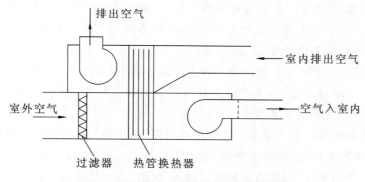

图 3-38　热管换热器在空调系统中的应用

热管用途广泛,太阳能集热器、太阳能海水淡化、电子和电气设备冷却、生产硅晶体的均温炉、人造卫星的均温及高精度的热控,甚至深冷手术刀上都应用了热管技术。在太空中的人造卫星,向阳的一面温度高,背阳的一面温度低,而且在卫星运行的过程中,向阳面和背阳面经常变换,这种温度的不均匀性对卫星的正常工作很有影响,此时可利用热管的均温性,缩小向阳面和背阳面的温差。美国 ATS-E 卫星应用热管技术,使向阳面温度由 47 ℃ 降至 7.5 ℃。此外,热管地热温室、热管融雪也取得了很好的经济效益。

3.7　空气冷却技术

3.7.1　概述

工业过程和工业设备中会遇到各种各样的冷却问题,如火力发电厂的冷凝器、冷却塔,化工设备中的洗涤塔,大型活塞式压缩机的中间冷却器,大功率柴油机的润滑油冷却,大电机冷却等。从传热的角度分析,对于上述设备和装置的冷却问题,由于水冷的换热系数比空气冷却(简称空冷)的高得多,故目前大多采用水冷的方式。然而水资源是基础性的自然资源和战略性的经济资源,它首先应该用在生活和农业上。

地球的淡水资源仅占其总水量的 2.5%,而在这极少的淡水资源中,又有 70% 以上被冻结在南极和北极的冰盖中,加上难以利用的高山冰川和永冻积雪,有 87% 的淡水资源难以利用。人类真正能够利用的淡水资源是江河湖泊和地下水中的一部分,约占地球总水量的 0.26%。我国是一个水资源缺乏的国家,水资源总量为 2.8×10^{12} m^3,人均水资源量为 2 200 m^3,仅为世界平均水平的 1/4。预计到 2030 年,中国人口数量将达到峰值 16 亿,人均水资源量将降到 1 760 m^3。按国际标准,人均水资源量少于 1 700 m^3 的为用水紧张的国家,届时中国将进入用水紧张时期。

水资源短缺已成为我国,尤其是北方地区经济社会发展的严重制约因素。目前,中国年缺水总量为 $3.0 \times 10^{10} \sim 4.0 \times 10^{10}$ m^3,影响城市人口 4 000 万。同时,水资源短缺也使得农业生产受到很大影响,每年农田受旱面积为 2 亿~6 亿亩(1 亩=0.0667 公顷)。

最新研究表明,生产 1 t 小麦需要耗费 1 000 t 的水资源,生产 1 t 玉米需要耗费接近 1 200 t 的水资源,生产 1 t 稻米需要耗费 2 000 t 的水资源。即使生产一个 2 g 重的 32 Mb 集成电路芯片,折算起来也需要 32 kg 的水。

随着工业的发展,水冷不但使能量消耗不断增加,而且淡水的消耗量明显增加,大量提供冷却淡水遇到了困难。此外,水冷还存在着设备的腐蚀问题,如矿物质沉淀、水锈蚀等。更重要的是,水冷会给环境带来污染,特别是化工企业中,一旦化工产品泄漏入水中会造成严重危害。即使是热水排入江河湖泊也会造成所谓"热污染",它会使水温升高,导致水中含氧量减少,妨碍鱼类生长,加速藻类繁殖,从而堵塞航道,破坏生态平衡。

水冷的运行费用也越来越高,它包括了供水、过滤、废水处理或冷却水回收等费用。

为此,人们越来越重视空冷技术应用,它包括采用间接空冷方式来回收冷却水,或采用直接空冷方式冷却设备。表 3-11 所示为工业领域采用空冷系统的若干典型例子。

表 3-11　采用空冷系统的若干典型例子

项　目	使　用　场　所	作　用	用途相近的设备
空冷式水循环冷却装置、润滑油循环冷却装置		以密闭一定量的水为载体,用空冷器冷却炉子	高炉、平炉、金属炉的冷却; 各种机械润滑油的冷却; 热处理油冷却; 石油分解急冷油的冷却

项　　目	使用场所	作　　用	用途相近的设备
燃气透平及空气透平用冷却系统	中间冷却器　160℃ 废热回收空气预热器 水　　60℃ 燃料 30℃ 空气　450℃ 燃气透平　发电机	因小、轻和高性能，使燃气轮机小型化	高压气体的冷却； 空气的预热； 废热回收
石油化学工业用空冷器	150℃ 汽油　38℃ 连续洗涤 230℃ 煤油　38℃ 连续洗涤 400℃ 原油　石油蒸馏塔 300℃ 柴油　40℃ 中间罐 400℃ 重油　80℃ 中间罐	将馏出物用冷却器直接冷却	甲醇、乙醇、丁醇、醋酸、醛等有机物分馏冷却； 石油分解蒸气冷却； 氨气冷凝
干燥业（暖房、冷房）用空冷器	干燥器 冷水　蒸汽 空气 冷却器　加热器	高效能的空冷和加热	干燥机用； 冷、暖房用

3.7.2　空冷系统

空冷系统可以分为间接空冷系统和直接空冷系统。前者是先用设备冷却水来冷却需散热的设备，而后再用空冷器来冷却设备冷却水，使设备冷却水能循环使用，以达到节水的目的。其优点是所有的设备冷却水可共用一个大型的空冷器，从而节约投资。直接空冷系统是直接用空气来冷却需散热的设备。

空冷系统的通风方式可以分为强迫通风和自然通风。对强迫通风空冷系统而言，又可分为鼓风式和引风式。如按冷却方式，空冷系统又可分为干式空冷系统和湿式空冷系统。所谓湿式空冷，是为了增强空冷的效果，在换热面上（或空气中）喷水，利用水的蒸发吸热来强化散热的效果。由于湿式空冷仍需耗水，故只用于某些特殊的场合。例如南方夏天气温很高，为达到散热的效果，不得不采用增湿空冷。空冷系统的基本结构如图 3-39 所示。

空冷技术的发展得益于下列关键技术的解决。

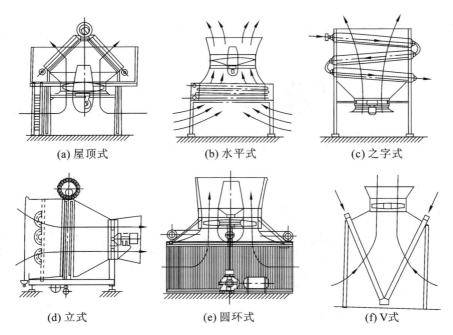

(a) 屋顶式   (b) 水平式   (c) 之字式

(d) 立式   (e) 圆环式   (f) V式

图 3-39　空冷系统的基本结构

（1）设计和制造出了高效的空冷器。如大量采用异型翅片管,特别是采用椭圆翅片管的空冷器。椭圆管与圆管相比,空气流动阻力小,传热系数高,特别是在单位体积内可布置更多的换热面积。这样就使空冷器高效、紧凑。板翅式的空冷器也可使空气侧的换热面积大大增加。

（2）解决了空冷器的布置和管内流程选择的问题。现在大型空冷器均采用屋顶式布置,不但占地面积小,而且有利于管内蒸汽的流动与凝结传热。此外,还采用了变翅距、大管径、分区配汽、顺流-逆流布置等一系列特殊技术。

（3）解决了大型空冷器的制造和调节问题。现在,热浸锌工艺可大大延长椭圆翅片管空冷器的寿命,真空钎焊保证了板翅式空冷器的密封性,新的检漏方法可保证空冷器的制造质量,风扇的风速可调,相应的自动控制系统则保证了空冷器的可靠性和运行经济性。

（4）制造出了大功率的低噪声风机。空冷遇到的一个严重问题是风扇的噪声。通常轴流式风扇的噪声为 93～95 dB。目前研制出的专门用于大型空冷器的低噪声风扇,转速一般低于 115 r/min,直径达 7 m 以上,因此噪声很小。

3.7.3　空冷器

空冷器是空冷系统的核心。在一个相当长的时期内,空冷未受到重视的原因,主要是空气的热焓太低,其比热容仅为水的 1/4。因此在冷却相同的热负荷时,需要的空气质量是水的 4 倍。而且空气的密度、换热系数又比水小得多,所以若用常规的传热元件,则空冷器的体积比水冷器大得多。为了强化空气侧的换热,空冷器必须采用翅片管,或采用结构更紧凑的板翅式换热器。

翅片管由基管和翅片组成。从结构形式上,翅片管可以分为纵向翅片管和径向翅片管两种基本类型,其他形式均为其变形。例如对螺旋翅片管而言,大螺旋角翅片管接近于纵向翅片管,小螺旋角翅片管接近于径向翅片管。翅片的形状则有圆形、矩形和针形。此外,翅片既可设置在管外,也可设置在管内。前者称为外翅片管(见图 3-40),后者称为内翅片管。个别情况下也有管内外都带翅片的。

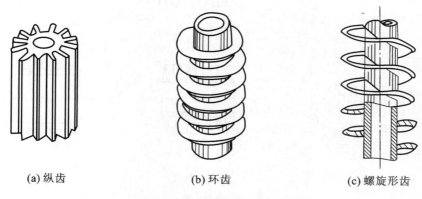

|(a) 纵齿|(b) 环齿|(c) 螺旋形齿|

图 3-40　不同形式的外翅片管

为了保证翅片管的传热效率,翅片和基管应紧密接触。按翅片管的制造工艺,有整体翅片管、焊接翅片管、机械连接的翅片管等(见图 3-41)。整体翅片管其基管和翅片为一整体,由铸造、轧制或机械加工而成。整体翅片管无接触热阻,强度高,耐机械振动,传热、机械性能及热膨胀性能均较好,缺点是制造成本高。焊接翅片管是采用钎焊、惰性气体保护焊或高频焊将翅片焊在基管上。翅片与基管可以是同一种材料,也可以是不同的材料。此类翅片管制造较为简单、经济,传热和机械性能也较好,已被广泛应用。

机械连接的翅片管通常有绕片、镶片、套片及串片等多种形式。绕片式翅片管是将钢带、铜带或铝带绕在基管上。若钢带、铜带或铝带是光滑的,则称为光滑绕片管;若钢带、铜带或铝带是皱褶的,则称为皱褶绕片管。皱褶的存在既增加了翅片与基管间的接触面积,又增大了翅片对气侧流体的扰动作用,有利于增强传热。但皱褶的存在也会增加气侧的阻力,且容易积灰,不便清洗。通常为保证翅片与基管接触紧密,同时为防止生锈,可将此类翅片管镀锌或镀锡。

镶嵌式翅片管是将翅片根部加工成一定的形状,然后镶嵌于基管壁的对应的槽内。套片或串片式翅片管的翅片一般先冲压成型,套在基管上后再采用机械胀管或液压胀管的方式将翅片牢牢地固定在基管上。翅片和基管的材料可以任意组合。例如空调器中换热器多采用此种形式的翅片管,通常在铜制基管上套铝翅片。铝翅片上又有许多百叶窗式的开缝,借以增加空气侧的扰动,强化传热。此类翅片管的翅化比都很高,可达 40,甚至更高。它制造简单,成本低,但由于翅片与基管属机械接触,长期使用可能产生变形松动及氧化,导致热阻增加。套上翅片后再镀锌或锡,最好是采用热浸锌或热浸锡工艺,既可克服上述缺点,又能防止翅片管腐蚀,对钢制翅片管这一措施特别有效。此外还有一种二次翻边翅片管,它是在多工位连续机床上经多次冲压、拉伸、翻边、再翻边制成的,其传热效果也很好。换热器用的各种翅片管如图 3-41 所示。

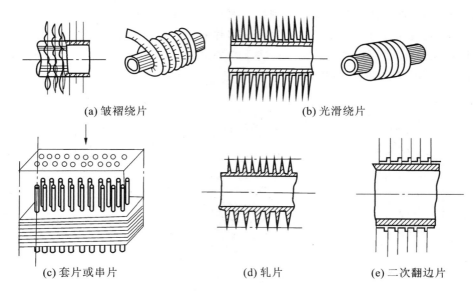

(a) 皱褶绕片　　　　　　　　　　(b) 光滑绕片

(c) 套片或串片　　　　　　(d) 轧片　　　　　(e) 二次翻边片

图 3-41　换热器用的各种翅片管

翅片管的优点如下：

（1）传热能力强。翅片管与光管相比，传热面积可增加 2~10 倍，传热系数可提高 1~2 倍。

（2）结构紧凑。同样热负荷下，翅片管与光管相比，翅片管换热器的管子少，壳体直径或高度可减小，便于布置。

（3）当介质被加热时，翅片管与光管相比，同样热负荷下翅片管的管壁温度 t_w 将有所降低，这对减轻金属壁面的高温腐蚀和超温破坏是有利的。

（4）不论介质是被加热或冷却，同样热负荷下翅片管的传热温差都比光管小，这对减轻管外表面的结垢是有利的，此外沿翅片和管子表面结成的垢片在翅片的胀缩作用下，会在翅根处断裂，促使硬垢自行脱落。

（5）对于相变传热，可使相变传热系数和临界热流密度提高。

翅片管的主要缺点是造价高和流动阻力大，故在选用时应进行技术经济比较。

由于翅片管形式多样，其表面传热系数和压降的计算公式也很多。除了根据翅片管形式正确选用计算公式外，还必须注意翅片管换热器的使用工况。例如当翅片管换热器用于加热空气或冷却空气但不产生凝结水时，换热器的运行过程是处于所谓干工况（即等湿加热或等湿冷却过程）。但空调系统中所使用的表面式空冷器（由于外表面的温度低于湿空气的露点，空气中的水蒸气会部分凝结，从而在翅片表面上形成水膜），以及化工和炼油企业中的湿式空冷器（当环境温度很高时，在普通翅片管式空冷器的入口喷雾状水，利用水的蒸发来提高空冷器的效率，以满足工艺要求）却是处于湿工况。此时处理空气与空冷器之间不但发生显热交换，还有工质交换引起的潜热交换，通常用析湿系数来反映空气中凝结水的析出程度。

板翅式换热器又称二次表面换热器，是一种更为紧凑、轻巧、高效的换热器。它是由翅片、隔板和封条组合成板翅单元然后再钎焊而成（见图 3-42）。其中基本传热面是隔板，翅片是二次传热面，封条起密封作用，并能增加换热器的承压能力。

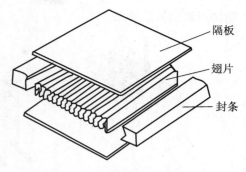

　　翅片是板翅式换热器的关键部分，板翅式换热器中的传热过程主要是通过翅片的热传导以及翅片与流体间的对流换热。翅片可以看成隔板换热面的延伸，它不但极大地扩大了传热表面，而且由于翅片对流体的强烈扰动作用，也大大地提高了传热系数，从而使换热器特别紧凑。此外，翅片还起

图 3-42　板翅式换热器的单元结构

着加强肋的作用，使换热器强度和承压能力得以大大提高，尽管翅片和隔板都很薄，换热器仍能承受一定的压力。

　　常用的翅片形式有平直翅片、锯齿形翅片、多孔翅片、波纹翅片等（见图 3-43）。翅片形式和尺寸不同，其换热和阻力特性也各不相同。决定翅片结构的基本尺寸有翅片高度、翅片间距、翅片厚度等。

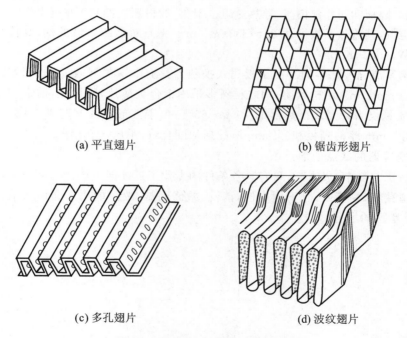

(a) 平直翅片　　　　　　　　　　　(b) 锯齿形翅片

(c) 多孔翅片　　　　　　　　　　　(d) 波纹翅片

图 3-43　板翅式换热器的翅片形式

　　根据工艺要求，可由单元结构组成所需流程组合的各种板翅式换热器。例如逆流、叉流、叉逆流等多种形式（见图 3-44）。也可以通过单元结构组合实现三种、四种甚至五种流体在同一台板翅式换热器中热交换。这种能实现三种流体以上换热的板翅式换热器又称为多股流板翅式换热器，它在石油化工和空气分离设备中有广泛应用。板翅式换热器还可根据冷热流体的流量及换热和阻力特性，在隔板两侧分别选择不同高度和不同形式的翅片，以

期达到最佳换热效果。

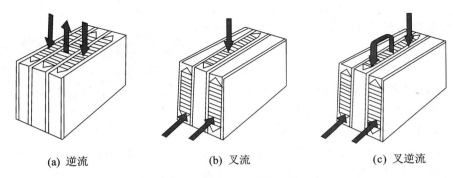

|(a) 逆流　　　　　　(b) 叉流　　　　　　(c) 叉逆流|

图 3-44　板翅式换热器的流道组合

　　板翅式换热器的制造工艺十分复杂,特别是钎焊工艺的质量更影响整台换热器的性能。目前采用的钎焊方法有有溶剂的盐浴钎焊、无溶剂的真空钎焊和气体保护钎焊。

　　采用板翅式形式的空冷器的优点如下:

　　(1) 传热能力强。由于翅片表面的孔洞、缝隙、弯折等对流体的扰动,破坏了热阻最大的层流底层,同时隔板和翅片都很薄,导热热阻也很小,故板翅式换热器的传热效率高。例如对强制对流的空气,其传热系数可达 $35 \sim 350$ W/($m^2 \cdot$ K);对强制对流的油,其传热系数可达 $116 \sim 1\,745$ W/($m^2 \cdot$ K)。

　　(2) 结构紧凑、轻巧、牢固。由于板翅式换热器具有二次扩展表面,故比表面积可高达 $1\,500 \sim 2\,500$ mm^2/m^3,结构紧凑;加之材料多采用铝合金薄片,质量轻,通常同条件下板翅式换热器的质量仅为管壳式换热器的 $10\% \sim 65\%$;由于波形翅片又起着支撑作用,故结构牢固,例如 0.7 mm 厚的隔板和0.2 mm厚的翅片配合,可承压 3.9 MPa。

　　板翅式空冷器的缺点如下:

　　(1) 制造工艺复杂,成本高,只有具备条件的专业工厂才能生产;

　　(2) 流道狭窄,易堵塞,且不耐腐蚀,清洗、检修困难,故只能用于介质清洁、无腐蚀、不易结垢、不易堵塞的场合。

第4章 高耗能企业的节能

4.1 冶金企业的节能

冶金工业以矿石为基本原料,使用一定量的辅助原材料,消耗大量的能源,生产各种金属材料及制品。它是国民经济发展的基础。根据产品的不同,可将冶金工业分为黑色(包括钢铁、铬、锰及各种铁合金)冶金工业和有色(稀有金属)冶金工业两大类。

4.1.1 冶金工业的能耗

1. 钢铁工业能耗状况

钢铁工业是我国能耗的大户,占全国总能耗的 15% 左右。我国能源资源以煤为主,占 69.9% 左右,钢铁工业是煤炭消耗大户,其余为电力、石油、天然气等,我国钢铁工业能源消费结构状况如图 4-1 所示。

我国重点钢铁企业和世界先进企业相比,各工序能耗均有差距。转炉工序能耗差距最大,国外二次能源回收好,已完全实现负能炼钢,在我国由于转炉容量偏小,回收转炉煤气能力差,很多企业的转炉煤气未回收。国内钢铁企业能耗与国外先进钢铁企业能耗比较情况如表 4-1 所示。

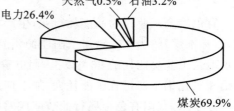

图 4-1 我国钢铁工业能源消耗结构

表 4-1 国内与国外先进钢铁企业能耗比较

指 标	烧结	焦化	炼铁	转炉	电炉	热轧	冷轧	综合
国内能耗/[kg(标准煤)/t]	66	142	466	27	210	93	100	761
国外能耗/[kg(标准煤)/t]	59	128	438	−9	199	48	80	655
差距	11%	10%	6%	133%	5%	48%	20%	14%

日本钢铁企业的节能技术在世界上属于先进水平。以新日铁为例,通过采取一系列节能措施,新日铁的能耗大大降低。图 4-2 所示为新日铁的能量多段利用模式。可见,采用工艺过程的省略、连续化(如薄板坯连铸连轧、再生式燃烧器等),副产品、排热的回收(如焦化煤气、化工产品的回收、干熄焦、高炉顶压发电、转炉煤气锅炉、余热锅炉等),废塑料、废轮胎、生物质能的利用以及通过产业间合作对未利用排热进行利用等措施,可以有效地提高能源利用率,减少一次能源的消耗量。在能量的使用上,提倡多段使用,提高利用率。

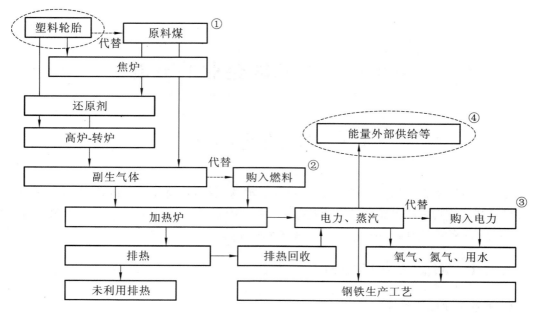

图 4-2　新日铁的能量多段利用模式

注：能源消费＝①＋②＋③－④

2. 有色冶金工业能耗状况

有色冶金工业作为高能耗行业，生产集中度小，但能耗高。我国有色冶金工业单位产品能耗（标准煤）约为 476 t，占全国能源消费量的 3.5％以上。其中铜、铝、铅、锌冶炼能耗占有色冶金工业总能耗的 90％以上，而电解铝又占其中的 75％。在我国有色金属中，由于电解铝和氧化铝生产过程中能耗大，加上产量高，毫无疑问是第一能耗大户。

近年来，我国有色金属行业节能成效显著，特别是一些综合能耗指标不断得到改善。但有色金属工业是高耗能产业，近年来我国有色金属工业的快速发展在很大程度上是依靠增加固定资产投资、扩大产业规模的粗放型发展模式。尽管通过推动先进技术，加强管理，推进清洁生产，有色冶金工业的单位产品能源消耗和污染物排放出现下降趋势，但是由于产量快速增长，能源消耗总量和污染物排放总量仍然不可避免地出现增长，这已成为有色冶金工业持续发展的重要制约因素。

4.1.2　冶金企业专用设备的节能监测

冶金行业企业类别很多，其工艺流程、工艺设备、能源消耗也千差万别，本书仅对钢铁生产和铜铝生产中几种典型设备的节能技术和节能监测进行介绍。

1. 焦炉的节能技术和节能监测

1）焦炉的节能技术

在焦化过程中必须熄焦。如果不熄焦而降低焦炭温度，热焦炭与空气接触会迅速消耗。而且焦炭温度高，现有的皮带送料方式难以使用。此外，焦炭在高炉内除了做燃料外，还起还原性和骨架的作用,热的焦炭强度不够。

　　干熄焦(CDQ)是用 CO_2、惰性气体等穿过红焦层对焦炭进行冷却,焦炭冷却到 250 ℃以下,惰性气体升温至 800 ℃左右,送到余热锅炉产生蒸汽,具体工艺流程如图 4-3 所示。炭化室推出的约 1000 ℃的红焦由推焦机推入焦罐中,焦罐车将其牵引到横移装置处,把装有红焦的焦罐横移到提升井,提升吊车把其提升并运送到干熄槽顶部,经装料装置把红焦装入干熄槽中。红焦在冷却室内与循环鼓风机鼓入的 200 ℃惰性气体进行热交换,温度降低到 230 ℃以下,由排料装置排到皮带运输机上运至炉前焦库。惰性气体吸收了焦炭的显热,温度升到 900~950 ℃,经一次除尘后进入余热锅炉产生蒸汽,从锅炉出来的惰性气体温度又降至 200 ℃左右,经二次除尘降温后,再次送入干熄槽中。余热锅炉产生中压蒸汽,可并入蒸汽管网或送入发电机组发电。

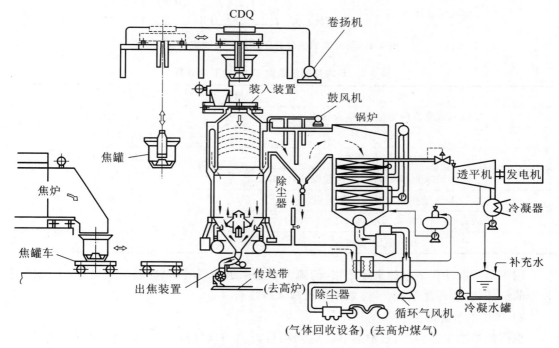

图 4-3　干熄焦工艺流程

　　焦化生产中,出炉红焦显热占焦炉能耗的 35%~40%,采用干熄焦可回收约 80%的红焦显热。按照目前技术条件,平均每干熄 1 t 焦,可回收 450 ℃,3.9 MPa 的蒸汽 0.45 t 以上;扣除干熄焦工艺的自身电耗,可净发电 20~30 kW·h/t(焦),折合标准煤 8~12 kg/t。根据宝钢的生产实际,CDQ 可降低能耗 50~60 kg(标准煤)/t,国外某钢铁公司对其炼焦炉和 CDQ 的热收支进行分析,如图 4-4 所示,CDQ 可回收炼焦能耗的 49.4%。

　　日本某钢铁企业对其 CDQ 技术的节能效果进行计算,计算结果如表 4-2 所示。节约电能 850 MW·h/a,总的有效燃料节约量(换算为原油)为 4 730 kL/a。

　　济钢焦化厂现有焦炉 4 座,设计年产焦炭 $1.1×10^6$ t,其干熄焦装置配备 2 台 35 t/h 的余热锅炉和 1 台 6 100 kW 的背压发电机组,全年可回收余热蒸汽 $4.7×10^5$ t,发电 $3.92×10^7$ kW·h。

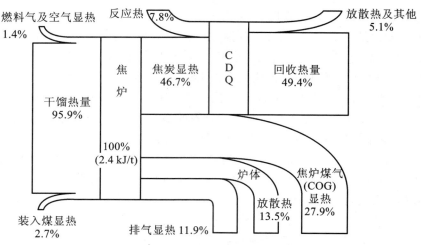

图 4-4 国外某钢铁公司干熄焦的热收支分析

表 4-2 日本某钢铁企业 CDQ 的节能效果

项 目	数 量
CDQ 回收蒸汽的能量（转换为原油）(A)	4 832 kL/a
电能(B)	3 910 MW·h/a
增加的用电量(C)	3 280 MW·h/a
用于惰性气体的都市煤气（转换为原油）(D)	90 kL/a
与湿熄焦相比减少的用电量	220 MW·h/a
总的有效燃料（转换为原油）节约量(A−D)	4 730 kL/a
节约电能(B−C+E)	850 MW·h/a

国家对节能环保要求越来越严格，能源价格越来越高，能源供应越来越紧张，干熄焦所带来的经济效益、环境效益、节能效果也就越来越显著。

2）焦炉的节能监测

根据焦炉的工艺特点，焦炉的节能监测项目为出炉烟气温度、出炉烟气中 O_2 含量、出炉烟气中 CO 含量、焦饼中心温度、炉体表面温升和设备状况。

（1）出炉烟气温度。

出炉烟气温度是控制排烟物理热损失的一个很重要的参数。焦炉出炉烟气温度的测定，应选择连续五个燃烧室（注意避开边燃烧室），在燃烧室两侧（即机侧和焦侧）废气开闭器小烟道连接处插入测温仪表（在节能监测中以插入 0～500 ℃的玻璃液体温度计为宜），下降气流的烟气温度在交换前 5 min 开始读数。五个燃烧室两侧各测取三次，以其平均值作为监测值。

（2）出炉烟气中 O_2 含量和 CO 含量。

出炉烟气中 O_2 含量是控制排烟物理热损失的另一个很重要的参数，CO 含量则表示化学不完全燃烧情况。这两个参数的监测是必要的。

选取两个燃烧室，取样点设置在两侧小烟道连接处，在交换前各取下降气流烟气样一次，并立即进行成分分析，成分分析仪器可使用燃烧效率测定仪或奥氏气体分析仪。

（3）焦饼中心温度。

焦饼中心温度是影响结焦质量的重要控制参数。在节能监测中，焦饼中心温度可抽测一个炭化室。

（4）炉体表面温升。

炉体表面温升表示焦炉炉体的绝热保温情况。

由于焦炉炉体尺寸很大，在节能监测中要测定全部表面的温度工作量很大，也是没有必要的。监测时可选择分别处于初、中、末结焦时间的三个炭化室及其燃烧室进行抽测。每个炭化室和燃烧室按炉顶、炉墙（炉门）分别测定，炉顶按机侧、中间、焦侧测定三点（应避开炭化室装煤孔），炉墙（炉门）按上、中、下测定三点。

2. 烧结机的节能技术和节能监测

1）烧结机的节能技术

（1）低温余热回收、炉渣显热回收等技术。

烧结热平衡计算表明，热烧结矿的显热和废气带走的显热约占总支出的 60％。从节省能源、改善环境、提高企业经济效益出发，应尽可能回收利用。

当烧结进行到最后，烟气温度明显上升，机尾风箱排出的废气温度可达 300～400 ℃，含氧量可达 18％～20％，这部分所含显热占总热耗的 20％左右。从烧结机尾部卸出的烧结饼平均温度为 500～800 ℃，其显热占总热耗的 35％～45％。在热烧结矿冷却过程中其显热变为冷却废气显热，废气温度随冷却方式和冷却机部位的不同在 100～450 ℃之间变化，其显热约占总热耗的 30％，相当于 $3.8 \times 10^5 \sim 6.0 \times 10^5$ kJ/t 烧结矿的热量由环冷机废气带走。因此，环冷机废气和机尾风箱废气是烧结余热回收的重点。

（2）环冷机废气余热锅炉。

高温废气从环冷机上部的两个排气筒抽出，经重力除尘器进入余热锅炉进行换热，锅炉排出的 150～200 ℃的废气由循环风机送回环冷机风箱连通管循环使用。系统中专设一台常温风机，其作用是当余热回收设备运行时补充系统漏风。余热回收设备不运行而烧结生产仍在进行时，可打开余热回收区的排气筒阀门，启用该风机以保证环冷机的正常运行并使其卸出冷烧结矿的温度低于 150 ℃，其工艺流程如图 4-5 所示。

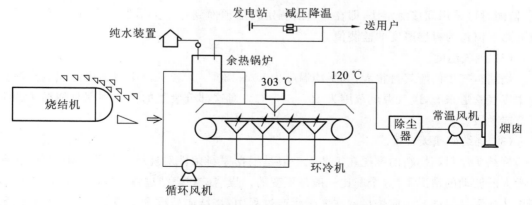

图 4-5　环冷机废气余热锅炉余热回收工艺流程

（3）烧结机废气余热锅炉。

烧结主排烟气从热回收区抽出，经重力除尘处理，进入余热锅炉进行热交换，锅炉排出的 150～200 ℃的低温烟气再经循环风机返回烧结机主排烟管。系统中没有旁通管，当最后一个风箱由于漏风而使温度下降时，可将此风箱的烟气送回至前面合适的主排烟管道，以保证抽出的烟气温度在一个较高的水平上。当最后一个风箱温度回升时，这部分烟气还可继续回收利用。此外，在热回收区与非回收区之间不设隔板，用远程手动操作调节烟气量，从而保证稳定操作不影响烧结生产，同时确保主电除尘器入口烟气温度在露点以上。宝钢 495 m² 烧结机主排废气余热回收利用装置如图 4-6 所示。

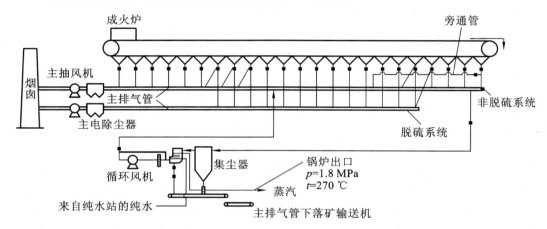

图 4-6　宝钢 495 m² 烧结机主排废气余热回收利用装置

2）烧结机的节能监测

（1）料层厚度。

料层厚度对于提高产量、降低能耗有着重大的影响。原冶金工业部在《烧结工序节约能源的规定》中提出了要实行厚料层烧结，要求各企业应从强化造球、提高混合料温度、盖上布料等方面采取措施，为厚料层烧结创造条件。

在节能监测的实施过程中，直接用量具插入料层测量厚度有一定困难，并容易造成误差，监测时可采用间接测定法，即在布料后测定料层顶面到台车上沿的高度，以台车总深度减去测定值作为料层厚度的监测值。

（2）废气温度。

烧结机产生的废气量很大，其平均温度为 80～180 ℃。若从位于烧结机的起点至终点的主废气管道来看，废气温度范围为 50～500 ℃。对这部分废气的回收利用是烧结机的重要节能手段。

（3）烧结矿残碳含量。

烧结矿原料和燃料的配比在工艺上一般是根据原料条件对烧结矿的要求确定的，在原料无大的波动的情况下，这个配比一般是不变的。烧结矿在烧结过程完成时应完全烧透，所配焦沫或无烟煤同时也应烧尽。在实际生产过程中，烧结矿残碳含量应达到某一特定的数值之下。

　　这个指标不仅控制了能源消耗,保证固体燃料最大程度被利用,而且对烧结矿质量有重大影响。如果烧结完成顺利,烧结矿烧透,残碳含量低,则烧结矿强度高、质量好、成品率高,产量也会相应提高,返矿率降低,单位成品烧结矿能耗也相应降低。

　　(4) 点火煤气消耗。

　　烧结机点火煤气消耗也是影响烧结能耗的一个重要技术经济指标。原冶金工业部《烧结工序节约能源的规定》提出,要经常测定炉气成分和压力,不断研究改进点火工艺,研究炉型结构,改进烧嘴,降低点火燃耗,并规定具体指标:50 m² 及其以上的烧结机,点火燃耗应不大于 125 MJ,50 m² 以下的烧结机应不大于 210 MJ。

　　测定点火煤气消耗,要测定点火煤气的流量、温度、压力,并取样分析其成分,计算其低位发热量。若现场有流量、压力、温度仪表且在检定周期内,可以利用现场仪表。

3. 高炉的节能技术和节能监测

　　1) 高炉的节能技术

　　当今应用于高炉的节能技术主要有高炉煤气余压发电、高炉富氧喷煤技术、高炉燃气-蒸汽联合循环发电、高压操作、高风温等。

　　(1) 高炉煤气余压发电(TRT)。

　　TRT 技术,是国际公认的钢铁企业重大能量回收装置。现代高炉炉顶压力高达 0.15～0.25 MPa,温度约 200 ℃,因而炉顶煤气中存在大量物理能。TRT 发电装置是利用高炉炉顶煤气的压力和温度,推动透平机旋转做功,驱动发电机发电的装置,如图 4-7 所示。TRT装置包括透平机和发电机两大部分,在煤气减压阀前把煤气引入透平机,把压力能和热能转化为机械能并驱动发电机发电。在运行良好的情况下,吨铁回收电力 30～54 kW·h,可满足高炉鼓风机电耗的 30%,实质上回收了原来在减压阀中浪费的能量。如果高炉煤气采用干法除尘,发电量还可以增加 30% 左右。

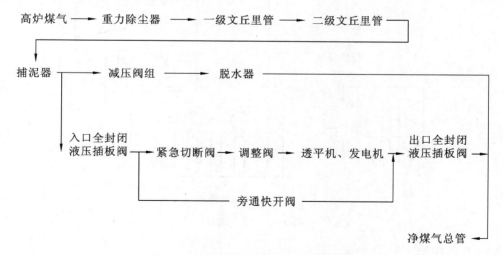

图 4-7　安装 TRT 装置的高炉炼铁流程

　　TRT 装置不需要添加或使用任何能源、燃料的发电设备,发电成本低,可回收高炉鼓风机所消耗能量的 25%～50%,是目前发电设备(核能、水力、火力)中投资最低、见效最快、低投入、高产出的节能环保设备。同时,高炉煤气减压过程中产生的噪声由原来采用减压阀组的 110～140 dB 降低到 80 dB 以下,具有很大的经济效益和社会效益。

(2)高炉富氧喷煤技术。

高炉热风温度是影响炼铁工序能耗的重要因素之一,高炉风温每提高 100 ℃,高炉喷煤比提高 20～40 kg/t,焦比降低 15～30 kg/t。通过在高炉冶炼过程中喷入大量的煤粉并结合适量的富氧,达到节能降焦、提高产量、降低生产成本和减少污染的目的。焦化工序能耗是 142 kg(标准煤)/t,喷吹 1 t 煤粉可以减少 0.8 t 焦,还可以减少炼焦消耗的 100 kg(标准煤)/t;另外,煤的价格是焦的一半左右,因此可以带来巨大的经济效益。

(3)高炉燃气-蒸汽联合循环发电(CCPP)。

低热值煤气燃气轮机联合循环发电技术是将煤气与空气压缩到 1.5～2.2 MPa,在压力燃烧室内燃烧,高温高压烟气直接在燃气透平(GT)内膨胀做功,并带动空气压缩机(Ac)与发电机(GE)完成燃气轮机的单循环发电。燃气透平排出烟气温度一般可达 500 ℃ 以上,余热利用可提高系统效率,再用余热锅炉(HRSG)生产中压蒸汽,并用蒸汽轮机(ST)发电。蒸汽轮机发电是燃气轮机发电的补充,并完成联合循环。CCPP 的锅炉和蒸汽轮机都可以外供蒸汽,联合循环可以灵活组成热电联产的工厂。在 CCPP 系统中还有一个煤气压缩机(GC)单元,特别在低热值煤气发电中,煤气压缩机比较大。众所周知,余热锅炉加蒸汽轮机发电是常规技术,所以 CCPP 技术核心是燃气轮机,燃气轮机一般是透平空压机、燃烧器与燃气透平机组合的总称(CCPP),总的热效率能提高到 43%～46%。CCPP 装置由于具有效率高、造价低、省水、建设周期短、启动快等优点,在世界各国电力行业应用已相当广泛。CCPP 流程如图 4-8 所示。

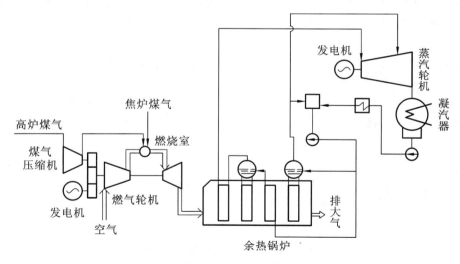

图 4-8 CCPP 流程

(4)高压操作。

炉顶压力低于 0.03 MPa 为常压操作,高于 0.03 MPa 为高压操作。高炉采用高压操作后,炉内煤气流速降低,从而减小煤气通过料柱的阻力;如果维持高压前煤气通过料柱的阻力,则可以增加产量。

（5）高风温。

提高风温是降低焦比的重要手段。一般而言,热风温度提高 100 ℃,可使焦比降低 35 kg/t,目前风温的先进水平达 1 350～1 450 ℃。我国目前平均水平为 1 100 ℃左右,先进的企业可达 1 250 ℃。

2）高炉的节能监测

（1）热风温度。

入炉热风带入的物理热是高炉所需热量的重要来源,也是影响高炉焦炭消耗量的重要因素,热风温度的提高实际上是用品位较低的高炉煤气去置换品位较高的焦炭,从而降低高炉炼铁总的焦炭消耗量;此外,在检测入炉热风温度同时检测高炉热风炉总管上的鼓风炉预热温度,可以检测入炉热风经热风管道和围管后的温度损失。热风温度可在风口中插入耐热钢管,用热电偶进行测量。

（2）炉顶煤气中 CO_2 含量。

提高炉顶煤气中 CO_2 含量就是提高了煤气利用率,使得炉内燃烧得到更充分的利用,炼铁焦比下降。

节能监测中所分析的高炉炉顶煤气应是混合煤气,煤气的取样点不应设在煤气上升管上,而应该设在煤气下降管上。在实际检测中,可以使用现场煤气取样孔或取样管,若取样管的位置在重力除尘器之前也是允许的。煤气取样后应立即分析其 CO_2 含量,一般可使用奥氏气体分析仪,若有条件可用气相色谱仪或红外气体分析仪。一般炉子操作好的,CO_2 应达到 15% 以上。

（3）炉顶煤气温度。

炉顶煤气温度的数值直接表示了炉内热交换状况的好坏,也表示了煤气带出高炉的物理热的大小,是一个比较重要的监测项目。

一般钢铁企业的炼铁高炉内都有测定炉顶煤气温度的仪表,节能监测中可以利用。只要现场仪表符合精度要求,且在检定周期内,可直接读取作为监测值。使用热电偶测定时注意不要使用淘汰型号,所用二次仪表的有效位数应与分度表相适应。

（4）高炉炼铁工序能耗。

高炉炼铁工序能耗是高炉炼铁生产综合性能指标,它是炼铁生产设备状况、操作水平、原燃料条件的综合反映,是节能监测项目的一个重要指标。

高炉炼铁工序能耗属监督审计指标,它是对一个监测期内,利用能源消耗台账和生产统计报表,统计能源消耗量和生铁产量,进一步计算工序能耗。

4. 转炉的节能技术和节能监测

1）转炉的节能技术

（1）湿式除尘法转炉煤气回收技术。

转炉吹炼过程中碳氧反应会产生大量一氧化碳浓度较高的转炉煤气,平均温度高达 1 450 ℃。在炼钢过程中,吨钢产生热值为 8370 kJ/m² 的煤气 110～120 m²,所含热量几乎占到整个炼钢过程放热量的 80%,其回收利用将有利于降低能源消耗。湿式除尘法是以双级文氏管为主的煤气回收流程（简称 OG 法）,同时也是国内发展较快且较为成熟的技术,其工艺流程如图 4-9 所示。

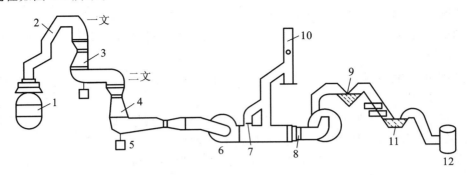

图 4-9　OG 法转炉煤气回收流程

1—烟罩转炉;2—汽化冷却器;3——文脱水器;4—二文脱水器;5—流量计;6—风机;
7—旁通阀;8—三通阀;9—V 形水封;10—放散烟囱;11—水封逆止阀;12—煤气柜

　　OG 法的流程为经汽化冷却烟道的烟气首先进入一级水溢流固定文氏管(简称一文),下设脱水器,再进入二级可调文氏管(简称二文),烟气中的灰尘主要在这里除去,然后经过弯头脱水器和塔式脱水器进入风机系统送至用户或放散塔。

　　国内某钢厂 250 t 转炉出口烟气温度约为 1 600 ℃,采用 OG 法转炉煤气回收技术,烟气带出的大量热量被冷却烟道吸收,冷却烟道的余热所产生的蒸汽量达到 70~80 kg/t,经冷却后的烟气温度低于 750 ℃,其显热得到了充分回收利用。

　　(2) 转炉负能炼钢技术。

　　转炉负能炼钢指转炉炼钢工序消耗的总能量小于回收的热量,转炉工序不但不消耗能源,反而外供能源。实现转炉负能炼钢的主要技术措施有提高转炉煤气、蒸汽回收水平,采用交流变频技术降低电机消耗,提高自动控制水平等。

　　首钢炼钢系统实现转炉负能炼钢的重点是减少氧气、电力的消耗,提高转炉煤气和蒸汽的回收,同时降低各类能源消耗。采用钢包蓄热式烘烤器回收加热装置排放烟气的显热,提高燃烧效率,降低焦炉煤气吨钢消耗 15.78 m³;建设溴化锂吸收式制冷机组,利用蒸汽驱动机组以满足炼钢铸钢区夏季制冷的需求,节省空调电力消耗;采用新型激光煤气分析仪,提高煤气回收时间,吨钢煤气回收量提高到 10 m³/t 以上;采用计算机全自动控制技术,确定最佳回收期,使吨钢煤气回收量提高到 16.09 m³/t。

　　2) 转炉的节能监测

　　(1) 全周期时间。

　　氧气顶吹转炉冶炼全周期时间是一个与能耗有关的综合性指标,包括装料时间、吹氧时间和出炉时间,以及补炉时间、等待时间。转炉的热量损失如表面散热、冷却水带出的物理热均与时间有关,在一定供氧强度下,供氧量与吹氧时间有关,因此,监测全周期时间是必要的。

　　全周期时间监测方法是使用电子秒表计时,从上一炉钢出钢完成时开始,至本炉钢出钢停止时结束,同时,监测应在生产正常时进行。

　　(2) 废钢比。

　　废钢是转炉炼钢的金属料之一,同时也作为炼钢冷却剂使用。在铁水量相对不足时,多加废钢可提高钢产量,用废钢置换铁水,是一项重要的节能手段。氧气顶吹转炉车间一般有电子秤,监测时可直接读取。

(3) 全炉供氧量和单位能耗。

氧气是氧气顶吹转炉炼钢用的主要载能工质,由工厂动力部门用电转换而来,氧气的消耗实际就是电力的消耗,而全炉供氧量反映了转炉氧气消耗情况。因此,全炉供氧量和单位能耗是氧气转炉炼钢工序的主要考核指标,其值必须在保证生产的同时尽可能降低。

对全炉供氧量和单位能耗,可以在一定时期内统计电能消耗和产钢量,通过统计报表、能耗台账和现场审核等手段监测。

(4) 出钢温度。

如果出钢温度过低或过高,都可能对产品造成影响。钢水出炉温度与其带出的物理热有很大关系,但转炉重点温度控制是氧气顶吹转炉冶炼操作的重要环节,出钢温度是工厂生产的控制参数,必须保持在一定范围内,否则需升温或降温才能出炉。

(5) 转炉煤气回收量。

在氧气顶吹转炉中,燃烧生成的碳氧化合物进行回收后进入转炉煤气柜,供给各个工序使用,降低能耗。目前大部分企业均有自身的转炉煤气柜,回收转炉煤气并实时统计。

(6) 蒸汽回收量。

很多大中型转炉采用汽化冷却烟道产生蒸汽,并入蒸汽管网,降低锅炉燃料消耗。

5. 电弧炉炼钢的节能技术和节能监测

1) 电弧炉炼钢的节能技术

国内电弧炉炼钢的能耗在 210 kW·h/t,电弧炉炼钢由于没有烧结、球团、焦化和高炉工艺,流程从总体上看要比高炉能耗低。由于国内电弧炉炼钢所占比例较低,关注度小,开展的工作比较少。但未来发展空间大,有很大的节能潜力。

电弧炉节能手段主要有减小电弧炉本体冶炼耗电量和电弧炉高温含尘废气的余热回收。废气温度高达 1 000～1 400 ℃,携带热量占电弧炉输入总能量的 25%～50%。

2) 电弧炉炼钢的节能监测

电弧炉炼钢是间歇性作业,监测时间应选定为上一炉出钢完毕至监测炉次出钢完毕为止的一个完整周期,要求冶炼正常,供电正常。

(1) 冶炼时间。

冶炼时间和冶炼电耗、炉体散热损失、冷却水带出热量、电能损失等各项热量支出成正比。当前,有许多缩短冶炼时间的措施,如强化用氧、不烘炉炼钢、炉外精炼等。因此,冶炼时间的监测很有必要。

冶炼时间监测应使用两块电子计时秒表:一块用于测定全周期时间(补炉、装料、熔化期、氧化期、还原期及出钢各工艺所用时间),从上一炉出钢完成到本次出钢完成;另一块测定总送电时间,从送电开始到送电结束的时间,其中因加料、扒渣等操作停止送电时应停止计时。

(2) 出钢温度。

钢水出炉前要调整到适当温度,若出钢温度低,将给后续浇铸操作带来困难并影响钢的质量,也同时关系到冶炼电耗。出钢温度高,则能耗增加。经计算,每吨钢升高 1 ℃,需耗电 0.38 kW·h。

出钢温度使用快速热电偶(插入式)在还原期停止送电后测定。

(3) 相电阻或电能损失。

相电阻或电能损失都是表示炼钢电弧炉电气系统的指标,是电弧炉炼钢能量平衡中的大项之一,将其列入监测项目使电弧炉炼钢监测更为完整。

(4) 电弧炉炼钢冶炼电耗和工序能耗。

电能是电弧炉炼钢的主要能源,它的单耗决定着工序能耗的高低。冶炼电耗占电弧炉炼钢工序能耗的 80% 左右。因此,冶炼电耗和工序能耗是电弧炉炼钢工序的主要考核指标,其值必须在保证生产的同时尽可能降低。

(5) 炉盖和炉门开启时间。

炼钢电弧炉在生产过程中特别是在熔化期后期到出钢这一段时间内,炉内温度很高,炉盖和炉门的开启将会造成大量辐射热损失。炉盖和炉门的开启时间用电子计时秒表测定,记录开启的次数和时间。如果有辐射热流计,则可直接测量辐射热损失。

6. 轧钢加热炉的节能技术和节能监测

1) 轧钢加热炉的节能技术

轧钢工序能源消耗最多的是轧钢加热炉,占 50% 以上。轧钢工序节能,应从加热炉节能着手,主要包括:①合理的炉型及烧嘴布置;②采用先进的燃烧器,如蓄热式燃烧器,蓄热式加热炉技术的核心是高风温燃烧技术,它具有高效烟气余热回收(排烟温度低于 150 ℃),采用蓄热式加热炉技术,可将加热炉排放的高温烟气降至 150 ℃ 以下,将煤气和空气预热到 1 000 ℃以上,使用低热值、低价的高炉煤气替代焦炉煤气或重油,热回收率达 80% 以上,节能 30%以上,加热能力提高,生产效率可提高 10%~15%,减少氧化烧损,有害废气(如 CO_2、NO_x、SO_x 等)的排放量大大减少;③减少炉体热损失,如废气热损失、炉体散热损失、冷却水带走的热损失等。

2) 轧钢加热炉的节能监测

对轧钢加热炉进行监测时其必须已连续运行 3 天以上,这是因为在监测时轧钢加热炉应处于正常稳定工作状态,炉体应已达到热平衡,本身不再继续蓄热。一般轧钢加热炉连续运行 3 天后可基本达到这一状态。监测前应维持 2 h 以上正常生产时间,应保持炉子正常出钢,轧机正常作业,不能处于保温待轧或强化加热等不正常状态(目的是消除不正常因素对监测结果的影响)。正常生产状态应保持到监测的现场工作实施完毕。

(1) 单位燃耗和工序能耗。

单位燃耗和工序能耗是直接反映轧钢加热炉能耗水平的重要指标,对轧钢加热炉的监测应首先考虑此指标。对单位燃耗的监测,可以在选定的统计期内,选定一炉钢料,在炉子运行正常时进行装料加热,待一炉钢料加热完成,记录下所耗燃料量,称出烧钢量,就可以得出加热炉实际单位燃耗,也可以企业的台账或报表为准。计算公式为

$$实际单位燃耗 = \frac{燃料消耗量}{入炉原料量} \text{(kg(标准煤)/t)} \tag{4-1}$$

$$实际工序单位能耗 = \frac{燃料消耗 + 电等动力消耗 - 余热回收外供}{工序合格产品产量} (kg(标准煤)/t)(4-2)$$

（2）排烟温度。

轧钢加热炉最主要的热损失就是排烟带出的物理热,排烟温度是影响这项热损失的关键参数。同时,轧钢加热炉的重要节能措施就是降低出炉烟气温度和排烟温度。

（3）空气系数。

空气系数是评价炉内燃烧好坏的主要指标,最佳的燃料燃烧是低空气系数和烟气中没有不完全燃烧成分。如果空气过剩量很大,虽然可以保证燃料完全燃烧,但增大了烟气量,这将导致烟气带出的物理热增大。如果空气量不足,则在烟气中存在大量可燃成分,将导致大量的不完全燃烧热损失。

空气系数的监测和排烟温度一样,应在炉膛出口处和余热回收装置烟气处进行。

（4）炉渣可燃物含量。

这一监测项目只对固体燃料加热炉有实际意义。燃料燃烧是把化学能转变为热能的过程,是能源利用的第一步。燃烧效率即化学能转换为热能的转换效率,直接影响着轧钢加热炉的热效率,影响着轧钢加热炉的燃料消耗。

一般情况下,轧钢加热炉所用的固体燃料(煤)的灰分是一定的,炉渣中可燃物含量增大,其灰分含量必然随之减少,根据灰平衡原理,灰渣总量也就相应增加,这样就造成了炉渣中可燃物总量大大增加,而与之成正比的机械不完全燃烧热损也就相应地大大增加。

炉渣中可燃物含量测定需要在生产现场取炉渣样,在实验室进行化学分析。

（5）炉体表面温升。

轧钢加热炉正常生产过程中,通过炉体向环境散失一些热量,这也是一种能量损失。炉体表面散热不仅增加燃料消耗,而且使得劳动条件恶化。炉体散热主要与两个因素有关:一是炉体外表面积;二是炉体外表面温度及环境温度。炉体外表面积在炉子设计和施工时就已确定,是不能改变的,要降低炉体散热,就只有降低炉体外表面温度(与环境温度的差值)。因此,将炉体表面温升列为表示炉体散热情况的监测项目。

测定炉体表面温升时一般按炉型把炉体划分为二段或三段,分别测定每一段炉体炉顶、炉墙的温度及其环境温度,以各部位炉体平均温度与实测环境温度的差值作为监测值。

炉体每一部分可等分成 3×3 块,每块中心作为一个测点。遇到炉门、烧嘴孔、热电偶孔等特殊位置时应适当错位,避开这些特殊位置。

（6）出炉钢坯(锭)温度。

出炉钢坯(锭)温度是加热质量的重要指标。目前,合理降低出炉钢坯温度是轧钢加热炉的节能措施之一。在轧制设备允许的条件下,降低出炉钢坯温度,可以降低炉子温度水平,减少炉子热损失,降低燃料消耗。例如,出炉钢坯温度降低 50 ℃,平均可以节约燃料 4% 以上。此外,还能够提升炉子寿命,提高生产能力。

对于薄钢坯,可以用光学高温计、光电高温计或红外测温仪测量其表面温度;对于厚钢坯,除了测量表面温度外,还应在其上面钻孔,用热电偶测其内部温度。

7．炼铜闪速炉的节能技术和节能监测

1）炼铜闪速炉的节能技术

铜熔炼应采用先进的富氧闪速熔炼池熔炼工艺替代反射炉、鼓风炉和电炉等传统工艺，提高熔炼强度。闪速炉炼铜的生产量占世界铜总产量的一半，已成为当今铜冶金所采用最主要的熔炼技术，被普遍认为是标准的清洁炼铜工艺。其优点在于：熔炼强度高，能量消耗不足传统炼铜方法的一半；采用富氧熔炼工艺、高品位铜锍等生产技术，降低了能源消耗，提高生产率；铜锍品位容易控制，便于下一步吹炼。

闪速熔炼是一种将具有巨大表面积的硫化铜精矿颗粒、熔剂与氧气或富氧空气或预热空气一起喷入炽热的炉膛内，使炉料在漂浮状态下迅速氧化和熔化的熔炼方法。它使焙烧、熔炼和部分吹炼过程在一个设备内完成，不仅强化了熔炼过程，而且大大减少了能源消耗，改善了环境。闪速熔炼根据不同炉型的工作原理可分为两类：奥托昆普法和国际镍公司因科（Inco）法。奥托昆普法熔炼特点是采用高热与富氧空气将干燥铜精矿垂直喷入靠闪速炉一端的反应塔进行反应。奥托昆普闪速炉示意图如图 4-10 所示。

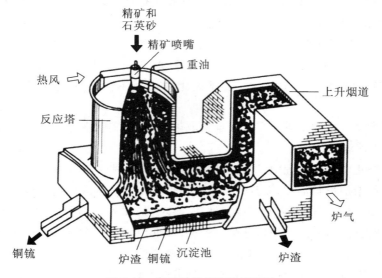

图 4-10　奥托昆普闪速炉示意图

2）炼铜闪速炉的节能监测

（1）空气系数。

化学不完全燃烧热损失是燃烧组织不良所造成的，可以通过改进燃烧装置，合理组织燃烧予以完善。空气系数的监测是检查炉内燃烧状况的基本方法。对空气系数的监测和调整，既可以降低化学不完全燃烧热损失，又可以适当降低排烟温度。

（2）入炉铜精矿水分含量。

入炉铜精矿水分含量的监测是降低反射炉燃耗的措施之一。铜的活法冶炼是高温熔炼过程，其热效率远远低于低温过程的干燥、焙烧，在保证配料制粒的条件下，应尽量控制低的入炉料含水量。计算结果表明，入炉料含水量每降低 1％，可使熔炼的燃料率下降约 0.2％。

（3）炉壁温度。

炉体散热的监测是节能和改善劳动条件的重要内容之一。

8. 铝电解槽的节能技术和节能监测

1）铝电解槽的节能技术

铝金属所消费的能源约占有色冶金工业总能耗的 75％，耗电量极大，电能是铝电解主要成本构成部分。目前生产 1 t 铝需要 13 000～15 000 kW·h 的直流电，电耗占铝成本的 45％以上。目前国内铝行业电耗与国外电耗差距为，国内电解铝交流电耗平均水平为 1.46×10^4 kW·h/t，国外为 1.42×10^4 kW·h/t，相差 400 kW·h/t。国内电解铝电耗高的原因主要是电流效率低，以及阴极电压降偏高，国内目前电解铝电流效率多数在 91％～93％，平均电压约为 4.2 V。要节约电能，最主要的就是要降低平均电压和提高电流效率。降低平均电压的途径主要有降低阳极电流密度、加强电解槽绝热保温、加大母线面积、改善电解质成分、使用石墨化阴极炭块替代普通炭块作阴极。

近年来较为先进的铝电解槽节能技术有：①电解槽余热利用；②使用熔断器，提高电能利用率，一个 100 台 160 kA 系列的电解槽，每年开 20 台槽，每次停电 10 min，每年将少生产铝液 300 t，使用熔断器后，可以多生产铝液，同时降低平均能耗；③对槽型进行改进，增强电解槽散热，降低电流空耗；④控制电解槽含氟烟气排放，提高电解烟气净化水平。

2）铝电解槽的节能监测

铝电解槽的节能监测有别于一般工业窑炉的监测，除了直接测定各部位的散热外，主要是从工艺过程分析得出的工艺控制参数中选定监测项目。

（1）单位电解铝电耗。

单位电解铝电耗是电解铝的综合生产指标。目前我国铝厂吨铝平均直流电耗为 15 700 kW·h，综合交流电耗 16 800～17 000 kW·h；吨铝预焙槽电耗为 14 500 kW·h，交流电耗为 15 000 kW·h。

吨铝电耗的监测可以在一定时期审计电能消耗和产铝量，也可以在监测期内进行监测。计算公式为

$$吨铝电耗 = \frac{监测期总耗电量}{监测期总产铝量}（kW·h/t） \tag{4-3}$$

（2）电流效率。

电流效率是反映电解槽电能利用情况的一个综合性指标，其定义为实际电解产量与理论电解产量之比。工业铝电解槽的平均电流效率为 85％～92％，电流一定时，提高电流效率，可以提高产量，节约电能。要使母线配制达到对槽内金属的电磁力影响最小，保证槽内铝液面稳定，熔炼流速较低，这是获得高电流效率的先决条件。

（3）槽电压。

槽电压指单个电解槽的电压降，是电解生产中与电耗有关的重要工艺控制指标。槽电压的高低直接影响到单位产铝量的电能消耗。减少电压降的措施除加强电解槽保温、加宽母线、改善电解质成分、降低电流密度外，还有控制阳极效应，减少电解过程副反应。槽电压增大，最终表现为电能消耗的增大。

槽电压可用电压表测定阳极母线与阴极母线之间的电压获得，要求所用精度较高（0.5级以上）的直流毫伏表或精密数字万用表。

4.2　建材企业的节能

4.2.1　建材工业概述

建材工业是生产建筑材料的工业部门的总称。按照我国工业产品与行业管理的分类模式,建材工业包括建筑材料、非金属矿及其制品和非金属新材料三大行业,共有 80 多类,1400 多个品种,广泛应用于建筑、军工、环保、高新技术产业和人民生活领域。

建筑材料产业是中国国民经济建设的重要基础原材料产业之一,建筑材料主要包括水泥、平板玻璃及加工、建筑卫生陶瓷、房建材料、无机新材料等门类。目前,中国已成为全球最大的建材生产和消费国,建材工业年能耗量占中国能耗总量的 7%,占工业能耗的 10%。

中国建材工业的年能耗总量位居中国各工业部门的第三位。建材工业污染着环境,却又是全国消纳固体废弃物总量最多,为保护环境作出重要贡献的产业。为了更好地适应建设资源节约型、环境友好型社会的需要,建材工业的发展应当以科学发展观为指导,坚持以节能为中心,把节能作为中国建材工业发展的重中之重,按照循环经济的发展模式,走资源、能源节约型道路,在实现与经济、社会、环境协调发展的同时,实现建材工业的可持续发展。具体做好以下几点:

(1) 建材工业企业要充分认识加强节能工作的重要性;

(2) 建材工业企业要加快用先进生产工艺取代落后生产工艺的步伐;

(3) 按照循环经济的发展模式,努力建设资源节约型、环境友好型的建材工业;

(4) 继续开发节能新工艺、新技术和新装备,尤其要加大高效、节能水泥粉磨新技术、新工艺、新装备的开发推广和玻璃熔窑富氧、全氧燃烧技术的研究开发;

(5) 增强节能意识,把建材产品生产过程的节能和建筑节能统筹起来,一方面要大力发展具有保温隔热功能的材料,为建筑节能提供必要的物质基础,另一方面大力发展建材加工制品业,进而改变建材工业的单一原材料属性,提高附加值,以产品结构的优化来推进工业增加值能耗的降低。

我国建材工业发展已取得了一些巨大成就:

(1) 已经发展成为全球最大的建材生产国和消费国;

(2) 各主要行业生产技术和装备水平接近或达到世界先进水平;

(3) 产业技术结构调整取得突破性进展,如水泥新型干法比重超过 70%,浮法玻璃比重超过 80%;

(4) 资源综合利用和节能减排取得显著成效;

(5) 对外开放使国际融合度提高。

建材工业生产既消耗能源,又有巨大的节能潜力,许多工业废弃物都可作为建材产品生产的替代原料和替代燃料;同时建材产品还可为建筑节能提供基础材料的支撑,一些新型建材产品可为新能源的发展提供基础材料和部件。在能源问题日益制约经济、社会发展的今天,建材工业作为中国国民经济的重要产业和高耗能产业,在节能减排及能源结构调整中大有可为,在中国建设节约型社会中将起重要作用。

4.2.2　水泥企业的节能

凡细磨成粉末状,加入适量水后成为塑性浆体,既能在空气中硬化,又能在水中硬化,并能将砂石等散粒或纤维材料牢固地胶结在一起的水硬性胶凝材料,称为水泥。

水泥按其性能与用途可分为通用水泥、专用水泥和特性水泥三大类。通用水泥有硅酸盐水泥、普通水泥、矿渣水泥、火山灰水泥、粉煤灰水泥、复合水泥及石灰石水泥等七种。

水泥是中国的基础工业和传统工业,水泥工业也是高能耗工业,有关资料表明,水泥能耗占全国建材工业总能耗的75%左右,其消耗的煤炭占全国煤炭总消费量的15%左右,因此水泥行业节能降耗的工作进展对国家节能降耗目标的实现将起到非常重要的作用。

1.　新技术、新装备

目前有几项新技术已基本成熟,应当予以高度关注。

(1)余热发电技术。

在我国水泥窑余热发电是应用最广泛、最有成效的一项技术,可使新型干法生产线的热利用效率由原来的60%提高到90%以上,而且可解决该生产线60%以上的用电量。2012年已有54%的新干窑装备了余热发电设施,总计年回收电量3.3×10^{10} kW·h,节省标准煤1.16×10^7 t。熟料的平均发电量已达34 kW·h/t,较先进的企业已超过40 kW·h/t。

(2)变频节能技术。

目前有很多生产线对窑尾高温风机进行改造,由液偶调速改为变频调速,投资100万~200万元,可使熟料综合电耗下降2 kW·h/t左右,这项技术还可广泛运用于容量较大、系统转动惯量大或设备对启动规程有特殊要求的设备,实现变频软启动,减少对电网的冲击,并可节电25%左右。

(3)节能粉磨技术。

改变以球磨、管磨为主的粉磨工艺,采用性能先进的、以料层挤压粉磨工艺为主的辊式磨、辊压机及辊筒磨等技术装备,通常可使粉磨工艺节电30%~40%,使水泥综合电耗下降20%~30%。

2.　内部挖潜,降低现有生产线的能耗指标

在现有生产装备基础上,通过针对性的工艺技术改造,辅以技术优化和调整,充分发挥生产线的潜力,最大限度地降低生产线的能耗指标。这对于我国目前新型干法水泥工艺的整体状况显得尤为重要,绝大多数的中小型水泥企业虽然装备相对比较先进,但由于管理和技术上存在的差距,其生产线的技术水平没有完全发挥,生产不正常、能耗指标居高不下的现象比较普遍,导致经济效益的下滑,特别需要管理和技术上的支持。一般对于这种生产线,通过一到两次的检修,再进行一个月左右的优化和调整即可达到预期效果,能耗指标可以达到国内比较先进的水平,整个过程的投入在100万元以内,但实现的经济效益非常可观。

另外,加强内部管理,强化员工的节能意识对于任何行业都非常重要,水泥企业也要加强这方面的宣贯,尽快培养员工节约"每一度电、每一锹煤、每一滴水"的意识。

3.　新型干法水泥生产线能耗潜力的挖掘

对于水泥企业来说,煤、电的消耗占其生产成本的70%以上,因此一般以煤耗和电耗作为衡量水泥企业能耗水平的指标,国家标准《水泥单位产品能源消耗限额》(GB 16780—2012)提出了各种规模生产线能耗限额的淘汰标准。

 1)降低煤耗的途径

煤耗的高低反映了水泥熟料生产过程中的热利用状况,新型干法水泥熟料生产线的热量主要来自煤粉燃烧热,一般新型干法生产线热利用效率为 50%～60%,国内热耗较低的 5 000 t/d 生产线熟料热量消耗的组成如表 4-3 所示。

表 4-3 国内先进 5 000 t/d 生产线熟料热量消耗组成

项　　目	比　　例	项　　目	比　　例
熟料形成热	54%	预热器出口废气带走热量	22%
冷却机出口废气带走热量	11%	系统表面散热损失	5.5%
出冷却机熟料带走热量	2%	煤磨抽热风带走热量	1.5%
蒸发生料中水分耗热	1.5%	预热器出口飞灰带走热量	0.8%
化学不完全燃烧损失	0.5%	冷却机出口飞灰带走热量	0.08%
其他热损失	1.12%	合计	100%

通过表 4-3 不难发现,除熟料形成热外,热量主要消耗在预热器和冷却机出口废气、出冷却机熟料带走的热量以及系统表面散热损失,此五项占了熟料总消耗热量的 94.5%。因此降低生产线熟料煤耗,应当在预热器出口温度、冷却机出口温度、出冷却机熟料温度以及系统保温等方面进行改进。

通常预热器出口温度下降 10 ℃,每吨熟料可节省 1 kg 标准煤,国内比较先进的生产线预热器出口温度一般在 300～330 ℃,但大多数生产线的预热器出口温度都存在偏高的现象,有的达到 380 ℃甚至 400 ℃以上,如通过技术改进使这些生产线的预热器出口温度降低 50 ℃,则每吨熟料可节约 5 kg 标准煤,约降低成本 3.5 元。降低预热器出口温度的关键在于提高其换热效率,即提高各级旋风筒之间的温度降。国内先进生产线冷却机出口温度在 250 ℃左右,出冷却机熟料温度为 80～100 ℃,但一些生产线出冷却机废气温度达到 300～350 ℃甚至更高,熟料温度达到 200 ℃,如废气温度降低 50 ℃,熟料温度降低 100 ℃,每吨熟料可节省标准煤约 5 kg。降低出冷却机废气温度和熟料温度的关键在于提高冷却机的冷却效率和热回收效率。

 2)降低电耗的途径

在水泥单位产品电耗中,有 60%～70%消耗在对原料、燃料和水泥熟料的粉磨工艺,应当特别重视磨机的电耗指标,降低磨机电耗的重点在于提高和稳定磨机台时产量,并降低磨主电机功率。各类风机的电力消耗占水泥单位产品电耗的 25%左右,控制好大型风机的功率是降低水泥综合电耗另一重点,关键在于减少系统漏风,降低系统阻力。

4.2.3　砖瓦企业的节能

我国是世界上砖瓦生产第一大国,进入 21 世纪以来,每年砖瓦产量 8 100 亿块以上,其中黏土实心砖 4 800 亿块以上,空心砖和多孔砖 1 700 亿块以上,煤矸石、粉煤灰等多种废渣砖 1 600 亿块以上。

1. 砖瓦企业的节能降耗技术及途径

砖瓦生产的节能主要从产品结构和技术两方面入手:一是开发大规格、低容重、具有保温隔热性能的烧结空心制品和具装饰功能的清水墙装饰砖、内外墙体装饰板;二是采用高效节能技术,提高能源利用效率,大大降低砖瓦行业对资源和能源的消耗,减少温室气体的排放量,做到节地、节能、利废、环保。

1)烧结空心制品

(1)实心砖与空心制品的比较。

普通黏土砖在力学强度、耐久性、保温隔热性、隔音性、防火性等方面能够满足一般建筑的要求,而且施工方便,造价和维修费用低廉,但存在砌筑效率低、施工周期长、容重大、能耗高等缺点。发展烧结空心制品,包括烧结多孔砖、烧结空心砖和空心砌块、烧结墙体装饰板等,是顺应建筑工业化发展的主要途径。

生产空心制品与生产实心砖相比,有明显的优越性,既节省原料和燃料,降低成本,又能提高劳动生产率,提高产品质量。以孔洞率为 23% 的空心砖与实心砖相比,每亿块可节土 4.2×10^4 m³,按取土深度 3 m 计算,相当于 1.4×10^4 m² 地的取土量。

(2)空心制品的优势。

① 减轻墙体自重,降低建筑费用。

用实心砖砌筑的单层厂房和多层厂房中,墙体的自重占建筑物总重的一半左右,而采用空心砖,就显著地减轻了墙体的自重和基础的荷载,从而节省建筑费用。在同样的基础上,可建造更多层的建筑物。

② 改善墙体热传导性,节能效果显著。

空心砖的热工性能良好。空心砖墙体的空洞被灰缝封闭而使洞内的空气处于静止状态时,墙体的导热系数将随容重的减小而降低。在保证热工性能不变的条件下,使用空心砖可以减小墙体厚度。例如,通常用实心砖砌筑平房和 5～6 层楼房时,墙体的厚度为 240 mm 或 370 mm,倘若改用 190 mm×190 mm×90 mm 的空心砖砌筑,墙体的厚度可以减小 50 mm,每平方米造价可降低 20% 左右。同网形孔多孔砖相比,矩形孔多孔砖可实现建筑节能 8%。

近几年国内发展起来的墙体装饰板,是一种新型烧结墙体材料,既能作为外墙板,也可在室内使用。它具有极好的抗冲击和抗冻性能。该产品色泽均匀、自然,无色差,持久耐用,又具有良好的保温、隔热、隔音功能,而且易于单片更换。

③ 提高砌筑效率,减少砌筑砂浆。

用空心砖砌筑墙体,砌砖量少,而且很少砍砖。以采用 190 mm×190 mm×90 mm 的空心砖估算,每立方米砌体的灰缝砂浆用量比实心砖减少 25% 左右。另外,由于空心砖比实心砖容重小,使用时与实心砖相比,在建筑面积不变的条件下,运输量和费用也相应降低。

④ 使用寿命终结后可分离,可回收利用。

从目前已掌握的资料看,烧结墙体材料在使用寿命终结后是最好分离和利用途径最广泛的材料。例如,可用于水泥的混合材,可再生作为原料制造烧结砖瓦,可用于绿化种植,可制造装饰性颗粒状材料,可用来制造混凝土砌块等。

⑤ 生产中废水的排放量最少。

生产烧结空心制品时析出的水分将在干燥期间以水蒸气的形式排入大气。故设备的冷却水可重复利用或是加入原材料中,所以烧结砖的生产中几乎无废水排放。

⑥ 建设期间运输负荷小。

⑦ 烧结空心制品可提供舒适的居室环境。

其一,烧结空心制品是一种多微孔体系的产品,其湿传导功能可调节建筑物内湿度,且吸湿与排出水分的速度相等,吸水速度和排水速度要比其他建筑材料高 10 倍。其二,砌体的密封良好,主要由使用中可长期保持其尺寸的稳定性所决定。其三,隔音性能良好。如240 mm 厚的砖砌分隔墙,隔音可达 60 dB,完全可以不考虑侧墙上声音的传播。对双层的夹芯砖墙来讲,因中间填充有隔热材料,对外部噪声的防护非常有效,在实际建筑中的测定结果表明,其隔音量可达 70 dB。其四,具有非常好的防火性能。

2）内燃烧砖工艺

内燃烧砖工艺原理是把一定细度的燃料或可燃废料（如煤矸石、粉煤灰、炉渣等）按一定比例与黏土、页岩等原料均匀混合制成砖坯,依靠砖坯内燃料的燃烧和少量的外加燃料完成砖坯烧成的过程。内燃焙烧法制得的砖瓦,其抗压强度和抗折强度比外燃焙烧法制得的砖瓦高 20％左右。由于在制坯原料中掺进劣质煤或含一定热值的工农业废弃料,因此减少了原料的用量,节约了原煤或其他燃料。此外,劣质煤或含有一定热值的工农业废弃料一般为磨细料,能改善原料的干燥性能,对干燥敏感系数大的高塑性黏土尤其明显。这就能缩短干燥周期,减少干燥废品。其密度也能从 1 800 kg/m³ 减小到 1 700 kg/m³。同时,砖的导热系数也相应减小。内燃砖由于外投煤减少,大大地减轻了焙烧工人投煤的劳动强度,窑内煤灰也显著减少,因而改善出窑工人的操作条件。

（1）"内燃料"的选择及掺配。

使用内燃料的主要目的是提高火行速度、节约煤炭。因此,内燃料首先应具备一定的发热量。煤矸石的发热量一般在 836～10 450 kJ/kg,粉煤灰一般不超过 4 180 kJ/kg,炉渣一般在 10 450 kJ/kg,秸秆一般在 7 842～8 778 kJ/kg。确定内燃料掺量时,要考虑焙烧所需热量、内燃料发热量、粒度、含水率以及原料塑性指数等影响因素,以便在节能、利废、坯体成型质量、火度调节控制、成品质量等方面达到最佳综合使用效果。

（2）应用效果。

实践证明,内燃焙烧法是热能利用率较高的一种焙烧工艺,可以减少资源和能源的消耗。利用粉煤灰、炉渣、煤矸石、锯末和农作物秸秆等可燃性废料作内燃料,在坯体内部燃烧直接加热坯体,加热效率高,窑内最高温度在坯体内部,窑内气流温度比坯体温度低,与外燃砖比较,窑体向外部散热相对减少,所以内燃砖能降低单位产品的热能消耗。其中,高掺量粉煤灰烧结砖具有可提高能源利用率、降低坯体密度和煤灰的预分解作用等节能效应,可明显降低坯体焙烧的燃料消耗,与外燃砖相比,具有实质意义的节能效率可达 25％以上。目前,我国 90％以上的砖瓦企业采用了内燃砖,全内燃煤矸石砖也得到了一定发展,这是内燃砖出现的新趋势。

3) 利用窑炉余热进行人工干燥

人工干燥技术可以充分利用窑炉余热,一方面节约热能,另一方面节约大量土地。其技术特点是,砖瓦在生产过程中,由废气带走和向周围介质散发的热量占总热量的 1/3 以上,这些热量没有利用,会白白浪费掉。利用余热干燥砖坯,可以节约大量的干燥砖坯用煤,减少自然干燥所需坯场占用的大量土地,同时降低出窑温度,改善了装、出窑工人的劳动条件。

(1) 冷却带余热是砖坯焙烧后冷却带砖垛所散发的热量。这种余热温度高,热量大,是抽取炉窑或隧道窑余热的主要来源。具体操作时,必须在保证制品质量的前提下抽取,否则保温冷却段降温过快,造成制品哑音、黄皮、强度降低。而且由于抽热近,焙烧带窑流量减少,导致焙烧火行速度减慢和产量降低。

(2) 窑顶抽热是指空气流经窑顶将热量带走。它的抽取方法是在窑上铺设换热管或蛇形换热管。冷空气在风机的作用下,进入换热管,经换热作用,提高气体温度,经控制闸入热风总道。窑顶换热温度不高,但流量较大,其换热量的多少取决于气体在管道内流速,流速大,换热量多;换热面积愈大,换热效果就愈好;焙烧时,返火越大,窑皮温度越高,换取的热量就越多;窑顶换热的位置,在保温冷却带内,换热距焙烧带愈近,换取的热量就愈多,在冷却带后段,随着窑皮温度的降低,换取的热量就会减少。

(3) 预热带烟热是指流经预热带烟气中所含的热量。预热带烟热全部利用的窑,不需另砌热风道,将总烟道与风机接通即可。而抽取高温烟热的窑则必须在窑内另砌抽热管道或在支烟道上开砌垂直抽热管道,并设抽热闸门与总热风道相通,提起抽热闸门,烟热气体经风机和垂直支烟道,进入总热风道再送至干燥室。

4) 节能型隧道窑焙烧技术

节能型隧道窑焙烧技术主要以工业废渣煤矸石或粉煤灰为原料制造砖瓦。该技术通过快速焙烧和超热焙烧,建立一套测定坯体在常温至 1100 ℃过程中弹性模量、热传导系数、膨胀系数和抗折强度等参数的试验仪器和方法;创立一套数据处理和计算抗热冲击值的方法,以及由抗热冲击值计算升温速度的方法。使实际焙烧过程按照设定的程序进行,制品焙烧周期由 45.55 h 降低为 16～24 h,充分利用置换出来的热量,使热工过程节能效率达 40％,热利用率达 67％。

5) 电动机交流变频调速技术

电动机交流变频调速技术是当今节电、改善工艺流程以提高产品质量和改善环境、推动技术进步的一种主要手段。

(1) 技术原理:电动机交流变频调速技术的基本原理是根据电动机转速与工作电源输入频率成正比例的关系,通过改变电动机工作电源频率达到改变电动机转速的目的。变频器就是基于上述原理采用交直流电源变换技术、微电脑控制等技术于一身的综合性电气产品。

(2) 应用及其效果:变频器在砖瓦生产中,主要应用于长时间连续运转的设备——风机。变频器已成为一种定型产品,不同功率的风机均有相应功率的变频器(柜)相配套,购买使用均很方便。使用变频器的目的,主要是节能降耗,节电率可达 30％～50％。目前工业发达国家已广泛采用变频调速技术,在我国这也是国家重点推广的节电新技术,特别是在砖瓦行业中应加大推广力度。

6) 煤矸石砖厂余热发电技术

(1) 技术原理:余热是在一定经济技术条件下,在能源利用设备中没有被利用的能源,是多余、废弃的能源。它包括高温废气余热、冷却介质余热、废汽废水余热、高温产品和炉渣余热、化学反应余热、可燃废气废液和废料余热以及高压流体余压等七种。根据调查,各行业的余热总资源占其燃料消耗总量的 17％～67％,可回收利用的余热资源约为余热总资源的 60％。余热发电技术,就是利用生产过程中多余的热能转换为电能的技术。余热发电不仅节能,还有利于环境保护。余热发电的重要设备是余热锅炉。用于发电的余热主要有高温烟气余热,化学反应余热,废气、废液余热,低温(低于 200 ℃)余热等。

(2) 应用及其效果:煤矸石制砖在煅烧过程中有大量的热量,随着排风机而排出窑外,主要是烟气余热和产品冷却余热。据调查,烧结砖生产中的余热总量占其燃料消耗总量的 30％～60％,可回收利用的余热资源为余热总资源的 40％左右。这部分热量目前除掺入部分冷风降温到 125 ℃左右用来烘干砖坯外,基本上未得到有效利用。这些热风在其高温段烟气温度达 400 ℃,平均温度可达 200 ℃左右,是很好的稳定低温热源,具有利用余热发电的潜力。据工业性试验,通常余热发电可达 500～1 500 kW·h,基本上可满足煤矸石砖厂的用电。若在全国推广,将具有广阔的市场前景。

4.2.4　建筑卫生陶瓷企业的节能

建筑卫生陶瓷是指用于建筑饰面、建筑构件和卫生设施的陶瓷制品。按产品分类,建筑卫生陶瓷可以分为卫生陶瓷、陶瓷墙地砖、建筑琉璃制品、饰面瓦、淋浴间及物件配件。

自 1993 年以来,我国建筑卫生陶瓷产量一直高居世界首位。我国陶瓷行业的成就无疑是巨大的,但我国是一个能源和资源相对贫乏的国家,而陶瓷行业是一个高能耗行业,从原料的制备到制品的烧成等各工序燃料、电力等能源成本占整个陶瓷生产成本的23％～40％。

1. 陶瓷工业的节能技术措施

虽然我国陶瓷产量在世界上遥遥领先,但总体上存在产品档次低、能耗高、资源消耗大、综合利用率低、生产效率低等问题。陶瓷工业所消耗的能源,大部分用于烧成和干燥工序,两者的能耗占 80％以上。据报道,陶瓷工业的能耗中约有 61％用于烧成工序,干燥工序能耗约占 20％。目前我国陶瓷工业的能源利用率与国外相比,差距较大,发达国家的能源利用率一般高达 50％以上,美国达 57％,而我国仅达到 28％～30％。通过表 4-4 国内外建筑陶瓷和卫生陶瓷的能耗统计比较,可以清楚地看到我国与国外能耗之间存在的差距。日用陶瓷每年消耗不少于 $3.48×10^6$ t(标准煤),其中原煤 $2.06×10^6$ t(标准煤),占总能耗的59.20％;重渣油 $7.34×10^5$ t(标准煤),占总能耗的 21.09％;煤气、天然气 $2.31×10^7$ m³,占总能耗的 0.88％;电力 $1.151×10^9$ kW·h,占总能耗的 13.35％;其他能源消耗 $1.92×10^5$ t(标准煤),占总能耗的 5.52％。

表 4-4　国内外建筑陶瓷和卫生陶瓷的能耗统计比较

	综合能耗		烧成热耗	
	建筑陶瓷 （kg（标准煤）/m²）	卫生陶瓷 （kg（标准煤）/t）	建筑陶瓷 （kJ/kg（瓷））	卫生陶瓷 （kJ/kg（瓷））
国内落后水平			＞14 651	62 790～79 530
国内一般水平	2.5～15	400～1 800	8 372～12 558	20 930～41 860
国内先进水平			2 930～6 279	6 280～16 740
国外先进水平	0.77～6.42	238～476	1 256～4 186	3 350～8 370

1）陶瓷原料制备过程中的节能措施

有资料显示，原料制备部分的能耗在整个陶瓷生产过程中占很大的比例，其中燃料耗量约占 49%，装机容量约占 72%，因此也是节能潜力较大的部分之一。

（1）干碾和造粒——干法制粉。

现在陶瓷砖压型粉料的制备通常通过湿球磨—喷雾干燥来实现。如果用干法制粉，即原料干燥—配料—干法粉碎—增湿（到湿度 10%）—造粒—干燥（到 6%）。与湿法相比，需要蒸发水量大大减少，其耗能约 0.7 MJ/kg，比湿法耗能 1.8 MJ/kg 相比节能 60% 以上。

（2）球磨制浆。

球磨制浆的电耗约占陶瓷厂全部电耗的 60%。通过采用合理的球料比，选用高效减水剂、助磨剂和氧化铝球，氧化铝衬可提高球磨效率、缩短球磨周期。选用大吨位的球磨机可减少电耗 10%～30%。提高喷雾干燥塔泥浆的浓度可显著降低喷雾干燥热耗，如将喷雾干燥塔泥浆的浓度从 60% 提高到 65%，可节省单位热耗 21%，如浓度从 60% 提高到 68%，则可节省能耗的 33%，这可以通过加入高效的减水剂来实现。

（3）连续式球磨机。

国内制备泥浆均采用间歇式球磨机，而国外发展出连续球磨机，球磨时给排料完全自动化，不需要停机，易制浓浆，为后面的喷雾干燥过程节约能量，能节省能耗 10%～35%。

（4）变频球磨机等。

国内的球磨机都是恒速转动的，国外部分球磨机采用变频器改变电流频率来调速，可缩短球磨周期 15%～25%，从而减少电耗。

（5）大型喷雾干燥塔。

大型喷雾干燥塔的单位电耗小，我国最大的喷雾塔型号为 7000 型，可向 10000 型或更大型号发展，国外最大为 20000 型。

（6）浆池间歇式搅拌。

浆池电机上装时间继电器，搅拌 20～30 min，停 30～40 min，泥浆不会沉淀，可节电 50% 以上。

2）成形过程中的节能

（1）压釉一体。

在此过程中瓷砖的施釉和它们的成形同时进行,采用干釉粉优点是取消传统的施釉线,增加釉的稠度,提高釉的抗磨损性。

(2)大吨位压机。

大吨位压机压力高,压制的砖坯质量好,合格率高。在同等产量的条件下,耗电少,节能效果明显。国内各吨级的压机均有生产。国内陶瓷砖生产采用大吨位压机,可有明显的节电效果。大吨位压机已有专门节能型的设计,可节电 27%,国内的压机制造厂也应致力于节能型压机的开发。

(3)压力注浆。

卫生瓷高中压注浆可节省模具干燥和加热工作环境所需的热,并节省坯体干燥热,有一定的节能效果,可节省综合热耗的 10% 以上。

(4)真空注浆。

这是卫生瓷行业出现的另一种方法。模型内铺设排水管网,取代传统的石膏模,注浆后排水管内抽真空,泥浆内水分被抽出,顺模型的毛细管汇入排水管网,加速坯体的形成。脱坯后模具无须干燥,一天内能重复使用多次。由于免除模具干燥而净节省的能量大约是 1 MJ/kg。

(5)塑性挤压成形生产墙地砖。

墙地砖塑性挤压成形通常采用含水率 15%~18% 的陶瓷泥料,挤压成形后得到含水率约 14% 的墙地砖坯体,最后干燥至入窑水分为 1%~1.5%,相对于采用含水率 32%~40% 的泥浆喷雾干燥,制得含水率 5%~7% 的陶瓷粉料,经压制成形为墙地砖,再干燥至入窑水分为 1%~1.5%,所耗能量大大地减少。此成形生产技术还有投资小、无粉尘污染、产品更换快等优点。

(6)挤压成形节能。

采用挤压的先进机械,能准确提供在某一时刻的压力,优化挤压周期,节约 55%~65% 的能耗。这是通过较复杂的控制系统(可变的压力泵、压力加速器等)来实现的。

3)干燥过程的节能

成形后坯体包含的水分通过干燥被排除。显然坯体含水量越低,干燥所需的能量也越少。注浆成形的坯体(如卫生陶瓷)水分约 20%,挤压成形坯体(如劈离砖)水分约 15%,半干压成形坯体(墙地砖)水分约 5%。因此,干燥消耗的能量占全部能量消耗的比例,卫生陶瓷可高达 40%,挤出砖约 30%,半干压墙地砖约 10%。常规的干燥器用热空气干燥,最少需 30~40 min。非常规干燥器需 3~4 min。它一般用电磁波(微波)作为唯一的能源或是将微波与热空气结合作为能源。未来的趋势是快速和超快干燥,缩短干燥时间,同时尽可能地避免中间的储存及输送环节。同时,为了做到快速干燥,有必要在更复杂的程度上控制空气流动和温度。在干燥器中采用的节能技术如下:

(1)优化干燥空气的循环。

优化热空气的流动,采用更复杂的通风技术和体系控制基本参数,如相对湿度、温度、空气流动度、干燥器内压力等。

(2)废热利用。

利用窑炉冷却带回收的干净热空气作干燥介质,有可能提供干燥器 100% 的热能。

（3）卧式快速辊道干燥器。

卧式快速辊道干燥器与立式干燥器相比，能更好地控制产品的干燥曲线。前者干燥时间可缩短 10 min，产品含水量为 0.4%～0.6%。单层卧式辊道干燥器比立式干燥器节能 0.2 MJ/kg，节能率 20%～40%，现已取代立式干燥器。近年来发展起来的多层卧式辊道干燥器能有效缩短干燥器的长度，便于其他工艺配置。

（4）少空气干燥与控制除湿。

在传统的干燥器中，气流使坯体中水分蒸发，大量热的水蒸气被排放到大气中，造成很大的浪费。少空气干燥器就是将这种排出气流的能量用于干燥器的非直接加热，以此气流为热交换媒介，从而减少干燥时间和能量消耗，这用于干燥的超热气流的热量是空气（作为干燥介质）的两倍，而且有更高的热传导性。此外，干燥器控制除湿，除了排出潮湿的空气外，干燥器是完全封闭的，可控除湿系统能更有效地利用资源。基于此两项改进的少空气干燥器可以缩短干燥时间到原来的 1/3，节省 20%～50% 的热能。

（5）超热间断热空气。

提高干燥气流温度，在干燥器隧道内引进一横向的、局部、间歇性的干燥热气流，而不是在长度上持续的气流，使得湿气有足够的时间从坯体中心转移到表层，这一方法可使普通辊道干燥器中 40 min 的干燥周期减少到超热气流干燥的 10 min。

（6）微波干燥。

微波干燥时热能从湿坯体内部产生，使得湿气能在坯体中更自由移动。这种由内而外的加热方式使得坯体被加热而干燥通道仍是冷的，被用来加热通道的热节省了。同时这使坯体与环境间有更合适的温差，因此干燥过程加速了。水是极性分子，比坯体更快地被加热，然后被排出。微波干燥使干燥时间显著缩短（从 7 min 到 30 min 不等），而且能更有效地利用能量。

（7）红外线干燥。

红外源（燃气加热的放射管）发射的红外线加热物体很薄的一个表层，通过从外到内的热传导加速能源利用。此法仅用于形状简单的半干压砖坯，用于卫生瓷之类不规则形状的坯体时，易造成坯体开裂。

4）陶瓷制品烧成过程中的节能措施

众所周知，陶瓷工业生产过程中要消耗大量的能量，烧成工序的能耗占总能耗的 61% 左右，而烧成工序又以陶瓷窑炉为主要能耗设备。下面就陶瓷窑炉的节能技术进行分析。

（1）采用低温快烧技术。

在陶瓷生产中，烧成温度越高，能耗就越高，我国陶瓷烧成温度一般为 1 100～1 280 ℃，有的日用瓷高达 1400 ℃ 以上。据热平衡计算，若烧成温度降低 100 ℃，则烧成时间缩短 10%，产量增加 10%。因此，在陶瓷工业中，应用低温快烧技术，不但可以增加产量，节约能耗，而且还可以降低成本。因而在我国应进一步研究采用新原料，如珍珠岩、绢云母、石英片岩等，以配制烧结温度低的坯料、玻化温度低的釉料，改进现有生产工艺技术，建造新型的结构性能好的窑炉，以实现低温快烧技术，降低能耗。

目前，一些陶瓷窑炉采用低温快烧技术以后，其烧成周期从最初设计的 50～70 min，调整到 20 min 左右，产量几乎翻了一倍多，相应的单位产品能耗也降低到原来的 70% 左右，其能耗水平可以达到 2 177.14 kJ/kg（瓷）以下，可见节能效果十分明显。

（2）采用裸装明焰烧成技术。

目前，我国陶瓷窑炉烧成方式主要有明焰钵装、隔焰裸装和明焰裸装。明焰钵装采用传统的煤作为燃料，匣钵的加入占用了大量有效空间，使成本增加，热稳定性差，能耗大，烧成周期长；隔焰裸装采用重油为燃料，由于火焰所产生的热不能直接与制品作用，以致窑内温度不均匀，能耗高；明焰裸烧是最合理，也是最先进的烧成方式，因为明焰裸烧不用匣钵和隔焰板，最大限度地简化了传热和传质过程，使热气体和制品之间直接传热、传质。特别是取消匣钵之后减少了匣钵吸热的热损失，有利于降低单位产品的热耗和缩短烧成周期，也消除了匣钵占据的空间，增大了窑炉的装坯容积，提高了生产能力。以隧道窑为例，根据热平衡测定，明焰裸装单位产品热耗最低，为 4 000～15 500 kJ/kg（产品）；其次是隔焰裸装，为 19 800～76 700 kJ/kg（产品）；而明焰钵装窑单位产品热耗最高，为 50 000～103 600 kJ/kg（产品）。

（3）窑型向辊道化发展。

在陶瓷工业中，使用较多的主要窑型有隧道窑、辊道窑及梭式窑三大类。过去，我国的墙地砖、卫生陶瓷、日用陶瓷都是用隧道窑烧成的。现在，墙地砖基本上都用辊道窑烧成，卫生陶瓷辊道窑已得到普遍推广，日用陶瓷辊道窑已有上百条窑在使用。辊道窑具有产量大、质量好、能耗低、自动化程度高、操作方便、劳动强度低、占地面积小等优点，是陶瓷窑炉的发展方向。用匣钵隧道窑烧彩釉砖和瓷质砖，年产量只有 2.0×10^5～2.5×10^5 m²，烧成能耗为 1.25×10^4～1.67×10^4 kJ/kg（产品）。现在，用辊道窑烧成，年产量可达 2.0×10^6～2.5×10^6 m²，烧成能耗为 2.30×10^3～2.51×10^3 kJ/kg（产品），最低能耗可达 8.36×10^2～1.25×10^3 kJ/kg（产品）；卫生陶瓷隧道窑烧成能耗为 1.0×10^4 kJ/kg（产品），辊道窑为 5.0×10^3 kJ/kg（产品）；日用陶瓷隧道窑烧成能耗为 5.0×10^4 kJ/kg（产品），辊道窑为 1.5×10^4 kJ/kg（产品）。

（4）采用高效、轻质保温耐火材料及新型涂料。

由于轻质砖的隔热能力是重质耐火砖的 2 倍，蓄热能力则为重质耐火砖的一半，而硅酸铝耐火纤维材料的隔热能力则是重质耐火砖的 4 倍，蓄热能力仅为其 11.48%，因而使用这些新型材料砌筑窑体和窑车，节能效果非常显著。据文献介绍，某厂隧道窑用轻质高铝砖及陶瓷纤维砌筑隧道窑，散热降低 69.90%，由占总能耗的 20.60% 下降到 9.02%，节能达到 16.67%。另一隧道窑，同样用轻质耐火材料对窑墙窑顶进行综合保温，窑墙厚度由原来的 2.00 m 减到 1.53 m，窑体的散热由原来占总能耗的 25.27% 下降到 7.93%，仅此一项，每年可节约标准煤 400 t 以上。另外，为了减少陶瓷纤维粉化脱落，可利用多功能涂层材料来保护陶瓷纤维，既提高纤维抗粉化能力，又增加窑炉内传热效率，节能降耗。如热辐射涂料（简称 HRC），在高温阶段，将其涂在窑壁耐火材料上，材料的辐射率由 0.70 升为 0.96，每平方米每小时可节能 1.38×10^5 kJ，而在低温阶段涂上 HRC 后，窑壁辐射率从 0.70 升为 0.97，每平方米每小时可节能 1.90×10^4 kJ。某厂在一条梭式窑中进行喷涂后，氧化焰烧成节能率可达 26.30%，还原焰烧成节能率达 18.22%。多功能涂层材料不但可提高红外辐射能力，而且可以吸收废气中的有害成分 NO_x，吸收率可达 60% 以上。

（5）改善窑体结构。

有资料表明，随着窑内高度的增加，单位制品热耗和窑墙散热量也增加。如当辊道窑高由 0.2 m 升高至 1.2 m 时,热耗增加 4.43%,窑墙散热升高 33.2%,故从节能的角度讲,窑内高度越低越好。随着窑炉内的宽度增大,单位制品的热耗和窑墙的散热减少。如当辊道窑窑内宽从 1.2 m 增大到 2.4 m,单位制品热耗减少 2.9%,窑墙散热降低 25%,故在一定范围内,窑越宽越好。在窑内宽和高一定的情况下,随着窑长的增加,单位制品的热耗和窑头烟气带走的热量均有所减少。如当辊道窑的窑长由 50 m 增加到 100 m 时,单位制品热耗降低 1%,窑头烟气带走热量减少 13.9%。随着窑长的增加,整个窑体的升降温更加平缓,不但适用于烧成大规格制品,质量稳定,而且成倍地提高产量,故窑炉越来越长。由早期的 20～30 m 发展到 200～300 m。

(6) 采用自动控制技术。

采用自动控制技术是目前国外普遍采用的有效节能方法。它主要用于窑炉的自动控制,使窑炉的调节控制更加精确,对节省能源、稳定工艺操作和提高烧成质量十分有利,同时还为窑炉烧成的最优化,提供了可靠的数据。生产实践证明,采用微机控制系统,能够自动调节窑内工况,自动控制燃烧过量空气系数,使窑内燃烧始终处于最佳状态,减少燃料的不完全燃烧,减少废气带走的热量,降低窑内温差,缩短烧成时间,提高产量、质量,降低能耗。计算表明,在排出烟气中每增加可燃成分 1%,则燃料损失要增加 3%。如果能够采用计算机自动控制或仪表-计算机控制系统,则可节能 5%～10%。不足之处是,对于窑内各种参数之间的函数关系,目前很少有深入研究。假如能用一个函数公式,利用计算机进行全面计算,进行数字化控制,在此基础上选择最佳的烧成方案,这对于提高产品质量、节能降耗将大有好处。

(7) 窑车窑具材料轻型化。

隧道窑及大型梭式窑由于其结构特点需要窑车及窑具,烧卫生陶瓷或外墙砖的辊道窑也需要垫板或棚架等窑具。窑车和窑具随着制品在窑炉中被加热及冷却,窑车及车衬材料处于稳态导热过程,加热时它阻碍和延迟升温,消耗大量的热量,冷却时它阻碍和延迟降温,释放出大量热能,而且这些热能难以很好地利用。在工厂实际使用过程中,每部窑车一般装载制品的质量仅占整车质量的 8%～10%,故窑车在窑中吸收大量的热,并随窑车带出窑外,降低了热效率。据测定,产品与窑具的质量比越小,其热耗越低。因此,采用轻质耐火材料作为窑车和窑具的材料对节能具有重大的意义。

(8) 采用洁净液体和气体燃料。

目前,陶瓷窑炉中的燃料除了煤气、轻柴油、重柴油外,还有的用原煤。据资料介绍,仅日用瓷,目前国内仍有 300 多条隧道窑使用原煤,据统计每条烧煤隧道窑平均耗煤约 3 600 t,全国 300 条窑共计耗煤 1.08×10^6 t。如果改为烧煤气隧道窑,可节约燃料 60%,每年可节约煤炭 6.48×10^5 t。全国仍有 200 余条烧重油的隧道窑,每年共计耗油 5.0×10^5 t,折合标准煤 7.08×10^5 t。如果改为烧煤气,可节约燃料 30%～40%,每年可节约煤炭 2.13×10^5 ～2.83×10^5 t。可见采用洁净的液体、气体燃料,不仅是裸烧明焰快速烧成的保证,而且可以提高陶瓷的质量,大大节约能源。更重要的是,可以减少对环境的污染。如果陶瓷厂在农村地区,又能符合当地环保部门的要求,那么喷雾塔的燃料用水煤浆代替重油,生产成本将大幅度降低(水煤浆每吨约 420 元,热值 1.67×10^4 kJ/kg;重油每吨为 1 800 元,热值 4.18×10^4 kJ/kg)。另外,将水煤气应用于窑炉烧成,比使用烧柴油节约成本 50% 以上。

（9）充分利用窑炉余热。

衡量一座窑炉是否先进的一个重要标准就是有没有较好的余热利用。窑炉热平衡测定数据显示，仅烟气带走的热量和抽热风带出的热量就占总能耗的 60%～75%。如果将烧重油隔焰隧道窑预热带、隔焰道的烟气和冷却带抽出的余热送入隧道干燥器干燥半成品，可提高热利用率 20% 左右；若将明焰隧道窑排出的 360 ℃ 左右烟气，先经金属管换热，再把温度降至 180 ℃ 的废气送地炕换热，使排出的废气温度降至 60 ℃，将换热的热风送半成品干燥，可节约燃料 15%；若能利用蓄热式燃烧技术将明焰隧道窑的热空气供助燃，不但可改善燃料燃烧状况，提高燃烧温度，而且可降低燃耗 6%～8%。

余热利用在国外受到重视，被视为陶瓷工业节能的主要环节。国外对烟气带走的热量和冷却物料消耗的热量（占总窑炉耗能的 50%～60%）这一部分数量可观的余热利用较好，明焰隧道窑冷却带余热利用可达 1 047～1 256 kJ/kg（产品），占单位产品热耗的 20%～25%。目前，国外将余热主要用于干燥和加热燃烧空气。利用冷却带 220～250 ℃ 的热空气供助燃，可降低热耗 2%～8%，这不但能改善燃料的燃烧状况，提高燃料的利用系数，降低燃料消耗，还提高了燃烧温度，并为使用低质燃料创造了条件。

（10）采用高速烧嘴。

采用高速烧嘴是提高气体流速，强化气体与制品之间传热的有效措施，它可使燃烧更加稳定，更加完全。燃烧产物以 100 m/s 以上的高速喷入窑内，可使窑内形成强烈的循环气流，强化对流换热，增大对流换热系数，以改善窑内温度在垂直方向和水平方向上的均匀性，有利于实现快速烧成，提高产品的产量和质量，一般可比传统烧嘴节约燃料 25%～30%。对于烧重油的窑炉，则可采用重油乳化燃烧技术，使重油燃烧更加完全，通过乳化器的作用后，把水和重油充分乳化混合，成油包水的微小雾滴，喷入窑内产生"微爆效应"，起到二次雾化的作用，增大了油和水的接触面积，使混合更加均匀，且燃烧需要的空气量减少，基本消除化学不完全燃烧，有利于提高燃烧温度及火焰辐射强度，掺油率为 13%～15%，节油率可达 8%～10%。

（11）采用一次烧成新工艺。

近年来，我国不少陶瓷企业在釉面砖、玉石砖、水晶砖、渗花砖、大颗粒和微粉砖的陶瓷工艺和烧成技术上取得重大突破，实现了一次烧成新工艺，减少了素烧工序，烧成的综合能耗和电耗下降 30% 以上，大大节约了厂房和设备投资，而且大幅度提高了产品质量。

（12）加强窑体密封性和窑内压力。

加强窑体密封性和窑体与窑车之间、窑车与窑车之间的严密性，降低窑头负压，保证烧成带处于微正压，减少进入窑内的冷空气，从而减少排烟量，降低热耗。经计算，烟道汇总出的空气过剩系数由 5 减少到 3 时，当其他条件不变的情况下，烟气带走热量从 30% 降为 18%，节能 12%。

（13）微波辅助烧结技术。

微波辅助烧结技术是通过电磁场直接对物体内部加热，而不像传统方法热能是通过物体表面间接传入物体内部，故热效率很高（一般从微波能转换成热能的效率可达 80%～90%），烧结时间短，因此可以大大降低能耗，达到节能效果。例如 Al_2O_3 的烧结，传统方法需加热几小时而微波法仅需 3～4 min。据报道，英国某公司有一种新型的陶瓷窑炉生产与制造技术,该窑炉最大的特点在于:它不仅采用了当今世界上微波烧结陶瓷的最新技术,而且采用了传统的气体烧成技术。它在传统窑炉中把微波能和气体燃烧辐射热有机结合起来,这样既解决微波烧成不容易控制的问题,又解决了传统窑炉烧成周期长、能耗大等问题。据介绍,这种窑炉适用于高技术陶瓷及其他各种陶瓷的烧成,可达到快速烧成、减少能耗、降低成本的目的。

4.2.5 玻璃和玻璃纤维企业的节能

玻璃是一种较为透明的固体物质,在熔融时形成连续网络结构,冷却过程中黏度逐渐增大并硬化而不结晶的硅酸盐类非金属材料。普通玻璃化学氧化物($Na_2O \cdot CaO \cdot 6SiO_2$)的主要成分是二氧化硅。玻璃广泛用于建筑、日用、医疗、化学、电子、仪表、核工程等领域。

玻璃主要分为平板玻璃和深加工玻璃。平板玻璃主要分为三种,即引上法平板玻璃(分有槽、无槽两种)、平拉法平板玻璃和浮法玻璃。浮法玻璃由于厚度均匀、上下表面平整平行,再加上劳动生产率高及便于管理等方面的因素影响,正成为玻璃制造方式的主流。

平板玻璃行业使用的燃料主要有重油、天然气和煤气等。目前,我国平板玻璃行业年能源消耗量约为 1.0×10^7 t(标准煤),玻璃液平均热耗为 7 800 kJ/kg,比国际先进水平要高 30%。

浮法玻璃生产线主要耗能设备为三大热工设备(熔窑、锡槽和退火窑),三大热工设备的能耗约占生产线总能耗的 97%,下面介绍浮法玻璃生产线的主要节能措施。

平板玻璃工业节能的重点是淘汰落后工艺,提高浮法玻璃单线规模,加强窑炉保温、烟气余热的回收利用,采用新的燃烧技术等。

1. 改进工艺设备,淘汰落后工艺

目前,我国浮法玻璃产量占平板玻璃产量的比例约为 83.4%。世界平均水平为 90% 以上。落后的生产工艺单位产品综合能耗为 31 kg(标准煤)/质量箱,比浮法工艺高 64%。因此节能潜力很大。

2. 提高浮法玻璃熔窑的规模

浮法玻璃熔窑的能耗与熔窑的规模有近似线性的关系,规模越大,单位玻璃液的能耗越低。

3. 熔窑参数的实时数据采集及控制技术

计算机数据采集及控制技术已经广泛用于国外浮法玻璃熔窑的生产管理中,生产中通过该技术可以更好、更快地掌控熔窑的总体状况。通过局部测试掌握全窑的状况,大大提高了熔窑热工系统的稳定性,从而达到节能目的。

采用现代自动化温度、窑压、液面等控制系统,强化窑炉监控手段,做到科学合理用能和生产,并可延长窑炉使用期。过剩系数是窑炉燃烧特性的一个重要指标,可采用测氧装置,严格控制空气过剩系数。过大则浪费燃料,过小则使燃料燃烧不完全。

4. 采用高效节能熔窑设计技术

采用效率更高、更合理的结构设计。包括:

(1) 加大蓄热室的换热面积,格子体采用筒形砖,提高预热温度和余热回收率;

(2) 延长小炉中心线至前脸墙的距离,提高小炉的热效率;

(3) 加大小炉口的宽度,扩大火焰覆盖面积,提高熔化率,降低热耗;

(4) 采用与熔池全等宽结构形式,不仅改善熔窑的熔化质量,而且可延长高温火焰在炉窑内的停留时间,提高熔窑的热效率;

(5) 熔窑池底采用台阶式结构形式,既可保证提供优质玻璃液,又可限制玻璃液的回流,减少了玻璃液的重复加热,节约了燃料。

5. 采用先进的熔窑工艺

采用双高峰热负荷操作工艺,减少泡沫区热负荷,提高热效率。通过控制助热风与燃料量的比值,同时测定废气中氧与可燃物的含量来调节风与燃料的比例。

6. 加强熔窑保温

熔窑表面散热占熔窑散热的 $25\%\sim30\%$,采用隔热性能高的耐火材料对熔窑进行全保温,热效率可提高 $5\%\sim10\%$,每千克玻璃液热耗可降低 $10\%\sim20\%$。同时减少废气排放量和火焰空间的热强度,延长熔窑的使用寿命。

7. 加强生产过程控制

(1) 必须严格控制各种原料的粒度,尤其要控制大颗粒和超细粉的比例。实际生产中,配合料水分一般控制在 $3.0\%\sim4.5\%$。配合料温度一般要求大于 $35\ ℃$,绝大多数水分以游离形态附着在难熔的颗粒表面,可以黏附较多的纯碱,加强助熔效果。因此,提高配合料温度,能起到较好的助熔作用。生产中碎玻璃的比例一般控制在 $14\%\sim22\%$,根据经验数据,增加碎玻璃 1%,燃料消耗减少 0.3% 左右。在条件具备的情况下,尽量多使用碎玻璃,对降低能耗有显著作用。

(2) 选择合理的熔化过程控制。

合理的熔化工艺不仅可以提高熔化质量,减少碎玻璃缺陷,而且可以达到节能降耗、提高窑龄的目的。浮法玻璃熔窑的温度曲线一般有山形、桥形和双高形三种,而双高曲线合理地加大后混合料区和热点处的热负荷,适当降低泡沫区和调节区的热负荷,各小炉燃料量分配更加合理,因而能降低燃料消耗。

确定合理的风和燃料的比例,保持一定的空气系数,对节能降耗有较大作用。国外先进的玻璃熔窑的空气系数达到了 $1.01\sim1.02$,我国先进的浮法玻璃熔窑的空气系数则达到了 $1.05\sim1.06$。严格控制空气系数是节能的重要措施之一。在生产中,如果采用有效的连续监测和控制手段,可以对空气系数进行优化。另外,对雾化空气和助燃风进行预热,有利于燃料雾化,还可以提高熔窑燃烧效率。

(3) 燃料的质量、存储、输送及燃烧工艺控制对燃料消耗都有不同程度的影响。生产中如果燃料质量得不到有效控制,不仅燃烧状况不稳定,影响玻璃质量,而且消耗也会增加较多,甚至可能酿成生产事故。

8. 大力推行节能技术改造

针对浮法玻璃生产中降低能源消耗的问题,深入开展技术改造运动。适时实施纯氧或者富氧燃烧、小炉纯氧喷枪燃烧、余热发电、助燃风机变频改造等技术改造项目,可以大幅度降低燃料和电量消耗。

4.3 石油化工企业的节能

4.3.1 石油化工概述

通常把以石油、天然气为基础的有机合成工业,即石油和天然气为起始原料的有机化学工业称为石油化学工业,简称石油化工。

石油化工按其加工和用途来划分可分为两大分支:一是石油经过炼制,生产各种燃料油、润滑油、石蜡、沥青、焦炭等石油产品;二是把蒸馏得到的馏分油进行裂解,分解成基本原料,再合成生产各种石油化学制品。前一分支是石油炼制工业体系,后一分支是石油化工体系。炼油和化工两者是相互依存、相互联系的,是一个庞大而复杂的工业部门。

石油化工是化学工业的重要组成部分,生产石油化工产品的第一步是对原料油和气(如丙烷、汽油、柴油等)进行裂解,生产以乙烯、丙烯、丁二烯、苯、甲苯、二甲苯为代表的基本化工原料。第二步是以基本化工原料生产多种有机化工原料(约 200 种)及合成材料(塑料、合成纤维、合成橡胶)。这两步产品的生产属于石油化工的范围。有机化工原料继续加工可制得更多品种的化工产品,习惯上不属于石油化工的范围。

炼油企业总能耗包括新鲜水、电、汽、催化烧焦、工艺炉燃料以及热输出等六项。其中催化烧焦和工艺炉燃料所占比例最大,均占炼厂总能耗的 1/3 左右,因此必须注意提高炉子的热效率,加强催化装置的能量回收和利用。中国石化作为我国最大的炼化企业,其能耗数据最能代表我国炼油行业的水平,从其统计数据看,近年来在炼油综合能耗和单因能耗上都呈现下降趋势。

4.3.2 石油化工的节能

与国外先进水平相比,我国多数炼油企业能耗指标还存在较大差距。主要炼油装置中除常减压蒸馏装置能耗水平较为先进外,其他主要装置平均能耗与国外先进水平相比还存在一定的差距,主要表现在:能量的集成优化程度不够、大量低温余热没有得到很好利用、蒸汽动力系统能耗普遍较高,热电联产的潜力远未能发挥出来等。同时,原油质量的重质化和劣质化也日趋严重,这也是制约我国炼油企业炼油能耗降低的一个重要因素。

石化企业中热效率低的加热炉还大量存在,突出问题是排烟温度高,回收烟气余热的水热煤技术、搪瓷管技术等先进的技术还未被大量应用。石化企业在生产过程中伴生出可有效利用的能源,如低压蒸汽、高温热水等,目前其能量还没有被充分利用。

1. 节能方向

1)能量的有效利用

(1)按质用能,按需供能。按质用能是根据输入能的能级确定其使用范围,按需供能则是根据用户要求需求的能级选择适当的输入能。

(2)能量的多级利用。根据用户对输入功不同能级要求使能源能级逐次下降,对能量进行多次利用,也就是梯级利用和多效利用。

2）能量的充分利用

能量的充分利用也就是减少排热损失,比如保温、保冷不良造成散热和跑冷损失,因废气、废液、废渣、冷却水等各种中间物或产品带走能量而造成损失。

3）能量综合利用

能量综合利用包括化工过程中热能和动能的配合使用,还有过程中热效率和机械能的综合利用。

2. 节能途径

1）结构调整

国家调整经济结构,调整工业布局,调整产品结构等,比如对效率低的小企业实行关、停、并、转。

2）技术创新

通过采用新技术、新工艺、新设备、新材料以及先进操作方法,达到提高产量和产值,降低能源消耗的效果。

（1）开发研究化工工艺流程,减小合成过程的复杂性,减小设备和耗能装置的台件数。

（2）改进装置的传热冷却效果,设计和使用先进装置,以提高效率,减少设备和管道的阻力,合理利用动力以减少消耗。

（3）坚持从源头开始抓节能,瞄准国外先进水平,积极采用先进节能技术。

（4）对蒸汽动力系统进行综合改造,降低系统自耗率和损失率;推广热电联产、蒸汽压差发电等技术和设备;研究和开发燃气轮机应用技术。

（5）推广应用先进过程控制系统技术。

（6）实现炼油化工一体化:实现炼油化工一体化可以将 $10\%\sim25\%$ 的低值石油产品转化为高价值的石化产品,大幅度地提高资源利用效率。根据市场需求,灵活调整产品结构,共享水、电、汽、风、氮气等公用工程,节省投资和运行费用,以及减少库存和储运费用,达到原料的优化配置和资源的综合利用,提高企业的整体经济效益。

4.3.3 石油化工企业专用设备的节能

1. 精馏塔的节能监测

蒸馏与精馏工艺广泛用于化工行业,精馏装置是化工行业主要耗能设备之一。一个典型的石油化工厂精馏装置的能耗约占其总能耗的 15%。

精馏塔热平衡中的收入项有塔外再沸器或塔内加热器载热体带入热量 Q_B、进料带入物理热量 Q_F 和回流液带入物理热 Q_R,支出项有塔顶蒸汽带出物理热 Q_V、塔底产品带出物理热 Q_W 和向周围散失热量 Q_L。由热平衡计算可知,普通精馏装置中再沸器或加热炉提供的热量约 95% 被冷凝器中的冷却水或其他冷却介质带走,只有 5% 的热量被有效利用。

1）监测项目的选择

（1）塔顶和塔釜温度。

塔顶与塔釜温度直接关系到产品的质量与能耗,是考察精馏操作是否正常的主要指标,可进行在线监测。从热能充分回收利用的角度出发,回收塔顶蒸汽带走的潜热,利用馏出液和釜液带走的显热十分重要。

（2）塔壁温度。

（3）回流化。

回流化定义为回流量与塔顶产品量之比。塔顶上升的蒸汽全部冷却后,一部分冷凝液作为产品,另一部分回流入塔。回流量越多,产量越低,且能耗越大,然而回流又是实现精馏的必要条件。精馏过程的能量损失由不同温度、不同浓度的物流相互传热,以及流体流动的压降等不可逆因素引起。在精馏过程中的物理能转化为扩散能,同时伴随物理能的降阶损失。温度差、浓度差、压差都是精馏过程的推动力,推动力越大,则不可逆性越大,能量损失越大,因此减少能量损失的关键在于减少推动力。精馏过程的推动力主要由料液中各组分的相对挥发度、分离要求及回流比确定。若物料组成和分离要求一定,回流比就是影响推动力的主要因素。

回流比越大,推动力越大,精馏越容易;回流比增加,再沸器需供入的热量和冷凝器需移走的热量增加,故能耗也越大。从节能的角度出发,希望能耗尽可能少。精馏所需的最少热量是以最小回流比(R_{min})操作所需的热量。最小回流比是精馏操作的一种极端情况,当回流比减到最小时,塔内某块塔板上的推动力减小到零,这表明达到规定的分离要求所需的气体接触面积无限大,气液接触时间无限长,因此需要无限多块塔板,即塔无限高,设备费无限大。最优回流比要通过经济核算,按设备费与操作费之和即总费用最小的原则确定。

2）监测方法和监测结果计算

（1）塔顶温度与塔釜温度采用在线仪表监测。

（2）塔壁温度的监测可采用表面温度计或低温红外测温仪分段划片进行。

（3）回流比的监测。

回流比的监测是利用经过校对的在线流量表测出馏出液和回流液的流量,如果无在线流量表,建议用超声波流量计进行测量。

回流比 R 按下式计算：

$$R = \frac{L}{D} \tag{4-4}$$

式中:L 与 D 分别表示回流液量与塔顶产品（馏出液）量。

3）考核与评价

（1）塔顶、塔釜温度参照工艺指标考核、评价。

塔顶蒸汽带出的潜热和釜液带走的显热应充分回收利用,没有回收的部分应根据余热的种类、排出的情况、介质温度和数量以及利用可能性,进行综合热效率及经济可行性分析,决定设置回收利用设备的类型及规模。

（2）塔壁温度按《设备及管道绝热效果的测试与评价》（GB/T 8174—2008）考评。

（3）目前没有回流比的节能监测标准,但是在设计中有一个容易接受的推荐值;国外在 20 世纪 60 年代推荐 $R = 1.4 R_{min}$,70 年代后期,由于西方能源价格上涨,操作费用相应增加,回流比的推荐值已降到最小回流比的 1.3 倍以下,有的甚至推荐 $R = (1.1 \sim 1.15) R_{min}$。我

国常用的推荐值是 $R=(1.1\sim2)R_{min}$。

综上所述,对精馏塔的节能监测项目选用回流比作为监测项目,可以促使企业减少能耗,提高装备水平,提高自控水平,但也不能单纯追求小回流比,应当综合处理精馏中的因素,从产品质量、经济效益以及节能效果方面综合确定评价指标。

2. 工业炉的节能监测

1) 监测项目

监测项目包括排烟温度、烟气中一氧化碳含量、炉体外表面温度、空气系数和热效率。

2) 监测方法

监测采用现场测取数据(包括用在线仪表和便携式仪表测取)与监测期间的统计数据相结合的方法进行。

(1) 监测使用仪表要求。

监测采用的在线仪表和便携式仪表应检定合格,并在检定周期内。其精度不低于2.0级。

(2) 监测准备。

① 明确监测任务;了解加热炉概况;确定测点布置;制订测试方案;准备测试仪表;落实安全措施。

② 检查加热炉的工作状态,确认加热炉已稳定运行2 h以上,且不存在隐患。

(3) 测点布置。

① 燃料、雾化蒸汽流量、温度、压力测量点及燃料取样口应设在进燃烧器之前。

② 燃烧用空气温度的测点:

a. 空气不预热时,应设在进燃烧器之前;

b. 用自身热源预热空气时,应设在鼓风机前的冷风管线上;

c. 用外界热源预热空气时,应设在预热器之后的热空气管线上。

③ 排烟温度测点应设在离开最后传热面处,即在烟气余热回收段的烟气出口处。无烟气余热回收段时,则设在对流段烟气出口处。

④ 烟气中氧含量、一氧化碳含量取样口应设在辐射段出口及离开最后传热面处。

⑤ 炉体外表面温度测点应具有代表性,一般每$1\sim2$ m²设一个测点。

(4) 监测。

① 监测期间,加热炉应始终处于稳定工况。

② 所有监测项目,每小时测取一次,共测取三组数据。

③ 燃料的取样应与其他监测项目同步进行。

(5) 节能监测合格指标,见表4-5。

表 4-5 节能监测合格指标

监 测 项 目	一般加热炉					裂解炉		
	热负荷/MW					加工量/[10⁴ t/(a·台)]		
	≤1	1~6	6~23	23~35	>35	≤3	3~6	>6
排烟温度/℃	≤200	≤200	≤190	≤180	≤160	≤180	≤170	≤160

监测项目	一般加热炉					裂解炉		
	热负荷/MW					加工量/[10^4 t/(a·台)]		
	≤1	1~6	6~23	23~35	>35	≤3	3~6	>6
烟气中一氧化碳摩尔分数/10^{-6}	≤100	≤100	≤50	≤50	≤50	≤50	≤50	≤50
炉体外表面温度/℃	≤60	≤60	≤60	≤60	≤60	≤70	≤70	≤70
空气系数	≤1.4	≤1.35	≤1.3	≤1.25	≤1.2	≤1.25	≤1.2	≤1.15
热效率/(%)	≥70	70~86	86~88	88~90	≥90	≥90	≥92	≥94

注:烟气中一氧化碳摩尔分数、空气系数取辐射段出口处监测数据。

4.4 电力企业的节能

4.4.1 火力发电厂的工艺流程

火力发电厂的工艺流程如图 4-11 所示。其系统主要由燃烧系统(以锅炉为核心)、汽水系统(主要由各类泵、给水加热器、凝汽器、管道、水冷壁等组成)、电气系统(以汽轮机、发电机、主变压器等为主)、控制系统等组成。前两者产生高温高压蒸汽,电气系统实现由热能、机械能到电能的转变,控制系统保证各系统安全、合理、经济运行。

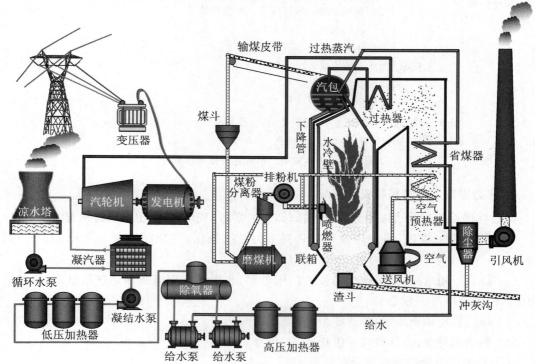

图 4-11 火力发电厂的工艺流程

火力发电厂的生产过程可分成三个阶段:

(1) 燃料的化学能在锅炉中转变为热能,加热锅炉中的水使之变成蒸汽,称为燃烧系统;

(2) 锅炉产生的蒸汽进入汽轮机,推动汽轮机旋转,将热能转变为机械能,称为汽水系统;

(3) 由汽轮机旋转的机械能带动发电机发电,把机械能变为电能,称为电气系统。

4.4.2　火力发电厂节能评价体系与节能途径

通过对影响煤耗、水耗、油耗、电耗以及材料消耗等指标的主要因素层层分解,确定反映火力发电厂能耗状况的各项指标。

1.火力发电厂节能评价指标基本构成

按相互影响的层面划分,火力发电厂节能中的 54 个评价指标构成如图 4-12 所示。

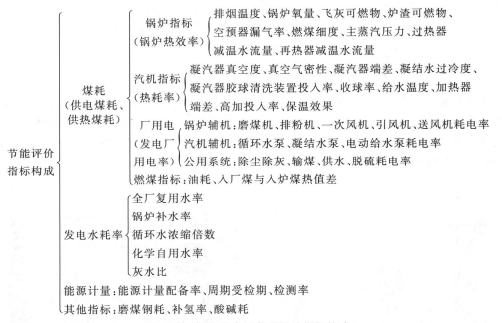

图 4-12　火力发电厂节能评价指标构成

2.火力发电厂节能指标权重分配

按指标评价权重的层面划分为三级指标,火力发电厂节能指标中一级指标有 4 个:

(1) 供电(热)煤耗,锅炉热效率和热耗率为二级指标,并分别包含 5 个和 17 个三级指标;

(2) 综合厂用电率,二级指标为发电厂用电率、非生产厂用电率和供热用电,其中发电厂用电率包含 11 个三级指标;

(3) 单位发电量取水量,包含 5 个二级指标;

(4) 燃油消耗量,无二级和三级指标。

火力发电厂节能指标权重分配见表 4-6。

表 4-6 火力发电厂节能指标权重分配

一级指标		二级指标		三级指标
项目	权重	项目	权重	
供电(热)煤耗	65%	锅炉热效率	10%	排烟温度、锅炉氧量、飞灰可燃物、炉渣可燃物、空预器漏风率
		热耗率	55%	高压缸效率、中压缸效率、低压缸效率、主蒸汽温度、再热蒸汽温度、主蒸汽压力、再热蒸汽压力、过热器减温水流量、再热器减温水流量、凝汽器真空度、真空严密性、凝汽器端差、凝结水过冷度、给水温度、加热器端差、高加投入率、补水率
综合厂用电率	20%	发电厂用电率	17%	磨煤机耗电率、一次风机耗电率、排粉机耗电率、引风机耗电率、送风机耗电率、循环水泵耗电率、凝结水泵耗电率、电动给水泵耗电率、除灰除尘耗电率、输煤耗电率、脱硫耗电率
		非生产厂用电率	2%	
		供热用电	1%	
单位发电量取水量	10%	发电除盐水耗	2.5%	
		工业废水回收率	2%	
		循环水浓缩倍率	3%	
		化学自用水率	1%	
		灰水比	1.5%	
燃油消耗量	5%		5%	

(1)一级指标间的权重分配:

由于煤炭占发电成本的 70% 左右,故将与煤耗有关的指标权重取为 65%;

厂用电占发电成本不到 10%,但由于从节能降耗的角度,降低厂用电率相对比较困难,因此取与厂用电有关的指标权重为 20%;

油耗占发电成本的比重相对最小,故取其权重为 5%;

水耗占发电成本的 3%~4%,考虑到我国水资源缺乏,取其权重为 10%。

(2)二级指标权重根据一级指标和三级指标的权重进行分配。

(3)三级指标之间的权重是按照其对一级指标影响的程度进行分配。

(4)考虑到不同级别指标对机组节能状况的影响不同,在计算节能指标评价总分时,对不同级别指标乘以不同的系数,即采用下式计算:

$$指标评价总分 = 0.7 \times 一级指标总分 + 0.3 \times 二级指标总分$$

3. 火力发电厂节能管理评价

火力发电厂节能管理评价的内容主要有三方面。

　　按专业分类和实践经验,将节能管理评价指标分为 3 个主要类别和 8 个主要项目。火力发电厂节能管理评价表中不同类别和项目的权重是综合考虑其对火力发电厂节能的影响、生产管理的实际可操作性等因素进行分配的。节能管理评价指标见表 4-7。

表 4-7　节能管理评价指标

类　　别	类别权重	项　　目	项目权重
基础管理	30%	管理机构	2%
		监督与分析	10%
		计划和规划	10%
		燃料管理	8%
技术管理	40%	热力试验	18%
		运行调整	22%
设备管理	30%	检修维护	16%
		技术改造	14%

4. 火力发电厂的节能途径

1) 火力发电厂优化设计

受一次能源结构特点的影响,火电装机容量比重偏大,水电、核电、可再生能源发电比重偏小,特别是核电发展缓慢。因此加大水电、核电、可再生能源和新能源的比重,优先发展水电、风电等清洁能源和可再生能源项目显得尤为重要。大力发展 IGCC(整体煤气化联合循环)、"绿色煤电"、CFBC、联合循环等清洁发电技术。

火力发电厂设计充分发挥生产、建设和科研机构的综合作用,通过火力发电厂概念设计优化各系统及设备。

通过对火电机组的系统设计、参数匹配和设备选型进行优化,进一步提高火力发电厂效率,降低工程造价,使火力发电厂设计指标达到国际领先水平。

消化吸收国内外现代化大型火力发电厂先进可靠的成熟设计、优化技术和成功经验,采用节能新技术。

总结火力发电厂设计和技术改造经验,及时修订设计技术标准、规程与规范,不断完善并应用于火力发电厂工程项目建设。

2) 关停小容量机组,推广大容量机组

根据蒸汽动力循环的基本原理及热力学第一定律和热力学第二定律的分析,发展高参数、大容量的火电机组是我国电厂节能的一项重要措施。不同容量等级火电机组效率与煤耗的关系如图 4-13 所示。

单台发电机组容量越大,单位煤耗越小。如超超临界机组比高压纯凝汽式机组供电标准煤耗少 $1/4 \sim 1/3$,假设有 2.0×10^5 MW 这样的替代机组,一年可以节约标准煤 1.0×10^9 多吨,同时"三废"的排放量也大大减少。因此,关停小容量机组,推广大容量机组对减少能耗、提高能源利用率具有重大意义。

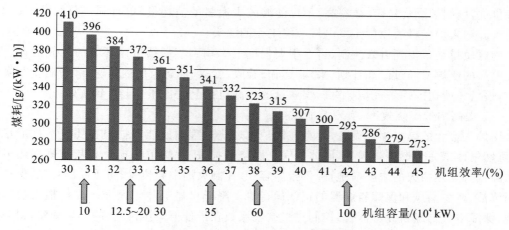

图 4-13 不同容量等级火电机组效率与煤耗的关系

在未来我国的发电市场中,大发电企业分散开发、无序建设的格局将被改变,取而代之的是基于效率优先的大能源基地、连接大能源基地与能源消费集中地区的送电线路的建设与投资。

3)发展热电联产

积极鼓励、支持、优先发展热电联产集中供热,是节约能源的需要。我国电力发展主要依赖煤炭,因此不可避免地存在环境污染问题。面对环境压力,电力工业今后发展必须考虑优先发展水电,调整和优化火电结构(如适当发展燃气火力发电厂和扩大洁净煤燃烧技术的应用),适当发展核电和新能源发电(如风力发电、地热与潮汐发电),鼓励热电联产。热电厂是改善环境质量的重要措施。热电厂的锅炉容量大、热效率高、烟囱高、除尘效率高,如选用循环流化床锅炉还可炉内脱硫,集中实现热电联产还更有利于灰渣综合利用和节省宝贵的城市建设占地。热电联产是一种供热量大、供热参数高、供热范围广、节能量多,既能满足工业用汽,又能满足民用采暖、热水供应,供热价格便宜的供热方式。正是由于热电联产集中供热能够有效地改善环境质量,所以积极发展热电联产是节约能源、改善环境质量的有效措施,完全符合国家的产业政策。据电力工业统计资料,我国的热电厂热效率均能超过常规火力发电厂的热效率一倍以上。实现热电联产的小型供热机组,其热效率超过大型高参数常规火电机组。

4)通过对生产环节的控制,实现节能减排

火力发电厂的生产可大致分为燃料的入厂和入炉、水处理、煤粉制备、锅炉燃烧以及蒸汽的生产和消耗、汽轮机组发电和电力输送等主要生产环节。发电过程中任何一个主要生产环节中均存在能源损耗的问题,如果能够有意地通过有效的技术管理手段使各环节的能源消耗水平得到合理控制,并努力消除生产过程中可以避免的能量浪费,就能真正达到节能的目的。

(1)提高燃煤质量,实现节能减排。

煤粉锅炉被广泛地应用于火力发电厂中。一般来讲,燃料的成本占发电成本的75%左右,占上网电价成本的30%左右。煤质对火力发电厂的经济性影响很大,如果煤质很次,会限制电厂出力,使电厂煤耗和厂用电率上升,且锅炉本体及其辅助设备损耗加大;如果燃煤质好价优,则锅炉燃烧稳定、效率高,不仅能够减少燃料的消耗量,更有利于节约发电成本,因此入厂和入炉燃料的控制是发电厂节能工作的源头。

燃煤质量是否得到有效控制,将在很大程度上影响到其后续生产环节的能源消耗。火力发电厂的燃煤要经过诸如计划、采购、运输、验收、配煤、储备及厂内输送、煤粉制备等多个环节,最后才能送入锅炉燃烧。对燃煤质量的控制应在上述各环节上落到实处。

(2)提高锅炉燃烧效率,实现节能减排。

锅炉是最大的燃料消耗设备,燃料在锅炉内燃烧过程中的能量损失主要包括排烟热损失、可燃气体未完全燃烧热损失、固体未完全燃烧热损失、锅炉散热损失和灰渣物理热损失等。降低排烟热损失的主要措施:降低排烟容积,控制火焰中心位置、防止局部高温,保持受热面清洁,减少漏风和保障省煤器的正常运行等。降低可燃气体未完全燃烧热损失的主要措施:保障空气与煤粉充分混合,控制过量空气系数在最佳值,进行必要的燃烧调整,提高入炉空气温度,注意锅炉负荷的变化并控制好一、二次风混合时间等。降低固体未完全燃烧热损失的主要措施:选择最佳的过量空气系数,合理调整和降低煤粉细度,合理组织炉内空气动力工况,并且在运行中根据煤种变化使一、二次风适时混合等。降低散热损失的主要措施:水冷壁和炉墙等结构要严密、紧凑,炉墙和管道的保温良好,锅炉周围的空气要稍高并采用先进的保温材料等。降低灰渣物理热损失的主要措施:控制排渣量和排渣温度。由此可见,通过提高锅炉燃烧效率来节能减排的潜力很大。

(3)提高汽轮机效率,实现节能减排。

在汽轮机内蒸汽热能转化为功的过程中,由于进汽节流,汽流通过喷嘴与叶片摩擦,叶片顶部间隙漏汽及余速损失等原因,实际只能使蒸汽的可用焓降的一部分变为汽轮机的内功,造成汽轮机的内部损失。

降低汽轮机内部损失的方法有:①通过在冲动级中采用一定的反动度,蒸汽流过动叶栅时相对速度增加,尽量减小叶片出口边厚度,采用渐缩型叶片、窄型叶栅等措施来降低喷嘴损失;②通过改进动叶型线,采用适当的反动度来降低动叶损失;③将汽轮机的排气管做成扩压式,以便回收部分余速能量来降低余速损失等。

(4)改善蒸汽质量。

蒸汽压力和温度是蒸汽质量的重要指标。如果汽压低,外界负荷不变,汽耗量增大,煤耗增大;汽压过低,迫使汽轮机减负荷。过、再热汽温偏低,压力变时热焓减少,做功能力下降。也就是当负荷一定时,汽耗量增加,经济性下降。合理控制这两大指标,对提高经济性也具有重大意义。

(5)提高设备利用率,实现节能减排。

编制风机、制粉设备单耗定额和输煤系统输煤单位电耗定额,并颁布实施、加强考核,这样可以降低输煤电耗,而且可以降低设备磨损;充分提高公用系统设备的利用率,对不合理的系统及运行方式进行改进;除灰系统设备自动投入率要高,确保输灰、输渣设备有效利用及水的回收。

(6)采用变频调速技术,实现节能减排。

发电厂厂用电量占机组容量的 $5\%\sim10\%$,除去制粉系统以外,泵与风机等火电机组的主要辅机设备消耗的电能占厂用电量的 $70\%\sim80\%$。泵与风机的节电水平主要通过耗电率来反映。泵与风机的节能,重点要看其是否耗能过多、风机与管网是否匹配。大容量机组的火力发电厂的节水重点在于灰渣排放系统。目前燃煤电厂主要用水力系统将灰渣排到储灰场和储渣场。火力发电厂中的主要用电设备能源浪费比较严重,其具体表现如下:①通过改变挡板或阀门开度进行流量调节时,风机必须满功率运行,不仅效率低下,节流损失大,且设备损坏快;②执行机构和液力偶合器可靠性差,易出故障,设备利用率低,精度差,存在严重非线性和运行不可靠的缺点;③电机按定速方式运行,输出功率无法随机组负荷变化进行调整,浪费电能;④电机启动电流大,通常达到其额定电流的 6~8 倍,严重影响电机的绝缘性能和使用寿命。

解决上述问题的最有效手段之一就是利用变频技术对这些设备的驱动电源进行变频改造。变频调速控制节能原理是通过改变频率来改变电机转速。理论上这种调速方式调节范围宽(0~100%),且线性度很好,变频器设备本身能耗很低,无论是轻载还是满载都有很高的效率。此外其运行可靠性、调节精度及线性度(可达 99%)都是其他调速方法无法相比的。采用变频调速技术既节约了电能,又可方便组成封闭环控制系统,实现恒压或恒流量控制,同时可以极大地改善锅炉的整个燃烧情况,使锅炉的各个指标趋于最佳,从而使单位煤耗、水耗一并减少。

4.4.3　高效节能输电

为了解决对输电容量的需求持续增长与建设新线路困难的矛盾,近年来人们开始将更多的注意力从电网的扩张转移到挖掘现有网络的潜力上,研究利用其他高效节能输电新技术来均衡电网的潮流和提高输电线路的输送容量,从而提高输电网的输送能力。

目前有柔性输电技术、紧凑型输电技术等高效节能输电技术。

1. 柔性输电技术

柔性输电技术是基于现代大功率电力电子技术及信息技术的现代输电技术。

柔性输电技术可提高输配电系统的可靠性、可控性、运行性能及电能质量,是一项对未来电力系统的发展可能产生巨大变革性影响的新技术。柔性输电技术分为柔性直流输电技术和柔性交流输电技术。

(1) 柔性直流输电技术。

柔性直流输电能自身灵活控制潮流,交流电压的功能对系统短路比无影响,可将它放置在系统薄弱环节以增强系统稳定性,适合于向远地负载、小岛、海上钻井等孤立网络供电,尤其适合用于风力发电系统。

柔性直流输电技术用于连接风电场和电网具有独特的优势,它不需额外的无功补偿,能实现风力发电的远距离能量输送。它可以连接多台风电机组甚至多个风电场,从而减少换流站数,节约成本。

(2) 柔性交流输电技术。

柔性交流输电技术又称为灵活交流输电技术。该技术是基于电力电子技术改造交流输电的系列技术,它可以对交流电的无功功率、电压、电抗和相角进行控制,从而能有效提高交流系统的安全稳定性,满足电力系统长距离、大功率安全稳定输送电力的要求。

2. 紧凑型输电技术

从电网建设的远景和特高压电网规划来看,线路不断增多,线路走廊资源越来越紧张,特别是由于规划部门对土地审批越来越严格,线路通道在很多地区已经成为影响电网建设的主要因素。紧凑型输电技术与常规型输电线路相比,具有降低电能输送成本,减少输电走廊对土地的占用等特点,是经济发达、土地昂贵、房屋稠密地区节省线路走廊和工程投资、提高输送容量的有效方法之一。

3. 影响电网发展的关键技术

随着人类社会对全球常规一次能源可持续供应能力以及对生存环境恶化的担忧,未来能源发展将从资源引导型转为技术驱动型,这是世界能源发展的总体趋势。电网发展尤其如此。

根据我国能源及电力工业的特点,以及电网发展的目标定位,将对我国电网发展产生重大影响的关键技术如下。

(1)特高压输电技术。

特高压(交直流)输电技术为长距离、大容量、低损耗电力输送提供了有效的技术手段,是提高电网能源输送能力和在更大范围内开展电力国际合作的重要前提,也是提高我国电力行业国际影响力和竞争能力的重要契机。

特高压输电技术的优越性如下。

① 输送容量大。

1 000 kV 特高压交流按自然功率输送能力约是 500 kV 交流的 5 倍,在采用同种类型的杆塔设计的条件下,1 000 kV 特高压交流输电线路单位走廊宽度的输送容量约为 500 kV 交流输电的 3 倍。

② 节约土地资源。

±800 kV 直流输电方案的线路走廊宽度约 76 m,单位走廊宽度输送容量约为 84 MW/m,约是 ±500 kV 直流输电方案的 1.3 倍,溪洛渡、向家坝、乌东德、白鹤滩水电站送出工程采用 ±800 kV 级直流与采用 ±600 kV 级直流相比,输电线路可以从 10 回减少到 6 回。总体来看,特高压交流输电可节省约 2/3 的土地资源,特高压直流可节省约 1/4 的土地资源。

③ 输电损耗低。

与超高压输电相比,特高压输电线路损耗大大降低。特高压交流线路损耗是超高压线路的 1/4 左右,±800 kV 直流线路损耗是 ±500 kV 直流线路的 39% 左右。

④ 工程造价省。

采用特高压输电技术可以节省大量导线和铁塔材料,以相对较少的投入达到同等的建设规模,从而降低建设成本。在输送同容量条件下,特高压交流输电与超高压输电相比,节省导线材料约一半,节省铁塔用材约 2/3。1 000 kV 交流输电方案的单位输送容量综合造价约为 500 kV 输电的 3/4。

(2)信息化及智能控制技术。

包括实时数据采集技术、实时控制技术,以及智能化控制策略等。

(3)电网安全控制与大事故防御技术。

随着系统规模的逐步扩大以及电网功能的扩展,电网安全的重要性进一步提高。重点是研发具有动态安全分析、预警和辅助决策功能的新一代电网调度自动化系统,以及具有自适应能力、协调优化的电网动态安全稳定保障系统;加强推进先进电力电子技术的开发和应用,为大电网安全运行提供行之有效的技术保障手段和策略。

（4）提高电网输配电效率的更新改造技术。

目前我国每年数千亿的电网建设投入,预示着未来 30～50 年乃至更长时期内,大规模的输配电设施将达到其经济寿命期,因此,必须提前做好提高电网输配电效率和相关设施经济寿命的更新改造技术储备。

（5）交互式电能控制技术。

随着高效率、低污染的各种分布式能源系统的发展和应用,大电网与用户自有的分布式发电系统实现协调发展已成为世界电力系统发展的一个必然趋势。随着我国天然气管网覆盖面的逐步扩大以及天然气供应能力的提高,以天然气为燃料的分布式能源系统也将逐步在我国大中型城市中得以广泛应用;另外,太阳能光伏发电技术等也将逐步发展到商业化应用。因此,交互式电能控制技术的开发应尽快提上议事日程。

（6）适应不同特性电源接入和高效稳定运行的电网运行、控制和调度技术。

根据国家能源发展的总体安排,未来的发电能源结构将逐步由目前以煤电和水电为主的单元格局转变为以煤电、水电、核电以及风电和太阳能等其他可再生能源并存的多元化格局,因此,未来电网将面临如何在充分接纳各种特性的电源的前提下,保证稳定、高效运行的难题。尤其是现阶段我国风电开发中所特有的"小网大容量、弱网大规模"的风电开发模式特点,更需要进一步加强相应的电网运行、调度和控制技术开发,以适应风电开发的需要,并实现电网的安全、稳定、高效运行。

（7）大型电力储存技术。

随着大规模呈间歇性的风电、太阳能等可再生能源发电技术的开发应用和接入系统,以及具有交互式供电能力的分布式电源系统的发展,开发以高效率、长寿命、低成本、低污染为特征的先进大型储能技术已成为世界主要发达国家和地区（如欧盟、美国等）的技术开发重点。先进大型储能技术也是电动汽车发展的重要前提,还是需求侧削峰填谷和提供电力应急供应的有效技术手段。

（8）其他相关前瞻性技术。

比如,超导技术及其在电力系统中的应用。国内已开展了配电系统的相关技术与设备研发,在《GRID2030》中,美国把超导技术作为其未来全国输电技术的重要手段。氢能及燃料电池技术等也将对未来电力终端应用产生重大影响,并对电网运行与管理模式产生影响。

4.5　轻纺企业的节能

4.5.1　轻工企业的节能

1. 概述

轻纺工业,即轻工业和纺织工业,是生产消费资料的工业部门,是国民经济的重要组成部分。其中轻工业又包括造纸、食品、皮革、塑胶、家电、照明、日用陶瓷、日用玻璃、家具、五金等十几个行业。轻纺产品不仅是人民的基本生活资料,也广泛用于国防、重工业、文教卫生等方面。轻纺工业也是国家积累资金和出口创汇的重要生产部门。

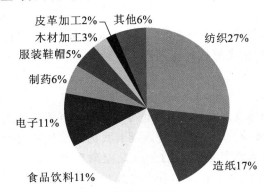

图 4-14 轻纺工业能耗分布概况

从能源消耗情况来看(图 4-14),轻纺工业中纺织、造纸是能耗最大的两个行业,能源消耗量分别占轻纺工业能耗总量的 27% 和 17%,此外农副食品、食品饮料行业的能耗也相对较高。综合分析能耗和节能投资情况,轻纺工业节能市场中,最值得关注的几个行业包括纺织、造纸和食品饮料。这几个行业中,除了电力以外,水和蒸汽也是被关注和重视的能源。

在工业生产中,轻工业是八个重点耗能行业之一。终端消费中,家电和照明的耗电量占全国总用电量的 25% 左右。在废水排放量方面,轻工业的造纸、食品(味精、柠檬酸、酒精等)、皮革、塑胶、洗涤五个行业约占全部废水排放量的 24%,COD_{cr}排放量约占全部工业 COD_{cr} 排放量的 58%,其中造纸行业废水排放量占 19%,COD_{cr}排放量占 35%。家用电器电子具有环境危害性,产品含有的有毒有害物质如不妥善处理,将污染环境,危害人体健康。

目前,中国纺织工业总耗能占全国工业总耗能的 4.3%,企业用水量占全国工业企业的 8.51%;废水排放量占全国工业废水排放总量的 10%,其中 80% 为印染废水,平均回用率仅为 10% 左右。总体来看,多数纺织企业节能减排投入不足,先进工艺装备采用率较低。

2. 造纸节能技术

造纸工业不仅是技术密集、投资密集的部门,而且是轻工业中的耗能大户。

在 20 世纪 70 年代美国造纸工业的能源自给率就达到 47.1%,北欧各国更先进,芬兰为 54%,瑞典高达 62%。我国只有少数造纸企业能源自给率达到 20%~30%,而为数众多的中小型企业对制浆废液和其他"伴生能源"几乎尚未利用,这不仅是对能源的极大浪费,而且对环境造成异常严重的污染,表明我国造纸工业的节能大有潜力。

我国造纸工业的节能当务之急是淘汰落后产能、优化原料结构、推广节能减排技术。确保我国造纸工业向着大型化、技术化和资金密集化的方向发展。

下面简单介绍几种造纸行业的节能技术。

1) 备料蒸煮节能技术

备料蒸煮节能技术主要包括以下几方面。

(1) 草类原料合理储存,不仅可以平衡全年生产,使其水分均匀,还能使果胶、淀粉、蛋白质、脂肪自然发酵,纤维胞间组织受到破坏,在蒸煮时,药液更容易渗透,能降低碱耗和能耗。

(2) 原料的筛选要尽可能除去草叶、鞘、节、根、膜、髓、糠、谷壳、谷粒和泥沙,备料时若不能除去,会增加碱、汽、水的消耗量。可针对不同原料采用干、湿法备料或风选除尘。

(3) 蒸煮使用薄木片可使纸浆得率提高 2%,筛浆率降低一半,用碱量下降 2%～5%。对高得率浆而言,降低筛浆率意味着可降低磨浆能耗。黑液中有机物与无机物的比例增加,从而在碱回收炉中产生的蒸汽增加。

(4) 在硫酸盐法蒸煮过程中,适当提高蒸煮液的硫化度、提高白液浓度和温度能起到节能作用。

(5) 蒸煮的液化、最高温度、保温时间等对能耗产生比较大的影响,在保持 H 因子不变的前提下,蒸煮时要尽可能用较低液比、较低蒸煮最高温度,并可以适当延长蒸煮时间。

(6) 采用预浸装锅,可以提高装锅量,节约装锅用的蒸汽,还可以缩短蒸煮时间。

(7) 提高装锅量能够节能,蒸煮曲线固定后,每一锅次的散热损失都相等,提高装锅量能减少分摊到每吨浆的热损失,使吨浆能耗下降。大容积的蒸煮锅(球)比小容积的蒸煮锅(球)吨浆耗热量低。对每吨浆来说,大容积蒸煮锅(球)的散热损失要比小容积的小。

(8) 采用冷喷放可使浆温降低至 90～95 ℃,降低蒸汽损失,吨浆节约蒸汽 0.6～0.9 t。间歇蒸煮大放汽或喷放的热量可用来预热下一锅蒸煮液,也可用来蒸发废液,还可用来加热污水,通过热交换生产清洁的温热水。

2) 洗选漂节能技术

洗选漂节能技术包括以下几方面。

(1) 采用高效的纸浆洗涤设备,如鼓式真空洗浆机、单螺旋挤浆机、双辊挤浆机、置换洗浆机等,并用逆流洗涤的工艺,大大提高黑液提取率,可以达到 90% 以上,提取的黑液浓度高,可节省蒸发用蒸汽,黑液中的固形物在碱回收车间,既回收蒸煮用碱,又利用其产汽。

(2) 采用封闭热筛选工艺与传统的筛选工艺相比,热量损失减少,提取黑液温度高,此外封闭热筛选时浆浓度较高,与低浓度浆的筛选相比,节约输送设备的电耗。

3) 碱回收节能技术

碱回收节能技术包括以下几方面。

(1) 适当增加蒸发器的效数有利于节能,采用多效蒸发的目的在于充分利用热能。通过二次蒸汽的再利用,减少蒸汽的消耗量,提高蒸汽的经济性。但是并不代表效数越多越好,还受到经济和计算因素的限制,因此在确定效数时,应该根据设备费用和操作费用总和最小的原则来确定最合适效数。在蒸发操作中,为保证传热的正常进行,效间应有合适温差。

(2) 蒸发时采用板式蒸发器。板式蒸发器具有蒸发效率高、结垢轻、易除垢等优点,板式蒸发器热效率比管式蒸发器高 10%～15%,节能性较好。余热回收采用效果更好的板式冷凝器,经过间接热交换,回收热水,节约能源。

(3) 碱回收炉烟气中的粉尘容易在过热器、锅炉管束及省煤器上积集,吹灰一般使用蒸汽。为节约蒸汽,可采用合理的吹灰压力,优化吹灰器的运行频率,用这些措施可节约用汽量 3%～5%。

(4) 燃烧工段采用单汽包喷射燃烧炉,提高碱回收炉的热效率。引风机采用变频风机,节约电能。

（5）苛化工段配置新型预挂式真空洗渣机,提高白泥的干度,降低碱的损失,有利于碱回收率的提高,也有利于白泥的运输。

（6）石灰窑节能主要采用排出石灰通过管式冷却器冷却,同时预热燃烧空气,绝热砖采用浇注成型砖;石灰窑的长度与直径之比为 29：1。采取上述措施可节约石灰窑总用能的 20% 左右。

4）打浆节能技术

打浆节能技术包括以下几方面。

（1）选用高效节能打浆设备,合理选择齿型和磨片材质,对节能有一定效果,一般节能 10%～40%。合理选择盘磨机速度和荷载能减少 15%～30% 的能耗。

（2）中浓打浆与低浓打浆相比,中浓打浆技术能有效保留和提高阔叶木浆的固有强度和结合强度,阔叶木浆抄造纸张的各项物理强度指标均有所提高,能耗降低 36% 左右,对于针叶木浆,中浓打浆能提高纸张物理强度指标 10%～24%,能耗降低 30% 左右。

（3）磨浆机选用高效的传动装置,配用高性能长寿命打浆磨盘和先进的自动控制系统,实现恒功率。

（4）水力碎浆机采用中浓碎浆比低浓碎浆可降低能耗约 40%,相同容积的设备可提高生产能力 1 倍。

5）流送系统节能技术

通过采用 PLC 自动控制技术和变频技术,实现流浆箱浆网速比的稳定控制,使流浆箱的浆网速比及压力的控制精度均大为提高,能自动适应纸机的不同网速,并可根据网速自动设定总压,从而改善纸的匀度,方便操作,稳定工艺条件;同时,冲浆泵使用变频器调速代替阀门调节浆流量,使冲浆泵的能耗降低,节能 30% 以上。

6）纸机节能技术

常用的纸机节能技术有以下几方面。

（1）纸机网部采用的聚酯干网不仅可以改善纸页匀度,增加水印,还可以提高纸页干度。

（2）采用靴式压榨,提高纸页进烘干部的干度,可降低蒸汽消耗。压榨部水分每降低 1%,就可节约蒸汽 5%。对纸机而言,网部、压榨部和烘干部脱出同样质量的水所需的成本之比为 1：70：330,因此纸机应尽可能在网部和压榨部脱出较多的水,以节约烘干部蒸汽消耗。

（3）多缸造纸机烘干部所消耗的能量占整台纸机能耗的 60%～80%,采用热泵系统能对造纸机干燥各段的供汽温度进行单独调节,使烘缸排出冷凝水顺畅。主要以工作蒸汽减压前后的势能差为动力,回收汽化缸二次蒸汽使其增压,提高能量品位供生产使用,可节约蒸汽量 7%。

（4）纸机使用聚酯干网比干毯和帆布节能,聚酯干网不吸湿,可省去干毯缸,节约蒸汽。

（5）采用变频器后可提高纸机的运转性能,各分部速度既准确又易于调整,传动效率高,降低动力消耗 10%～35%,此外各部分的负荷控制和传动的管理比较方便,降低了维护费用,减少运行成本。

（6）纸机烘缸采用全封闭汽罩,收集纸机汽缸散发的大量热湿气体,并设置该部分气体的废热回收设备,采用两级热回收,将回收的热量用于纸机干燥部加热及屋面热风系统,可提高热效率 10%～15%。封闭汽罩还能有效调节罩内气流,使纸页横向水分分布均匀而稳定,减少断头,提高纸机效率和成纸质量。封闭汽罩还改善了操作条件。

(7) 烘缸内设扰流棒,可明显减少驱动烘缸所需的驱动力与驱动扭矩,大大提高烘缸的传热速度和传热的均匀性,提高热效率,降低热能消耗。烘缸采用固定虹吸管式排水装置,需要压差较小,冷凝水排出顺畅,提高了干燥速率。

(8) 在纸机完成部进行水分自动控制,可将纸页水分控制在上限。纸页水分每提高 1%,每吨干纸少蒸发水分 10 kg,相当于 24 244 kJ 的热量,折 1.184 kg 标准煤。

(9) 真空泵使用变频器后,可根据真空度所需的抽气量实时调整真空泵电机转速,在真空泵富余量大大超出生产工艺需求时,变频器可降低真空泵转速,从而达到节能的目的。对纸机压榨的高真空系统,有的企业控制抽气量的方法是将多台真空泵全部运行,并通过阀门来调节,但这样耗电严重。可采用变频恒真空控制抽气量,选取其中 1 台为变频真空泵,其余为工频真空泵,可以节能。

(10) 采用红外干燥技术,红外干燥不受纸页表面状况的影响,红外线能迅速在纸页内部转化为热能,对纸页进行干燥。用红外干燥技术能改善纸页水分均匀性,提高车速,降低能耗。

(11) 抄纸机选用全封闭式冷凝水回收系统,可以降低热量回收时的跑、冒、滴、漏,又可以减少热损失和热污染。

7) 其他节能技术

其他节能技术包括以下几方面。

(1) 芦苇备料产生的苇膜、苇节、苇穗,麦草备料产生的谷粒、尘土、草叶、草节,杨木备料产生树皮、木屑,送废料锅炉用作燃料。麦秆平均低位发热量为 14 700 kJ/kg,稻秆为 12 545 kJ/kg,薪柴为 16 726 kJ/kg,充分利用这些燃料,能提高造纸工业 10%～20% 的能源自给率。

(2) 污水处理站产生的沼气,送锅炉作为燃料使用。沼气平均低位发热量为 21 000 kJ/m³。

(3) 化学机械浆磨浆产生的废蒸汽进余热锅炉,利用炉内管式热交换器进行热交换,其热交换率一般为 75%。

(4) 不同的化学助剂在制浆、造纸工艺中采用,其节能效果也比较明显。采用这些助剂能提高浆得率并减少化学品消耗。

(5) 提高机械浆在印刷书写纸的比重,由于机械浆得率高,药品、蒸汽单耗低,因此生产成本较低,提高机械浆配比,本身就意味着节能。

(6) 采用气流干燥浆能节能,采用气流干燥浆具有传热效率高的优点,能耗比烘缸干燥减少 75%。

造纸企业既是用电大户,也是用热大户,采用热电联产能极大提高能源利用效率。

4.5.2　纺织企业的节能

纺织工业是指将自然纤维和人造纤维原料加工成各种纱、丝、线、绳、织物及其染整制品的工业部门。如棉纺织、毛纺织、丝纺织、化纤纺织、针织、印染等工业。

纺织工业能源消耗结构见图 4-15。

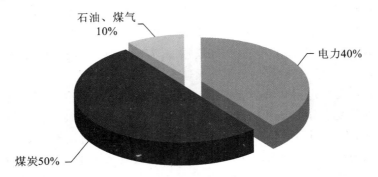

图 4-15　纺织工业能源消耗结构

纺纱、织布以电力消耗为主,印染以蒸汽为主,电力为辅。

1. 纺织工业节能技术

我国是世界上最大的纺织品生产国,纱、布等产量均居世界第一位。然而,纺织行业在高速发展的同时,面临着环境的制约和日趋激烈的国际市场竞争,尤其是资源利用率偏低、能耗居高不下,高能耗带来的高成本严重削弱了纺织企业的竞争力。统计数据显示,当前我国纺织、轻工等 8 个行业主要产品单位能耗平均比国际先进水平高 40%,因此,在节能方面,存在着较大的潜力空间。我国印染企业总体上与发达国家同类企业相比单位产品取水量是其 2~3 倍,能源消耗量则为其 3 倍左右。通常印染环节能耗占纺织产品链能耗的 30% 以上,而印染环节的能源利用效率却很低,印染厂能耗量的 50% 为蒸汽,主要在给水加热达到工艺温度、烘干、汽蒸三方面,其中给水加热占到能耗量的 65% 以上,高温排液量大,热能利用率只有 35% 左右。目前,只有少部分企业采用余热回收利用技术,而量大面广的企业热废气、热废水直接排放,设备控制上没有节能装置。

1)节电锭带的应用

(1)技术内容:采用 CNG 橡胶节电锭带代替棉锭带。

(2)效果分析:采用 CNG 橡胶节电锭带代替棉锭带,可节电 5% 左右,节电效果比较明显,并且不影响成纱质量。

(3)典型案例:某纺纱厂,在 FA506 型细纱机上分别配用棉锭带、CNG 橡胶节电锭带进行纺纱节电试验对比。纺纱品种为 T/C13tex,设计捻度为每 10 cm 95.2 捻,锭速 105 r/min;锭子型号 3203 型。试验在 10 台 FA506 型细纱机上进行,改前全部配用棉锭带,改后全部配用 CNG 橡胶节电锭带。为保证试验的准确性,缩短改前、改后时间间隔,只更换锭带,机械状态、纺纱工艺保持不变。在同台、同品种、同工况条件下对 CNG 橡胶节电锭带与棉锭带的用电情况进行了测试,测试时间为 6 个月。棉锭带纺纱产量为 344 kg,用电量为 795.6 kW·h,单耗 2.313 kW·h/kg;CNG 橡胶节电锭带纺纱产量为 94 kg,用电量为 204.9 kW·h,单耗 2.18 kW·h/kg。CNG 橡胶节电锭带相对于棉锭带节电率为 5.76%。细纱机万锭年节电量约为 1.78×10^5 kW·h,每万锭年节约电费 10.68 万元,全年节约电费 213.6 万元。

2）PLC 和变频技术

（1）技术内容。

空调系统耗电量占总耗电量的 30％左右。由于空调系统都是按最大负载并增加一定余量设计，而实际上一年当中，大部分时间负载在 70％以下运行。其次由于控制精度受到限制，造成能源浪费和设备损失，从而导致生产成本增加，设备使用寿命缩短，设备维护、维修费用增大。

对空调系统送风机实行变频控制，利用变频器、PLC（可编程序控制器）、数模转换模块、温湿度传感器等器件的有机结合，构成温差闭环自动控制系统。变频器装机容量按照系统最大负荷再增加 10％～20％余量选择。

（2）效果分析。

风机、泵类设备均属平方转矩负载。当转速降为原转速的 80％时，功率降为原功率的51.2％。采用变频器和 PLC 控制可以调节电动机转速，从而达到节电目的，节电率一般在20％～50％。

（3）典型案例。

2006 年某纺织企业对空调送风机实行了变频控制，以后纺工序为例，风机型号为Y280M-6，额定功率为 45 kW，额定转速为 980 r/min，全年运行时间按照 340 d 计算。改造前，年耗电量为 160 574 kW·h，改造后，年耗电量为 96 466 kW·h，节电率为 40％，年可节约电费 8 万余元，投资回收期约 15 个月，节能效果明显。

3）活性染料短流程湿蒸染色

（1）技术内容。

活性染料短流程湿蒸染色是一种全新的平幅染色工艺。该工艺特点是织物浸轧染液后，不经预烘，直接在一个可控制温度和湿度的反应箱内反应，处理后的织物各方面性能与传统工艺相比，都有明显提高。

该技术工艺流程：进布→浸轧染液（染料与碱剂轧液率为 60％～70％）→红外线反应区高温蒸汽箱→水洗→皂洗→水洗→烘干。

（2）效果分析。

该工艺具有流程短、重现性好、工艺条件相对宽、固色率高、色泽鲜艳、节能、节约染化料、有利于环保等优点。与传统常规工艺相比，能耗可降低 20％～30％。

4）蒸发冷却技术

（1）技术内容。

空气调节是棉纺织厂必不可少的环节之一，空调用电占总用电量的 15％～25％。蒸发冷却技术是一种新型空调制冷技术，它利用干湿球的温差作为推动力，使空气和水进行热湿交换，制冷性能系数（COP）很高。蒸发冷却空调主要有三种形式，即单元式直接蒸发冷却空调机、湿膜蒸发式加湿（降温）器及间接蒸发冷却和直接蒸发冷却相结合的复合式蒸发冷却空调机。

（2）效果分析。

蒸发冷却空调机与常规制冷机相比 COP 可提高 2.5～5 倍，从而大大降低空调制冷能耗。

　　5）微波技术

　　（1）技术内容。

　　微波技术可用于纺织材料的测湿、烘干、染料及高分子材料的合成及染整加工等,具有均匀、高效、节能、污染小等特点。微波技术在纺织上的应用主要有以下几方面。

　　① 微波测湿。

　　回潮率、含水率是纺织材料的重要性能之一。近年来,智能微波测湿仪已被用于测湿。测湿原理:当微波发射到纺织材料上,材料在微波外电场作用下,分子产生极化,微波以很高的频率改变电场极性而使分子快速转动,相邻分子之间相互作用产生类摩擦效应,使分子热运动加剧,材料温度升高。

　　② 微波加热与烘干。

　　微波加热是靠电磁波将能量传递到纺织品内部,微波加热烘干具有快递、均匀及穿透性大的特点,含水织物在微波场中可得到快速烘燥,织物回潮率在短时间内可降至 2% 以内。

　　③ 微波染整加工。

　　微波在烘燥等领域内的应用已很普遍,并已作为热源用于人们的日常生活。在染整行业,除了可用于烘干外,还可用于染色。微波染色是一种应用电磁波进行染色的技术,与传统染色相比,具有污染小、节约能源、降低成本、染色织物稳定的特点。

　　微波辐射技术还可以应用于漂白,可以改变纤维的漂白机理,加速木质素及有色物质结构的改变,从而加速漂白历程,提高漂白效果及效率,同时还可减少漂白剂用量和用水量,降低纤维损伤及污染等。

　　微波还可用于树脂整理后的烘焙,有效促使树脂在织物上的快速交联,有效改善抗皱性等。

　　目前世界上比较先进的连续染色在线测色仪,利用微波吸收水分原理测定织物的带液量,以特殊的半导体为基础的振荡器发生 10 GHz 的电磁波,以低功率（约 5 MW）微波辐射被测织物,通过测控装置保证带液量均匀一致,从而实现染色过程的在线控制。

　　（2）效果分析。

　　① 微波测湿技术。应用微波测湿技术,对于质量为 10 g 左右的棉纤维、合成纤维、羊毛等分子材料,耗电功率为 250 W,测湿时间只需 2～5 s,而传统的烘箱测湿法耗电功率一般为 3 000 W,测湿时间为 1.5 h,且易损坏纤维。

　　② 微波加热技术。微波加热不仅具有反应速度快、反应效率高的特点,而且有益于环境。

　　③ 微波染整加工。与传统染色相比,微波染色具有以下优点:热量在纤维内部扩展,无游移、无渗化、无白花,着色均匀,色牢度高,质量好;染料扩散迅速,固色时间短,甚至可缩短至 1/10;设备简单,控制迅速、简便,可以实现自动控制,加工速度快。

　　6）低温等离子技术

　　低温等离子体具有既可改善聚合物表面性质,同时又不改变聚合物母体性质的特点,非常适合纺织材料的改性,且具有节能、高效、无污染等特点。最常用于纺织品改性的低温等离子体可分为两类,即电晕放电和辉光放电。两者比较起来辉光放电比较稳定,对材料的作用比较均匀,改性的效果比较好。故大多数纺织品的低温等离子体改性处理都采用辉光放电。但辉光放电是在低气压下进行的,设备价格昂贵,且很难实现连续化处理,所以会受到一定的限制。电晕放电是在常压下进行的,设备价格较低,可实现连续化处理,因此许多人也在尝试用它来对纺织品进行改性。

7)连续加工技术

虽然连续加工技术设备占地面积大,投入高,整个生产过程中需要有经验和技能的管理人员进行适当的管理和控制,但可以肯定的是,连续化加工具有生产重现性更好、批与批之间变化小,节能、节水、省时、劳动力成本低,能减少人工操作和提高生产效率等优点,因而它带来的效益是长期性的。

8)短流程快速系统

染整设备的处理速度越来越快,与此相伴的是设备体积也越来越大,这意味着单位时间内的能耗越来越高,但对于单位产量的织物,能耗通常是降低的。

(1)尽可能以先进的浸轧显色工艺替代卷染机染色。

(2)染色涤棉混纺织物时,省去涤纶纤维染色后的中间烘燥。

(3)用同一类染料染色双组分混纺织物。

9)取消或合并操作单元

一步法预处理工艺:将合成纤维织物的荧光增白和热定形合并为一步,将染色和整理合并为一步。这种一步法工艺可使纤维素纤维及其混纺织物的染色与树脂整理同时完成,并且能耗低,用水量少,化学品用量低,从而减轻环境负担,降低生产总成本。

4.6　机械加工企业的节能

4.6.1　机械加工工业的能耗概述

当前我国机械工业发展速度已连续五年超过 20%,总规模位居世界前列。但总体水平与发达国家相比仍有较大差距,主要体现在:产业结构不尽合理;大部分企业自主创新能力较弱,产品升级换代缓慢;能源和原材料消耗大,污染严重。

对于机械工业而言,单位增加值能耗不高,总量却不小,各行业综合能耗水平差异较大。近年来,我国机械工业全行业和大中型企业综合能耗逐年下降。

与此同时,机械工业十分重视高效节能产品的研发,开发了许多高效节能重大技术装备和量大面广的通用产品,节能效果显著。例如,火电设备制造业实现由亚临界参数向超临界、超超临界的升级,机组效率提高了 2%~5%;发展高效电机,比普通电机效率提高 2%~5%;在关键部件应用方面,以电力电子技术实现变频调速,节约了大量能量;积极推广节能变压器;开发了风机、水泵、压缩机等高效通用机械产品。

尽管我国机械工业单位增加值能耗远远低于高耗能行业,也低于全国平均能耗,但单位产品综合能耗与工业发达国家相比还有差距。

4.6.2　铸造工艺的节能

国外对于铸造厂的减排主要集中在冲天炉烟气处理、旧砂再生、车间除尘等几方面。在德国的一些铸造厂中,普遍使用多种结构形式的滤筒式除尘器,这些除尘器具有更换滤芯方便、使用寿命长和除尘效率高的特点。一些欧洲国家对铸造废旧砂的排放管理十分严格,排放费用昂贵,迫使不少工厂对旧砂进行再生回用,从而尽量减少铸造废弃物对环境造成的污染,如采用再生成套设备等进行减排。福特(英国)公司为了防治和防止铸造厂对大环境造成污染,车间厂房建成如同一个个封闭式大集装箱,即使车间内有粉尘和噪声等污染,对大气和周围环境的影响也很小;对车间内的各种污染也采取相应的措施加以限制和解决。

铸造行业是机械工业的耗能大户,能耗高、能源利用率低、污染严重、经济效益差等制约了铸造行业的发展。铸造行业的节能技术与节能措施包含以下几方面。

1. 黏结剂的循环再利用

环保型砂芯无机黏结剂和砂处理及再生技术得到越来越多的关注。Laempe 公司的 Beach-Box 无机黏结剂是含有多种矿物质的流体,芯砂用 95% 砂及 5% 黏结剂,如铸件用干法除芯,黏结剂残留在砂中,为激活黏结剂,只要加入 2.5% 的水,可重复使用多次而不用再加新的黏结剂,这就意味着在生产中每批最大黏结剂加入量仅为 1.6%,通过除水而导致黏结剂组分的化学反应而硬化,可使用时间无限制,但相对湿度不应超过 70%,混制好的砂密封性好,可长期储存。Foundry Automation 公司和 MEG 公司的黏结剂为粉状,用于铝合金制芯,储存和浇注过程中均不发气,且均无树脂类黏结剂可能引起的环境问题。湿法清砂的水可回用 85%,回收的材料可 100% 再使用。

2. 旧砂回收与再利用

在欧美工业发达国家,一直把旧砂再利用作为重大研究课题,并取得了较好的研究成果,而且已经付诸工业生产。在浇铸有色金属件、铸铁件以及铸钢件时,根据旧砂的烧结温度,用机械法再生旧砂。其再生率大致分别为 90%、80% 及 70%。旧砂回用与湿法再生结合是最经济、最理想的选择,两级湿法再生去除率(Na_2O)达 85%~95%,单级也可达 70%。90% 的旧砂回收再利用,质量接近新砂。英国理查德(Richard)公司采用热法再生,可以提高再生率 10%~20%。而且热法旧砂再生成套设备的成本回收期较短,一般运转两年就可收回成本。回收得到的无法用机械法再生处理的锆砂采用热法处理后,再生砂的质量优于新砂。在美国,铸造行业年用砂量在 5.0×10^6 t 左右。Bastian K. C. 和 Alleman J. E. 研究发现,铸造用后的旧砂用于高速公路路基材料,完全可以满足高速路建设所用材料的性能要求。其性能同样优于同品种的新砂。

3. 铸模和模料的再生

自 20 世纪 90 年代以来,欧美工业发达国家将精铸生产厂家废弃的模料或回收模料,经特殊的净化处理,再按用户不同需求调整成分,形成"回收-再生模料",这种技术的关键在于采用先进的多级过滤或者离心分离法,加速操作过程并获得更纯净的模料。铸模表面涂一层硬质薄膜,可以有效地抑制腐蚀,利用氮和碳化物的保护作用提高对热裂、腐蚀等破坏行为的抵抗力,以薄膜取代厚的氧基涂层材料,从而有效延长铸模使用周期。其核心技术是

PACVD 技术，即等离子化学蒸汽沉积技术。

4. 以熔炼为中心的节能技术

铸件熔炼部分的能耗约占铸件生产总能耗的 50%，由于熔炼而造成的铸件废品约占总废品的 50%。因此，采用先进适用的熔炼设备和熔炼工艺是节能的主要措施。下面以铸铁熔炼的节能技术为例说明。

（1）推广冲天炉-电炉双联熔炼工艺。冲天炉-电炉双联熔炼是利用冲天炉预热、熔化效率高和感应电炉过热效率高的优点，来提高铁液的质量，达到降低能耗的目的。近些年来，随着焦炭、生铁等原材料价格的大幅上扬和铸件品质要求越来越高，单独使用电炉熔炼日益增多，利用夜间低谷电生产，也取得了较好的经济效益和节能效果。

（2）推广采用热风、水冷、连续作业、长炉龄冲天炉向大型化、长时间连续作业方向发展是必然趋势。国外的铸造企业把其作为一项重要节能措施加以应用。近些年来，国内也在这些方面做了大量的工作，已有部分企业采用，且取得了明显的节能效果。例如，采用大排距双层送风冲天炉技术，可节约焦炭 20%～30%，降低废品率约 5%，Si、Mn 烧损分别降低约 5%、10%；水冷无炉衬和薄炉衬冲天炉，连续作业时间长，可节能 30% 以上；热风冲天炉既节能又环保。

（3）推广应用铸造焦冲天炉熔炼。采用铸造焦燃料是提高铁液温度和质量的有效途径。国外大多数冲天炉熔炼采用铸造焦。由于铸造焦价格高或是出于习惯等，至今国内大多数企业仍使用冶金焦，甚至有的企业使用土焦，这不仅影响铸件质量，而且焦耗量大。如应用铸造焦，废品率可下降 2%。因此，发展铸造焦生产，推广应用铸造焦是提高铸件质量，降低能源消耗的措施之一。

（4）除湿送风冲天炉使用冶金焦时，铁液温度很难稳定在 1 500 ℃。如采用 3% 的富氧送风就能保证，并且每吨铁液可净降低能耗 10kg 左右标准煤。冲天炉除湿送风通常在南方潮湿地区使用，它可以提高铁液温度，减少硅、锰等元素的烧损，提高铁液质量和熔化率，降低焦耗 13%～17%。

（5）冲天炉采用计算机控制技术。冲天炉采用计算机控制包含计算机配料、炉料自动称量定量和熔化过程的自动化控制，使冲天炉处在优化状态下工作，可获得高质量的铁液和合适的铁液温度。与手工控制相比，可节约焦炭 10%～15%。

（6）推广使用冲天炉专用高压离心节能风机。目前国内仍有不少冲天炉使用罗茨或叶氏容积式风机，能耗大、噪声大。采用冲天炉专用高压离心节能风机，可节电 50%～60%，熔化率提高 33% 左右。

5. 以加热系统为中心的节能技术

铸造生产中工业炉窑能耗仅次于熔化设备，约占总能耗的 20%。对各种加热炉、烘干炉、退火炉，应从炉型结构到燃烧技术等进行技术改造。采用耐火保温材料改造现有炉窑，节能效果显著。对燃煤工业炉的加煤采用机械加煤比手工加煤节能 20% 左右。将燃煤的砂型、砂芯烘干炉改用明火反烧法，可节煤 15%～30%。对型芯烘干炉采用远红外干燥技术可节电 30%～40%。对大型铸件采用振动时效消除应力处理比采用热时效处理可节能 80% 以上。可锻铸铁锌气氛快速退火工艺可节电或降低煤耗 50% 以上。

6. 以采用先进适用造型制芯技术与装备为中心的节能技术

造型工艺的能耗中,若湿型为 1,则自硬砂为 1.2～1.4,黏土干砂为 3.5。黏土干砂型能耗最高,应予以淘汰。湿型能耗最低,且适应性强,这是湿型仍大量采用的原因之一。应根据铸件品质要求、铸件特点来选用先进的高压、静压、射压、气冲造型工艺和设备,以及应用自硬砂技术、消失模铸造技术和特种铸造技术。用树脂自硬砂、水玻璃有机酯自硬砂和VRH 法造型制芯工艺代替黏土干型,可提高铸件尺寸精度和降低表面粗糙度,提高铸件质量,降低能耗。特种铸造工艺与普通黏土砂相比,铸件尺寸精度为 2～4 级,表面粗糙度细1～3 级,质量减轻 10％～30％,加工余量减少 5％以上,铸件废品率也大大降低,综合节能效果显著。铸件合格率每提高 1％,每吨铁水可多生产 8～10 件铸件,相当于节煤 5～7 kg。铸件废品率每降低 1％,能耗就降低 1.25％。由此可见,采用先进工艺技术与装备,提高铸件质量,降低铸造废品率是提高能源利用率,降低能耗的一条重要途径。

7. 推广低应力铸铁、铸态球墨铸铁等技术

我国用于灰铸铁件热时效的能耗为每吨铸件 40～100 kg 标准煤,用于球墨铸铁件退火、正火的能耗为每吨铸件 100～180 kg 标准煤。除少数企业生产汽车发动机、内燃机铸件不用热时效工艺外,大多数生产这类铸件的企业仍采用热时效工艺消除应力,这是我国铸造行业能耗居高不下的原因之一。推广使用薄壁高强度灰铸铁件生产技术和高硅碳铸铁件生产技术,生产汽车发动机、内燃机的缸体、缸盖和机床床身等铸件,可获得不用热时效工艺的低应力铸铁件,达到节能目的。我国球墨铸铁件中高韧性铁素体球铁和高强度珠光体球铁占有很大的比重,通常是采用退火、正火处理。采用铸态球墨铸铁生产技术省去了退火、正火处理工序,节约能源,避免了因高温处理而带来的铸件变形、氧化等缺陷。采用球铁无冒口铸造工艺,可提高工艺出品率 10％～30％,降低能耗也很显著。因此,推广应用低应力铸铁件、铸态球墨铸铁件和球铁无冒口铸造技术,对于全行业的节能降耗具有重要的意义。铸钢件采用保温冒口、保温补贴,可使工艺出品率由 60％提高到 80％。

8. 推广冲天炉废气利用和余热回收技术

目前我国 90％的铸铁是用冲天炉熔炼生产的,这种状况仍将保持相当长的时间。铸造行业的余热利用主要集中在冲天炉上。冲天炉熔炼时排出大量的烟气,烟气中含有可燃性碳粒和可燃性气体,既造成环境污染,又浪费大量的热能。冲天炉熔炼时除 38％～43％的有效热量用于熔炼外,烟气带走的热量为 7％～16％,可燃性气体不完全燃烧热量为 20％～25％,固体不完全燃烧热量为 3％～5％,三者合计占 30％～45％。由此可见,冲天炉熔炼的余热利用潜力很大。目前我国冲天炉的余热利用绝大多数是利用密筋炉胆预热鼓风,热风温度为 200 ℃左右,余热利用率低。近些年来,有部分企业使用长炉龄连续作业热风冲天炉,充分利用了废气的余热和碳粒及可燃性气体再燃烧的热量,使热风温度达 600～800 ℃,冲天炉铁水温度达 1 500～1 550 ℃,熔化效率提高 45％。既达到节能、提高铁水质量的目的,又实现了环保的要求。

9. 开发先进技术

日本铸造业通过对铸造设备、铸造材料、铸造工艺的改进,使铸造企业节能降耗,并将环境污染降到最低。例如,改造后的冲天炉使用变频控制,增加除尘装置,使耗费的电力减少一半,60％的排放热量循环利用,废气可达到任何国家的排放标准。重新改造后的节能造型机,由于采用了高频振动,所需的能量仅为油压式造型机的10％。消失模铸造在生产净尺寸铸件上有优势,造成的污染极少,有利于环境保护,被称为绿色铸造工艺。

利用太阳能处理铝精炼时的浮渣及铸造用砂,可以较大程度地节约能源消耗。而这种处理所利用的主要设备是一台旋转的直接加热的干燥炉。在德国科隆DLR公司,利用太阳能加热处理固体废物的生产过程已经应用到铝废料的重熔。而传统的处理方式需要消耗大量的能量,导致成本较高,使很多企业将这些废料堆积起来。

4.6.3　锻造工艺节能

锻造行业能源消耗主要表现在锻锤、压力机等设备耗能、坯料加热、锻件热处理。锻造行业拥有的各类锻锤和压力机结构,大部分是沿袭苏联20世纪40—50年代的设计方案,存在先天性能耗高的问题。自由锻造液压机和模锻液压机的工作介质为水或油,多采用成套的泵——蓄能器提供动力,通过管道将动力传送至液压机做功,主要生产大型自由锻件和模锻件。模锻压力机包括双盘摩擦螺旋压力机、机械压力机以及离合器式和电动直驱式螺旋压力机,是我国生产各类民用或军用机械产品大中小型模锻件的主要设备。

坯料加热和锻件热处理的加热炉分别为电加热炉和燃料(煤气、天然气、油)加热炉,总量超过10 000台。行业调研资料显示,燃煤加热炉的能耗大约是电加热炉的2倍,燃油加热炉的能耗大约是电加热炉的3.3倍。

锻造工艺节能方法如下。

(1) 推广冷挤压及冷锻工艺。

在原生产过程中,需要各种加热及热处理,锻造过程中80％的能耗在此过程中,通过冷锻工艺,可以最大限度减少用热量,减少热能的应用。

(2) 余热热处理工艺的应用。

余热热处理工艺是指利用锻造过程中产生的余热来完成所需要的热处理,包括余热淬火、余热等温、余热正火等。

(3) 燃油炉的改造。

主要措施为减少热量的散失,增加保温层,减小炉门通径,增加炉门,采用高级雾化喷嘴。

(4) 中频感应器的匹配。

采用专用的中频感应器,使感应能力大大提高,达到最佳匹配效果,提高加热效率。

(5) 热处理炉的改造。

提高热处理炉的保温能力,减少其散热。

(6) 循环水系统的改造。

加装水净化及散热系统,使水能够循环利用,减少用水量。

(7) 蒸汽锤、空气锤改电液锤。

对原有蒸汽锤、空气锤的驱动部分进行改造,取消原有动力供应系统。蒸汽锤、空气锤改电液锤的特点是用电液锤动力头来替代原蒸汽锤或空气锤的汽(气)缸,原锤的锤体和基础都保持不动。电液锤驱动头工作原理简单地讲就是液压蓄能、气体膨胀和自重做功。电液锤驱动头主要由动力头、泵站和电控柜组成。动力头是电液锤的打击部件,泵站为其提供动力,电控柜进行逻辑控制。动力头包括主箱体、主操纵阀、蓄能器、氮气罐等;泵站包括油箱、电控卸荷阀、齿轮油泵及配用电机、先导卸荷阀、油过滤装置、冷却器等。项目改造后能源利用率可提高至20%左右。

（8）谐波治理及功率因数的提高。

由于在冶炼过程中,使用中频炉,企业内部的功率因数低,谐波含量大,针对于此,需要根据企业性质,加装动态无功补偿装置及动态谐波治理装置,减少线损。

（9）水循环中的水泵的变频改造。

通过采用恒压供水的方式,来控制水泵的转速,达到节能目的。

4.6.4 热处理工艺节能

常用的热处理设备有加热设备、冷却设备和检验设备等。

1. 加热设备

加热炉是热处理车间的主要设备,通常的分类方法如下:按能源分为电阻炉、燃料炉;按工作温度分为高温炉（>1 000 ℃）、中温炉（650～1 000 ℃）、低温炉（<650 ℃）;按工艺用途分为正火炉、退火炉、淬火炉、回火炉、渗碳炉等;按形状结构分为箱式炉、井式炉等。

常用的热处理加热炉有电阻炉和盐浴炉。

（1）中温箱式电阻炉应用最为广泛,常用于碳素钢、合金钢零件的退火、正火、淬火及渗碳等,如图 4-16 所示。

（2）井式电阻炉宜用于长轴类零件的垂直悬挂加热,可以减少弯曲变形。可用吊车装卸工件,故应用较为广泛,如图 4-17 所示。

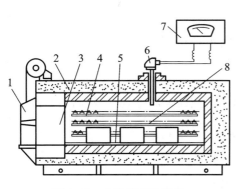

图 4-16 中温箱式电阻炉

1—炉门;2—炉体;3—炉膛前部;4—电热元件;5—耐热钢炉底板;
6—测温热电偶;7—电子控温仪表;8—工件

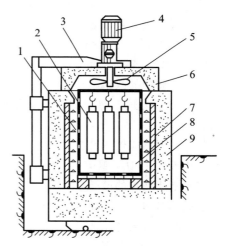

图 4-17 井式电阻炉

1—装料筐;2—工件;3—炉盖升降机构;4—电动机;
5—风扇;6—炉盖;7—电热元件;8—炉膛;9—炉体

（3）盐浴炉采用液态的熔盐作为加热介质，加热速度快而均匀，工件氧化、脱碳少，可进行正火、淬火、化学热处理、局部淬火、回火等，如图 4-18 所示。

2. 冷却设备

常用的冷却设备有水槽、油槽、浴炉、缓冷坑等。介质包括自来水、盐水、机油、硝酸盐溶液等。

3. 检验设备

常用的检验设备有洛氏硬度计、布氏硬度计、金相显微镜、物理性能测试仪、游标卡尺、量具、无损探伤设备等。

4. 热处理设备节能方法

加热设备的节能潜力巨大，对加热设备的节能要求是，有较大的炉膛、有效的利用面积率、均匀的温度区域、较高的装载量、良好的加热装置、廉价能源、良好的传热效果、良好的保温能力、较少的热损失及较高的热效率等。按该要求，对设备进行引进、改造、自发研制以及合理使用，有效地开展节能生产。

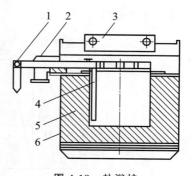

图 4-18　盐浴炉
1—连接变压器的铜排；2—风管；
3—炉盖；4—电极；5—炉衬；6—炉壳

1）合理选择能源

采用电能干净、易控制。如井式电阻炉，属间接加热工件，热效率较低，通过强化辐射、减少炉衬蓄热及炉壁散热来提高热效率；脉冲离子氮化炉，用电能把低真空的气体电离成离子，在电场作用下，高速冲击工件，在加热工件的同时，把氮元素渗入工件，这种热处理方式有较高的热效率；中频感应加热炉，处于交变电磁场中的曲轴内部产生交变电流（即涡流）而把曲轴表面瞬间加热至高温，属直接加热，有很高的热效率，达 $55\% \sim 90\%$，感应淬火属局部处理，比整体淬火节能近 $80\% \sim 90\%$。

采用便宜燃料，最好用天然气或煤气等高热值的气体，可以在喷射式烧嘴上形成火焰，通过热冲击、热辐射、热对流的方式，直接加热工件，有高的换热系数和加热速度，故热效率高。台式正火炉、连续正火流水线等用天然气作加热能源来处理工件。

2）减少热损失，提高热效率

（1）台式正火炉及正火流水线，为减少炉衬蓄热采用复合炉衬，炉壁使用陶瓷纤维，内壁表面涂红外反射涂料；考虑到炉底强度要求高，采取黏土砖加轻质耐火砖结构，炉门内壁贴陶瓷纤维。

（2）台式正火炉，为提高炉子密封性，炉体尽量少开孔，以避免热量散失。

（3）井式电阻炉，减少料盘、料框的质量，只要能承载设备允许的最大装炉量即可，避免消耗更多的能量来加热料盘、料框。

3）燃料炉高效燃烧嘴的开发应用

优良的燃烧嘴，应能自动调节燃气与空气的比例，且燃烧的火焰能实现炉内强辐射及强对流。需根据具体情况选择合适的优良燃烧嘴。

4）充分利用余热及废热

（1）氮化处理温度控制如图 4-19 所示。加热到 590 ℃保温 3 h，停电随炉降温到 540 ℃，利用炉内余热继续通介质氮化,可获得良好的效果,前提是设备密封性好。用额定功率为 180 kW、型号为 SL02-35 的井式氮化炉处理同样的产品,改进后每条曲轴产品可节省 20 kW·h 电量。

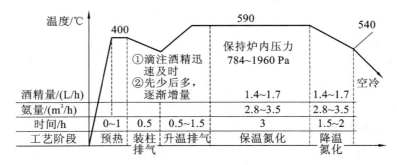

图 4-19　氮化处理温度控制图

（2）正火流水线利用天然气作燃料加热,其烟筒排除废气的同时,也带走炉内 20%～50% 的热量。那么在设备设计安装时应充分考虑到余热的再利用,把助燃空气管道设置在紧贴烟筒处以预热,助燃空气刚进入炉内就能达到 100 ℃,可降低热损耗。

5）炉型的合理选择

当热处理产品的批量及工艺确定后,选用炉型就成为实现工艺、节能和降低成本的关键。连续式炉比周期式炉耗能少,各种炉子的热效率顺序由高到低为:振底式炉、井式电阻炉、输送带式炉、箱式炉或台式炉。当批量大时,宜选用连续式炉;当品种比较多、数量较少时,就集中使用周期式炉。

6）推广氨基气氛井式电阻炉热处理

氨基气氛用于客户特殊要求的回火热处理,可以达到少（或无）氧化脱碳和工件表面光亮无锈蚀的效果;用于化学热处理可减少内氧化、防腐蚀,提高化学热处理质量。氨基气氛气源丰富,成本低廉,安全性好,适应性强,污染少,废气燃烧后生成水和氮气释放到空气中。一般选用液化的氨气作保护气氛及化学热处理的介质资源。

第 5 章　高能耗设备的节能

5.1　工业锅炉的节能

5.1.1　概述

锅炉是利用燃料燃烧释放的热能或其他热能加热水或其他工质,以生产规定参数(温度、压力)和品质的蒸汽、热水或其他工质的设备。

锅炉是一种能量转换设备,向锅炉输入的能量有燃料中的化学能、电能、高温烟气的热能等,经过锅炉转换,向外输出具有一定热能的蒸汽、高温水或有机热载体。锅的本义是指在火上加热的盛水容器,炉是指燃烧燃料的场所,锅炉包括锅和炉两大部分。锅炉中产生的热水或蒸汽可直接为工业生产和人民生活提供所需热能,也可通过蒸汽动力装置转换为机械能,或再通过发电机将机械能转换为电能。提供热水的锅炉称为热水锅炉,主要用于生活,工业生产中也有少量应用。产生蒸汽的锅炉称为蒸汽锅炉,常简称为锅炉,多用于火力发电厂、船舶、机车和工矿企业。

通常我们把用于动力、发电方面的锅炉,叫做电站锅炉;把用于工业、采暖和生活方面的锅炉,称为供热锅炉,又称工业锅炉。

随着经济、社会的发展,锅炉设备已广泛应用于现代工业的各个部门,成为发展国民经济的重要热工设备之一。从量大面广的角度来看,除了电力行业以外的各行各业中运行着的主要是中小型低压锅炉,全国目前有 50 多万台。随着城市建设和保护环境的需要,尽管燃油、燃气锅炉日益增多,但由于我国以煤为主的能源结构,锅炉燃料还是以煤为主,燃煤锅炉约占 80%。它们的热效率普遍较低,节能潜力很大,而且排放的大量烟尘和有害气体严重污染了环境。

燃煤工业锅炉存在的主要问题如下:单台锅炉容量小,设备陈旧老化;锅炉平均负荷不到 65%,"大马拉小车";锅炉自动控制水平低,燃烧设备和辅机质量低;使用煤种与设计煤种不匹配、质量不稳定;缺乏熟练的专业操作人员;污染控制设施简陋,多数未安装或未运行脱硫装置,污染严重;节能监督和管理缺位等。

"十一五"和"十二五"期间我国集中对工业锅炉进行了节能改造。其实施的主要内容如下。

(1)更新、替代低效锅炉:采用新型高效锅炉房系统更新、替代低效锅炉,提高锅炉热效率。

(2)改造现有锅炉房系统:针对现有锅炉房主辅机不匹配、自动化程度和系统效率低等问题,集成现有先进技术,改造现有锅炉房系统,提高锅炉房整体运行效率。

(3)建设区域煤炭集中配送加工中心:针对目前锅炉用煤普遍质量低、煤质不稳定、与锅炉不匹配、运行效率低的问题,侧重于北方地区,建设区域锅炉专用煤集中配送加工中心。

(4)示范应用洁净煤、优质生物型煤替代原煤作为锅炉用煤,提高效率,减少污染。

5.1.2　工业锅炉节能监测

根据国家标准,对工业锅炉的监测有五项指标,其中测试项目四项,即排烟温度、排烟处过量空气系数、炉渣含碳量和炉体外表面温度;检查项目一个,即锅炉热效率。通过五项监测指标,即可了解该锅炉的运行状况,并分析锅炉存在的问题,找出节能的方法。下面对五项监测指标逐一进行讨论。

1. 排烟温度

排烟热损失是锅炉的主要热损失之一,可达 10%～20%。排烟热损失主要取决于排烟温度和过量空气系数的大小。在锅炉运行中为了减少排烟热损失,应在满足燃烧反应需要的前提下尽量保持较低的空气系数,应尽可能避免燃料室及各部分烟道的漏风,以降低排烟热损失。排烟温度也不是越低越好,因为太低的排烟温度势必增加锅炉尾部受热面,这是不经济的;同时还会增加通风阻力,增加引风机的电耗;此外过低的排烟温度若低于烟气露点,将会引起受热面的腐蚀,危及锅炉的安全运行。通常最合理的排烟温度应根据排烟热损失和尾部受热面的金属耗量与烟气露点等进行技术经济核算来确定。

造成锅炉排烟温度升高除没有装设尾部受热面以外,还受烟气短路、受热面积灰与结垢、运行负荷等因素的影响。要降低排烟热损失;应防止锅炉烟气系统烟灰的结垢和堵塞。为此应定期检查锅炉炉膛及水冷壁以及空气预热器和省煤器的运行状况,及时对锅炉吹灰、清除烟垢,以及采取其他一些有效的措施,保持受热面清洁,最大限度地提高传热效率,充分吸收利用炉膛中燃煤的热量,从而降低排烟温度,延长锅炉的使用寿命,提高锅炉的运行效率。

2. 过量空气系数

过量空气系数是一项重要指标。对各类不同类型的锅炉,都有一个最佳过量空气系数,但实际上几乎所有的炉子的过量空气系数都超过设计值。过量空气系数,是根据燃料的性质、燃烧方式、燃烧设备等条件来确定的。当过量空气系数过大时,会造成燃煤与空气混合不均匀,有的区域出现空气不足,另外区域又严重过剩,致使炉膛温度降低,排烟量增大,排烟热损失增加。最好的做法是,在尽可能保证燃料得到充足的氧气并完全燃烧的前提下,使过量空气系数降低。造成空气过剩通常有以下原因。

(1) 炉排下部的风室隔断不严,各风室互相串风。

煤在炉排上的燃烧是分段、分区进行的。煤在预热干燥时,完全不需要空气;在挥发分析区域,有一部分可燃性气体已经开始燃烧,因此需要供给少量空气;挥发分和焦炭的燃烧区域是燃烧的主要部分,需要送入大量的空气。对链条锅炉,其燃烧过程是沿链条长度方向分布的。在炉排前部和后部不进行激烈的燃烧,需要少量的空气;中部主燃区则需要大量空气。现代锅炉的分室送风技术是在链条下面分成几个风室,各个风室之间装有隔板,每个风室可以独立调节风量,保证燃烧良好。如果炉排下部的风室隔断不严,各风室互相串风,或者炉排两侧密封不严,就不能按照在锅炉内的燃烧过程合理地分配空气量。

(2) 锅炉烟气系统及锅炉本体漏风。

锅炉烟气系统漏风主要发生在锅炉排放炉渣的部位。其原因是锅炉机械除渣设备安装不正确或没有配除渣门,致使隔绝空气的效果差,造成锅炉烟气系统漏风严重。此外锅炉本体的炉墙漏风也很普遍。锅炉炉墙砌体一般是各类耐火砖、红砖及保温砖等,其本身气密性就差,再加上耐火砖缝的耐火泥都是塑性的,这些都会导致锅炉炉墙漏风。尤其是快装锅炉的炉墙较薄,如果炉墙砌筑不好,锅炉漏风量将会很大;此外由于锅炉整体刚性较差,锅炉在运输和吊装过程中炉墙砖缝也会松动而漏风。

(3)锅炉燃烧调整的操作技术差,造成风量配置不当。

由于煤在炉排上的燃烧是分段、分区进行的,因此机械化层燃锅炉应根据煤的不同燃烧过程供给不同的空气量。分段送风门的实际开度要经常随炉排速度、燃煤粒度、水分的变动及火床面上的燃烧情况而加以调整。层燃锅炉操作水平的高低,表现在是否能按煤的燃烧各区段正确调节空气量,如操作不当,将影响燃烧效率。

(4)锅炉仪表配备不够齐全。

一般 10 t/h 以下锅炉所配备的仪表除压力表、水位计、温度表外,大都没有安装氧量表或者过量空气系数表,这对锅炉操作人员现场控制过量空气系数带来很大的限制。对于一时还加装不上监测仪表的锅炉,可凭经验观察火焰判断燃烧情况:火焰呈青黄色表示空气量合适;呈刺眼的白色表示空气量过多;发黄呈橘红色表示空气量不足。另外观察排出的烟气颜色,也有助于判断空气量的多少:烟气呈淡灰色表示空气量合适;呈白色表示空气量过剩;呈黑色表示空气量不足。

3. 炉渣含碳量

炉渣含碳量反映锅炉的机械不完全燃烧热损失。对层燃炉来说,机械不完全燃烧热损失是最大的损失项,可达 15%~20%。

造成炉渣含碳量高的原因很多,主要有以下几方面。

(1)对机械化层燃炉(链条炉、往复炉),燃煤水分和挥发分对煤炭着火的快慢和燃烧温度的高低有显著的影响。煤炭水分过大,会造成煤着火延后;煤炭的挥发分高,则容易着火燃烧。所以燃用水分过大或者挥发分较小的煤种,因着火推迟,会导致在整个燃烧过程结束时,煤炭来不及完全燃尽,造成炉渣含碳量超标。

(2)锅炉运行参数调整不合理,主要包括煤层厚度、进煤速度、风煤配比等。机械化层燃炉煤层过厚时,燃煤不易烧透,造成燃烧不完全;进煤速度太快时,燃煤还没有完全燃烧就已经到达炉排末端,被排出炉膛;风煤配比不合适时,不能保证提供充足的氧气供煤炭充分燃烧,也会使炉渣含碳量增加。

(3)炉膛温度过低。炉膛温度的高低是燃料燃烧好坏的重要影响因素。过低的炉膛温度不能维持炉膛内良好的燃烧。为了保证炉内燃烧的稳定,炉膛出口的温度不宜低于 800 ℃。炉膛温度偏低是目前工业锅炉运行中较为普遍的问题。造成的原因除了漏风严重和风量配置不当外,助燃拱的型式、低负荷、炉膛水冷系数过大等也是造成炉膛温度低的主要因素。

(4)锅炉结构设计不合理。如炉膛太小,造成热负荷低,使燃烧不良;前拱几何形状及高度不适,使着火点推迟;后拱过高或过短使余煤不能燃尽。

炉渣含碳量在一定程度上代表了煤炭燃烧的完全程度,是反映锅炉运行状况的重要指标。可以从灰渣的色泽变化,及时发现影响锅炉正常燃烧的原因,排除不良因素,提高锅炉运行的热效率。

4. 炉体外表面温度

炉体外表面温度指标主要用来反映锅炉的散热损失。锅炉散热的大小主要取决于单位锅炉的容量相对表面积的大小和外壁温度,外壁相对面积越大,外壁温度越高,向周围环境的散热量也越大。对 35 t/h 以下的工业锅炉,散热损失占总的输入热量的 1%~3.5%。从具体因素来看,炉体外表面散热损失主要取决于以下因素:锅炉容量的大小;是否布置尾部受热面;炉墙的保温绝热状况;锅炉的实际运行安装维修水平。

在实际监测中,经常发现的问题是,锅炉墙体年久失修已经损坏,保温层没有及时维修更换,都会造成炉体外表面温度超标;或者虽然整体炉墙外表面温度未超标,但炉墙的部分区域严重超标。这些情况下都应当对保温层进行检修,选用先进的保温材料,以降低散热损失。

5. 锅炉热效率

根据《燃煤工业锅炉节能监测》(GB/T 15317—2009)的规定,工业锅炉的热效率为监测的检查项目。热效率是锅炉的综合指标,体现了锅炉作为一个能源转换设备的综合性能。在国家标准规定的监测项目中,对排烟温度和过量空气系数的监测,其实质是为了对排烟热损失 q_2 进行监控;对炉渣含碳量的监测是对机械不完全燃烧热损失 q_4 的监控;对炉墙温度的监测则是对锅炉外表面散热损失 q_5 的监控。对工业锅炉的测试结果进行统计分析可知,在工业锅炉的各项热损失中,把 q_2、q_4、q_5 控制好,就基本控制住了损失的 70%~80%。

对锅炉的热效率进行分析,主要可以从以下四方面入手。

(1) 锅炉设备本身的问题:如炉膛设计不合理,受热面积灰与结垢,炉墙漏风以及辅机配套、水处理设备不合格等。

(2) 操作运行方面的问题:如司炉人员的操作水平、锅炉房管理和规章制度的完善程度等。

(3) 生产安排上的问题:主要表现在锅炉负荷的变化、检修是否及时等。

(4) 燃料方面的问题:锅炉实际用燃料规格、品种与设计的相差较大等。

5.1.3　工业锅炉节能改造的原则与措施

对工业锅炉进行节能改造时应遵循以下原则:

(1) 改造锅炉要能使用当地燃料,以提高热效率为主要目的;

(2) 对没有改造价值、结构落后、效率很低、环境污染严重的旧式锅炉(如旧式铸铁锅炉)要坚决淘汰;

(3) 锅炉改造要符合安全监察规程有关条例,并根据本单位实际情况,不要盲目照搬别人的经验。

工业锅炉技术改造的主要措施如下:

(1) 砌筑适当形状的炉拱,以提高预热段温度和合理组织炉内气流;

(2) 改进燃烧设备;

(3) 改进燃烧方式;

(4) 鼓风机、引风机采用变频调速技术;

(5) 加装省煤器;

(6) 加装锅炉管束;

（7）改变炉膛辐射受热面；

（8）改进气流对受热面的冲刷；

（9）减少各门孔、墙缝的漏风；

（10）加强炉体保温。

一般而言，对于较新的锅炉，采取技术改造措施解决问题，经济合理；对于接近寿命期的锅炉，则以更新为佳。究竟采取何种措施，应以技术先进、成熟，经济合理为原则。由于在用的工业锅炉以正转链条炉排锅炉居多，当前推广应用的节能改造技术大部分是针对正转链条炉排锅炉的。其常用的技术改造措施如下。

（1）给煤装置改造。

层燃锅炉都是燃用原煤，其中占多数的正转链条炉排锅炉，其原有的斗式给煤装置使得块、末煤混合堆实在炉排上，阻碍锅炉进风，影响燃烧。将斗式给煤改造成分层给煤，即使用重力筛选将原煤、中块、末煤自下而上松散地分布在炉排上，有利于进风，能改善燃烧状况，减少灰渣含碳量，节煤可达 5%～20%。

（2）燃烧系统改造。

对于正转链条炉排锅炉，简单改造是从炉前适当位置喷入适量煤粉到炉膛的适当位置，使之在炉排层燃基础上，适量增加悬浮燃烧，可节煤 10% 左右。但是，喷入的煤粉量、喷射速度与位置要控制适当，否则，将增大排烟黑度，影响节能效果。对于燃油、燃气和煤粉锅炉，则应用新型节能燃烧器取代落后的燃烧器，改造效果与原设备状况相关，一般也可节煤 5%～10%。

（3）炉拱改造。

正转链条炉排锅炉的炉拱是按设计煤种配置的，不少锅炉不能燃用设计煤种，导致燃烧状况不佳，直接影响锅炉的热效率和锅炉出力。按照实际使用的煤种，适当改变炉拱的形状与位置，可以改善燃烧状况，提高燃烧效率，减少燃煤消耗，现在已有适用多种煤种的炉拱配置技术。

（4）锅炉辅机节能改造。

燃煤锅炉的主要辅机，即鼓风机和引风机的运行参数与锅炉的热效率直接相关，用适当的调速技术，按照锅炉的负荷需要调节鼓风量、引风量，维持锅炉运行在最佳状况，既可以节约锅炉燃煤，又可以节约风机的耗电。

（5）控制系统改造。

工业锅炉控制系统节能改造有两类。一是按照锅炉的负荷要求，实时调节给煤量、给水量、鼓风量和引风量，使锅炉经常处在良好的运行状态。将原来的手工控制或半自动控制改造成全自动控制。这类改造，对于负荷变化幅度较大，而且变化频繁的锅炉节能效果很好，一般可达 10% 左右。二是对供暖锅炉在保持足够室温的前提下，根据户外温度的变化，实时调节锅炉的输出热量，达到舒适、节能、环保的目的。实现这类自动控制，可使锅炉节约 20% 左右的燃煤。对于燃油、燃气锅炉，节能效果是相同的，其经济效益更高。

5.1.4　推广先进的炉型

在我国燃煤工业锅炉中，绝大多数是层燃炉。其中固定炉排炉约占 40%，链条炉约占

50%,其他炉型约占 10%。高效、低污染、宽煤种的循环流化床锅炉很少。用新锅炉替换旧锅炉,包括用新型节能型锅炉替换旧锅炉,用大型锅炉替换小型锅炉,用高参数锅炉替换低参数锅炉,实现热电联产等,从根本上提高锅炉的使用效率,是节能的关键所在。

采用循环流化床锅炉或将层燃锅炉改造成循环流化床锅炉,是推广先进的炉型中最重要的工作。循环流化床锅炉中煤粉在炉膛内循环流化燃烧,所以它的热效率比层燃锅炉高15%~20%,而且可以燃用劣质煤;可以使用石灰石粉在炉内脱硫,这样不但可以大大减少燃煤锅炉酸雨气体 SO_2 的排放量,而且其灰渣可直接用于生产建筑材料。

我国煤炭科学研究总院(煤炭科学技术研究院有限公司)已成功开发出 4~20 蒸吨/h 系列新型高效煤粉锅炉,可替代传统燃煤锅炉,广泛推广使用。该锅炉具有以下特点。

(1)计算机自动控制和调节。煤粉磨制和输送、分级燃烧、除尘脱硫等环节均由计算机自动控制,全封闭运行。锅炉随烧随点火,30 s 后即可进入正常运行状态。

(2)节能效果显著。从实际运行情况看,锅炉运行效率可达 86% 以上,比传统锅炉高20%,可实现节煤 30% 以上。此外,由于简化了锅炉辅机系统,还可以减少电耗 30% 左右。

(3)环境友好。该锅炉系统全密闭运行,飞灰可用罐车集中收集作为建材原料。通过采用炉内脱硫或尾部干法脱硫、布袋除尘等措施,二氧化硫、烟尘排放浓度分别小于150 mg/m³、20 mg/m³,仅为现行燃煤工业锅炉大气污染物排放标准的 12%、20%,低于燃煤电站锅炉排放标准,总体排放水平接近燃气锅炉。

(4)运行成本低。据测算,新型高效煤粉锅炉系统单位投资低于 25 万元/蒸吨,约为传统锅炉的 1.1~1.4 倍,但燃料、人工、电费等运行成本合计仅为传统锅炉的 70% 左右,用户可在两年内收回多发生的投资。

该新型高效煤粉锅炉已在山西省成功示范运行。据测算,若全国 50% 的锅炉采用该技术,每年可节约 4.0×10^7 t 标准煤,每年可减排二氧化硫 1.0×10^6 t、二氧化碳 1.5×10^8 t。

目前国内除循环流化床锅炉外,还应推广以下先进的炉型。

(1)抛煤机链条炉排锅炉:抛煤机链条炉排锅炉是抛煤机和链条炉排相结合的产物,在抛煤燃烧过程中,煤粒细屑抛入炉膛呈半悬浮燃烧,较大颗粒落到炉排上继续层状燃烧。此燃烧方式与链条炉排相比,具有着火条件优越,炉排热强度、炉膛热强度及燃烧效率高,煤种适应范围广的优点。配有二次风及飞灰回燃装置,可使燃料充分燃尽并减少飞灰机械不完全燃烧热损失,提高运行效率,减少污染排放。锅炉热效率大于 84%,以一台 75 t/h 的抛煤链条炉排锅炉为例,每年节煤 8 100 t,每年减少二氧化碳排放 1.33×10^4 t,寿命期内减少二氧化碳排放 1.997×10^5 t。

(2)振动炉排锅炉:振动炉排是一种全机械化、能自动拨火、分段送风的平面式燃烧系统。振动炉排锅炉燃用烟煤时热效率达 87%。一台 10 t/h 振动炉排锅炉每年可节煤 500 t,每年减少二氧化碳排放 827 t,寿命期内减少二氧化碳排放 1.24×10^4 t。

(3)翻转炉排(万用炉排)锅炉:BL 型万用炉排是一种推力送料炉排,类似于往复炉排,属于一种水冷式层状燃烧装置。它适用范围广,可燃用烟煤、无烟煤、褐煤或各种废料及垃圾。此种炉排与链条炉排相比,制造成本低,燃烧充分,热效率高,炉排寿命长。锅炉容量一般为 4~20 t。锅炉效率为 80%~82%,一台 6 t/h 翻转炉排锅炉每年可节煤 400 t,年减少二氧化碳排放约 666 t,寿命期内减排二氧化碳约 1×10^4 t。

（4）改进型水火管锅炉：水火管锅炉是我国的特色产品，经过多年来实践，形成新一代改进型水火管锅炉。改进型水火管锅炉结构紧凑，节省钢材 30%，制造成本降低 20%。该锅炉效率大于 80%，比国家标准高 5%～8%。一台 6 t/h 改进型水火管锅炉年节煤 400 t，年减少二氧化碳排放 687 t，寿命期内减少二氧化碳排放 $1.032×10^4$ t。

（5）角管式锅炉：角管式锅炉可配置各种燃烧设备，如链条炉排、水冷振动炉排、往复炉排、抛煤机炉排，以及流化床等。可用作各种用途的工业锅炉，包括蒸汽炉、热水炉、余热炉及垃圾炉。锅炉效率大于 85%，容量一般为 10～130 t。一台 20 t/h 角管式锅炉年节煤 900 t，年减少二氧化碳排放 1 463 t，寿命期内减排二氧化碳 $2.195×10^4$ t。

（6）下饲式锅炉：下饲式锅炉炉排调节比可达 10：1，风煤比合理，燃烧效率高。锅炉容量一般为 0.4～4 t/h。热效率可达 70%～80%。一台 4 t/h 下饲式锅炉年节煤 293 t，年减少二氧化碳排放 397 t，寿命期内减排二氧化碳 5 955 t。

（7）型煤锅炉：燃煤锅炉由原煤散烧改为型煤（包括工业型煤、炉前型煤以及炉前筛分造粒的块粒型煤）燃烧，可使锅炉热效率提高 4%～8%，减少烟尘排放 50%。若采用固硫剂，二氧化硫可下降 30%～40%。因此，节煤和环保效果均极明显，是发展清洁煤技术中最便捷和经济的途径。一台 6t/h 型煤锅炉年节煤 300 t，年减少二氧化碳排放 467 t，寿命期内减排二氧化碳 7 003 t。

使用节煤增效剂也是一种提高工业锅炉能效的方法。节煤增效剂的主要作用是改善炉内的燃烧状况，使燃煤更加充分燃烧，火焰密集升高，颜色变浅，煤层膨松，炉内燃区扩展，提高了锅炉的热效率。其技术特点是能大幅度地减少有害气体排放量并减少废渣量，安全可靠，对人体与环境无任何污染；使用高效节煤剂后，炉温可提高 100～200 ℃，锅炉热效率提高 10% 左右，烟尘排放浓度减小约 50%，灰渣含碳量降低。节煤率 20%～30%。

5.1.5　工业锅炉的节能技巧

1. 低压工业锅炉的节能技巧

低压工业锅炉厂家在设计时已经考虑过热效率的问题，要从更改设备或烟气方面来节能可能性不大，所以锅炉节能最好从操作上入手。据有关资料调查显示，目前国内低压工业锅炉的设计热效率一般在 70%～90%，一般实际运行热效率在 60%～80%，有些甚至在 50% 以下，小型低压工业锅炉只要操作、维护得当，完全可以达到锅炉厂家的设计热效率。

进行低压锅炉管理及操作要注意以下几点。

（1）监测锅炉排烟温度。

通常锅炉最大的热损失是排烟损失，所以控制好锅炉的排烟温度很重要。一般燃煤低压工业锅炉（主要指 10 t 以下及压力小于 1.6 MPa 的锅炉，以下同）的排烟温度为 150～180 ℃，燃油锅炉的排烟温度为 210～240 ℃，当排烟温度过高时要查找原因并及时消除。燃煤锅炉排烟温度过高的原因有：①炉膛负压太高；②烟气短路；③受热管道上烟垢太厚；④锅内水垢太厚等。燃油锅炉排烟温度过高的原因有：①风、油调节不好，使油不能完全燃烧，到烟囱尾部发生二次燃烧；②烟灰太多，需要及时清灰；③烟气短路；④水垢太厚等。

（2）控制锅炉排污率。

一般工业锅炉的排污率控制在 5％～10％，在保证锅炉水合格（主要是总碱度和 pH 值符合规定）的前提下，锅炉排污率越低越好，排污要坚持"勤排、少排、均匀排"的原则。

（3）保养好锅炉的炉墙、保温层。

锅炉的散热损失也是一项比较大的热损失，现在的锅炉厂家在制造和设计时已经考虑周全，只要维护好就行。一般锅炉外表面的温度不超过 50 ℃，如过高则要查找原因，及时消除。锅炉保温层要保持干燥，对于燃煤锅炉，不得长时间正压运行，否则容易损坏炉墙及煤闸板等。

（4）调整好燃料和风量的比例，使燃料尽量完全燃烧。

一般小型锅炉不具备风量测试等仪器，所以只能凭经验去调节。对于燃油锅炉，正常燃烧时火焰呈黄白色，不刺眼，火焰稳定，烟囱无明显可见烟气；对于燃煤锅炉，正常燃烧时火焰呈淡黄色，烟囱无明显可见烟气，煤渣基本烧完，煤的颗粒尽量均匀。

（5）要有完善的锅炉水处理。

完善的锅炉水处理及水质化验可以最大限度地防止锅炉结垢及正确指导排污，而这一点很多小型锅炉都没有做到，有的企业也不太重视。

2. 常压热水锅炉节能技巧

常压热水锅炉因为工作在常压环境下，相比其他承压锅炉来说，有更大的节能空间。通常可以采用以下节能技巧。

（1）一般来说，锅炉的效率出厂时已经设定，运行中很难调节，在锅炉运行中主要调节的是循环水泵的功率，在水泵上加一变频器基本就可解决。

（2）如果所用的是燃气锅炉，所谓节能就是节省天然气用量。有两个小窍门：一是调低燃气的压力，稍微调低一点就行；二是稍微调低出水温度，不要让锅炉按 100％ 功率运行，一般在 85％ 即可。

（3）加装烟气冷凝器。1 m³ 天然气燃烧后会放出 9 450 kcal 的热量，其中显热为 8 500 kcal，水蒸气含有的热量（潜热）为 950 kcal。对于传统燃气锅炉，可利用的热能就是 8 500 kcal 的显热，供热行业中计算天然气热值一般以 8 500 kcal/m³ 为基础计算。这样，天然气的实际总发热量（9 450 kcal）与天然气的显热（8 500 kcal）比例以百分数表示就为 111％，其中显热部分占 100％，潜热部分占 11％，所以对于传统燃气锅炉来说，还是有很多热量白白浪费掉。普通燃天然气锅炉的排烟温度一般在 120～250 ℃，这些烟气含有 8％～15％ 的显热和 11％ 的水蒸气潜热。加装烟气冷凝器的主要目的就是通过冷凝器把烟气中的水蒸气变成凝结水，最大限度地回收烟气中含有的潜热和显热，使回收热量后排烟温度可降至 40～80 ℃，同时烟气冷却后产生的凝结水及时有效地排出（1 m³ 天然气完全燃烧后，可产生 1.66 kg 水），并且大大减少 CO_2、CO、NO_x 等有害物质的排放量，起到明显的节能、降耗、减排及保护锅炉设备的作用，从而达到节能增效的目的。

通过以上三个节能技巧，可以很大程度上为常压热水锅炉节约能源，节省开支。

3. 传统工业锅炉的节能技巧

（1）应使锅炉按额定负荷运行。锅炉超负荷运行时，由于燃煤量加大，必然使煤层加厚,炉排速度过快,而使机械不完全燃烧损失增大,由于炉温升高,排烟热损失也相应增大;锅炉低负荷运行时,燃煤量减少,炉内温度降低,使燃烧工况变差,不完全燃烧热损失增加。因此,锅炉超负荷和低负荷运行都会使锅炉效率降低。为了获得最佳运行工况,应使锅炉按额定负荷运行,避免"大马拉小车"现象。

（2）合理调节锅炉的运行参数。锅炉的调整运行,应使燃料量与负荷变化相适应;合理调节配风量以提高燃烧效率,降低各项热损失。

（3）保持受热面清洁,提高传热效率。加强锅炉给水水质管理,避免锅内结垢。若已结垢,应定期化学清洗,一般采用酸洗,根据垢的成分不同,常用盐酸、盐酸加少量氢氟酸或氟化钠等,酸液中必须加缓蚀剂。管外结焦或结渣要及时清除。若管外积灰将影响传热效果。

（4）加强保温,杜绝"跑、冒、滴、漏"现象,减少热损失。

（5）连续供暖辅以间歇调节。由于历史的原因,目前一些分散锅炉房普遍实行间歇供暖制度,供暖质量较差,锅炉效率也低。根据测试,实行连续供暖,使锅炉满负荷运行,可使锅炉热效率提高15%以上,在耗煤量基本相同的情况下,连续供暖较间歇供暖日平均温度高1℃左右。在采暖初期与末期可辅以间歇调节。

（6）锅炉应按如下方法操作才能节煤:①送入的煤块尽量均匀,大块煤要打碎;②煤中适量加水,减少煤屑的飞扬;③投煤快、拨火快、清炉快,以缩短炉门开启时间、减少漏风,保持炉膛温度;④煤层不要太厚,煤层要平,以利于通风;⑤根据负荷的变化,及时调整燃烧,做到均匀供汽。

5.1.6　工业锅炉常用的节能方法

1. 锅炉设计节能措施

（1）设计锅炉时,首先应进行设备的合理选型。

为了确保工业锅炉的安全、节能满足用户要求,必须因地制宜选择合适的锅炉类型与参数,根据科学合理的选型原则设计锅炉的形式。

（2）锅炉选型时,还应正确选择锅炉的燃料。

应根据锅炉的类型、行业、安装地域合理选择燃料种类。合理配煤,使燃煤的水分、灰分、挥发分、粒度等符合锅炉燃烧设备要求。同时,鼓励使用秸秆成型燃料等新能源作为替代燃料或掺烧燃料。

（3）选择合适的风机和水泵。

选择风机和水泵时,要选择新型的高效节能型产品,不能选择落后的产品;按锅炉运行工况匹配水泵、风机和电机,避免"大马拉小车"现象,对目前正在使用的低效、能耗大的辅机,应予以改造或用高效节能产品替代。

（4）合理选择锅炉的参数。

锅炉一般在额定负荷的80%～90%运行时效率最高,随着负荷的下降,效率也要下降,一般选用锅炉的容量比实际用汽量大10%就行了。当选择的参数不正好时,根据系列标准,可选用较高一档参数的锅炉。锅炉辅机的选择也要参照上述原则,避免"大马拉小车"现象。

（5）合理确定锅炉的数量。

原则是要考虑锅炉正常检修停炉，又要注意锅炉房里的锅炉台数不多于 4。

（6）科学设计使用锅炉省煤器。

为了减少排烟热损失，提高锅炉热效率，在锅炉尾部烟道设置省煤器受热面，利用烟气的热量加热锅炉给水，达到节能目的。

国家规定：凡 4 t/h 以下锅炉排烟温度不高于 250 ℃，4 t/h 以上锅炉排烟温度不高于 200 ℃，10 t/h 以上锅炉排烟温度不高于 160 ℃，否则应安装省煤器。

（7）尽可能按实际用汽量来选用设备。

工业锅炉的额定蒸发量是其连续的最大产汽量。一般在额定负荷的 80％～90％时锅炉热效率最高，因此在核实用汽量的基础上，既不能选用蒸发量太小的设备，也不能选用蒸发量过大的设备。

（8）设计时，应考虑蒸汽按品位分级利用。

蒸汽有一个特性，就是可以连续分级利用，用的次数愈多，能量的利用就愈充分。可以把品位高的蒸汽，先用来背压发电，再去带动工业汽轮机做功，然后再加热产品或物料，最后用于蒸煮或供暖、供热水等。这样才是做到了蒸汽合理分级利用。

（9）合理设计热力管网、热设备保温。

对保温的范围、保温材料性能要求和保温厚度的选择都应根据工程使用的情况合理设计。

（10）设计时，正确配备工厂蒸汽管道。

如管径与蒸汽用量是否相适应，要根据使用目的来决定。对于热损失而言，一般蒸汽配管管径小时热损失小，较经济。但如果主管道用小管，管内蒸汽流速太高，会引起管道共振，所以蒸汽流速一般控制在 50 m/s 左右。随着所用蒸汽种类的不同，即用过热蒸汽还是饱和蒸汽，管内蒸汽的流速范围也不同。饱和蒸汽的流速范围较窄，以 20～30 m/s 为宜。因此，管径由管内蒸汽的流速范围决定。

对蒸汽使用地点的管路走向，如果能取最短距离，就采用那一走向。当距离长时，必须考虑压力降，同时必须考虑蒸汽引起的管道热膨胀和使用膨胀节的注意事项，选择适当的弯管膨胀节。

为了保持管内蒸汽压力的稳定，减压阀是否正常工作，安全阀能否准确启动，都要定期进行维护管理。另外，在长期使用过程中，管道接头及阀门等地方会产生蒸汽泄漏，因此要及时和定期检修，努力改善泄漏状况。

为了自动排出混入蒸汽管道内的空气或冷凝水，要在适当的地点安装疏水器，并检查其工作情况，以提高蒸汽的使用效率。特别是蒸汽中混入的空气，会使蒸汽分压力下降，降低蒸汽温度，因此必须采用疏水器，以便排出空气并回收冷凝水。

2. 锅炉技术节能措施

（1）加强对低效锅炉的技术改造。

由于我国经济基础有限，不能将所有比较陈旧的锅炉都更新。对于未被列入更新范围，但效率不高有较多缺陷的锅炉应加强技术改造。对工业锅炉的技术改造，应尽量达到一改多效的目的，就是既要提高热效率，节约燃料，又要提高出力，减轻污染，实现文明生产，同时还要能适应燃用劣质煤。

（2）应充分使用变频调速技术。

进行锅炉水泵与风机的选型时，都在额定负荷上考虑一定裕量，所以实际上锅炉运行时，风机和水泵的流量都小于设备的额定流量，都需进行调节。过去都是靠节流调节，即关小进出口节流阀或挡板的开度，使流量减少，但电机功率没有明显减小。变频调速是通过变频器使电机转速降低，而使电机输出功率减小。

变频调速用于风机和水泵，普遍可节电 30%～40%，其投资经两个采暖季可以回收，同时，由于降速运行，可减轻机械磨损，延长轴承寿命，提高机械的可靠性。

（3）合理使用锅炉的自动控制技术。

锅炉运行中，自动控制可以提高锅炉效率，节约能源。近年来自动控制和微机监控技术发展较快，锅筒水位和上水自动控制装置较多，燃烧过程的自动控制和微机控制在燃油和燃气锅炉上较为普遍应用。对于层燃炉，有的锅炉房采用微机监测，人工调节也收到较好的效果。锅炉的自动控制和微机监控仪表应以简单、实用为原则。

（4）推广使用热管。

目前国内部分锅炉排烟温度过高，排烟热损失较大，降低了锅炉的热效率。热管换热器能有效回收锅炉烟气余热，把气-液热管换热器安装在锅炉烟道内加热给水，节能效果显著，仅用一个采暖季就可回收用于换热器的投资。

（5）采用冷凝式余热回收锅炉技术。

传统锅炉中，排烟温度一般在 160～250 ℃，烟气中的水蒸气仍处于过热状态，不可能凝结成液态的水而放出汽化潜热。锅炉热效率是以燃料低位发热值计算所得，未考虑燃料高位发热值中汽化潜热的热损失。因此，传统锅炉热效率一般只能达到 87%～91%。而冷凝式余热回收锅炉把排烟温度降低到 50～70 ℃，充分回收了烟气中的显热和水蒸气的凝结潜热，提升了热效率，冷凝水还可以回收利用。

（6）合理采用蒸汽蓄热器。

蒸汽蓄热器是一种省能型装置。蒸汽蓄热器的原理是当锅炉负荷减少时，将锅炉多余蒸汽送入蒸汽蓄热器内，使蒸汽在一定压力下变为高压饱和水。当供热负荷增加，锅炉蒸发量供不应求时，降低蓄热器中压力，高压饱和水即分离为蒸汽和低压饱和水，产生的蒸汽供用户使用。采用蒸汽蓄热器一般可节约燃料 5%～15%。

（7）采用真空除氧技术。

真空除氧是一种省能型除氧方法。目前，大型工业锅炉的给排水除氧方法大多采用大气热力除氧。这种方法要把给水加热到温度达到大气压力下的沸点，才能排走水中的氧。大气热力除氧有两个不足之处：一是将给水加热到温度达到大气压力下的沸点，需要消耗大量蒸汽，使锅炉有效利用热量减少。一台 10 t/h 锅炉给水从 60 ℃加热到 105 ℃，耗汽约 0.7 t/h。二是由于锅炉给水温度提高使省煤器平均水温提高，省煤器传热温差减少，排烟温度增高，排烟热损失加大。以上两方面都使锅炉热效率降低。而当采用真空除氧，真空度维持在 7.999 kPa 时，给水温度只要加热到 60 ℃就能达到除氧目的。这样既节约了蒸汽，又减少了排烟热损失，从而提高了锅炉热效率。

（8）推广锅炉水处理技术。

据测算，锅炉本体内部每结 1 mm 水垢，整体热效率下降 3%，而且影响锅炉的安全运行,通过采取有效的水处理技术和除垢技术,实现锅炉无水垢运行。

3. 锅炉管理节能措施

(1)加强运行管理。提高锅炉操作人员和管理人员专业技能,正确使用和操作锅炉系统;定期对设备进行维护保养,使系统和设备在最佳状态下安全经济运行。

(2)必须健全操作、安全、维修制度。只有严格执行操作程序,才能使设备高效、低能耗运行;只有设备经常维修,保持完好,才能杜绝"跑、冒、滴、漏"现象。

(3)要加强计量管理工作。除了安全仪表以外,锅炉运行指示仪表,尤其是能源计量仪表是必不可少的。能源的科学管理,节能工作的开展,离不开能源的计量。只有正确计量,才能了解节能的效果。

5.2　工业窑炉的节能

5.2.1　概述

工业窑炉既是能源转换设备,又是用能设备。它首先将化学能或电能转换成热能,然后利用热能将物料或工件加热到要求的温度,或将物料熔化,以改变其物性或获得新材料。

工业窑炉种类繁多,结构复杂,按工艺特点可分为加热炉和熔炼炉两类。加热炉主要是用于完成物料的加热,提高物料的温度,改变物料的机械性能,而物料的物态并没有改变。主要包括步进炉、室状炉、罩式炉、辊底炉、干燥炉、石灰石和白云石的焙烧炉等。熔炼炉主要用于碳金属、合金、特种金属的熔炼和升温。

工业窑炉按所使用能源种类可分为燃料炉和电炉两种。燃料炉(又称火焰炉)是指借燃料燃烧释放的热量,对物料进行热加工的设备,一般分为燃煤窑炉、燃油窑炉和燃气窑炉等,在各种工业窑炉中燃料炉应用较为普遍。电炉是将电能转化为热能,从而用来加热物料的设备,一般分为电弧炉、电阻炉、感应炉、电子束炉和等离子炉等。

工业窑炉按工作温度可分为高温炉、中温炉和低温炉三种。高温炉的工作温度在 1 000 ℃以上,炉内物料与周围介质热交换以辐射传热为主。钢铁冶金企业中的各种熔炼炉和加热炉大多属于此类。中温炉的工作温度在 650~1 000 ℃,炉内物料与周围介质的热交换中,辐射和对流各占一定比例。金属热处理过程的诸多炉子多属于中温炉。低温炉的工作温度低于 650 ℃,炉内物料和周围介质热交换以对流换热为主。低温炉多用于干燥、有色金属及其合金的加热、钢铁及有色金属的回火处理等。

工业窑炉按热工操作可分为连续式炉和间歇式炉两种。连续式炉的热工特点是炉子连续生产,一般炉内沿炉长方向炉温连续变化,在正常生产条件下,炉子各点温度不随时间变化。料坯在炉内运动,从装料门进入炉内,通过炉子不同温度区域完成加热过程,最后从出料门出炉,如推钢式连续加热炉、步进炉、环形炉、链式炉等。也有沿炉长方向炉温基本不变的,为直通式炉。间歇式炉(又称周期炉)的工艺特点是炉膛内不划分温度区段,炉子间歇生产;炉子成批装料进行加热或熔炼,在炉内完成加热或熔炼工艺后,成批出料。炉料在炉内不运动,炉温随时间变化,如均热炉、台车炉、罩式炉、井式炉等。

工业窑炉按工作制度可分为辐射式工作制度窑炉、对流式工作制度窑炉和层式工作制度窑炉三种。辐射式工作制度窑炉中辐射传热起主要作用,钢铁企业绝大部分高温火焰炉都属于辐射式工作制度窑炉,该窑炉的火焰黑度和炉墙在热交换中起重要作用。对流式工作制度窑炉中对流传热起主要作用。650 ℃以下的低温炉,炉内传热方式以对流为主。此类炉子特点为燃烧室和炉膛分开,因此,组织好炉内气体再循环,是提高此类炉窑效率的重要途径。层式工作制度窑炉加热块状散料时,炉料充满整个炉膛空间,热气体在物料间通过,散料加热表面大小是变化的,气体辐射层很薄,在温度变化较大范围内很难严格判定辐射和对流传热各占多少。实际工作中,把这种热气体通过散料的炉子工作制度叫做层式工作制度,相应的窑炉称为层式工作制度窑炉,包括竖炉和流化态炉,后者又可分为沸腾料层炉和悬浮料层炉两种。

工业窑炉的主要组成部分有工业窑炉本体、工业窑炉排烟系统、工业窑炉预热器和工业窑炉燃烧装置等。工业窑炉存在的主要问题:技术水平低,装备陈旧落后、规模小;能耗高,大部分缺乏污染控制设施,污染严重;运行管理水平低,管理粗放;缺乏能效标准和节能政策。

"十一五"和"十二五"期间我国集中对工业窑炉进行了节能改造。其实施的主要内容包括:

(1) 淘汰、改造立窑、湿法窑及干法中空窑等落后水泥窑炉;

(2) 采用低压旋风预热分解系统、保温耐用新型炉衬材料、高效燃烧器、高效熟料冷却机、生产过程自动控制与检测系统等技术对现有水泥生产线进行综合节能改造;

(3) 采用节能型隧道窑、内燃烧砖节能、余热利用节能型干燥、稀码快烧、窑体改造等技术对落后的墙体材料窑炉进行改造;

(4) 改造钢铁企业球团回转窑、石灰窑、耐火材料窑等。

5.2.2　工业窑炉节能改造

当前工业窑炉节能最主要的措施是对现有工业窑炉进行节能改造。其节能改造的内容很多,主要有热源改造、燃烧系统改造、窑炉结构改造、窑炉保温改造以及控制系统改造等。

1. 热源改造

热源改造的目的是减少能源消耗。其改造内容则视窑炉种类而异。以电为热源的窑炉,按其产品工艺要求,有的是将工频电源改为低频电源,有的是将交流电源改成直流电源,或对送电短网进行节电改造,对电极进行自控改造等;有的窑炉则可由燃油改为燃用各种回收的可燃气,有的由燃油、燃气改为电加热等。

2. 燃烧系统改造

对于燃油和燃气窑炉,燃烧系统改造主要是用新型燃烧器取代老式燃烧器。例如,推广使用平焰、双火焰、高速、可调焰等新型烧嘴,可节能 5%～10%;有条件时应回收烟气余热用于预热助燃空气;对于燃煤窑炉,这项改造多是采用机械化加煤或煤粉燃烧以提高煤炭的燃烧率。此外,根据余热情况安装余热锅炉是最有利的节能措施。

3. 窑炉结构改造

工业窑炉的结构视不同行业、不同工艺而异，种类很多，如钢铁、有色业的熔炼、熔化、烧结、热处理、加热等窑炉，建材、轻工、化工、机械制造、食品等行业的焙烧、煅烧、熔融、热处理、反应干燥、烘烤等窑炉。随着科学技术的进步、节能与环保政策的推行与市场竞争的发展，工业窑炉的结构在不断改进与优化，其主要目的是改善燃烧状况、缩小散热面积、增大窑炉的有效容积。结构改造既可减少能源消耗，又可以提高产品的质量和增加产量。窑炉结构的改造，尤其是以大代小的项目，要分清一个界限，即改造项目的节能效益大于增产等其他效益，方能确认为节能改造项目。

4. 窑炉保温改造

工业窑炉大部分在 1 000 ℃以上运行，较低的也有数百度，所以窑炉保温状况与其能源消耗直接相关。更换新型保温材料或改善窑炉的保温状况是十分重要的节能措施。如：可将炉膛改造为由耐火砖或轻质耐火砖加耐火纤维和保温材料构成的复合结构；采用复合浇注料吊挂炉顶，减少炉顶散热；在中温间断式炉上采用全耐火纤维炉衬等。保温改造既可以减少燃料消耗，又能改善操作环境。

5. 控制系统改造

将手动控制或半自动控制改造成自动控制，按产品工艺要求，综合调节进料量、燃料供给量、进风与引风量和成品出窑（炉）量，使窑炉运行在良好状态，可以获得良好的节能效果。

5.2.3　工业窑炉节能技术

工业窑炉多种多样，其节能技术涉及面很广，针对各种炉型的特点，采用不同的技术，才能获得最好的效果。目前我国已将工业窑炉节能新技术作为开发重点，包括工业窑炉的高温空气燃烧技术（HTAC 技术）、纯氧或富氧燃烧节能技术、高固气比悬浮预热预分解水泥生产技术、余热（废气）资源综合利用技术（包括大型高炉炉顶煤气压差发电综合节能技术、焦炉煤气和转炉煤气干法回收利用技术、化工与炼油工业可燃废气回收利用技术等）。其预期目标是解决蓄热式高温空气燃烧和脉冲燃烧关键技术、熔炼炉和烧成窑的余热高效利用技术、窑炉长寿化工艺技术等一批工业炉窑关键节能技术，使炉窑热效率提高 10％以上。这里仅介绍工业窑炉的通用节能技术。

1. 提高燃烧效率

提高燃烧效率，充分有效地利用燃料自身的能量是工业窑炉节能的主要方向。为提高燃烧效率，可针对窑炉具体情况采取以下措施。

（1）采用低过量空气系数的燃烧方式。

为保证燃料的完全燃烧，窑炉中的过量空气系数通常都大于 1。由于窑炉的不完全燃烧热损失和排烟热损失都与过量空气系数有关，为提高燃料利用率，在保证燃料完全燃烧的情况下，应尽量采用低过量空气系数。特别是排烟温度很高时更应如此。为了实现低过量空气系数的燃烧方式，应当采用先进的燃烧装置，如选用各种性能优良的烧嘴。

（2）采用富氧燃烧。

富氧燃烧是指燃烧用的助燃空气中的含氧量高于 21% 的燃烧。由于含氧量高，不参与燃烧的氮的量相应减少。其结果是不但燃烧温度提高，有利于提高燃烧效率，而且烟气量也相应减少，降低了排烟损失。上述两个因素对窑炉的节能是十分有利的。试验证明，在富氧量为 21%～40% 时，节能效果非常明显；当含氧量大于 40% 时，节约程度将随富氧量的增加而趋于平缓。由于空气增氧也要花费一定的代价，因此在采取富氧燃烧时应根据窑炉的具体情况和氧气的来源进行技术经济比较。

（3）采用蓄热式高温燃烧（HTAC）技术。

HTAC 技术是一种全新的燃烧技术，它将回收烟气余热与高效燃烧、降低 NO_x 排放量等技术有机地结合起来，实现了余热回收和降低 NO_x 排放量的双重目的。图 5-1 是 HTAC 技术的节能原理示意图。

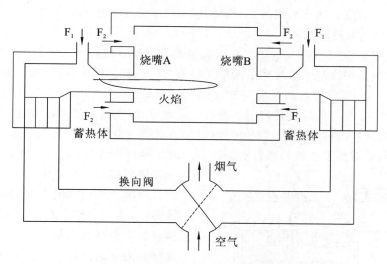

图 5-1　HTAC 技术的节能原理示意图

一个高温（预热）空气燃烧单元至少由 2 个烧嘴、2 套蓄热体、1 台换向阀和相关控制系统组成。其中烧嘴及蓄热体成对出现，当烧嘴 A 工作时，烧嘴 B 及同侧蓄热体充当排烟通道，烧嘴 A 同侧蓄热体被烟气预热；一定时间后控制系统切换，使 2 个烧嘴轮换，助燃空气被预热到较高温度（仅比高温烟气低 50～100 ℃）。最终经换向阀排出的废烟气的温度为150～200 ℃，大大地提高了烟气物理显热的回收利用率，降低了有害燃烧物的排放量，减少了大气污染。HTAC 技术是通过分离空气与燃料的供应通道，使两股射流之间被烟气所阻隔并被掺混稀释，从而延缓了两者扩散混合的速度，把局部扩散燃烧扩展到更广大的空间范围中进行，削弱了局部燃烧的热强度，避免出现局部高温区，从而抑制由于高温燃烧和存在局部炽热点而导致的 NO_x 生成。为了进一步稀释燃烧初期混合气体中的氧，燃料分两次进入炉内，其中 F_1 远少于 F_2，所以 F_1 属高氧燃烧，在高氧下快速完成，形成高速烟气射流和卷吸回流流动，此时大量燃料通过蓄热体，使混合气体含氧量降低至 15%（有时 5% 以下）。大量燃料在高温低氧条件下燃烧，大大降低了 NO_x 的生成量，从而达到降低 NO_x 排放量的目的。

HTAC 技术主要应用于冶金机械行业的各种推钢式加热炉、步进式加热炉、热处理炉、锻造炉、熔化炉、钢包烘烤器、均热炉、辐射管燃烧器、罩式炉、高炉、热风炉等,建材行业的各种陶瓷窑炉、玻璃窑炉等,以及石化行业的各种管式加热炉、裂解炉等。

以蜂窝陶瓷为蓄热体的 HTAC 技术优点如下:①采用蓄热式烟气余热回收装置,通过交替切换烟气和空气-燃气,使之流经蓄热体,最大限度地回收高温烟气中的物理显热,大幅度节约能源(一般节能 10%~70%),提高热工设备的热效率,同时减少 CO 排放量(减少 10%~70%);②通过组织贫氧燃烧,扩展火焰燃烧区域,火焰边界几乎扩展到炉膛边界,使炉内温度分布更均匀,同时烟气中 NO_x 的量可减少 40% 以上;③炉内平均温度升高,加强了炉内的传热,导致相同规格的热工设备,其产量可提高 20% 以上,降低了设备的造价;④低热值燃料借助高温预热的助燃空气或高温预热的燃气可获得较高的炉温,扩展了低热值燃料的应用范围。

HTAC 技术能最大限度地回收炉窑烟气中的物理显热,降低能耗,使工业炉节能技术发展到一个新的阶段。该技术在冶金、机械、建材等工业窑炉上具有相当广阔的应用前景。

(4) 提高空气预热温度。

工业窑炉中有 50%~70% 的热量是以高温烟气形式直接排入大气的,利用这部分热量来加热助燃空气是提高窑炉热效率最简单又最有效的途径。例如,废气温度为 900 ℃时,空气燃料比为 1∶4。废气带走的热损失率为 50%。如果用此废气把空气预热到 250 ℃,可节约 15% 的燃料,使 22% 的废气热量得到回收。由此可知,空气预热温度愈高,燃料节约率也愈大。此外提高空气预热的温度,不但可以增加助燃空气带入的显热,而且能够显著地提高燃烧温度,特别是对低发热值的燃料更是如此。因此尽可能提高空气预热温度也就成为工业窑炉节能的主要措施。

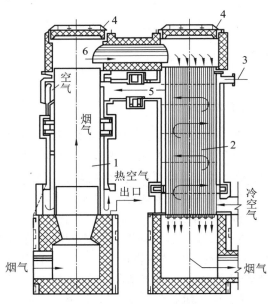

图 5-2 环缝式换热器和光管列管式对流换热器的组合
1—环缝式辐射换热器;2—光管列管式对流换热器;
3—上管板冷空气入口;4—清扫孔;
5—空气连接管道;6—烟气连接管道

提高空气预热温度的关键是采用高温换热器,通常将热流体温度高于 800 ℃ 的换热器称为高温换热器。它们主要用于工业窑炉的余热回收。高温换热器的种类繁多,从材料上有金属制和非金属制;从操作原理上有换热式和蓄热式;从传热方式上又可分为对流式和辐射式。由于窑炉排烟温度很高,辐射传热与温度的四次方成正比,因此对排烟温度很高的窑炉应首先选用辐射式的高温换热器。

辐射式高温换热器有环缝式和管式两大类。环缝式结构简单,通常为了强化换热可在环缝内筒的外壁上焊上直肋片或螺旋导向肋片。为了充分利用烟气的余热,进一步提高空气的预热温度,在工业窑炉中应采用环缝式换热器和光管列管式对流换热器的组合(见图 5-2),从而充分利用两种不同类型换热器在不同温度段的各自特点和优势,来实现高效的换热。

非金属的陶瓷高温换热器近十年来得到了迅速的发展。陶瓷材料由于其耐温、耐腐蚀、价格低、寿命长等优点,非常适合于用作高温换热器的元件,但也有导热系数小、热阻大、加工性能差、不易密封等缺点,上述缺点阻碍了它的应用。陶瓷高温换热器中应用最多的是黏土换热器,它是用耐火黏土或掺有碳化硅的耐火黏土先制成各种换热元件(各种形状的异性砖或管状),而后根据需要再将这些元件组合成换热器。这种换热器能用于排烟温度超过1 000 ℃的窑炉,可使空气预热温度高达450～750 ℃。其缺点是体积大,砌筑时接缝多,密封性差。

因为碳化硅的性能(如导热性、热稳定性)远优于一般的耐火材料,因此近几年碳化硅高温列管式换热器得到了很大的发展。碳化硅管是以不同粒度的碳化硅粉为原料,通过浇铸成型、固化、高温烧结等工序制作而成,它的导热系数高,热稳定性好,耐腐蚀,在高温下有足够的强度,是高温换热器比较理想的元件,目前世界各国都在大力研究碳化硅换热器。

2. 减少炉体的散热损失

除了排烟热损失外,工业窑炉中炉体的散热是另一项主要的热损失。和连续操作的窑炉不同,对间歇操作的窑炉除了炉壁的热损失外,还存在所谓"蓄热损失"。这是由于间歇操作的炉子,操作期(开炉)和空闲期(停炉)是相互交替的,开炉期间储存于炉壁耐火、保温材料内的热量,到停炉期间会逐渐散失到周围环境中去,而开炉时,又需重新将炉壁加热,这种热损失就称为炉壁蓄热损失。

工业窑炉中上述散热损失占相当的份额,如间歇操作的锻造炉高达45%,间歇操作的电阻式热处理炉为40%～60%。因此,加强对工业窑炉的保温是一项有力的节能措施。

从节能的角度看,耐火材料的性能指标主要是导热系数、密度和比热容。在诸多耐火材料中,耐火纤维是比较理想的耐火和绝缘材料。其中硅酸铝耐火纤维的最高工作温度为1 000～1 200 ℃。耐火纤维很轻,其密度仅为轻质砖的1/5,耐火砖的1/10。因此,应用耐火纤维可使间歇操作的工业窑炉的炉壁轻型化,可使蓄热损失下降至十几分之一。

目前轻质隔热窑炉的先进性,主要表现在按照模数设计成轻型装配式外形,然后再以耐高温轻质隔热耐火材料进行严密的砌筑。窑炉的内衬采用了耐高温的陶瓷毡,外加陶瓷棉或其他隔热保温板,总厚度为450 mm。外衬为轻质高铝砖,中间及其外侧也都采用了陶瓷棉,总厚度达到600 mm。窑墙的外表为金属板。这种设计与制作保证了窑炉的耐高温实用性与节能性。由于陶瓷纤维热稳定性好,在高温烧成中不变形、不熔融。又由于其导热率低、蓄热少,密度小,质量轻,因此具有明显的节能效果。

另外,轻质隔热窑炉的窑顶采用 Z 形纤维预制块组合吊挂,减轻了窑体质量,增加了保温隔热效率。在设置喷嘴和急冷风部位的窑顶,加设有金属热换器(占窑顶面积的65%以上),用以预热助燃空气及急冷风。窑墙则采用浇注捣打成型的 U 形耐火材料砌块(高铝、黏土质),砌块内填充耐火纤维棉,外面采用耐火材料纤维毡或硅钙板。U 形砌块与外部钢架相连接。这种结构比较稳定,热稳定性好且节能效果高。据计算当窑内壁温度达到1 250 ℃时,窑外壁温度仅为50 ℃左右,说明窑体的密封性极好。窑车上的耐火材料也全部采用耐火纤维材料,同样降低热能的无谓消耗。

澳大利亚通用公司(简称澳通公司)的纤维吊顶节能窑炉具有窑体宽、装载能力大等特点。该窑炉的有效宽度达到 2.65 m。由于烧成批量大、效率高,满负荷烧成时可以使窑炉的总体能耗大为减少。目前此类窑炉经过引进与吸收消化,已成为国内主要窑型之一。

减少加热炉的散热量的另一种有效方法是减少炉子的表面积。当其他条件相同时,炉子的散热损失和炉壁表面积成正比。圆柱形炉的外表面比箱型炉小近 14%,外壁温度低 10 ℃,可使炉壁散热约减少 20%,炉衬蓄热减少,使被处理工件的单位能耗降低 7%。因此,目前最新式的周期式和连续式加热炉都改成了圆柱形。

3. 提高炉子的密封性和减少水冷件热损失

通过炉壁开孔的辐射热损失,以及从炉门处逸出烟气的热损失、冷却构件散失的热量等,都是炉体热损失的一部分,也应采取措施减少。因此为了提高炉子的密封性,除了减少开孔与安装炉门外,还可以采用浇注料炉衬结构外加炉墙钢板。为减少水冷件热损失,除了少用或不用水冷构件,减少热损失外,对必须设置的炉内水冷构件进行绝热包扎,或采用汽化冷却来回收水冷热损失,这样不仅可得到中压蒸汽,还可节约水资源。

4. 采用高辐射陶瓷涂料

在工业窑炉内衬及加热管外表面涂刷高辐射陶瓷涂料以强化窑炉内的辐射传热,是一种投资少、见效快、施工简便的工业窑炉节能新技术。因为在窑炉内高温的条件下,辐射是传热的主要方式,高辐射陶瓷涂料可在不改变设备结构的条件下,使炉壁的热辐射率由 0.3～0.5 提高到 0.9～0.95,从而大大地提高传热效率。

对高辐射陶瓷涂料的要求如下:
(1) 涂层薄,与基体附着力强,使用寿命长;
(2) 具有耐高温腐蚀、抗氧化多种功能;
(3) 抗热震性能好,耐高温热冲击;
(4) 对炉衬的适用性好,炉衬可为各种耐火材料、陶瓷纤维等;
(5) 无毒、无污染、施工简单,新旧窑炉都可使用;
(6) 成本低廉,所用涂料成本可在 2～5 个月内通过节能效益收回。

高辐射陶瓷涂料用于加热炉时不但能够节能,而且能够提高加热炉内温度均匀性,使炉内物料受热均匀,提高产品质量。此外,还能延长加热炉及加热炉管的使用寿命,提高加热炉升温速度,并降低加热炉的外壁温度。

5. 加强余热和余压的利用

加强余热和余压的利用主要是采用余热发电技术和余压发电技术,前者可广泛用于水泥窑,后者主要是高炉煤气余压发电。水泥窑余热发电技术主要有以下三种形式:
(1) 带补燃锅炉的中低温余热发电系统;
(2) 不带补燃锅炉的中低温余热发电系统;
(3) 在中空窑后加流态化分解炉预热器配备的余热发电系统。

图 5-3 所示的是带补燃锅炉的水泥窑余热发电系统。该技术利用窑头冷却机排出的低温废气和窑尾余热器排出的中温废气在余热锅炉中生产低压蒸汽或高温水,再经补燃锅炉加热升压来提高蒸汽参数,带动汽轮机发电。

水泥窑余热发电技术具有良好的经济效益和发展前景。

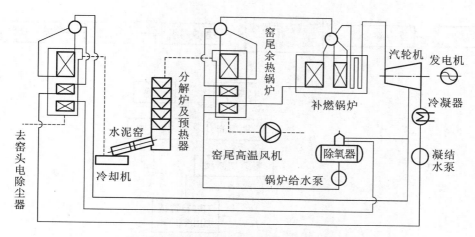

图 5-3　带补燃锅炉的水泥窑余热发电系统

图 5-4 所示的是不带补燃锅炉的中低温余热发电系统。该系统主要由窑头余热锅炉（无锅筒）、扩容器、窑尾余热锅炉、汽轮发电机组等组成。利用窑头冷却机热空气在窑头余热锅炉中制备的汽水混合物进入一级扩容器，生产的蒸汽进入汽轮机一级补汽口，一级扩容器排出的余压高温水进入二级扩容器，产生的较低压力蒸汽再进入汽轮机的二级补汽口，从窑尾 SP 炉出来的较高压力蒸汽进入汽机主汽口。在这三股蒸汽流的共同作用下，带动汽轮机发电。

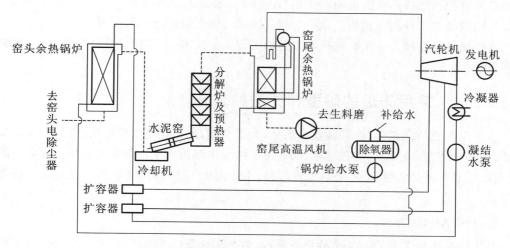

图 5-4　不带补燃锅炉的中低温余热发电系统

这种不带补燃锅炉的中低温余热发电系统既可充分利用余热，又使系统配置简单化。由于汽轮机是补汽式，故汽轮机自身的自动控制相对复杂些，要求也较高。

高炉煤气余压发电系统如图 5-5 所示，高炉煤气净化之后经蝶阀、插板阀、紧急切断阀进入透平，再经汽轮机膨胀做功。此技术是利用高炉炉顶煤气压力能和气体显热，把煤气导入膨胀透平做功，使气体原有的压力能经过不可逆绝热膨胀而变为动能。

若将透平与发电机连接，即构成高炉煤气顶压回收透平发电装置（Top Gas Pressure

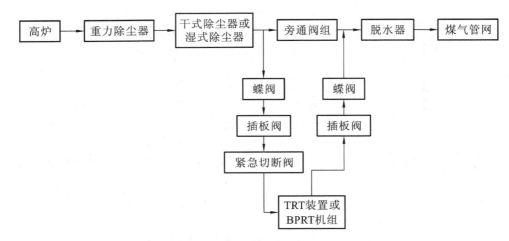

图 5-5　高炉煤气余压发电系统

Recovery Turbine,TRT)。该装置带动发电机,使动能变成电能输送出去。

目前国内多用湿式装置,但未来的发展趋势是干式 TRT。这样系统排出的煤气温度高,所含热量多、水分低,煤气的理论燃烧温度高,用于烧热风炉,高炉热风温度可提高 40～90 ℃,每炼 1 t 铁少用焦炭 8～16 kg。

若将透平与高炉鼓风机串联在同一根轴系上,驱动高炉鼓风机运转,即构成煤气透平和高炉鼓风机同轴系的高炉能量回收机组(Blast Furnace Power Recovery Turbine,BPRT),从而将机械能直接补充在轴系上,经过回收、利用的煤气最后进入低压管网。

高炉煤气发电技术中主要包括两方面的关键工艺技术:一方面是煤气净化;另一方面是透平发电。

5.2.4　采用先进的炉型和先进的工艺

由于工业窑炉耗能多,而且日益大型化,为了节能,无论是金属熔炼熔化用炉、金属加热用炉,还是水泥窑、玻璃窑、陶瓷窑等,随着技术的发展都出现了许多先进的炉型和先进的工艺与技术,其中有代表性的是 NSP 型水泥窑、干法熄焦工艺、明焰裸烧方法以及低温快烧技术等。

1. NSP 型水泥窑

常用的硅酸盐水泥的主要原料是石灰石、黏土和铁粉。其生产分为三个阶段,即生料制备、熟料煅烧和水泥粉磨。按生料制备的方法可分为湿法、干法、半干法。煅烧熟料的水泥窑有立窑和回转窑。现在大型水泥厂都是采用回转窑,大型窑的直径为 4.5～6.2 m,长约100 m,燃用煤粉或重油。

水泥回转窑可以分为干燥预热、分解吸热、放热反应、烧成和冷却五个带。为了利用回转窑的余热,从 20 世纪 60 年代起,各国均将湿法生产改为干法生产,并在窑尾安排多级悬浮预热器,这样不但降低了排烟温度,而且提高了回转窑的生产能力,这就是所谓预热器水泥窑(SP 窑)。

若要进一步提高 SP 窑的日产能力,例如,日产 5 000 t,则窑径将超过 6 m,进一步大型化必将遇到困难。为此诞生了一种窑外预热分解的新炉型,即 NSP 型水泥窑(简称 NSP 窑)。NSP 窑又称为预分解窑,其特点是在回转窑和预热器之间增设了一座窑外预分解炉,使入窑原料石灰石的分解度由原来的 45% 提高到 80%～90%,这样在回转窑里实现的主要是放热反应和烧结,从而大大减轻了回转窑的热负荷,使其生产能力倍增,而且窑衬的寿命也得以延长。

NSP 窑中原料的预热和分解都是在悬浮状态下进行的,不仅传热速度快,而且分解速度也大大加快。NSP 窑有以下主要特点:

(1) 与大小相同的 SP 窑比较,烧成能力增大 2～2.5 倍,建设的规模可达 10 000 t/d;

(2) 相同产量时,因其回转窑比 SP 窑小,可节省设备费 1/3;

(3) 烧成带热负荷为 SP 窑的 80%,耐火砖寿命可延长到两倍左右,因此能实现长周期连续运行;

(4) 入窑原料大部分被焙烧,窑内无原料冲刷现象,运行管理容易。

从以上特点可以看出,大力推广预热分解窑可以取得明显的经济效益。

2. 干法熄焦工艺

炼焦过程是将煤加热到 600～1 200 ℃,干馏十几个小时后,转化为焦炭。由炼焦炉排出的焦炭,其温度为 1 000～1 050 ℃,含有大量的显热。过去一般采用喷水熄火冷却,相当于焦炭 5～10 倍的水在 1 min 内淋在赤热的焦炭上,使之骤冷,每吨焦炭蒸发的水量可达 0.5 t。虽然工艺简单,但焦炭显热全部损失。干法熄焦是用惰性气体在密封的熄焦炉中冷却焦炭,然后将此热惰性气体导至余热锅炉中产生蒸汽,用于发电或工艺用汽,每吨焦炭可生产蒸汽 400～500 kg,相当于节约标准煤 50～60 kg。

干法熄焦的工艺流程是,从焦炉出来的赤热焦炭,先进入焦车中,而后被卷扬机吊至熄焦炉的炉顶,经预热室和冷却室被循环气流冷却到 200 ℃ 以下,再由冷却室下部的卸料机送出。与此同时,循环气体被热焦炭加热到 800 ℃,流出冷却室后经除尘器除去粗碳粒后,进入余热锅炉。在余热锅炉中循环气体被冷却至 180 ℃ 左右,再经旋风分离器除去微粒焦炭后,送至熄焦炉循环使用。

循环空气中所含的氧会逐步和焦炭反应生成 CO_2,成为惰性气体。值得注意的是,循环气体中有时会混入焦炭残留的挥发分,CO 和 H_2 的含量可能增加,因此应密切注意 CO 和 H_2 的含量,使其控制在爆炸极限(H_2 4%,CO 12%)以下。控制方法是通入氮气,并将系统中多余的气体放至大气中烧掉。

3. 明焰裸烧方法

从陶瓷烧成的发展历史看,陶瓷工业窑炉的烧成方式分为明焰装匣烧(传统煤烧隧道窑)、隔焰露烧(马福窑)及明焰裸烧(辊道窑、梭式窑、电窑)等。

明焰裸烧方法是 20 世纪 70 年代以来陶瓷烧成最引人注目的成果。明焰裸烧方法作为最先进的烧成方法,在窑温的均匀性、窑容积生产强度和单位耗能方面均表现出最佳效果,成为现代建筑卫生陶瓷烧成的首选窑型,在很短的时间内推广普及。明焰裸烧方式窑温均匀性高,这是由于此种烧成方式的产品垛阻力小、窑内压力降低、预热带负压低,因此漏入冷空气少。由于烧嘴的喷射作用,窑炉内的气流强烈循环、热焰剧烈扰动,对于均匀和平衡窑内温度非常有利。现在许多新型窑炉在预热带设置了高速调温喷嘴,更加有利于直接减少窑内预热带上下的温差,很早即开始保证窑内的低温差烧成。传统的窑炉如隔焰露烧窑由于其加热方式仅为固体间产品柱的辐射传热,而不能形成剧烈的热搅动与热循环,因此降低了烧成热效。此外,其窑内的窑温均匀性也很差。窑温均匀性低直接导致产品烧成温度不一及废品率增加。

采用明焰裸烧烧成方式时,窑容积生产强度最高。由于产品不需要装入匣钵内,避免了间接传热造成的浪费性热消耗。又由于产品是直接裸露于焰气中,非常有利于快速传热烧成。由于窑温均匀,传热迅速,窑具与产品质量比小,因此明焰裸烧的烧成时间大大低于明焰装烧方法。明焰裸烧由于不使用匣钵,增加了产品的装载密度。

4. 低温快烧技术

近年来建筑卫生陶瓷产品越来越多采用了低温快烧技术。采用低温快烧技术以来,釉面瓷砖的烧成温度从 1 180~1 200 ℃降低到现在的 1 050~1 100 ℃。卫生陶瓷的烧成温度已经从过去的 1 300 ℃降低到了现在的 1 150~1 200 ℃。根据陶瓷热工学计算原理,越是高温烧成时,能源消耗越多。例如,从 1 200 ℃到 1 300 ℃,耗费的能源是产品烧成总能耗的 40%左右。因此节能效果非常明显。

低温快烧方法除了节能外,还可以缩短生产周期,节约人力、物力。采用低温快烧技术除了对窑炉有特别技术要求外,还必须研制与开发出更好的适宜于低温快烧陶瓷原料。目前此类原料有硅灰石原料、珍珠岩原料、透辉石原料、叶蜡石原料等。国外为了降低烧成温度与降低产品的成本,大量使用了含铁量较多的红土原料、紫砂原料等,也有使用工业废料制作瓷砖坯体的。此类原料生产的产品经过优质釉色覆盖后,仍然有不菲的卖价。而在利用劣质原料方面,国内许多陶企还有待加强。

5.3　内燃机节油

5.3.1　概述

内燃机是交通运输、工程机械、农业机械、渔业船舶、国防装备的主导动力设备,内燃机工业是重要的基础工业。内燃机消耗了全球三分之二的石油资源,是大气污染和温室气体二氧化碳的主要来源。

经过多年发展,我国内燃机工业取得了长足进步,我国已成为全球内燃机生产和使用大国,内燃机产品节能减排等技术水平有了很大提高。但与国际先进水平相比,我国内燃机产品在节能环保指标上仍有较大差距,关键核心技术欠缺,节能减排标准体系不健全,高能耗、高排放、低性能内燃机产品仍在广泛使用,内燃机工业节能减排的潜力巨大。

“十二五”期间我国内燃机工业节能减排取得了巨大成绩。2015 年,节能型内燃机产品占全社会内燃机产品保有量的 60%,与 2010 年相比,内燃机燃油消耗率降低 6%~10%,实现节约商品燃油 2.0×10^7 t,减少二氧化碳排放 6.2×10^7 t,减少氮氧化物排放 10%,采用替代燃料节约商品燃油 1.5×10^7 t;培育了一批汽车、工程机械用发动机等再制造重点企业;实现了高效节能环保型内燃机主机及其零部件生产制造装备的国产化、大型化;建立了内燃机产品节能减排政策法规和标准体系。

面对内燃机产品排放的大量二氧化碳温室气体和细微颗粒物等各种物质对大气环境的严重影响,发达国家内燃机制造业节能减排技术的关注点已经从控制内燃机有害物质排放转向控制二氧化碳排放。从欧盟制定的汽车排放法规可以看到,2020 年起新生产的乘用车二氧化碳排放量标准从目前的 130 g/km 降低为 95 g/km,温室气体排放控制正在取代有害物质排放控制,相关法规成为推动内燃机技术发展的主要驱动力。

根据国务院办公厅关于加强内燃机工业节能减排的意见,当前重点领域和任务如下:

(1) 乘用车用发动机:汽油机方面,重点推广应用增压直喷技术,掌握燃烧和电子控制等核心技术,开发直喷燃油系统、增压器等关键零部件,鼓励 2.0 L 以下排量特别是 1.6 L 以下小排量汽油机采用增压和直喷技术,推广轻量化技术。柴油机方面,重点推动提高整机热效率,推广应用电控高压燃油喷射系统、高效增压中冷系统、排气后处理系统以及电子控制技术,鼓励发展乘用车用柴油机电控高压燃油喷射系统、高效增压中冷及排气后处理系统。

(2) 轻微型车用柴油机:轻型商用车柴油机方面,重点推广应用高压共轨、电控单体泵等先进燃油喷射系统,加快增压技术的应用普及,掌握整车标定和匹配技术。微型车用柴油机方面,加快推广应用高压共轨燃油喷射系统、高效燃油滤清系统和增压系统,提高燃油经济性和可靠性。

(3) 中重型商用车用柴油机:加快高效涡轮增压、余热利用、动力涡轮等技术应用。加强内燃机机械效率提高技术的研发和应用,重点开展低摩擦技术的开发应用,推进智能化、模块化部件的产业化应用,实现部件的合理配置和动力总成的优化匹配。

(4) 非道路移动机械用柴油机:加强工程机械、农业机械、渔业船舶、排灌机械、发电机组等非道路移动机械用柴油机与配套装置之间的优化匹配,大力推广应用增压及增压中冷技术,推动以高效节能多缸小缸径直喷柴油机替代单缸大缸径柴油机。

(5) 船用柴油机:重点推进船用中速柴油机电控燃油喷射系统、智能化控制技术、高压比增压器、柴油-天然气双燃料内燃机、废气再循环技术等先进设备和技术的应用,推进船用低速柴油机动力系统余热回收利用技术、低速低负荷工况下燃用重油技术、柴电混合动力系统先进技术、选择性催化还原系统的应用。

(6) 通用小型汽油机及摩托车用汽油机:重点开展二冲程汽油机多气流协调导向性高速扫气道等先进技术产业化应用研究,加快推广四冲程汽油机应用空燃比精确可控的电控技术,加强通用小型汽油机及摩托车用汽油机高效传动和动力匹配、性能优化和排气后处理技术的研发和应用。

(7) 关键部件产业化应用:重点开展电控燃油喷射系统关键技术的研发和产业化应用,加强和改善喷油器总成、电控执行器、轨压传感器、进油计量阀、电控单元生产的质量控制。提高增压器制造水平及其自主研发能力,掌握可变几何截面涡轮、可调多级增压、汽油机增压器、增压器轻量化等关键技术。

(8) 排气后处理装置:重点提升选择性催化还原器、颗粒捕集器、废气再循环系统、三元催化和氧化催化转化器、在线诊断系统、关键气体传感器的技术水平,加强排气后处理装置与整机的协调匹配,提高产品生产与使用的一致性和产品的可靠性、耐久性。

(9) 内燃机制造过程节能:重点推广薄壁铸造、精密铸锻、热处理及表面加工等绿色制造工艺,实现内燃机生产过程节能节材。鼓励企业在新产品开发和出厂试验环节使用具有高效能量回收功能的交流电力测功器,回收利用内燃机测试过程中产生的余热和电能。

(10) 替代燃料内燃机产品研发:鼓励替代燃料发动机与现有发动机制造体系兼容。积极发展柴油-天然气双燃料内燃机、生物柴油内燃机。开展汽油-甲醇双燃料点燃式内燃机、柴油-甲醇双燃料压燃式内燃机的应用试点工作。加强内燃机高效燃用替代燃料、有效控制非常规排放等基础研究,重点掌握耐醇燃料供应系统、天然气供应系统、点火及其电控系统等关键核心技术。开发适于内燃机应用替代燃料专用润滑油和排气后处理技术。

(11) 内燃机产品再制造:制订实施内燃机产品再制造推进计划,积极开展内燃机产品再制造关键共性技术研发,优选再制造技术路线,完善再制造工艺流程,支持采用表面修复等关键技术,建立、健全有利于旧件回收的市场体系,推广符合标准的内燃机再制造产品,鼓励对汽车、工程机械用发动机及其关键零部件开展再制造。

当前的重点工程如下。

(1) 压燃式内燃机高压燃油喷射系统示范工程:加快高压燃油喷射系统在车用柴油机上的推广应用,加强电子控制系统、高动态响应执行器和超高压运动偶件关键制造技术和工艺研发,开展先进制造工艺和加工装备技术改造。

(2) 点燃式内燃机缸内直喷燃油系统示范工程:加快缸内直喷燃油系统在车用汽油机上的推广应用,重点推进缸内直喷汽油机燃烧系统及其高压喷油器总成等关键部件的生产制造,开展燃油喷射泵、电控喷油器等关键零部件制造工艺和加工设备技术改造。

(3) 内燃机高效增压系统应用示范工程:加快高效增压系统在内燃机上的推广应用,重点掌握汽油机废气涡轮增压器材料和制造工艺、轻型车用柴油机可变截面增压器生产制造技术和中重型车用柴油机复合增压匹配标定等技术。

(4) 节能节材型小缸径多缸柴油机应用示范工程:推广应用小缸径多缸柴油机,重点研发缸径小于 80 mm 的多缸柴油机电控高压燃油喷射系统制造技术、微型车用燃油供应系统关键部件及排气后处理装置制造技术。

(5) 替代燃料内燃机应用示范工程:开展天然气单一燃料及天然气-柴油双燃料燃烧技术在车船用发动机上的推广应用,汽油-甲醇双燃料燃烧技术在乘用车用汽油机上的应用,柴油-甲醇双燃料燃烧技术在载重车、船舶、机车、固定柴油发电机组用重型柴油机上的应用,提高燃料供应系统关键零部件的耐腐蚀性和可靠性。

(6) 船舶柴油机能量综合利用示范工程:重点推动大型集装箱船、散货船和油船推广应用船舶柴油机机内净化、排气余热梯级利用及后处理技术,加强设备、系统优化组合和智能控制。

为探索内燃机高效清洁燃烧新途径,黄佐华等系统深入地开展内燃机低碳燃料的燃烧理论及调控方法研究,形成了完整的低碳燃料燃烧过程调控理论体系及方法,并成功应用于内燃机燃烧过程调控,实现了内燃机的高效低污染燃烧。如天然气掺氢 20% 的发动机,在 25% 废气再循环率时,NO_x 能降低 85%~90%,热效率提高 15%。柴油补氧在氧含量 10% 的条件下,颗粒物排放能降低 40%,热效率提高 8%。

5.3.2　内燃机的节油技术

传统内燃机通常包括火花点燃式和压燃式两大类。汽油机属于预混合均质燃烧,借助于电火花点燃。由于汽油特性和爆震等诸多因素的限制,汽油机只能采用较低的压缩比,故热效率比柴油机低得多,且易产生大量的 NO_x 和不完全燃烧产物。另外由于汽油机需要用节气门控制进气量,部分负荷时的泵气损失也会使机械效率降低。因此汽油机的燃料利用率比柴油机低 30%,此即为传统汽油机难以克服的燃料利用率极限。

柴油机属于燃料喷雾扩散燃烧,依靠发动机活塞压缩到接近终点时的高温使混合气自燃着火。由于喷雾与空气的混合时间很短,燃料与空气的混合严重不均匀,形成了高温火焰区和高温过浓区,在高温火焰区局部火焰温度高达 2 700 K,极有利于 NO_x 的形成。在高温过浓区,由于缺氧又生成大量碳烟。因此由于柴油机非均质燃烧的固有特性,柴油机存在碳烟和 NO_x 排放的最低极限。综上所述,突破传统内燃机燃料利用率和有害排放两个极限是内燃机技术进步的关键。

目前改进内燃机性能、提高内燃机的热效率以及减少污染物排放的工作在两方面同时进行:其一是对内燃机进行改良;其二是基于全新的燃烧理论研究新一代内燃机。

1. 内燃机改良技术

内燃机改良包括合理组织换气过程、改善供油系统、完善燃烧过程、提高机械效率等。如对柴油机,由于采用自喷式燃油系统、高压喷射、电子控制等新技术,其燃油消耗由 20 世纪 60 年代的 260 g/(kW·h)降到 90 年代的 170 g/(kW·h),与此同时,柴油机的污染物的排放量也大为降低,发动机的动力性、安全性和可靠性也大大增加。对汽油机,由于改善了汽缸内的空气运动和燃烧过程,采用分层稀薄燃烧系统,汽油机的油耗也大大下降。例如,日本丰田汽车公司研制的丰田 D-4 型直喷式汽油发动机,空燃比高达 50∶1,是目前稀薄燃烧的最高水平,其油耗比同排量的汽油机低 30%,加速性能也提高了 10%。

在内燃机改良技术中,最重要的进步技术是汽油缸内直喷技术和先进直喷柴油机技术。汽油缸内直喷(Gasoline Direct Injection,GDI)技术是针对火花点燃式内燃机的新技术。尽管该技术的预混合气形成方式与传统方式不同,但仍保持点燃预混合气的本质。GDI 技术早在 20 世纪 30 年代由德国最先开发,但由于控制手段不够,未能得到很大的发展。直至 1996 年日本三菱公司才开发出新的 GDI 样机,该样机与传统汽油机相比燃油经济性提高了 35%。新的 GDI 发动机在低工况时采用类似柴油机的燃油喷射形式,即压缩冲程喷射,利用活塞顶的复杂形状形成分层充气,进行稀薄燃烧;在高工况时采用进气冲程喷射,形成均匀混合气。由于采用分层充气,低燃空比点燃得到了保证。GDI 不再依赖节气门来调节负荷,其充量系数比传统点燃机高了很多。燃油直喷过程使汽缸冲量吸收了燃油蒸发过程的汽化潜热,温度降低,充量系数又可以进一步提高。此外,稀薄燃烧方式又提高了燃烧的效率。GDI 发动机在低负荷时的燃油经济性已经接近相同转速的欧 3 排放水平柴油机,在中负荷时燃油经济性甚至超过了柴油机。从排放看 GDI 发动机也具有较高的潜力。GDI 发动机的微粒排放虽然明显高于传统点燃机,但还是远远低于现代柴油机的限制标准。现在批量生产的 GDI 发动机的微粒排放已经可以达到美国

ULEV 的标准(0.01 g/mile,1 mile=1.609 344 km)。

　　但 GDI 发动机也面临着很多问题。首先这种发动机的供油系统成本高,另外 GDI 发动机的 NO_x 排放后处理也是一个难题。由于低工况时采用稀薄燃烧,传统的三元催化器就无法在 GDI 发动机上起作用。因此为了进一步挖掘 GDI 发动机的节油潜力,在开发稀薄燃烧 NO_x 催化转换器,提高催化转换器的耐久性方面还有很多工作要做。

　　先进直喷柴油机是将各种新技术应用于传统直喷柴油机上,以改善燃烧和排放。由于传统直喷柴油机扩散燃烧的特点,对 NO_x 和 PM 完全实现缸内控制非常难,所以先进直喷柴油机采用的是缸内控制排放和缸外控制排放并举的方式。供油系统作为燃烧系统的核心部分,对燃烧和排放性能起主导作用,是决定燃烧品质的最重要因素。燃油喷射的趋势是采用更高的压力喷射。通过高压喷射,促使喷雾液滴更加细化,从而抑制碳烟排放的生成。此外通过缩短喷油时间,使喷油定时滞后,从而可以缩短滞燃期和燃烧时间,其结果也能抑制 NO_x 生成,达到同时降低碳烟和 NO_x 的效果。但是随着喷射压力的提高,如果喷孔不作改变,喷雾液滴直径减小的趋势就会变得很缓慢,因此为了获得更加细化的油粒,在提高喷射压力的同时还要适当减小喷孔截面积。现代直喷柴油机供油系统的主流是泵嘴系统和共轨系统。喷射压力上,泵嘴系统占优,目前泵嘴系统的喷油压力达 200 MPa 以上。另外出于降低 NO_x 和噪声的考虑,初始喷油速率应该较低。在这方面,泵嘴系统的表现很好。与泵嘴系统相比,共轨系统的优势在于喷油定时、喷油压力控制自由度和与发动机的配装性等方面。总之,不论采用泵嘴系统还是采用共轨系统,先进直喷柴油机的供油系统的发展都要符合这些要求:①更高的喷油压力,达到 200 MPa 数量级;②喷油速率、形状控制,即靴形或三角形自主控制;③多级喷油,包括降低烟度和噪声的预喷射、主喷射和适应排放后处理要求的后喷射;④提高小油量的精度控制。

　　内燃机废气再循环(Exhaust Gas Recirculation,EGR)是满足欧 3 以上排放标准所必须采用的另一项技术。采用 EGR 后,燃烧温度大大降低,从而降低了 NO_x。相同工况下,冷却 EGR 比无冷却 EGR 降低 NO_x 的效果更好。采用冷却 EGR 的柴油机不需安装排放后处理设备就能达到欧 3 排放标准,且不损害燃油经济性。而且冷却 EGR 是达到欧 4 标准的必要条件。先进直喷柴油机对 EGR 的动态控制要求也很高。目前正在研发的控制方法有两种:闭环加过量空气率传感器控制和开环加 Map 图控制。

　　在采用了高 EGR 后,由于过量空气系数的降低,有可能导致燃烧速率降低,烟度上升。因此先进直喷柴油机要采用高旋流来改善混合气形成,提高燃烧速率,以避免烟度上升的不良后果。另外,采用高旋流的柴油机可以降低低负荷时的喷油压力,从而降低燃烧噪声。

　　对燃烧系统进行优化,在发动机内进行排放控制,从源头上对有害排放物加以控制只是直喷柴油机控制排放的第一步。借助于上面所说的机内措施,在 Golf 级别以下的轿车上不采用主动式排放后处理系统就能满足 2005 年实施的欧 4 排放法规的要求。但重型车仅靠机内净化的潜力是不能达到欧 4 排放法规要求的。因此,要想满足欧 4 排放法规的要求,采用主动排气后处理势在必行。为达到欧 4 排放法规的要求,要在采用 EGR 的基础上再加上氧化催化转换器。氧化催化转换器是一种被动排放后处理装置,用来降低柴油机排放中的碳氢化合物(HC)、一氧化碳(CO)和可溶性有机物(SOF)。氧化催化转换器已经是一些汽车公司柴油机的标准配置。

2. 内燃机的革新技术

传统内燃机的燃烧方式决定了经济性与污染物排放的矛盾,这对矛盾也是内燃机发展的主要矛盾。燃烧学和热力学基本原理证明,新一代内燃机燃烧方式的基本特征是"均质,压燃,低火焰燃烧"。新一代内燃机理论是一种全新的燃烧理论,它摒弃了传统的柴油机和汽油机概念,根据这一理论可以组织最清洁、热效率最高的燃烧过程。这一理论涉及混合气形成过程的流动、传热、传质和稀薄均质混合气燃烧中的物理和化学过程,内燃机动态工况燃烧控制和燃烧设计等基础理论问题。其内涵极为丰富,强烈依赖现代高新技术和前沿基础理论的进步,是 21 世纪重点发展的技术之一。

新一代内燃机燃烧理论在 20 世纪 90 年代后半叶开始酝酿,并逐步形成清晰概念。全世界科学界,包括我国学者,在最近的 3～4 年内,为实现柴油机均质压燃燃烧的目标开展了大量探索性研究,其中日本 Nissan 公司的 MK(Modulated Kinitics)燃烧过程是最成功的范例。它通过把排放出的废气再引入燃烧室,提高燃烧室内惰性物质的浓度,减小氧浓度,降低燃烧温度,使柴油喷雾自燃着火的滞后期延长,从而使喷入燃烧室的燃料获得更多的混合时间。同时设法提高混合速率,使 MK 发动机在中低负荷下实现了均质压燃着火和可控燃烧速度的目标。但由于柴油的十六烷值高,自燃着火时间短,在高负荷时,没有足够时间形成燃料与空气的均质混合气,因此,在高负荷实现均质压燃燃烧仍是国际上尚未解决的技术难点。新一代的燃烧技术将使车用内燃机燃料利用率提高 10%～30%,仅我国每年即可节约石油 3.0×10^7 t 左右,为提高我国内燃机燃料利用率作出贡献。此外,它还可大幅度降低内燃机有害物质排放量,改善我国大气环境状况。

当前传统的内燃机节能技术,如利用内燃机余热的废气涡轮增压技术、内燃机的电子控制技术等也得到进一步的发展和完善。以废气涡轮增压技术为例,内燃机的余热主要蕴藏在排气中。内燃机的排气具有很高的温度和压力,它所含的热量占燃油燃烧所发出热量的 23%～40%,是一个非常可观的数值。排气的能量通常由两部分组成:一部分是所谓脉冲能量,即从开始排气压力膨胀到排气管中压力的膨胀能;另一部分是所谓等压能量,即从排气管中压力膨胀到大气压力的膨胀能。利用排气中的这两部分能量是提高内燃机效率的关键之一。从内燃机的工作过程可知,提高汽缸内的平均有效压力可以大幅度地提高内燃机的功率,但要提高汽缸里的平均压力就必须向汽缸里多喷燃油。如果汽缸内的空气量不变,多喷燃油,油气比发生变化,油多气少,使油燃烧时的过量空气系数下降,从而导致燃烧恶化,经济性下降。因此要多向汽缸里喷油,关键在于增加进入汽缸的空气量。若将空气压缩使其压力提高,然后送入汽缸,就能增加充气量,显然利用内燃机本身高温高压的排气推动涡轮机,再由涡轮机带动压气机来增加进入汽缸的空气压力,就能大幅度提高发动机的功率。现在几乎所有的船用柴油机、80% 以上的车用柴油机都采用废气涡轮增压技术,车用汽油机采用涡轮增压技术也逐年增多。

采用废气涡轮增压技术有以下优点:

(1) 可提高内燃机的热效率,例如采用涡轮增压后可使柴油机的油耗下降 10% 左右;

(2) 可使内燃机的功率大大提高,例如对大、中型柴油机可使功率提高 30%～50%;

(3) 因进气充足,燃烧完善,可使尾气污染物排放量减少;

(4) 由于增压的缘故,可使内燃机在高原稀薄空气下正常工作;

(5) 涡轮增压消耗了排气能量,可降低内燃机排放噪声。

目前,增压技术的发展主要表现在两方面:一方面,增压器的压比和效率不断提高,例如 ABB 公司的增压器单级压比已达 5,总效率提高到 72%;另一方面,增压系统的适应性越来越好,使得变工况和低负荷下发动机都具有良好的运行特性。为了使车用柴油机涡轮增压器响应性更好,先进的直喷柴油机多采用可变几何截面积的涡轮增压器。

用电子控制技术对内燃机参数进行监控,并利用反馈系统使内燃机一直处在最佳的运行工况,从而使燃油消耗率经常保持在最佳值。这是内燃机最有效的节油措施之一。采用电控方法可以使内燃机节油 10%～20%,甚至更多。

电子技术的发展,特别是微机技术的进步为内燃机电控提供了有力的技术保证。为了解决当前内燃机面临的燃油经济性、排放、噪声等问题,对电控技术也提出了更高的要求。

汽油机电控的内容包括燃油喷射与空燃比控制、点火定时与爆震控制、怠速控制、超速保护、减速断油、废气再循环控制等。柴油机电控的内容包括喷油量控制、喷油定时控制、怠速和暖车控制、进气系统控制、自动停缸控制等。

在电控中最重要的是对喷油系统的控制,因为它直接影响到内燃机的排放、噪声、燃油的经济性。以柴油机的喷油控制系统为例,它由传感器、控制单元和喷油器组成。电控单元根据传感器测得的柴油机转速、负荷、进气压力、进排气温度、冷却水温度、机油温度等,实时控制调节喷油量和喷油提前角,使柴油机总是处在最佳工作状态。随着控制理论的发展,各种新颖的控制方法正在逐步取代经典的控制方法,如最优控制、自适应控制、模糊控制和专家系统控制等已应用于内燃机的电控中。

5.3.3 内燃机的节油措施

1. 增压进气系统

简单地说,机械增压和涡轮增压技术是压缩更多空气的两种办法,燃烧室中的燃油量也因此相应增多。第二次世界大战中的一些战斗机曾经使用了增压技术,而技术的产生还要追溯到更早时期。现在通过计算机辅助技术的推广,更小尺寸的发动机和增压条件下输入更多燃油及空气变成了现实。

增压进气系统的引入,使得小排量发动机的动力和自然吸气大排量发动机输出的动力相当,同时又能够满足法规要求的燃油经济性和二氧化碳排放量测评标准。当然具体可以节省多少燃油是因人而异的,需要参考驾驶者的操控风格。燃油效能提升 2%～6%。

2. 停缸技术

车辆越来越多地采用自动化系统控制的技术,在高速公路等低负载工况下,能够让一台八缸发动机的四个汽缸停止运转,或者六缸发动机的三个汽缸停止运转。停缸技术又可以称为多重排量技术、按需排量技术、主动燃油管理技术、可变汽缸管理技术等。这种技术理念是非常实用的。燃油效能提升 4%～10%。

3. 汽油发动机燃油直接喷射系统

在该先进技术的帮助下,燃油直接喷射到进气道中,然后与空气形成燃油混合气,吸卷进入汽缸中。类似技术还包括汽缸直接喷射技术和火花点火直接喷射技术,可以让燃油混合气的温度更低一些,形成更高的燃气压缩比,从而进一步提高动力性能和燃油效能。燃油效能提升 2%～3%。

4. 可变气门正时和升程

进气阀门控制新鲜空气流入汽缸,排气阀门控制废气流出汽缸。进气阀门和排气阀门什么时刻打开,以及打开多长时间都影响着发动机效能。参考发动机当前转速和负载状况,可变气门正时和升程系统自动优化阀门开启时刻和举升时间。与传统配时固定的气门举升系统相比,创新系统在各种工况下的燃油效能更高。可变气门正时和升程系统采用的技术包括可变气门驱动技术、可变凸轮正时技术、凸轮配气相位技术、电子升程控制技术等。燃油效能提升 1%～11%。

5. 发动机启停系统

发动机启停系统被广泛应用在混合动力和插电式混合动力车型中。简而言之,当车辆停止前进时,启停系统可以自动关闭发动机;当驾驶者释放制动踏板而踩下油门时,发动机立刻开始重新运转。提高效能的理念也非常明了,就是阻止怠速状态的燃油浪费。

汽车制造厂商还从混合动力车型中引入了动能回收制动系统,把刹车过程中损失的机械能转化成电能,储存在电池组中用于驱动自动启动机。所谓的微混合动力车型就使用了这类装置,与真正意义上的混合动力系统不同,储存的电能不是用来驱动牵引电动机。除了 12 V 系统之外,更高电压等级的电池组储存转化能量,之后为空气调节系统、资讯娱乐系统等设备提供能量。燃油效能提升 2%～4%。

节省燃料的另外一种方法是优化发动机能量的传输效率,将全新变速器与汽油、柴油发动机完美搭配,尽可能提高燃油利用率。

6. 更多挡位的自动变速箱

克莱斯勒、现代、福特和大众等汽车制造企业已经宣布将设计研发拥有 10 个挡位的自动变速箱。在传统 4 挡位自动变速箱基础上增加的每个挡位,都帮助发动机始终处在一个最优的工作状态,因此提高潜在效能。测试显示的平均效能提高率数据如下:5 挡 2%～3%;6 挡 3%～5%;7 挡 5%～7%;8 挡 6%～8%。挡位越高,效能提高水平越大。增加挡位的理念可以作为电气化的一种替代解决方案,让传统车型也能够符合法规标准要求。燃油效能提升 2%～8%。

7. 无级变速器(CVT)

无级变速器与混合动力系统的联系更加紧密,应用在传统车型上有着很多优势。无级变速器使用一对直径可调节的皮带轮,通过皮带或者链条连接,而不是传统的齿轮组,能够创造出无限多个不同的传动速比。得益于连续性换挡操作,能量传输不会出现中断,山路工况下也不需要低速从动装置,有助于实现更好的燃油效能。燃油效能提升 1%～7%。

8. 双离合变速箱(DCT)

双离合变速箱又被称为自动化手动变速箱,融合了手动变速箱和自动变速箱两者的优点。手动变速箱的传输能量损失率较低,但是操控起来没有自动变速箱方便。使用双离合变速箱换挡时不需要驾驶者踩下离合器,只需要控制方向盘上的升降挡拨片即可,当然也可以直接选择自动变速箱模式。系统工作由电子元件控制,并通过液压或者电动机设备执行换挡操作。也许有不少传统人士认为只有手动变速器才能带来驾驶乐趣,不过高性能跑车和赛车应用双离合变速箱已经有很长一段时间了。燃油效能提升 7%~10%。

9. 轻量化技术

简单外加轻量化是设计制造高性能跑车永恒不变的"定律",更轻的车身还可以额外提高燃油经济性。轻量化车型需要更少的能量来驱动,汽车制造厂商也非常热衷于轻量化理念,因为它与其他设计目标不会发生冲突。常用的一些做法有,采用高强度钢、铝合金以及其他轻量化材料(如碳纤维),或者降低驱动系统的尺寸。与此同时,车辆必须满足日趋严格的安全标准,材料选择和技术应用要完美地结合在一起。燃油效能提升方面,每降低 5% 的质量,提高 2%~4% 的效能。

10. 低滚动阻力轮胎

轮胎对于汽车来说非常重要,它们是车辆与道路之间的接触点,不过同时也会带来一定程度的摩擦阻力。传统的低黏性橡胶很难控制摩擦阻力,而现在的低滚动阻力化合物材料可以更好地降低阻尼系数。低滚动阻力橡胶虽然降低了能量损失,但是动力性能也受到影响。高性能跑车暂时不会采用低滚动阻力轮胎,因为它们无法提供充足的侧向加速度和黏附特性等级;普通车型非常适合装配这种轮胎,有助于提高燃油效能。燃油效能提升 1%~3%。

美国能源部的车辆技术办公室致力于推动内燃机技术的研发,以便早日把节能产品应用在各种乘用车和商用车上。大型重卡是一种非常常见的商用车,虽然只占汽车保有量的 4% 左右,但是消耗了 20% 的燃油。目前回收发动机废热能量、超低摩擦阻力的润滑油、先进的燃烧技术、替代燃料都是内燃机技术重要的研究课题。

电动汽车续航里程在不断增加,很多电池专家也在全力研发锂离子电池组之外的创新产品,他们希望早日发现能够改变行业格局的电池技术,到那时内燃机才会真正受到严重威胁。

汽车电气化时代到来之前,制造厂商们依然会尽力研发内燃机技术,做到更低的尾气排放、更高的效能,直到替代驱动技术确实全面超越内燃机。

5.3.4　替代燃料油技术

1. 燃用劣质油

石油应主要用于交通运输、化工原料和现阶段无法替代的用油领域,为此我国实施了节约和替代石油工程,即电力、石油石化、冶金、建材、化工和交通运输行业以洁净煤、石油焦、天然气替代燃料油(轻油),加快西电东送,替代燃油小机组;实施机动车燃油经济性标准及相配套政策和制度,采取各种措施节约石油;实施清洁汽车行动计划,发展混合动力汽车,在城市公交客车、出租车等推广燃气汽车,加快醇类燃料推广和煤炭液化工程实施进度,发展替代燃料。

内燃机采用代用燃料已成为当前节油的热点之一。所谓采用代用燃料,实际上包含两层含义:一是燃用劣质油,即用品质低的燃油去代替品质高的燃油;二是燃用其他的替代的气体或液体燃料。

内燃机燃用的汽油、柴油、重油等都是由石油炼制的,其中广泛使用的柴油又可分为轻柴油和重柴油。轻柴油有 10 号、0 号、−10 号、−20 号、−35 号五种,它们的凝点分别不大于 10 ℃、0 ℃、−10 ℃、−20 ℃、−35 ℃。其中用得最多的是 0 号柴油和 −10 号柴油。重柴油的品种有 10 号、20 号、30 号和船用重柴油四种,它们的凝点分别不大于 10 ℃、20 ℃、30 ℃和 20 ℃。因为在石油炼制过程中也要消耗能源,所以柴油机燃用重质柴油,其本身就是节能的重要措施。例如,在国外机车和船用的中速柴油机很多已燃用重柴油甚至重油,而我国仍与高速柴油机一样燃用 0 号轻柴油,这是很不经济的。另外,国外大型低速柴油机大多用劣质重油。

目前我国柴油机数量巨大,因此要设法使它们尽可能燃用品质差的柴油,如宽馏分柴油、低十六烷值柴油、高凝点柴油。所谓宽馏分柴油,实质上是把本来属于重柴油或重油的一部分重质燃料与一部分轻质燃料掺混调和成可在高速柴油机中使用的柴油。这样做可以降低柴油生产成本,增加柴油产量,减少炼油厂的能耗,从而达到节能的目的。

柴油的十六烷值表示柴油的着火性能,是柴油的主要性能指标之一。柴油的十六烷值低说明重质油比例多,炼制过程短,节能。通常高速柴油机着火和燃烧时间短,因此要求十六烷值较高的柴油。现在高速直喷式柴油机、高速分隔燃料室柴油机都可燃用低十六烷值柴油。

高凝点的柴油是指凝点大于 0 ℃的柴油。柴油中重质燃料越多,凝点也越高。如果柴油机能燃用高凝点的柴油,即含重质燃料多的柴油,那么炼油厂不但可以节能,而且能增加柴油产量。因此使用高凝点柴油也是节油的主要措施。

通常在品质较差的柴油中加入添加剂,以增加柴油十六烷值,或降低凝点,或促进燃烧等。加添加剂成本低、效益高,也是节油措施之一。

2. 燃用替代的气体燃料

内燃机可替代的气体燃料有天然气、液化石油气、煤气(包括高炉和焦炉煤气、裂解煤气、发生炉煤气)、沼气、氢气等。

气体燃料在汽油机中应用较方便,不需作大的改动即可应用,但对于柴油机就不那么容易了,这是由于气体燃料在压缩空气中喷射及压燃点火不易控制。

天然气和液化石油气是内燃机首选的替代气体燃料。天然气与柴油热值相当,价格则仅为柴油的 2/3 左右。因为天然气汽车在排放方面具有明显的优越性,与使用汽油车相比,天然气汽车颗粒物排放量几乎为零,NO_x、CO 和 HC 的排放也显著降低,所以天然气汽车在改善空气质量方面有着重要意义。

目前国内外发展较快的是压缩天然气汽车。压缩天然气与汽油两用燃料汽车是通过对现成汽油车改装而成,有两套燃料供给系统,一套为保留的原车供油系统,另一套为增加的压缩天然气供给装置。发动机可分别使用压缩天然气和汽油作为燃料,两种燃料的转换利用选择开关实现。由于发动机结构未作改动,当使用天然气燃料时,往往不能充分发挥其优点,导致汽车功率下降。

据资料报道,汽车在使用天然气作燃料时,功率一般要下降 15% 左右,个别时候下降更多。提高天然气汽车功率的措施主要有提高充气系数、适当提高发动机压缩比、使用天然气汽车发动机专用润滑油等。减少腐蚀和磨损的措施有天然气脱硫、采用耐腐蚀材料及使用天然气汽车发动机专用润滑油。通常天然气汽车发动机专用润滑油与汽油机润滑油相比具有较高的碱值,有很强的酸中和能力。5×10^4 km 行车试验表明,天然气汽车发动机专用润滑油能有效防止硫化氢的腐蚀,减少发动机磨损,延长发动机大修期 1/2 以上。

3. 燃用替代的液体燃料

内燃机燃用的替代液体燃料主要是液化天然气、醇类燃料、二甲醚(DME)及所谓绿色燃料。

液化天然气对储存技术要求较高,使得储存容器的成本高,这在一定程度上限制了液化天然气汽车的发展。但由于液化天然气在储存能量密度、汽车续驶里程、储存容器压力等方面均优于压缩天然气,能解决压缩天然气汽车所存在的一些问题,因此液化天然气作为天然气的使用方式之一,是今后的重点发展方向。

液化石油气价格便宜、容易液化、储存和使用方便,其配套设施如加气站等的建设费用也比较低。所以液化石油气作为车用替代燃料,近年来发展较快。我国液化石油气资源包括油田和石油炼厂两方面。油田的液化石油气是伴生气处理过程中的轻烃产品,主要成分是丙烷和丁烷,不含烯烃,所以适于直接做车用燃料。石油炼厂的液化石油气内则含有大量的烯烃。烯烃为不饱和烃,燃烧后结胶,积炭严重。所以这种产品不适于直接做车用燃料。但液化石油气具有抗爆性能高、排放污染物少、能量高、便于携带等优点。

醇类燃料是由纤维素通过各种转换技术而获得的优质液体燃料,其中最重要的是甲醇和乙醇。它们的生产原料丰富,生产方法和生产工艺也很成熟,是内燃机理想的替代燃料。

乙醇又称酒精,人们常将用作燃料的乙醇称为"绿色石油",这是因为各种绿色植物,如玉米芯、水果、甜菜、甘蔗、甜高粱、木薯、秸秆、稻草、木片、锯屑、草类及许多含纤维素的原料都可以用作提取乙醇的原料。生产乙醇的方法主要有:利用含糖的原料如甘蔗直接发酵;间接利用碳水化合物或淀粉如木薯发酵;将木材等纤维素原料酸水解或酶水解。图 5-6 为用纤维素生产乙醇的流程图。

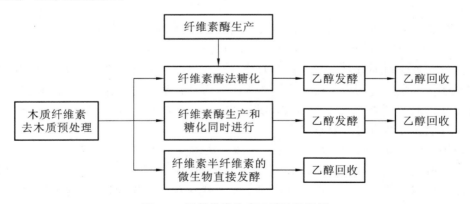

图 5-6　用纤维素生产乙醇的流程图

虽然乙醇的发热值比汽油低 30％左右,但乙醇密度高,因此以纯乙醇作燃料的机动车的功率比烧汽油的机动车还高 18％左右。采用乙醇作燃料,对环境的污染比汽油和柴油小得多,而生产成本却和汽油差不多。用 20％的乙醇和汽油混合使用,汽车的发动机不必改装。因此作为化石燃料,特别是汽油、柴油的最佳替代能源,乙醇展现了良好的前景。目前我国乙醇燃料汽车使用的通常是一种混合燃料 E85,E85 用 15% 的乙醇和 85% 的无铅汽油混合而成。

乙醇燃料以掺烧或纯烧方式已成功地用于汽油机上。它在柴油机上的应用要远逊于汽油机,主要原因是柴油与乙醇不能互溶,掺烧困难。此外,乙醇燃料十六烷值低,在柴油机上需要柴油引燃或点火塞点燃,要对燃烧系统作较大改动。目前,国内外有关机构正在研制帮助乙醇与柴油互溶的助溶剂,生成柴油醇,这样可以在发动机不作改动或是很少改动的情况下使用柴油醇燃料,满足发动机经济性、动力性和环保的要求。柴油醇在发动机上的应用具有很大的潜力。

甲醇也是一种优质的液体燃料,其突出优点是燃烧时效率高,而碳氢化合物和一氧化碳排放量却很小。比如用甲醇作燃料的汽车发动机输出的功率可比汽油、柴油车高 17% 左右,而排出的氮化物只有汽油、柴油车的 50%,一氧化碳只有后者的 12%。美国环保局的研究表明,如汽车改烧 85% 甲醇和 15% 无铅汽油组成的混合燃料,仅美国城市的碳氢化合物的排放量就可减少 20%～50%;如使用纯甲醇作燃料,碳氢化合物的排放量可减少 85%～95%,一氧化碳的排放量可减少 30%～90%。正因为如此,美、日等汽车大国都制订了大力发展甲醇汽车的计划。

值得注意的是,甲醇燃料会产生有毒的醛类,甲醇对人体毒性较大,对金属有腐蚀作用,对橡胶皮革有溶胀作用,会使塑料提早老化。这些缺点使甲醇在实际应用中受到了较大限制。因此,甲醇改质重整又是燃料电池的一个重要方案。

甲醇最早是作为生产木炭过程中的副产品。20 世纪 20 年代发明了高温高压下由氢和一氧化碳通过催化剂合成甲醇的工艺。由于天然气的大量发现,现在甲醇都是以天然气作原料,通过重整而获得的。然而为了利用生物质能,变废为宝,用树木及城市废物大量生产甲醇仍是世界各国研究的重点。目前采用的主要方法是,先用热化学转换的方法将固体生物质气化,获得合成气后再用其制甲醇。此法目前的主要问题是生产成本高,但随着科技的进步,"植物甲醇"将成为替代燃料的主角之一。

由于醇类燃料与燃油在性质上的差别,在采用醇类燃料时要注意以下问题。

(1) 醇类燃料是含氧燃料,燃料燃烧所需的理论空气量低,排气污染低;废气含水蒸气多使冬季排气呈白色。

(2) 醇类燃料热值低,为保持功率,需加大供燃料量。

(3) 醇类的沸点低,甲醇的沸点为 64.8 ℃,乙醇为 78.5 ℃,这有利于可燃混合气的形成。但由于醇缺乏轻质燃料组分,且汽化潜热大,妨碍了醇的汽化,对启动不利。

(4) 醇的辛烷值高,有抗爆性。

(5) 醇的十六烷值低,而十六烷值是衡量着火性能的指标,且醇燃料和空气的可燃混合气着火的最低温度为 400～500 ℃,所以柴油机燃用醇燃料,着火困难,着火延迟期长,要设法改善着火性能。

(6) 醇燃料的着火极限宽,这可使柴油机工况选择范围大,且有利于排气净化和降低燃油耗率。

二甲醚用作汽车能源,来源比较丰富。二甲醚可用天然气、煤、石油焦炭或生物质为原料制取。目前基本上采用二步法工艺生产,即首先让天然气或煤等原料变成合成气(H_2、CO、CO_2),进一步转变成甲醇,最后经脱水变成二甲醚。二甲醚是一种含氧燃料,无毒性,常温常压下为气态,常温时可在 5 atm 下液化。二甲醚的十六烷值大于 55,具有优良的压燃性,非常适合于压燃式发动机,用作柴油机的替代燃料。国内外相关研究表明燃用二甲醚燃料的发动机,在对原柴油机的燃油系统进行必要改造后,在保持原柴油机高热效率的前提下,可使氮氧化物大幅度降低,碳烟排放为零,发动机燃烧噪声可降低 10 dB(A)左右,使发动机氮氧化物、微粒、一氧化碳等有害排放具有达到超低排放标准的潜力。这显示了二甲醚燃料可十分理想地作为洁净代用燃料,实现柴油机汽车高效率、低噪声、超低排放的前景。近年来,国外已成功开发了以天然气为原料产生合成气,由合成气一步法高效制备二甲醚的工艺,大大降低了二甲醚的生产成本,为二甲醚的大面积推广使用打下了坚实的基础。

绿色燃料泛指以植物为原料生产出来的燃料。植物类原料极为广泛,如农作物(如薯类、甘蔗及谷物等)可提炼醇燃料;各种植物的种子可提炼植物油;淡水生植物可生产甲烷;海水生植物(如海草、藻类)经处理后可生产沼气;广阔的森林资源可生产碳氢燃料和提炼甲醇。显然绿色燃料就是生物质能。

在内燃机中替代燃油的绿色燃料通常是指由植物中提炼出的碳氢液体燃料,即所谓绿色石油,以及各种植物油燃料。各国科学家的多年研究发现,能生产“绿色石油”的植物达千种之多。如:一种属灌木的含油大戟,能制成类似石油的燃料;一种称为苦配巴的树,从树干割口可流出类似柴油的碳氢化合物液体燃料;树脂海桐(又称石油果)的植物,其种子可出油,油有石油味,含碳氢化合物;黑皂树的种子含油率达 33.9%,由它提炼的黑皂油可用于柴油机;巴豆树的枝和叶可提炼出与柴油性质相似的燃料,已用于柴油机。总之,“绿色石油”的开发前景广阔,有不少植物能在贫瘠、干旱土地甚至沙漠上生长,是建立“能源农场”的理想树木。

植物油也是柴油机有希望的代用燃料。植物油的热值比醇燃料高一倍,约为柴油热值的 90%。植物油和柴油还可以以任何比例互溶而不分层,所以在柴油机上掺烧植物油很方便。由于植物油黏度不太大,故也可在柴油机上单独燃用。植物油可分为可食用和不可食用两类,可食用的价格较高,因此应开发不可食用植物油来作为柴油机的代用燃料。植物油有菜籽油、花生油、豆油、向日葵油、芝麻油、玉米油、糠油、茶油、桐油、巴豆油、松节油等。柴油机上燃用菜籽油、棉籽油、向日葵油等均已实现。由于植物油中易挥发成分少,黏度大,喷雾质量差,十六烷值低,自燃温度高,所以启动困难。因此柴油机燃用植物油时,必须加大供油提前角。如适当加大循环供油量,柴油机可发出与燃用柴油时同样的功率。

我国是煤资源富有国,煤制甲醇和二甲醚作为内燃机的石油替代燃料,是能源领域的重大科学问题之一。

5.3.5　替代动力汽车

预计到 2020 年世界汽车的持有量将达 12 亿辆。根据这种形势,世界各国除大力发展内燃机节油技术、采用替代燃料外,还应积极实施替代动力汽车计划。目前替代现有内燃机汽车的动力汽车主要有电动汽车、混合动力车和燃料电池电动车。

1. 电动汽车

电动汽车以车载电源为动力。电动汽车的优点如下：它本身不排放污染大气的有害气体，即使按所耗电量换算为发电厂的排放量，其污染物也显著减少，且电厂大多建于远离人口密集的地区，集中排放，清除各种有害排放物较容易，也已有了相关技术。此外，电动汽车还可以充分利用晚间用电低谷时富余的电力充电，使发电设备日夜都能充分利用，大大提高其经济效益。研究还表明，同样的原油经过粗炼，送至电厂发电，经蓄电池驱动汽车，其能量利用效率比经过精炼变为汽油，再经汽油机驱动汽车高，因此有利于节约能源和减少二氧化碳的排放量。正是这些优点，使电动汽车的研究和应用成为汽车工业的一个"热点"。

电池是电动汽车发展的关键。电动汽车目前的困难是单位质量蓄电池储存的能量太少，使一次充电的行驶里程受到限制，且蓄电池价格较贵。现在普遍看好的是氢镍电池、锂离子和锂聚合物电池。氢镍电池单位质量储存能量比铅酸电池多一倍，其他性能也都优于铅酸电池，但目前价格为铅酸电池的 4～5 倍。锂是最轻、化学特性十分活泼的金属，锂离子电池单位质量储能为铅酸电池的 3 倍，锂聚合物电池则为铅酸电池的 4 倍，而且锂资源较丰富，价格也不很高，是很有发展前景的电池。

电动汽车其他相关的技术，近年都有巨大的进步，如交流感应电机及其控制、稀土永磁无刷电机及其控制、电池和整车能量管理系统、智能及快速充电技术、低阻力轮胎、轻量和低风阻车身、制动能量回收等，这些技术的进步使电动汽车日益完善和走向实用化。

2. 混合动力车

混合动力车也称混合动力电动汽车，其车上装有两个动力源，通常是内燃机再加上蓄电池。混合动力车的优点如下。

（1）采用复合动力后可按平均需用的功率来确定内燃机的最大功率，使其处于油耗低、污染少的最优工况下工作。需要大功率而内燃机功率不足时，由电池来补充；负荷少时，富余的功率可发电给电池充电。由于内燃机可持续工作，电池又可以不断得到充电，故其行程和普通汽车一样不受蓄电池容量的限制。

（2）因为有了电池，可以十分方便地回收制动、下坡、怠速时的能量。

（3）在繁华市区，可关停内燃机，由电池单独驱动，实现"零"排放。

（4）有了内燃机，可以十分方便地解决耗能大的汽车空调、取暖、除霜等纯电动汽车遇到的难题。

（5）可以利用现有的加油站加油，不必再投资。

（6）可让电池保持在良好的工作状态，不发生过充、过放现象，延长其使用寿命，降低成本。

混合动力车有三种基本的工作方式，即串联式、并联式和串并联（或称混联）式。混合动力车的缺点如下：需两套动力，再加上两套动力的管理控制系统，结构复杂，技术难度大，价格高。

为了节约石油，随着我国自主开发的绿色电池的进步，混合动力车在我国也将得到迅速发展。

3. 燃料电池电动汽车

燃料电池是把燃料中的化学能直接转化为电能的能量转换装置。燃料电池有多种类型,经过多年的探索,最有望用于汽车的是质子交换膜燃料电池。它的工作原理如下:将氢气送到负极,经过催化剂(铂)的作用,氢原子中两个电子被分离出来,这两个电子在正极的吸引下,经外部电路产生电流,失去电子的氢离子(质子)可穿过质子交换膜(即固体电解质),在正极与氧原子和电子重新结合为水。由于氧可以从空气中获得,只要不断给负极供应氢,并及时把水(蒸汽)带走,燃料电池就可以不断地提供电能。

燃料电池的优点如下:①能量转换效率高。燃料电池的能量转换效率可高达 60%～80%,为内燃机的 2～3 倍。②不污染环境。燃料电池的燃料是氢和氧,生成物是清洁的水,它本身工作不产生 CO 和 CO_2,也没有硫和微粒排出,没有高温反应,也不产生 NO_x。如果使用车载的甲醇重整催化器供给氢气,仅会产生微量的 CO 和较少的 CO_2。③寿命长。燃料电池本身工作没有噪声,没有运动性,没有振动,其电极仅作为化学反应的场所和导电的通道,本身不参与化学反应,没有损耗,寿命长。

经多年研究,燃料电池在汽车上的应用已取得重大进展,质子交换膜燃料电池(简称 PEM 燃料电池)功率密度已大大提高,同时价格下降,工作寿命延长。PEM 燃料电池工作温度为 80 ℃。用于催化的铂的用量大大减少,过去用量是 5 mg/cm²,一辆汽车燃料电池光铂就要 3 万美元,比一般的汽车还贵,现在已下降到 0.1 mg/cm²。燃料电池的能量转换效率,加拿大巴拉德公司已达到怠速时为 60%,满负荷时为 40%;德国在额定负荷时为 59%,20% 额定负荷时为 69%。各种供给氢气的方法,如高压储氢瓶、液化氢储存器、金属储氢技术都有明显进步。此外,从甲醇和汽油经重整器获得高密度氢气的技术也有很大进步,为利用现有加油站"加油"而保持汽车长距离行驶提供可能。诚然 PEM 燃料电池要在性能及价格方面达到与内燃机汽车有竞争力的水平还有大量的工作要做,特别是价格方面。为了降低价格,正在大力研究新材料(如新的质子交换膜、新的催化材料及技术等)、新结构、新工艺和新技术。

21 世纪各国都提出了替代动力发展计划,其中美国通用汽车公司推出的第三代燃料电池汽车,车速可达 160 km/h,行驶距离为 400 km。各方面性能都已达到或非常接近目前普通汽车的水平。我国已经明确了替代汽车发展的重点是燃料电池汽车,同时兼顾混合动力电动汽车和纯电动汽车。

5.4   泵与风机节能

5.4.1   概述

泵与风机是用于输送流体(液体或气体)的机械设备。泵与风机的作用是把原动机的机械能或其他能源的能量传递给流体,流体获得机械能后除用以克服输送过程中通道的流动阻力外,还可实现从低压区输送到高压区,或从低位区输送到高位区。

通常输送液体的机械设备称为泵,输送气体的机械设备称为风机。泵根据工作原理及结构形式可分为叶片式(又称叶轮式或透平式)、容积式及其他类型。叶片式泵是通过叶轮旋转将能量传给流体,它又有离心泵、轴流泵、混流泵、旋涡泵等多种类型。容积式泵是通过工作室容积的周期变化将能量传给流体,它又可分为往复泵和回转泵两大类。其他类型泵则有射流泵、水锤泵和电磁泵。

按工作原理不同,风机一般分为叶片式和容积式两大类。其中叶片式又有离心式、轴流式、混流式和横流式等多种形式。容积式风机又可分为往复式风机和回转式风机两大类。

风机除按工作原理分类外,通常还按风机产生的全压分为通风机(风机产生的全压在 98~14 700 Pa)、鼓风机(风机产生的全压在 14 700~196 120 Pa)、压缩机(风机产生的全压大于 196 120 Pa,或压缩比大于 3.5)和风扇(风机产生的全压小于 98Pa,无机壳)。其中应用最广的是通风机,它被广泛地用于冶金、钢铁、石油、化工、电力、化肥、医药、纺织、水泥、船舶、酒店、办公楼等行业。

泵与风机的性能由其基本参数表征。泵的基本参数有流量、扬程、轴功率、效率、转速、比转速、必需气蚀余量。风机的基本参数有流量、余压、轴功率、效率、转速、比转速。

值得注意的是,在通常谈到泵与风机节能时,着重介绍的多是叶片式泵与风机的节能技术。这是因为叶片式泵与风机应用最为广泛,特别是大容量的泵与风机绝大多数都是叶片式的。以火力发电厂为例,其中大功率的泵与风机都是叶片式的,它们所消耗的功率占火力发电厂全部泵与风机消耗的功率的 95% 以上。此外,叶片式泵与风机具有巨大的节能潜力,目前国内外所推行和实施的一系列泵与风机的节能技术大都是针对叶片式泵与风机的。如过去叶片式泵与风机多采用阀门、风门、静导叶等来调节流量,这会产生很大的节流损失,如改用改变转速的方式来调节流量,就可大大降低泵与风机的功率消耗。但若对容积式泵与风机采用变流速调节流量,节能效果就不如叶片式泵与风机显著。

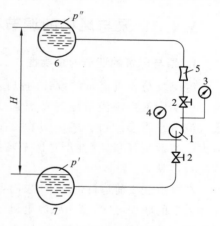

图 5-7　典型的泵装置

1—泵;2—阀门;3—压力表;
4—真空计或压力表;5—流量计;
6—排出容器;7—吸入容器

本节涉及的泵与风机的节能实际上是指泵与风机装置的节能,如典型的泵装置就包括泵本体、管路及其附件、吸入容器、排出容器等(见图 5-7)。

在实际应用中,通常是几台泵或风机串联或并联运行。泵(或风机)串联运行的基本规律是串联泵(或风机)通过的流量相等(忽略泄漏流量),而串联后的总扬程(总全压)为串联各台泵(或风机)的扬程(全压)之和。泵(或风机)并联运行的基本规律是并联后的总流量等于并联各泵(或风机)流量之和,而并联后总扬程(总全压)与各台泵(或风机)的扬程(全压)都相等。

泵与风机是应用非常广泛的通用机械设备,分布面极广,几乎遍布各行各业。根据有关部门统计,泵与风机的耗电量约占全国电力消耗总量的 40%。其节能潜力巨大。据估计提高泵与风机的运行效率,其节能潜力可达 $2.0 \times 10^{10} \sim 4.0 \times 10^{10}$ kW·h 电。

5.4.2　泵与风机运行中存在的问题

泵与风机是量大面广的通用机械耗电设备。大型(500 kW 以上)离心式的泵与风机额定效率一般可达 80% 左右,配套电动机的额定效率可达 95% 左右,不考虑管网损耗,额定效率可达 76% 左右,可是,相关统计表明,我国风机的平均运行效率只有 30%~40%。大量的调查表明,当前我国泵与风机在运行中普遍存在以下问题:

(1) 设备使用时间过长,老化或设计陈旧,本身工作效率低;

(2) 选型不当,与配套的机械匹配不合适,致使工作负荷远离额定负荷,运行效率低;

(3) 目前绝大多数仍是以挡板和阀门作为流量调节手段,节流能量损失大,运行效率低;

(4) 输送管道设计、安装不合理,管路阻力大,管理不严等;

(5) 管道密封不严密,泄漏严重。

对于选型、功率配置不当,管网配置不合理等问题,经专业指导,可最大限度地优化。调节不当问题,采用变频器驱动,并且采用合理的调节方式,可以很大程度上予以改善。除了应用层面的问题,在负荷变化较大的场合,驱动电机、风机、水泵等会经常远离高效率点运行,也是导致效率降低的重要因素。因此泵与风机节能的关键是设计和生产高效泵与风机,并在使用时能在宽范围之内保证泵与风机高效率运行。

5.4.3　泵与风机的调节与节能

1. 泵与风机的调节的重要性

传统泵与风机流量的设计均以最大需求为依据,采用阀门或风门挡板等方式调节流量。但实际使用中流量随各种因素(如季节、温度、工艺、产量等)的变化而变化,往往比最大流量小得多。过去通过调节挡板或阀门的开度来调节流量,实质是通过改变管网阻力大小来改变流量,存在严重的节流损失,还会使泵与风机的运转点偏离最佳效率点,造成能量浪费。

在机组变负荷运行情况下,采用可调速系统可减小大量的节流损耗,节能潜力巨大。从流体力学的原理可知,使用感应电机驱动的离心式负载流量 Q 和电机的转速 n 成正比,而扬程则与转速的二次方成正比,所需的轴功率 P 与转速的立方成正比。例如,在理想情况下,当需要 50% 的额定流量时,通过调节电机的转速至额定转速的 50%,此时系统的扬程仅为原来的 25%,所需功率仅为原来的 12.5%。

泵与风机的调节是指泵与风机在运行中根据工作的需要,人为地改变运行工况点(工作点)的位置,使流量、压头等运行参数适应新的工作状况的需要。泵与风机的工作点是由其性能曲线和管路阻力曲线的交点确定的(图 5-8),因此,只要通过一定的方法使两条曲线之一的形状或位置发生变化,即可使工作点的位置改变。所以泵与风机的调节实质上是通过改变泵与风机的性能曲线或管路阻力曲线来实现的。

泵与风机的调节方式与节能的关系极为密切。过去泵与风机普遍采用改变阀门或挡板开度的节流调节方式来改变辅机运行工况,即通过改变管路阻力曲线进行调节。这种调节方式虽然简便易行,但阀门和挡板开度变小会增加系统的压力损失和能量消耗,造成很大的能量损失。这是一种节流耗能型调节。其能量浪费的主要原因是采用不合适的调节方式。因此,研究并改进调节方式是节能最有效的途径和关键所在,采用经济而可靠的调节方式是当务之急。调节辅机(给水泵、风机等)转速的方法是符合经济运行要求的比较理想的调节方法。

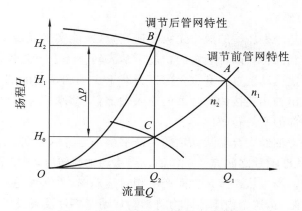

图 5-8　离心式泵与风机的运行曲线

2. 各种调速方式简介

泵与风机的调节方式可分为非变速调节和变速调节两大类。非变速调节又可分为节流调节、分流调节、离心式和轴流式风机的前导叶调节、离心式的气蚀调节以及改变泵与风机运行台数调节等；变速调节又分为定速电动机的变速调节、交流电动机的变速调节和直流电动机调速等。其中定速电动机的变速调节包括液力偶合器的变速调节、油膜转差离合器的变速调节和电磁转差离合器的变速调节。交流电动机的变速调节包括定子调压调速、绕线式异步电动机转子串电阻调速、鼠笼式异步电动机的变极调速、绕线式异步电动机的串级调速（机械串级、电气串级、可控硅串级）、鼠笼式异步电动机的变频调速和无换向器电动机（可控硅电动机）调速等。

1）液力偶合器

液力偶合器又称液力联轴器，是安装在电动机和工作机械（如水泵、风机）之间的一种可调速的液力传动装置。在电机转速基本不变的情况下，可使工作机械实现较宽范围（电动机转速的 1/5～1）的无级变速。

液力偶合器一般用油作为工质，靠机构能和油的动能、压力能的变换来传递功率。液力偶合器与电机连接的泵轮和与负载（泵）连接的涡轮都有许多径向叶片，电动机带动泵轮转动后，泵轮工作通道中的油就由内缘流向外缘，油流通过两轮的间隙进入涡轮，当油流从涡轮的叶片外缘流向中心时，就将油流的动能转变为机械能，推动涡轮旋转，然后油又通过冷却器、油箱、油泵再返回泵轮重复循环。

液力偶合器有一个径向移动的导管，在控制器的作用下，导管可作径向移动。导管口的径向位置决定了导管室里油环的厚度，即决定了工作腔里的油量，油量决定传递功率的大小。当导管向里伸时，旋转着的油环就从导管将油排出，直到导管口与油面齐平，从而减小了油环厚度，输出轴的转速下降；反之，当导管外提时，减少排油量，油环厚度增加，工作腔保持较多油量，输出轴的转速增加。由此可见，通过对导管位置的控制，可达到调速的目的。

液力偶合器调速功率适应范围大，无级调速，便于控制，工作平稳，运行可靠，维修方便，寿命长，隔离振动，节能效果显著。缺点是存在转差功率损耗，高速时效率高，随着转速的下降效率呈线性下降。

2）油膜转差离合器

油膜转差离合器是一种新型的液力无级变速装置，既能实现无级调速，又能完全离合，同时具有无级变速器和离合器两种装置的功能。油膜转差离合器是以油为工作介质，依靠摩擦力传递功率的变速传动装置。其主要部件为若干主动和从动的圆板摩擦片，主动摩擦片固定在与原动机输出轴相连接的离合器的输入轴上，从动摩擦片固定在与泵或风机输入轴相连接的离合器端部的密封转鼓内。

由油泵供给的压力油经离合器从动轴的转鼓端部中心导入油管，把油注入转鼓内的主从摩擦片之间，使主从摩擦片之间充满工作油。当主动轴旋转时，固定于其上的主动摩擦片也以相同的转速旋转。当主从摩擦片之间产生相对运动时，主从摩擦片之间的工作油各层之间也将产生内摩擦阻力，这个内摩擦阻力将带动从动摩擦片及泵或风机旋转。

通常，主动摩擦片与从动摩擦片之间总是存在一定的转速差的，于是离合器的输入轴和输出轴之间也有一定的转速差。在从动摩擦片的右侧装有一个控制活塞，可使主从摩擦片间的油膜间隙大小发生变化，从而可改变离合器所传递的转矩和离合器主从摩擦片之间的转速差，实现离合器无级变速的目的。

需要指出的是，油膜转差离合器在转速很小时，如转速差在 $0\%\sim5\%$ 时，主从摩擦片之间的间距已非常小，这时离合器的转动功率将由油膜的内摩擦阻力传递功率转变为主从摩擦片之间的固体表面摩擦力传递功率。此时，油膜转差离合器的作用已相当于一个普通型的湿式离合器，因此，油膜转差离合器既可以无级变速，又可以实现无转差的同步运行。

3）电磁转差离合器

电磁转差离合器又称电磁离合器、涡流联轴器等。电磁转差离合器由电枢和磁极两部分组成，这两者之间没有机械联系，各自可自由旋转。电枢是主动部分，直接与电动机的输出轴连接，并由电动机带动其旋转。磁极为从动部分，与离合器的输出轴硬性连接，亦即直接与泵或风机的输入轴硬性连接。电枢通常为圆筒形的整块铸钢，在外表面常铸或焊有风扇叶，以提高散热效果。磁极由铁芯和绕组组成。绕组与部分铁芯固定在机壳上，不随磁极一起旋转。绕组与直流电源连接，使铁芯励磁，控制磁场强弱。电磁转差离合器的电枢转速同电动机转速，磁极转速取决于磁场强度。通过改变励磁电流的大小（改变直流电源的励磁电压），改变磁场强度，进而改变转差率，实现泵调速。励磁电流愈大，磁极与电枢之间转差率愈小，泵转速愈快；反之亦然。电磁转差离合器调速结构简单，控制装置容量小、成本低，适合于中小容量电机调速。但电磁转差离合器有较大转差，最高输出转速仅为同步转速的 $80\%\sim90\%$，转差功率以热能形式损耗，效率较低。

4）转子串电阻调速

改变绕线式异步电动机转子所串接的电阻值，就可改变转差率，即转速值。转子串接的外加电阻可以选择以下三种形式：串接金属电阻，进行有级调速；串接液体电阻，可实现无级平滑调速；斩波器控制等效电阻调速，有较好的无级调速性能。这种调速方法调速范围大，但附加转差功率以热能形式损耗在串接电阻上，因而效率不高。

5）定子调压调速

交流电动机的定子旋转磁场的转速（或称同步转速）与电源频率、磁极对数有关。因此要实现交流电动机的调速,可以通过以下三个途径:改变磁极对数;改变转差;改变电源频率。

由电动机定子调压调速原理可知:转差与定子电压平方成反比,因此降低定子电压,可达到水泵或风机减速的目的。但转差损耗随电压的下降成平方关系上升,因此效率不高。

6) 变极调速

变极调速是通过改变极对数来实现调速目的的。异步电动机在正常运行时,通常电动机转差率很小,在电源频率不变的情况下,转子的转速主要取决于绕组的磁极对数,改变电动机绕组的极对数,就可改变同步转速,从而改变异步电动机的转速。定子中敷设的绕组愈多,形成的磁场极对数也愈多,此时转子转速愈慢。这种调速方法为有级调速,一般用于笼型异步电动机,因为笼型异步电动机转子的极对数自动地随定子极对数的改变而改变,使定子、转子始终在相同的磁极对数下产生平均电磁转矩。

大中型异步电动机采用变极调速时,一般均为双速电动机;三速或四速电动机仅在小型异步电动机中应用。双速电动机改变磁极对数有两种方法:一种是双绕组,即在定子槽内安排两套相互独立的绕组,每套绕组对应于一种极对数及转速;另一种是单绕组,即只有一套定子绕组,它通过改变绕组线圈端部的接线方式来变更定子磁极对数。双绕组电动机要求定子有较大的槽,以容纳两个绕组,且定子铁芯较大,故电动机的质量大、价格更高。单绕组早期只能实现倍极比的变速,后来也可获得非倍极比的双速电动机。目前用于泵与风机调速节能的双速电动机,多为单绕组非倍极比的极幅调制法的双速电动机。

变极调速的主要优点如下:调速控制设备简单;初投资低,维护方便;可靠性较高。其主要缺点如下:有级调速,不能进行连续调速;在变速时电力必须瞬间中断,不能进行热态变换(因在变速时电动机有电流冲击现象发生)。

7) 串级调速

绕线式异步电动机除了转子串电阻的调速方式外,还可采用转子串电势的串级调速方式。串级调速方式的特点是可以不产生转差损失,只产生一些变换损失,故这种调速方式的调速效率高,是一种高效调速方式。

串级调速有三种方式:由一台直流电动机与主绕线式异步电动机组成的机械串级调速系统;由一台直流电动机、一台交流电动机与主绕线式异步电动机组成的电气串级调速系统;由变频器与主绕线式异步电动机组成的可控硅串级调速系统。目前应用最为普遍的是可控硅串级调速系统。

可控硅串级调速系统由硅整流器、滤波电抗器、可控硅逆变器、逆变变压器和控制电路组成。在绕线型电动机的转子中不串入附加电阻,而串入一个与转子电势同频率的附加电势,增加附加电势,可降低电机转速,达到调速的目的。附加电势是由串入转子绕组中的外电源提供的,转子回路附加外电源既要电压可变,又要频率可调,因此需要把转子绕组的感应交流电势通过硅整流器变换为直流电势,再进行附加电势的调节。

这种调速方法还利用可控硅逆变器将直流变为交流,并通过逆变变压器将转差功率回馈给电网,从而提高调速效率。可控硅串级调速的缺点是功率因数较低,产生高次谐波,“污染”电网。

8) 变频调速

在极对数一定的条件下,当转差率变化不大时,转速基本上与电源频率成正比。只要设法改变供电频率即可改变转速,也可实现对交流电动机的调速。但是电网的频率是不能随意变动的,因此必须通过一个变频装置即变频器来进行供电频率的调节,将变频器作为变频电源,通过改变电源频率来实现转速调节。

实际上,若仅改变电源的频率则不能获得异步电动机满意的调速性能。因此,必须在调节频率的同时,对定子相电压也进行调节,使频率与电压之间存在一定的比例关系。故变频电源实际上是变频变压电源,故变频调速准确地讲,应是变频变压调速。

变频调速设备是能提供变频电源的变频器。变频器可分为交流-直流-交流变频器和交流-交流变频器,分别简称交-直-交变频器和交-交变频器。交-直-交变频器是先把交流电源经整流器整流成直流,再通过逆变器逆变成频率可调的交流电源。交-交变频器是把交流电源直接变成电压和频率都可调的交流电源。在交-直-交变频器中,频率的改变是在逆变时通过控制晶闸管轮流导通、关断(换流过程)的快慢实现的。换流速度加快,输出交流电的频率就提高,反之频率下降。这种变频器晶闸管数量少,电路较简单,水泵、风机等轻负载多用这种方法。交-交变频器的输出频率一般最高只能达到电源频率的 $1/3 \sim 1/2$,并且用的晶闸管多,电路复杂,功率因数较低,多用于低速大容量的传动。

变频调速的主要优点如下:调速效率高,属于高效调速方式,这是因为在频率变化后,调速过程转差率小,转差损耗小;调速范围宽,一般可达 20∶1,并在整个调速范围内均具有高的调速效率,故变频调速适用于调速范围宽,且泵与风机经常处于低负荷状态下运行的场合。此外,变频调速具有使用范围广、通用性强、动态响应快、运行平稳、可靠性高和维护保养容易等优点,故变频调速已被广泛使用。

变频调速的主要缺点如下:价格较贵,初投资高;因变频器输出的电流或电压的波形为非正弦波而产生的高次谐波,对电动机及电源会产生种种不良影响。

3. 泵与风机调速节能的优点

采用泵与风机调速节能的方法有许多优点。以变频调速为例,由流体力学可知,P(功率)$=Q$(流量)$\times H$(扬程),流量 Q 与转速 N 成正比,扬程 H 与转速 N 的平方成正比,功率 P 与转速 N 的立方成正比。如果水泵的效率一定,当要求调节流量下降时,转速 N 可成比例地下降,而此时轴输出功率 P 成立方关系下降。例如:一台水泵电机功率为 55 kW,当转速下降到原转速的 4/5 时,省电 48.8%;当转速下降到原转速的 1/2 时,省电 87.5%。

无功功率不但增加线损和设备的发热,更主要的是功率因数的降低导致电网有功功率的降低,大量的无功电能消耗在线路当中,设备使用效率低下,浪费严重,由公式

$$P = S \times \cos\Phi, \quad Q = S \times \sin\Phi$$

式中:S 为视在功率,P 为有功功率,Q 为无功功率,$\cos\Phi$ 为功率因数。可知 $\cos\Phi$ 越大,有功功率 P 越大,普通水泵电机的功率因数在 $0.6 \sim 0.7$,使用变频调速装置后,由于变频器内部滤波电容的作用,$\cos\Phi \approx 1$,从而减少了无功损耗,增加了电网的有功功率。

由于电机为直接启动或 Y/D 启动,启动电流等于 $4 \sim 7$ 倍额定电流,这样会对机电设备和供电电网造成严重的冲击,还会对电网容量要求过高,启动时产生大电流,震动时对挡板和阀门的损害极大,对设备、管路的使用寿命极为不利。而使用变频节能装置后,利用变频器的软启动功能使启动电流从零开始,最大值也不超过额定电流,减轻了对电网的冲击和对供电容量的要求,延长了设备和阀门的使用寿命,节省了设备的维护费用。

表 5-1 为火力发电厂 200 MW 机组采用全容量调速给水泵的节能效果。

表 5-1　火力发电厂 200 MW 机组采用全容量调速给水泵的节能效果

序号	主机负荷 /MW	给水流量 /(t/h)	主机定压运行		主机滑压运行	
			节约功率 /kW	相对节电率 /(%)	节约功率 /kW	相对节电率 /(%)
1	200	616	710	14.61	950	19.69
2	180	535	770	17.15	1 050	23.08
3	160	470	875	20.59	1 530	36.00
4	140	410	950	23.93	1 750	43.21

风机、泵类采用变频调速调节流量的方法,是一种有效且节能的方法,这已被许多工程实例所证明,也被普遍接受。然而需要说明的是,并不是任何风机、泵类负载使用变频调速均可实现节能。一台风机或泵能否节能,节能多少,变频调速投资有没有价值,这些都与风机或泵组实际运行工况有关。要实现变频调速节能的必备条件是在风机或泵的整个工作周期中,存在比较大的富余流量。

有些系统运行时负荷比较满,没有多少溢流或放空的情况,此时采用变频装置就不仅达不到节能的目的,还会由于变频器的自身功率损耗而增添系统损耗。

虽然风机、泵类是平方律负载,其轴功率与转速的立方成正比,但在实际应用中并不是转速越低,系统就越节能。这主要是因为风机或泵与电机连成一体,在低速区系统的效率会大大降低,所以进行变频调速范围不宜太大,一般在额定转速的 50% 以上。

由于泵与风机的调节方式很多,各种调节方式又有不同的特点,因此选用何种调节方式往往是泵与风机节能的关键。另外,不管采取何种调速方式,都要以满足生产工艺要求为前提,特别是风机、泵类负载进行变频调速时需要考虑系统对维持生产所需的最小扬程、压力或流量的要求。

5.4.4　泵节能的其他方法

1. 离心泵在输送液体过程中的能量损失

离心泵在输送液体过程中存在的能量损失主要有三种:①机械损失;②容积损失;③水力损失。

(1) 机械损失。电动机传到泵轴的功率(轴功率),首先要消耗一部分去克服轴承和密封装置的摩擦损失,剩下来的轴功率用来带动叶轮旋转。但是叶轮旋转的机械能并没有全部传给通过叶轮的液体,其中一部分消耗于克服叶轮前、后盖板表面与壳体间(泵腔)液体的摩擦力,这部分损失功率称为圆盘摩擦损失。

(2) 容积损失。输入的水力功率用来对通过叶轮的液体做功,因而叶轮出口处液体的压力高于进口压力。出口和进口压差使得通过叶轮的一部分液体从泵腔经过叶轮密封环(口环)间隙向叶轮进口逆流。这样,通过叶轮的流量(也称泵的理论流量)并没有完全输送到泵的出口,其中泄漏这部分液体把从叶轮中获得的能量消耗于泄漏的流动过程中,即从高压(出口压力)液体变为低压(进口压力)液体。

（3）水力损失。通过叶轮的有效液体(除掉泄漏部分)从叶轮中接收的能量,也没有完全输送出去,因为液体在泵过流部分(从泵进口到出口的通道)的流动中伴有水力摩擦损失(沿程阻力)和冲击、脱流、速度方向及大小变化等引起的水力损失(局部阻力),从而要消耗掉一部分能量。

离心泵的效率反映上述三项能量损失的总和,故又称为总效率,即总效率为上述三个效率的乘积。因此泵的大部分能效损失都与泵的叶轮和流道有关,要提高泵的整体能效,离不开对泵叶轮及流道的优化设计。

2. 高效节能泵

高效节能泵主要是通过对泵叶轮及流道的优化设计来达到高效节能的目的。其中最主要的是采用三元流技术。三元流技术就是把叶轮内部的三元立体空间无限地分割,通过对叶轮流道内各工作点的分析,建立起完整、真实的叶轮内流动的数学模型。通过这一方法,对叶轮流道分析可以做得最准确,反映流体的流场、压力分布也最接近实际。叶轮出口为射流和尾迹(旋涡)的流动特征,在设计计算中也能得以体现。因此,设计的叶轮就能更好地满足工况要求,效率显著提高。

此外,高效节能泵还可采取以下措施提高泵的效率:

（1）泵出入口及流道经过特殊加工处理后,能使液体更顺畅的进入蜗壳,经调整后的泵具有较高的抗气蚀性能,泵的效率更高;

（2）减小了泵的转子质量,降低了泵组的径向力,提高了轴承寿命;

（3）增高了泵组的临界转速,泵运行更平稳,提高轴的抗疲劳强度;

（4）降低了转子运行挠度值,减少叶轮口环的磨损及功率损耗;

（5）减少了密封的磨损,延长了使用寿命;

（6）能加工到的叶轮表面全部采用机械加工,对叶轮流道采用精密铸造,全面提高叶轮光洁度,减小水力损失。

3. 提高泵系统节能

除了关注泵本身的节能外,泵的使用效率和与之相关的配套设施也有很大的关系。因此要着力于从节能的角度去开展泵系统的工程设计,主要包括水泵和电机的连接、管网的设计、相关附件的连接和配合等,从而提高泵系统使用效率和使用寿命。

4. 泵运行中的节能

泵本身的效率提高了,整个泵系统也进行了节能的设计,但这只是一个环节。还有一个很重要的环节就是泵运行。在实际中经常由于对泵的使用不当造成泵不能高效地发挥自己的作用,再加上泵的使用环境非常复杂,不同的环境需要不同的工艺流程和工艺参数,在使用过程中对这些方面都要灵活地进行处理。

如对于工况相对稳定而设计选型时泵配置又偏大的情况,可以不采用节流调节或变速调节的方法,而简单地采用变角、车削等切实可行的措施予以解决。在离心式泵的构造中,决定流量和扬程的一个重要部件就是叶轮。所谓变角调节,就是根据具体情况,合理确定叶轮叶片的安装角,以便泵可以高效率地工作。车削调节是指通过车削叶轮直径来对泵的性能进行调节,车削叶轮前后的流量、扬程、轴功率分别与车削前后的叶轮直径、直径平方、直径三次方成正比。它们都是泵节能措施中最简单的有效方法。

5.4.5 风机的节能技巧

风机的节能除了调速之外,还有以下一些小的技巧。

(1)凡是"大马拉小车"的风机,在条件允许的情况下,应换成小容量风机。

(2)根据工艺要求和天气温度变化等条件,尽可能减少运行时间。

(3)对风量进行有效的控制,如调整出口风门、入口风门和入口叶片等,以减少空气阻力。

(4)降低静压力。

(5)对管网要及时查漏和堵漏。

(6)调整风机电动机的转速。

(7)输送介质的进汽温度通常不得高于 40 ℃。

(8)介质中微粒的含量不得超过 100 mg/m³,微粒最大尺寸不得超过最小工作间隙的一半。

(9)运转中轴承温度不得高于 95 ℃,润滑油温度不得高于 65 ℃。

(10)使用压力不得高于铭牌上规定的升压范围。

(11)罗茨鼓风机叶轮与机壳、叶轮与侧板、叶轮与叶轮间隙出厂时已调好,重新装配时要保证该间隙。

(12)罗茨鼓风机运行时,主油箱、副油箱油位必须在油位计两条红线之间。

(13)检查进出口连接部位有无忘记坚固的地方,配管的支承件是否完备。需用冷却水的鼓风机、真空泵要检查冷却水的安装是否符合要求。

(14)在安装风机时,做到:①在一些结合面上,为了防止生锈,减少拆卸困难,应涂少许润滑脂或机械油;②在上接合面的螺栓时,如有定位销钉,应首先将其打紧,再拧紧螺栓;③检查机壳及其他壳体内部,不应有掉入和遗留的工具或杂物。

(15)定期清除风机内部积灰、污垢及水等杂质,并防止锈蚀。

(16)对温度计及油标的灵敏性应定期进行检查。

(17)除每次拆修后,应更换润滑油外,正常情况下 3~6 个月更换一次润滑油。

5.5 电动机节能

5.5.1 概述

电动机是把电能转换成机械能的一种最通用的电力拖动设备。根据电动机工作电源的不同,可将电动机分为直流电动机和交流电动机。其中交流电动机又分为单相电动机和三相电动机。

电动机按结构及工作原理又可分为直流电动机、异步电动机和同步电动机。同步电动机还可分为永磁同步电动机、磁阻同步电动机和磁滞同步电动机。异步电动机可分为感应电动机和交流换向器电动机。

　　电动机在将电能转换为机械能的同时,本身也损耗一部分能量,典型交流电动机损耗一般可分为固定损耗、可变损耗和杂散损耗三部分。可变损耗是随负荷变化的,包括定子电阻损耗(铜损)、转子电阻损耗和电刷电阻损耗。固定损耗与负荷无关,包括铁芯损耗(铁损)和机械损耗。铁芯损耗又由磁滞损耗和涡流损耗所组成,与电压的平方成正比,其中磁滞损耗还与频率成反比。杂散损耗包括轴承的摩擦损耗和风扇、转子等由于旋转引起的风阻损耗。

　　电动机的能量损耗会转换为热能,使电动机在工作时温度升高,因此必须对电动机进行通风冷却。电动机的冷却方式如下。

　　(1)自冷却:电动机仅依靠表面的辐射和空气的自然对流冷却。

　　(2)自扇冷却:电动机由本身驱动的风扇供给冷却空气,以冷却电动机表面或其内部。

　　(3)他扇冷却:供给冷却空气的风扇不是由电动机本身驱动,而是独立驱动的。

　　(4)管道通风冷却:冷却空气不是直接由电动机外部进入电动机或直接由电动机内部排出,而是经过管道引入或排出电动机,管道通风的风机可以是自扇冷式或他扇冷式。

　　(5)液体冷却:电动机用液体冷却。

　　(6)闭路循环气体冷却:冷却电动机的介质循环在包括电动机和冷却器的封闭回路里,冷却介质经过电动机时吸收热量,经过冷却器时放出热量。

　　显然不管采用何种冷却方式,电动机冷却都需要消耗能量,它们和铜损耗、铁芯损耗一起构成了电动机工作时的能量损失。

　　在各类电动机中,异步电动机由于具有结构简单、制造方便、价格低廉、坚固耐用、运行可靠,可用于恶劣的环境等优点,在工农业生产中得到了广泛的应用,特别是对各行各业的泵类和风机的拖动非彼莫属。

　　目前,我国工矿企业使用的电动机大体分为三大类。

　　第一类为20世纪50年代制造的产品,如J、JO系列及相应水平的产品,约占总量的10%。这些电机采用A级绝缘,体积大、效率低。20世纪50年代建设的工矿企业和20世纪60年代生产的各种主机,如风机、水泵、车床等,均采用此类电机,经多年改造,至今已为数不多。

　　第二类是20世纪60年代至70年代制造的产品,如J2、JO2系列及相应水平的产品,约占总量的50%。这些电机采用E级绝缘,体积大、效率低、启动性能差。

　　第三类是20世纪80年代制造的产品,如Y系列电机,约占总量的40%。这些电机采用B级绝缘,启动性能好,效率也较高。近几年生产的各种主机大多与这类电机配套。

　　电动机是一种应用量大、使用范围广的高耗能动力设备。据统计,我国的总装机容量约为 4×10^8 kW,年耗电量约为 6.0×10^{11} kW·h,占工业用电的70%~80%。我国以中小型电动机为主,约占80%,而中小型电动机耗电量却占总耗电量的90%。电动机在我国的实际应用中,同国外相比差距很大,机组效率为75%,比国外低10%;系统运行效率为30%~40%,比国际先进水平低20%~30%。因此在我国中小型电动机具有极大的节能潜力,推行电机节能势在必行。

　　目前,电动机节能主要有三种方式,即变频调速节能、采用高效电机节能以及用无功补偿器提高电机功率因数节能。其中变频调速平均可节能30%以上,节能效果显著,同时适用范围广,是电机节能的主要途径之一。

5.5.2　电动机的调速节能

1. 电动机调速节能的优点

交流电动机是当前应用最广泛的电动机,约占各类电动机总数的 85%,它具有结构简单、价格低廉、不需维护等优点,它的弱点是调速困难,因而在许多应用场合受到限制或需借助机械方式来实现调速。

随着科学技术的进步,特别是电力电子技术、微电子技术、自动控制技术的高度发展和应用,电动机的调速节能得以迅速发展。它不但能实现无级调速,而且在负载不同时,始终高效运行,有良好的动态特性,能实现高性能、高可靠性、高精度的自动控制。相对于其他调速方式(如降压调速、变极调速、滑差调速、交流串级调速等),变频调速性能稳定、调速范围广、效率高,随着现代控制理论和电力电子技术的发展,交流变频调速技术日臻完善,它已成为交流电动机调速的最新潮流。变频调速装置(变频器)已在工业领域得到广泛应用。

使用变频器调速信号传递快、控制系统时滞小、反应灵敏、调节系统控制精度高、使用方便,有利于提高产量、保证质量、降低生产成本,因而使用变频器是厂矿企业节能降耗的首选产品。

变频器就负载类型而言主要有两方面的典型应用:①恒转矩;②变转矩。就应用的目的而言则主要有以下两方面的应用:①以改进工艺为主要目的,确保工艺过程中的最佳转速、不同负载下的最佳转速以及准确定位等;以其优良的调速性能,提高生产率,提高产品质量,提高舒适性,使设备合理化,适应或改善环境等。②以节能为主要目的,主要用于流量或压力需要调节的风机、泵类机械的转速控制,以实现节能。

2. 变频调速在不同行业的典型应用对象

变频调速技术在以下行业有着广泛的应用。

(1) 冶金:轧机、辊道、送料、抛光、拉线、卷绕、剪切等。

(2) 化工:挤压机、胶片传送带、搅拌机、离心分离机、喷雾器等。

(3) 石油:输油泵、电潜泵、注水泵、抽油机等。

(4) 化纤和纺织:纺纱机、精纺机、织机、梳棉机、浆纱机、中央空调等。

(5) 汽车制造业:传送带、搬运车、涂料搅拌、中央空调、电瓶车等。

(6) 机床制造业:车床、龙门刨、铣床、磨床、机械加工中心、剃齿机等。

(7) 造纸业:造纸机、造纸机械、粉碎机、搅拌机等。

(8) 食品:制面机、制点心机、传送带、搅拌机等。

(9) 水泥:回转窑、起重机械、主传动电动机、传送带、振动给料机、立窑风机等。

(10) 电子制造业:中央空调、风机、泵、空压机、注塑机、传送带等。

(11) 矿业:泥浆泵、传送带、提升机、切削机、掘削机、起重机等。

(12) 交通:电动汽车、电力机车、船舶推进、装卸机械、电缆车等。

(13) 装卸搬运:自动仓库、搬运车、粉体运送器、输出传送带等。

(14) 塑胶:橡胶截断机、注塑机、压出机、塑料薄膜生产线等。

(15) 农业:制茶机、水泵、农舍通风、粮库通风等。

(16) 生活、服务:空压机、缝纫机、电风扇、工业及家庭用洗衣机等。

3. 关于变频调速节电的注意事项

对于变频调速节电,调速才能节电。如果一台设备在实际应用的过程中根本都不需要或不能调速,装变频器不但达不到节电效果,反而会增加能耗。

虽然变频器有很多优点,但由于变频器使用电力电子器件(如整流桥、GTR、IGBT、IGCT 等),在运行时会产生高次谐波、电磁辐射、传导、射频发射等电力电子污染。随着电力电子设备的大量应用,电力电子污染问题越来越大,如果不从根本上加以解决,必将造成诸如控制系统瘫痪、频繁误动作等不良后果。所以应用变频器时也必须满足一些行业标准的要求。

对于谐波污染问题,有 IEEE519—1992 和 GB/T 14549—1993 加以规范。解决谐波污染问题的办法主要有增加交流进线电抗器、采用多脉冲整流技术等。

对于电磁辐射、传导、射频发射等电力电子污染有 EMC 标准 EN61800-3 加以规范。EMC 产品标准 EN61800-3 定义了第一类环境和第二类环境的概念。第一类环境指的是民用建筑以及不经过变压器而直接从民用设施上引出低压供电电源的工业环境。第二类环境指的是不直接从民用设施引出低压供电电源的工业环境。变频器在第一类环境(如机场、医院、电视台、广播中心等)应用时,需要选用第一类环境 EMC 滤波器;变频器在第二类环境应用时,需要满足第二类环境 EMC 标准,变频器需要采用 EMC 封装技术或选配第二类环境 EMC 滤波器。

5.5.3 高效节能电动机

高效节能电动机是 YX 高效电动机、Y3 低压大功率电动机、稀土永磁电动机、高压 Y2 紧凑型电动机和 YB2 隔爆型电动机等的统称。高效节能电动机采用新型电机设计、新工艺及新材料,通过降低电磁能、热能和机械能的损耗,提高输出效率。与标准电动机相比,使用高效电动机的节能效果非常明显,通常情况下效率可平均提高 4%。

由于交流变频技术的成熟以及交流变频电机节能效果十分明显的优势,发达国家调速电动机基本被交流变频电动机所取代。我国从 2000 年开始开发应用交流变频技术,现在交流变频系统已非常可靠,交流变频电动机需求量逐年增加。

从节约能源、保护环境出发,高效电动机是现今国际发展趋势,美国、加拿大、欧洲相继颁布了有关法规。欧洲根据电动机的运行时间制定的 CEMEP 标准将效率分为 eff1(最高)、eff2、eff3(最低)三个等级,已在 2003—2006 年间分步实施。最新出台的 IEC 60034-30 标准将电机效率分为 IE1(对应于 eff2)、IE2(对应于 eff1)、IE3、IE4(最高)四个等级。我国也从 2011 年 7 月 1 日起执行 IE2 及以上标准。

随着我国加入 WTO,我国电动机行业所面临的国际社会的巨大竞争压力和挑战日益加剧。从国际和国内发展趋势来看,推广中国高效率电动机是非常有必要的,这也是产品发展的要求,使我国电动机产品跟上国际发展潮流,同时也有利于推进行业技术进步和满足产品出口的需要。为此国家标准化管理委员会于 2012 年发布了强制性标准《中小型三相异步电动机能效限定值及能效等级》(GB 18613—2012)。

高效节能电动机有以下特点：

(1) 节约能源，降低长期运行成本，非常适合纺织机械、风机、水泵、压缩机使用，以 55 kW 电动机为例，高效节能电动机比一般电机节电 15％，如电费按每度 0.5 元计算，使用高效节能电动机一年内靠节电可收回更换电动机的费用；

(2) 直接启动或用变频器调速，可全面更换异步电动机；

(3) 稀土永磁高效节能电动机本身可比普通电动机节约电能 15％以上；

(4) 电动机功率因数接近 1，提高电网品质因数，无须加功率因数补偿器；

(5) 电动机电流小，节约输配电容量，延长系统整体运行寿命；

(6) 加驱动器可实现软起、软停、无级调速，节电效果进一步提高；

(7) 由于运行温度较低，电动机寿命更长，可降低维护成本；

(8) 需使用更多高质量的材料，IE2 电动机比 IE1 电动机成本高 25％～30％，IE3 电动机比 IE1 电动机成本高 40％～60％。

高效节能电动机与变频节能电动机的区别如下。

(1) 高效节能电动机是通过制造工艺提高电动机本身的运行效率；变频节能是指通过调节电动机转速来节约用电，能量转换比不但没有提高，反而降低了，因为增加了变频器的损耗。

(2) 变频调速主要用于负载变化的场合，节能效果非常明显。其节能原理简单地讲就是根据需要，改变频率，进而改变输出功率。对于负载稳定的场合，即不需要调速的场合，采用变频器会降低整体效率，反而浪费电能。负载变化大的场合，两者都可省电，但是，变频调速能够节约电能的比例要大得多。高效节能电动机与同功率普通电动机相比，节能一般只能提高几个百分点。

(3) 变频电动机由变频器直接驱动普通电机，对电动机有损害。

两者节能原理不同，两者可同时使用，两种技术都需要大力发展和推广。

"十二五"期间，国家采用财政补贴方式推广中小型高效节能电动机等产品。中小型高效节能电动机产量经过 2013 年的高速发展，到 2014 年增长率小幅下降，趋于稳定，但难以改变中小型高效节能电动机产量大幅增长的趋势，2016 年中小型高效节能电动机产量增长达 2.184×10^8 kW。

值得注意的是，电动机作为拖动设备的动力装置，在大多数运行环境下，对其运行参数的要求不高，也不属于易损设备，很多 20 世纪 60 年代生产的 J 系列电动机仍然在很多企业中正常运转。在市场经济下，有些企业不愿拿出超出普通电动机很多的投资来更换高效节能电动机，这是高效节能电动机推广困难的主要因素。另外，信息不对称、观念错位、市场不规范、节能意识不强等也成为高效节能电动机在我国推广的障碍。

5.5.4　减少电动机的五大损耗

1. 减少定子损耗

降低电动机定子损耗的主要手段如下：

(1) 增加定子槽截面积，在同样定子外径的情况下，增加定子槽截面积会减少磁路面

积,增加齿部磁通密度(磁感应强度);

(2)增加定子槽满槽率,这对低压小电动机效果较好,应用最佳绕线和绝缘尺寸、大导线截面积可增加定子的满槽率;

(3)尽量缩短定子绕组端部长度,定子绕组端部损耗占绕组总损耗的 $1/4\sim1/2$,减少绕组端部长度,可提高电动机效率。试验表明,端部长度减少 20%,损耗下降 10%。

2.转子损耗

电动机转子损耗主要与转子电流和转子电阻有关,相应的节能方法如下:

(1)减小转子电流,这可从提高电压和电动机功率因素两方面考虑;

(2)增加转子槽截面积;

(3)减小转子绕组的电阻,如采用粗的导线和电阻低的材料,这对小电动机较有意义,因为小电动机一般为铸铝转子,若采用铸铜转子,电动机总损失可减少 $10\%\sim15\%$,但现今的铸铜转子所需制造温度高且技术尚未普及,其成本高于铸铝转子 $15\%\sim20\%$。

3.减少铁耗

电动机铁耗可以通过以下措施减小:

(1)增加铁芯的长度以降低磁通密度,但电动机用铁量随之增加;

(2)减少铁芯片的厚度来减少感应电流的损失,如用冷轧硅钢片代替热轧硅钢片可减小硅钢片的厚度,但薄铁芯片会增加铁芯片数目和电机制造成本;

(3)采用导磁性能良好的冷轧硅钢片以降低磁滞损耗;

(4)采用高性能铁芯片绝缘涂层;

(5)改进热处理及制造技术,铁芯片加工后的剩余应力会严重影响电动机的损耗,硅钢片加工时,裁剪方向、冲剪应力对铁芯损耗的影响较大,顺着硅钢片的碾轧方向裁剪,并对硅钢冲片进行热处理,可降低 $10\%\sim20\%$ 的损耗。

4.减少杂散损耗

对电动机杂散损耗的认识仍然处于研究阶段,现在一些降低杂散损失的主要方法如下:

(1)采用热处理及精加工减少转子表面短路;

(2)改进转子槽内表面绝缘处理;

(3)通过改进定子绕组设计减少谐波;

(4)改进转子槽配合设计,增加定、转子齿槽,把转子槽形设计成斜槽,采用串接的正弦绕组、散布绕组和短距绕组可大大降低高次谐波,采用磁性槽泥或磁性槽楔替代传统的绝缘槽楔、用磁性槽泥填平电动机定子铁芯槽口,是减少附加杂散损耗的有效方法。

5.减少摩擦损耗

摩擦损失应得到人们应有的重视,它占电动机总损失的 25% 左右。摩擦损失主要由轴承和密封引起,可通过以下措施减小:

(1)尽量减小轴的尺寸,但需满足输出扭矩和转子动力学的要求;

(2)使用高效轴承;

(3)使用高效润滑系统及润滑剂;

(4)采用先进的密封技术。

5.5.5　电动机的节能技巧

电动机的节能技巧如下：

（1）保证电动机运行环境良好；

（2）保证电动机温升不超过标准；

（3）更换掉损耗大的电动机；

（4）限制电动机的启动次数；

（5）减少或消除电动机的空载运行；

（6）对三相异步电动机实行静态电容无功功率补偿等措施，有效地提高功率因数，减少无功损耗，节约电能；

（7）对于有接线盒的电动机，其接线盒应安装于在电动机正常使用中便于检查的部位，并应安装牢固，不允许松动；

（8）电动机如果有电容器、开关或类似器件，则应安装牢固，不允许转动，且应便于更换；

（9）新购电动机时应首先考虑选用高效节能电动机，然后再按需考虑其他性能指标，以便节约电能；

（10）提高电动机本身的效率，如将电动机自冷风扇改为它冷风扇，可在负荷很小或户外电动机在冬天时，停用冷风扇，以降低能耗；

（11）将定子绕组改接成星三角混合串接绕组，按负载轻重转换星形接法或三角形接法，有利于改善绕组产生的磁动势波形及降低绕组工作电流，达到高效节能的目的；

（12）电动机配套使用，"大马拉小车"现象除了浪费电能外，极易造成设备损坏，另外，电动机配套使用可使电动机运行在高效率工作区，达到节能的目的；

（13）从接头处通往电能表及通往电动机的导线截面应满足载流量要求，且导线应尽量缩短，减小导线电阻，降低损耗；

（14）电源电压应尽可能对称并避免电压过低。

第6章 建筑节能

6.1 概　　述

6.1.1 我国建筑节能的现状

人类从自然界所获得的物质原料中的 50％以上是用来建造各类建筑及其附属设施的，这些建筑在建造和使用过程中，又消耗了全球 50％的能量；在环境总体污染中，与建筑有关的空气污染、光污染、电磁污染等就占了 34％；建筑垃圾则占人类活动产生垃圾总量的 40％；在发展中国家，剧增的建筑量还使侵占土地、破坏生态资源等现象日益严重。

中国是一个发展中大国，又是一个建筑大国，每年新建房屋面积高达 $1.7×10^8～1.8×10^8$ m^2，超过所有发达国家每年建成建筑面积的总和。随着全面建设小康社会的逐步推进，建设事业迅猛发展，建筑能耗迅速增长。所谓建筑能耗，是指建筑使用能耗，包括采暖、空调、热水供应、照明、炊事、家用电器、电梯等方面的能耗。其中采暖、空调能耗占 60％～70％。中国既有的近 $4.0×10^{10}$ m^2 建筑，仅有 1％为节能建筑，其余无论从建筑围护结构还是采暖空调系统来衡量，均属于高耗能建筑。中国单位建筑面积采暖所耗能源相当于纬度相近的发达国家的 2～3 倍。这是由于中国的建筑围护结构保温隔热性能差，采暖用能的 2/3 被浪费。而每年的新建建筑中真正称得上节能建筑的还不足 $1.0×10^8$ m^2，建筑耗能总量在中国能源消费总量中的份额已超过 27％，逐渐接近三成。

"十二五"期间我国在建筑节能方面，主要做了以下工作。

1. 建材行业产业升级

推广大型新型干法水泥生产线。普及纯低温余热发电技术，2015 年水泥纯低温余热发电比例提高到 70％以上。推进水泥粉磨、熟料生产等节能改造。推进玻璃生产线余热发电，2015 年余热发电比例提高到 30％以上。加快开发推广高效阻燃保温材料、低辐射节能玻璃等新型节能产品。推进墙体材料革新，城市城区限制使用黏土制品，县城禁止使用实心黏土砖。加快新型墙体材料发展，2015 年新型墙体材料比重达到 65％以上。

2. 强化新建建筑节能

积极开展绿色建筑行动，从规划、法规、技术、标准、设计等方面全面推进建筑节能，提高建筑能效水平。

强化新建建筑节能，严把设计关口，加强施工图审查，城镇建筑设计阶段达到节能标准要求。加强施工阶段监管和稽查，施工阶段节能标准执行率达到 95％以上。严格建筑节能专项验收，对达不到节能标准要求的不得通过竣工验收。鼓励有条件的地区适当提高建筑节能标准。加强新区绿色规划，重点推动各级机关、学校和医院建筑，以及影剧院、博物馆、科技馆、体育馆等执行绿色建筑标准；在商业房地产、工业厂房中推广绿色建筑。

3. 加大既有建筑节能改造力度

以围护结构、供热计量、管网热平衡改造为重点,大力推进北方采暖地区既有居住建筑供热计量及节能改造,加快实施"节能暖房"工程。开展大型公共建筑采暖、空调、通风、照明等节能改造,推行用电分项计量。以建筑门窗、外遮阳、自然通风等为重点,在夏热冬冷地区和夏热冬暖地区开展居住建筑节能改造试点。在具备条件的情况下,鼓励在旧城区综合改造、城市市容整治、既有建筑抗震加固中,采用加层、扩容等方式开展节能改造。

4. 完善建筑节能工作的配套措施

(1)加强项目管理,项目实施单位按相关法规确定责任人员,建立管理制度,按计划完成工程项目。

(2)制定和修订相关政策法规,制定供热价格管理办法,加快北方地区供热体制改革。

(3)建立健全技术标准体系和技术支撑体系,研究新型墙体材料节能利废和二氧化碳减排评价体系及指标,强化国家建筑能效检测检验和评估机制。

(4)推广建筑节能新技术、新材料、新设备。

(5)建立和完善建筑节能标准体系及实施监管机制,研究既有建筑节能改造激励机制。

(6)加强国际合作和宣传培训,引导农村和工业建筑节能。

6.1.2 节能建筑和绿色建筑概念

节能建筑与绿色建筑是两个概念。节能建筑是按节能设计标准进行设计和建造,使其在使用过程中降低能耗的建筑。绿色建筑是指为人们提供健康、舒适、安全的居住、工作和活动的空间,同时在建筑全生命周期(物料生产、建筑规划、设计、施工、运营维护及拆除、回用过程)中实现高效率利用资源(能源、土地、水资源、材料)、最低限度影响环境的建筑物。绿色建筑也有人称为生态建筑、可持续建筑。

推进节能与绿色建筑的发展是建设事业走科技含量高、经济效益好、资源消耗低、环境污染少、人力资源优势得到充分发挥的新型工业化道路的重要举措,是贯彻落实"坚持以人为本,树立全面、协调、可持续的发展观,促进经济社会和人的全面发展"的科学发展观的具体体现,是按照减量化、再利用、资源化的原则,搞好资源综合利用,建设节约型社会,发展循环经济的必然要求,是实现建设事业健康、协调、可持续发展的重大战略性工作,对全面建设小康社会进而实现现代化的宏伟目标,具有重大而深远的意义。

绿色建筑与一般建筑的区别体现在以下四方面。

(1)老建筑耗能非常大,消耗了50%的能源,产生了50%的污染,新的绿色建筑则大大减少了能耗。在发达国家中,如丹麦、瑞士、瑞典甚至提出了零能耗、零污染、零排放的建筑,该建筑充分地利用了地热能、太阳能和风能。绿色建筑和旧建筑相比,耗能可以降低70%~75%,最好的能够降低80%。而且随着能源消耗的降低,水资源的消耗也降低了。

(2)一般的建筑是一种商品化的生产技术,它采用标准化、产业化生产,造成了大江南北建筑风貌雷同,千城一面。而绿色建筑强调的是采用本地的文化、本地的原材料,尊重本地的自然、本地的气候条件,这样在风格上就完全本地化,可以产生出新的美学。这样的绿色建筑既创造了一种新的美感,又给人提供良好的生活条件。

（3）传统建筑是封闭的，把气候变化全部进行隔离，造就的室内环境往往是不健康的。绿色建筑的内部与外部采取有效连通的办法，依据室内人员的负荷、环境的负荷，自动地进行调节，这就为人类创造了一个非常舒适、健康的室内环境。

（4）旧的建筑形式所谓的对环境负责，仅仅是在建造过程或者是使用过程中对环境负责。绿色建筑强调的则是从原材料的开采、加工、运输一直到使用，涉及原材料的源头直至建筑物的废弃、拆除，有多少原材料能够再利用，即强调的是建筑从诞生到废弃的全过程，对全人类负责、对地球负责。

经过近几十年的努力，我国建筑节能工作得到了逐步推进，取得了较大成绩。与此同时，随着可持续发展思想在国际社会被认同，绿色建筑理念在中国也逐渐受到了重视。2012年国家财政部、住房和城乡建设部发布《关于加快推动我国绿色建筑发展的实施意见》，2013年国务院发布了《国务院办公厅关于转发发展改革委、住房城乡建设部绿色建筑行动方案的通知》。中国绿色建筑已进入规模化发展时代。

6.1.3 建筑节能的设计标准

建筑节能设计标准是建设节能建筑的基本技术依据，是实现建筑节能目标的基本要求。其中强制性条文规定了主要节能措施、热工性能指标、能耗指标限值，必须严格执行。新建住宅应严格按照《民用建筑节能设计标准》（采暖居住建筑部分）和《夏热冬冷地区居住建筑节能设计标准》设计，公共建筑应严格按照《公共建筑节能设计标准》设计，确保单位建筑面积能耗符合标准要求。

与上述建筑节能设计标准相关的标准和规范还有：①《建筑给水排水设计规范》；②《建筑照明设计标准》；③《民用建筑热工设计规范》；④《智能建筑设计标准》；⑤《民用建筑节水设计标准》；⑥《民用建筑供暖通风与空气调节设计规范》；⑦《建筑外门窗气密、水密、抗风压性能分级及检测方法》；⑧《设备及管道绝热设计导则》；⑨《建筑幕墙》；⑩《城市夜景照明设计规范》等。

我国地域辽阔，各地区气候差异很大，因此建筑节能设计标准规定，各城市的建筑热工设计分区按表 6-1 确定。此外根据建筑热工设计的气候分区，建筑节能设计标准还规定了建筑物围护结构热工性能限值。例如，表 6-2 所列为严寒 A、B 区甲类公共建筑围护结构热工性能限值，表 6-3 所列为夏热冬冷地区甲类公共建筑围护结构热工性能限值。

表 6-1 代表城市建筑热工设计分区

气候分区及气候子区		代 表 城 市
严寒地区	严寒 A 区	博克图、伊春、呼玛、海拉尔、满洲里、阿尔山、玛多、黑河、嫩江、海伦、齐齐哈尔、富锦、哈尔滨、牡丹江、大庆、安达、佳木斯、二连浩特、多伦、大柴旦、阿勒泰、那曲
	严寒 B 区	
	严寒 C 区	长春、通化、延吉、通辽、四平、抚顺、阜新、沈阳、本溪、鞍山、呼和浩特、包头、鄂尔多斯、赤峰、额济纳旗、大同、乌鲁木齐、克拉玛依、酒泉、西宁、日喀则、甘孜、康定

气候分区及气候子区		代 表 城 市
寒冷地区	寒冷 A 区	丹东、大连、张家口、承德、唐山、青岛、洛阳、太原、阳泉、晋城、天水、榆林、延安、宝鸡、银川、平凉、兰州、喀什、伊宁、阿坝、拉萨、林芝、北京、天津、石家庄、保定、邢台、济南、德州、兖州、郑州、安阳、徐州、运城、西安、咸阳、吐鲁番、库尔勒、哈密
	寒冷 B 区	
夏热冬冷地区	夏热冬冷 A 区	南京、蚌埠、盐城、南通、合肥、安庆、九江、武汉、黄石、岳阳、汉中、安康、上海、杭州、宁波、温州、宜昌、长沙、南昌、株洲、永州、赣州、韶关、桂林、重庆、达县、万州、涪陵、南充、宜宾、成都、遵义、凯里、绵阳、南平
	夏热冬冷 B 区	
夏热冬暖地区	夏热冬暖 A 区	福州、莆田、龙岩、梅州、兴宁、英德、河池、柳州、贺州、泉州、厦门、广州、深圳、湛江、汕头、南宁、北海、梧州、海口、三亚
	夏热冬暖 B 区	

表 6-2　严寒 A、B 区甲类公共建筑围护结构热工性能限值

围护结构部位		传热系数 $K/[W/(m^2 \cdot K)]$	
		体形系数≤0.30 时	0.30<体形系数≤0.50 时
屋面		≤0.28	≤0.25
外墙(包括非透光幕墙)		≤0.38	≤0.35
底面接触室外空气的架空或外挑楼板		≤0.38	≤0.35
地下车库与供暖房间之间的楼板		≤0.50	≤0.50
非供暖楼梯间与供暖房间之间的隔墙		≤1.2	≤1.2
单一立面外窗 (包括透光幕墙)	窗墙面积比≤0.20	≤2.7	≤2.5
	0.20<窗墙面积比≤0.30	≤2.5	≤2.3
	0.30<窗墙面积比≤0.40	≤2.2	≤2.0
	0.40<窗墙面积比≤0.50	≤1.9	≤1.7
	0.50<窗墙面积比≤0.60	≤1.6	≤1.4
	0.60<窗墙面积比≤0.70	≤1.5	≤1.4
	0.70<窗墙面积比≤0.80	≤1.4	≤1.3
	窗墙面积比>0.80	≤1.3	≤1.2
屋顶透光部分(屋顶透光部分面积≤20%)		≤2.2	
围护结构部位		保温材料层热阻 $R/[(m^2 \cdot K)/W]$	
周边地面		≥1.1	
供暖地下室与土壤接触的外墙		≥1.1	
变形缝(两侧墙内保温时)		≥1.2	

表 6-3　夏热冬冷地区甲类公共建筑围护结构热工性能限值

围护结构部位		传热系数 K/[W/(m²·K)]	太阳得热系数 SHGC（东、南、西向（北向））
屋面	围护结构热惰性指标 D≤2.5	≤0.40	
	围护结构热惰性指标 D＞2.5	≤0.50	
外墙（包括非透光幕墙）	围护结构热惰性指标 D≤2.5	≤0.60	
	围护结构热惰性指标 D＞2.5	≤0.80	
底面接触室外空气的架空或外挑楼板		≤0.70	
单一立面外窗（包括透光幕墙）	窗墙面积比≤0.20	≤3.5	
	0.20＜窗墙面积比≤0.30	≤3.0	≤0.44(0.48)
	0.30＜窗墙面积比≤0.40	≤2.6	≤0.40(0.44)
	0.40＜窗墙面积比≤0.50	≤2.4	≤0.35(0.40)
	0.50＜窗墙面积比≤0.60	≤2.2	≤0.35(0.40)
	0.60＜窗墙面积比≤0.70	≤2.2	≤0.30(0.35)
	0.70＜窗墙面积比≤0.80	≤2.0	≤0.26(0.35)
	窗墙面积比＞0.80	≤1.8	≤0.24(0.30)
屋顶透光部分(屋顶透光部分面积≤20%)		≤2.6	≤0.30

建筑节能设计标准对建筑物的供暖通风与空气调节也作了强制性的规定。例如:对锅炉供暖设计,规定了锅炉的热效率标准(表 6-4);对冷水(热泵)机组,规定了制冷性能系数(COP)标准(表 6-5)。

表 6-4　供暖锅炉的热效率　　　　　　　　　　　（单位:%）

锅炉类型及燃料种类		锅炉额定蒸发量 D/(t/h),额定热功率 Q/MW					
		D＜1,Q＜0.7	1≤D≤2,0.7≤Q≤1.4	2＜D＜6,1.4＜Q≤4.2	6≤D≤8,4.2≤Q≤5.6	8＜D≤20,5.6＜Q≤14.0	D＞20,Q＞14.0
燃油燃气锅炉	重油	86		88			
	轻油	88		90			
	燃气	88		90			
层状燃烧锅炉		75	78	80		81	82
抛煤机链条炉排锅炉	Ⅲ类烟煤					82	83
流化床燃烧锅炉				84			

表 6-5　冷水（热泵）机组的制冷性能系数（COP）

类　　型		名义制冷量 CC/kW	制冷性能系数 COP					
			严寒 A、B 区	严寒 C 区	温和地区	寒冷地区	夏热冬冷地区	夏热冬暖地区
水冷	活塞式/涡旋式	CC≤528	4.10	4.10	4.10	4.10	4.20	4.40
	螺杆式	CC≤528	4.60	4.70	4.70	4.70	4.80	4.90
		528<CC≤1 163	5.00	5.00	5.00	5.10	5.20	5.30
		CC>1 163	5.20	5.30	5.40	5.50	5.60	5.60
	离心式	CC≤1 163	5.00	5.00	5.10	5.20	5.30	5.40
		1 163<CC≤2 110	5.30	5.40	5.50	5.60	5.70
		CC>2 110	5.70	5.70	5.70	5.80	5.90	5.90
风冷或蒸发冷却	活塞式/涡旋式	CC≤50	2.60	2.60	2.60	2.60	2.70	2.80
		CC>50	2.80	2.80	2.80	2.80	2.90	2.90
	螺杆式	CC≤50	2.70	2.70	2.70	2.80	2.90	2.90
		CC>50	2.90	2.90	2.90	3.00	3.00	3.00

　　为了达到建筑节能设计标准，首先必须淘汰落后的建筑材料，并广泛采用新型的节能墙体和屋面材料及先进的隔热保温技术；加强门窗的隔热和密封。此外，还必须对新建建筑物选择先进、合适的采暖空调方式，对管道采用高效保温，实行热调控计量技术，实现采暖空调按户计量的收费制度。对建筑物的照明也应选择合适的照度标准、照明方式和控制方法，并充分利用自然光，选用节能型照明产品，降低照明电耗，提高照明质量。显然，采用各种切实措施执行上述标准将大大改善我国建筑物能耗的状况。

6.2　建筑围护结构的节能

6.2.1　概述

　　建筑能耗有狭义和广义之分，狭义的建筑能耗是指建筑物在使用过程中所消耗的能量，包括供热、通风、照明、电器、热水及开水供应、家庭炊事中的能耗等。广义的建筑能耗不但包括建筑物的使用能耗，还包括建筑材料在生产过程中的能耗和建筑物在修建过程中的能耗。显然如果考虑广义能耗，则建材行业更是耗能的大户。

　　我国建筑物的能耗现状如图 6-1 所示，其中能耗最大的部分为建筑物的采暖空调。目前我国单位建筑面积的采暖能耗比发达国家高出 2～3 倍的主要原因之一是，我国建筑围护结构的隔热保温性能太差。与气候条件相近的发达国家相比，外墙差 4～5 倍，屋顶差 2.5～5.5 倍，外窗差 1.5～2.2 倍，门窗气密性差 3～6 倍。另外建筑物能量供给形式单一，也

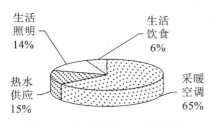

图 6-1　我国建筑物的能耗现状

是造成能源利用率低的原因。例如,对上海 200 幢高层建筑冷热源的统计结果表明,建筑物采暖空调系统的驱动能源主要集中在燃油和电,特别在夏季电能更是高达 82.35%。能源利用形式简单,联产方式的能源梯级利用的建筑物极少,仅占 1%。以上情况说明我国建筑节能的潜力十分巨大。

值得注意的是建筑能耗的持续增长又加重了我国城市电网的不平衡,导致电力设备平均利用时间(h)逐年下降,经济效益降低。此外,我国建筑能源消费结构单一,由于未能使用多种能源,峰谷段上互补效应差,造成夏季大规模空调用电,电网不堪重负,而燃气市场则处于淡季;冬季则反之。此种情况不但造成能源的浪费,而且不利于能源消费的结构调整。

建筑围护结构组成部件(屋顶、墙、地基、隔热材料、密封材料、门和窗、遮阳设施)的设计对建筑能耗、环境性能、室内空气质量与用户所处的视觉和热舒适环境有根本的影响。一般增大围护结构的费用仅为总投资的 3%～6%,而节能可达 20%～40%。通过改善建筑物围护结构的热工性能,在夏季可减少室外热量传入室内,在冬季可减少室内热量的流失,使建筑热环境得以改善,从而减少建筑冷、热消耗。首先,提高围护结构各组成部件的热工性能,一般通过改变其组成材料的热工性能实行,如欧盟新研制的热二极管墙体(低费用的薄片热二极管只允许单方向的传热,可以产生隔热效果)和热工性能随季节动态变化的玻璃。然后,根据当地的气候、建筑的地理位置和朝向,以建筑能耗软件 DOE-2.0 的计算结果为指导,选择围护结构组合优化设计方法。最后,评估围护结构各部件与组合的技术经济可行性,以确定技术可行、经济合理的围护结构。

6.2.2　建筑物围护结构的节能技术

建筑物围护结构的能量损失主要来自三部分:①外墙;②门窗;③屋顶。这三部分的节能技术是各国建筑界都非常关注的。建筑物围护结构节能的主要发展方向是开发高效、经济的保温、隔热材料和切实可行的构造技术,以提高围护结构的保温、隔热性能和密闭性能。

1. 外墙节能技术

就墙体节能而言,传统的用重质单一材料增加墙体厚度来达到保温的做法已不能适应节能和环保的要求,而复合墙体越来越成为墙体的主流。复合墙体一般用块体材料或钢筋混凝土作为承重结构,与保温隔热材料复合,或在框架结构中用薄壁材料加保温、隔热材料作为墙体。建筑用保温、隔热材料主要有岩棉、矿渣棉、玻璃棉、聚苯乙烯泡沫、膨胀珍珠岩、膨胀蛭石、加气混凝土及胶粉聚苯颗粒浆料发泡水泥保温板等。这些材料的生产、制作都需要采用特殊的工艺、特殊的设备,不是传统技术所能达到的。值得一提的是胶粉聚苯颗粒浆料,它是将胶粉料和聚苯颗粒轻骨料加水搅拌成浆料,抹于墙体外表面,形成无空腔保温层。聚苯颗粒骨料是采用回收的废聚苯板经粉碎制成,而胶粉料掺有大量的粉煤灰,这是一种废物利用、节能环保的材料。

墙体的复合技术有内附保温层、外附保温层和夹心保温层三种。我国采用夹心保温层的较多；在欧洲各国，大多采用外附发泡聚苯板的做法，在德国，外保温建筑占建筑总量的80%，而其中70%采用泡沫聚苯板。

2. 门窗节能技术

门窗具有采光、通风和围护的作用，还在建筑艺术处理上起着很重要的作用。然而门窗又是最容易造成能量损失的部位。为了增大采光通风面积或表现现代建筑的风格特征，建筑物的门窗面积越来越大，更有全玻璃的幕墙建筑。这就对外维护结构的节能提出了更高的要求。

对门窗的节能处理主要是改善材料的保温隔热性能和提高门窗的密闭性能。从门窗材料来看，近些年出现了铝合金隔热型材、铝木复合型材、钢塑整体挤出型材、塑木复合型材以及 UPVC 塑料型材等一些技术含量较高的节能产品。

目前使用较广的是 UPVC 塑料型材，它所使用的原料是高分子材料——硬质聚氯乙烯。它不仅在生产过程中能耗少、无污染，而且材料导热系数小，多腔体结构密封性好，因而保温隔热性能好。UPVC 塑料门窗在欧洲各国已经采用多年，在德国塑料门窗使用率约占50%。

20 世纪 90 年代以后我国塑料门窗用量不断增大，正逐渐取代钢、铝合金等能耗大的材料。为了解决大面积玻璃造成能量损失过大的问题，人们运用高新技术，将普通玻璃加工成中空玻璃、镀贴膜玻璃（包括反射玻璃、吸热玻璃）、高强度防火玻璃（高强度低辐射镀膜防火玻璃）、采用磁控真空溅射方法镀制含金属银层的玻璃以及最特别的智能玻璃。

智能玻璃能感知外界光的变化并作出反应。它有两类。一类是光致变色玻璃，在光照射时，玻璃会感光变暗，光线不易透过；停止光照射时，玻璃复明，光线可以透过。在太阳光强烈时，可以阻隔太阳辐射热；天阴时，玻璃变亮，太阳光又能进入室内。另一类是电致变色玻璃，在两片玻璃上镀有导电膜及变色物质，通过调节电压，促使变色物质变色，调整射入的太阳光（但因其生产成本高，目前还不能实际使用），这些玻璃都有很好的节能效果。

3. 屋顶节能技术

屋顶的保温、隔热是围护结构节能的重点之一。在寒冷的地区，屋顶设保温层，以阻止室内热量散失；在炎热的地区，屋顶设置隔热降温层，以阻止太阳的辐射热传至室内；而在冬冷夏热地区（黄河至长江流域），建筑节能则要冬、夏兼顾。

保温常用的技术措施是在屋顶防水层下设置导热系数小的轻质材料用于保温，如膨胀珍珠岩、玻璃棉等（此为正铺法），也可在屋面防水层以上设置聚苯乙烯泡沫（此为倒铺法）。在英国有另外一种保温层做法，即采用回收废纸制成纸纤维，这种纸纤维生产能耗极小，保温性能优良，纸纤维经过硼砂阻燃处理，也能防火。施工时，先将屋顶钉成夹层，再将纸纤维喷吹入内，形成保温层。屋顶隔热降温的方法有架空通风、屋顶蓄水或定时喷水、屋顶绿化等。以上做法都能不同程度地满足屋顶节能的要求，但最受推崇的是利用智能技术、生态技术来实现建筑节能的愿望，如太阳能集热屋顶和可控的通风屋顶等。

此外在建筑物围护结构节能方面，还广泛采用外墙保温及饰面系统（EIFS）、建筑保温绝热板系统（SIPS）和隔热水泥模板外墙系统（ICFS）。

外墙保温及饰面系统是在 20 世纪 70 年代末的最后一次能源危机时期出现的，最先应用于商业建筑，随后应用在民用建筑中。现在该系统在商业建筑外墙使用中占 17.0%，在民用建筑外墙使用中占 3.5％,并且在民用建筑中的使用正以每年 17.0％～18.0％ 的速度增长。此系统是多层复合的外墙保温系统,包括以下几部分:主体部分是由聚苯乙烯泡沫塑料制成的保温板,一般为 30～120 mm 厚,该部分以合成黏结剂或机械方式固定于建筑外墙;中间部分是持久的、防水的聚合物砂浆基层,此基层主要用于保温板上,以玻璃纤维网来增强并传达外力的作用;最外面部分是美观、持久的表面覆盖层。为了防褪色、防裂,覆盖层材料一般采用丙烯酸共聚物涂料技术,此种涂料有多种颜色和质地可以选用,具有很强的耐久性和耐腐蚀能力。

建筑保温绝热板系统可用于民用建筑和商业建筑,是高性能的墙体、楼板和屋面材料。板材的中间是聚苯乙烯泡沫或聚亚氨脂泡沫夹心层,一般为 120～240 mm 厚,两面根据需要可采用不同的平板面层,例如,在房屋建筑中两面可以采用工程化的胶合板类木制产品。用此材料建成的建筑具有强度高、保温效果好、造价低、施工简单、节约能源、保护环境的特点。建筑保温绝热板一般 1.2 m 宽,最大可以做到 8 m 长,尺寸成系列化,很多工厂还可以根据工程需要按照实际尺寸定制,成套供应,承建商只需在工地现场进行组装即可,真正实现了住宅生产的产业化。

隔热水泥模板外墙系统是一种绝缘模板系统,主要由循环利用的聚苯乙烯泡沫塑料和水泥类胶凝材料制成模板,用于现场浇筑混凝土墙或基础。施工时在模板内部水平或垂直配筋,墙体建成后,该绝缘模板将作为永久墙体的一部分,形成在墙体外部和内部同时保温绝热的混凝土墙体。混凝土墙面外包的模板材料满足了建筑外墙所需的保温、隔声、防火等要求。

6.3　建筑物的采暖空调节能

建筑物的采暖空调节能是建筑节能的关键。在建筑物设计时,就应首先对采暖空调方式及其设备的选择进行精心的考虑,并根据当地的资源情况及用户对设备运行费用的承担能力,对不同方案进行技术经济比较。其次在设备运行时要进行运行方案的优化,在满足用户要求的前提下实现经济运行。目前建筑物的采暖空调节能应注意以下几方面。

1. 正确选用冷热源设备

冷热源设备的选用直接关系到建筑物的能耗,应在积极发展集中供热、区域供冷供热站和热、电、冷三联产技术的基础上,根据安全性、经济性和适应性的原则来统筹兼顾。具体考虑的因素:能源、环保和城建的要求和法规;建筑物的用途、规模和冷热负荷;初投资和运行费;机房条件、消防、安全和维护管理;设备的性能和能效比。

若当地供电紧张,但有热电站供热或有足够的冬季采暖锅炉,特别是有废热和余热可供利用时,应优先采用溴化锂机组。若当地供电紧张,但夏季有廉价的天然气供应,可选用直燃型溴化锂吸收式冷热水机组。直燃型溴化锂吸收式冷热水机组与溴化锂吸收式制冷机相比,具有热效率高、燃料消耗少、安全性好、可直接供冷和供热、初投资和运行费低、占地面积小等优点。因此在同等条件下,特别是有廉价的天然气供应时,应优先选用。一般情况下宜优先选用两用机。

按性能系数高低来选择制冷设备的顺序为离心式、螺杆式、活塞式、吸收式。电力制冷机的性能系数高于吸收式,因此在当地供电不紧张时,从性能系数来考虑,应优先选用电力制冷机。大型系统以离心式为主,中型系统以螺杆式为主。选用风冷机组还是水冷机组须因地制宜,因建筑物而异。一般大型建筑物宜选用水冷机组,小型建筑物或缺水地区宜选用风冷机组。在选用水冷机组时,应考虑机组之间互为备用或轮换使用的可能性。从节能的角度出发,可选用不同类型、不同机组互相搭配。

在选用制冷机型、台数和调节方式时,应充分考虑建筑物全年空调负荷的分布规律及制冷机在部分负荷下的调节特性来合理选择。这样方可提高制冷系统在部分负荷下的运行效率,降低全年总能耗。为平衡供电的峰谷差,应积极推广蓄冷空调和低温送风相结合的系统。若供电部门给予较大的峰谷差优惠政策,则选择利用谷电蓄热的电热锅炉也是可行的。

2. 广泛采用热泵技术

热泵技术非常适合于建筑物的采暖空调,而且已在我国建筑物中得到广泛的应用。在夏季需要空调、冬季需要采暖的地区,宜优先考虑选用热泵采暖方式,可以同时兼顾采暖供冷的两种功能。热泵主要用来为建筑物的采暖空调提供100 ℃以下的低温用能。用于建筑物的热泵主要有水源热泵、土壤源热泵和空气源热泵。目前建筑物中热泵应用要解决的主要问题是如何因地制宜地正确选用。

对要求全年使用空调的中、小型建筑,当技术经济比较合适或不便采用一次能源时,宜采用空气源热泵;当冬季因结霜、除霜导致供热不足时,则应在热泵出水管上增设辅助加热装置。热泵机组一般应安装在屋顶、阳台或室外平台上。若必须装在室内,则须采取措施防止空气短路。

对同一建筑物,如果内区要求供冷,外区要求供热,或者外部有廉价的低位热源,如地下水、江河水或工业废水时,可优先选用性能系数较好的水源热泵。但如果使用冷却塔,则必须采用密闭式。目前在京、津等地区,出现了所谓"一户一机,深井回灌"的水源热泵系统。这种系统能量利用率高,但地下水回灌的最佳方式和地下水回灌后对含水层热力和水力状态的影响还有待深入研究。

当有良好的地热条件,且技术经济分析合理时,土壤源热泵也很有前途。目前地下埋管的深度日益加深,土壤传热模型和强化措施也取得了很大进展,如北京工业大学已成功地解决了地下埋管的深层(大于70 m)置入技术及地下埋管的强化传热问题。北京已有多座别墅采用了该校开发的土壤源热泵技术,解决了全年的供暖、空调和生活热水供应。

3. 实现经济运行

建筑物采暖和空调的经济运行是非常重要的。据统计,我国旅馆类建筑的空调能耗约占年营业收入的15%,已成为影响经营效益的重要因素。造成建筑物采暖和空调能耗高的原因,一是设计不当,如目前多数建筑机组选择过大,远远超出实际需要,造成设备的闲置和初投资浪费;又如冷冻水泵配置过大,部分负荷时水泵经常处在低效率区工作。二是没有经济运行,主要表现在以下几方面。

(1) 没有根据天气、负荷和人员的变动情况,选择合适的新风比例;要么空气品质欠佳,要么能耗过大。

(2) 负荷侧变流量时,冷热源侧未能进行相应的变流量调节,导致输送能耗增加。

（3）风机盘管和空调机组过滤器未能经常清洗，不但因阻力增加而使能耗增加，而且带来卫生方面的问题。

（4）过渡季节未能充分利用冷却塔实现全新风运行，造成能量浪费。

（5）四管制空调系统仍按两管制运行，造成资源和能量浪费。

（6）对蓄冷空调和低温送风系统，因为管理复杂，未能充分发挥效益。

根据上述情况，从设计和运行两方面着手，加强人员的管理和培训，就能够使建筑物的采暖和空调的费用有大幅度的下降。

4. 实行供冷暖的分户热计量

供冷暖建筑实施分户热计量，既可以节省建筑物能耗，又可提高供冷暖的质量，同时还有利于物业管理。我国住房和城乡建设部已明令从 2000 年 10 月 1 日起，正式实施分户热计量。在市场经济日益完善的今天，热量早已由福利转化为商品，理应强化其"商品"的属性，做到"保证质量，方便使用，合理计价"。满足用户对供冷暖质量的要求，这也是分户热计量的前提。

新建住宅集中采暖热计量系统的设计应在提高能源利用效率、降低能耗水平和改善大气环境质量的基础上，注重室内热舒适度的提高。既有采暖住宅热计量改造则要与建筑围护结构节能改造统筹规划、统一设计，尽可能同步实施。改造时应执行《既有采暖居住建筑节能改造技术规程》，不损害原有建筑的结构，不影响安全使用，并与旧房维修统一考虑。对新建工程通常可以采用单元设公用总立管、分户自成独立系统的方式。管道宜暗装并适当加保温。管材最好采用宜施工、接头少、安全可靠的铝塑复合管、交联乙烯管等。一组总立管的楼层数一般不宜超过 16。分户计量和控制后的供冷暖系统，形成了变流量的运行方式，在有双立管时需设置自立式压差调节阀，单管时则要求设自立式流量调节阀。为使系统能正常工作，应在热量表前加装过滤器或除污器，此外，对系统的水质也应严格要求。

由于采用分户热计量，故设计时对热负荷的计算也应作相应的考虑。例如，室内计算温度通常为 18 ℃，但随着人民生活水平的提高，以及热量作为一种商品，用户可以根据自身经济状况多用或少用，因此室内计算温度也可以适当提高一些，如提高到 20 ℃。另外，按户计热和控制温度后，邻户的传热问题也必须考虑。邻户的传热与建筑物的入住率有关，对此问题的处理既可以进行邻户的传热计算，也可以简单地采用附加的修正系数。有专家建议，该修正系数可以取 1.2～1.5。显然，实行分户热计量和分室控温后，各户的热负荷之和会比常规总热负荷大，但各户的最大负荷几乎不可能同时出现。因此整栋建筑物的热负荷并非各户修正后热负荷的累加，而应考虑不同时使用系数，以防止建筑物计算的总热负荷过高，造成设备选用上的浪费。

目前热计量仪表主要有蒸发式热表和热量表。蒸发式热表目前国外产品居多，适用于室内供暖的各种系统。热量表的计量有机械式、电磁式、超声波等多种形式，现正在发展之中。国内已有多个分户热计量的试点工程，已为我国分户热计量提供了成功经验。

5. 发展建筑物蓄冷空调和蓄热供暖

蓄冷空调系统有很多划分方式，若按蓄冷材料分则有水蓄冷、冰蓄冷、共晶盐蓄冷三大类。水蓄冷是利用冷水的显热来储存冷量。冰蓄冷则是利用水相变的潜热来储存冷量。共晶盐蓄冷又称为"高温"相变蓄冷,它是利用相变温度为 6～10℃的相变材料来蓄冷,这类相变材料通常是一种复合盐类,称为共晶盐,例如以十水硫酸钠为主要成分的优态盐。

水蓄冷的冷水温度为 4～7 ℃,空调用水的实际使用温度为 5～11 ℃,因此这种蓄冷方式系统简单,可以直接使用现有的冷水机组,操作方便,制冷与蓄冷之间无传热温差损失,节能效果显著。其缺点是蓄冷能力小,蓄冷装置体积大,占地多。这种蓄冷方式早期使用很多,目前随着地价上涨,已较少应用。

因为水在结冰和融化时吸收和放出的潜热通常要比水的显热大 80 倍左右,因此冰蓄冷装置体积小,蓄冷量大,是目前蓄冷中应用最广的一种方式。冰蓄冷的缺点是,在制冷与储冷、储冷和取冷之间存在传热温差损失,特别是储冷和取冷之间存在更大的温差,传热温差损失更大。因此冰蓄冷的制冷性能系数(COP)较水蓄冷低。

冰蓄冷的制冰方法主要有两种:一是静态制冰法,即在冷却管外或盛冷容器内结冰,冰本身始终处于相对静止状态;二是动态制冰法,使用该方法生成的是冰晶和冰浆,且冰晶和冰浆都处于运动状态。

现有冰蓄冷系统大多采用静态制冰方式,但这种制冰方式有其固有的缺点,即随着冰层增厚,其传热阻力增大,致使制冷机的性能系数下降。另外,冰块还会造成水路堵塞。动态制冰由于冰晶和冰浆随水一起流动,单位时间内可携带更多的制冷量,因此可减少冰蓄冷系统的体积和投资,是一种很有前途的冰蓄冷方式,目前正在发展之中。

采用共晶盐的蓄冷系统正是为了克服水蓄冷和冰蓄冷的缺点而研发的。其特点是既利用相变潜热大的优点,又尽量减少传热温差。例如日本九州电力公司开发的优态盐蓄冷材料,其长期使用后融解热仍有 122 kJ/kg,融化点为 9.5～10 ℃,凝固点为 8 ℃,密度为 1.47 kg/L,导热系数为 0.93 W/(m·K)。采用优态盐蓄冷系统,其充冷水温度为 3～4 ℃,因此可用现有的冷水机组。当蓄冷槽放水的上限温度为 12 ℃时,蓄冷槽的蓄冷密度是水蓄冷槽的 3～4 倍。目前各种新型的蓄冷相变材料和新的蓄冷系统已成为世界各国研发的热点。例如以 R134a 为主体的水合物,以及所谓水-油蓄冷系统(水作为传热流体,油则作为相变蓄冷介质)都显示出良好的应用前景。

建筑物的围护结构(墙体、屋顶、地板等)本身可以蓄热。为了减少城市用电的峰谷差,利用夜间廉价的电能加热相变材料蓄热,也是一种建筑物供暖的好方法。其中应用最广的是电加热蓄热式地板采暖(图 6-2)。和传统的散热器采暖相比,其优点如下。

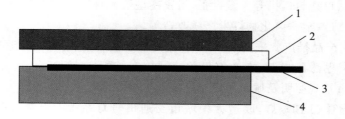

图 6-2　电加热蓄热式地板采暖

1—覆盖层;2—相变层;3—电热层;4—绝热层

(1) 舒适性好。普通散热器一般布置在窗下,主要靠空气对流散热。地板采暖主要利用地面辐射,人可同时感受到辐射和对流加热的双重效应,更加舒适。

(2) 清洁无污染。减少了空气对流引起的浮灰,使室内空气更清洁。

(3) 容易布置。较理想地解决了大跨度空间散热器难以合理布置的问题,可用于宾馆大厅、体育场馆等大空间供暖。

(4) 运行管理简单。无须设置供暖锅炉房,减轻了锅炉对城市环境的污染。

(5) 适于家居和办公室供暖。清洁美观,安装灵活,没有噪声。

(6) 运行费用远低于无蓄热的电热供暖方式。通常其费用仅为无蓄热的电热供暖方式的 50%。

随着峰谷电价政策的实施,这种建筑物(电加热蓄热式地板)蓄热供暖方式将会有很大的发展。此外,吸收太阳能辐射热的相变蓄热地板、利用楼板蓄热的吊顶空调系统,以及相变蓄能墙等建筑物蓄能的新方法也正在开发研究之中,有的已获得了初步应用。

6.4 照 明 节 能

6.4.1 绿色照明工程

目前,照明用电占全国用电量的 12% 左右。采用高效节能灯替代普通白炽灯可节电 60%~80%,节电潜力巨大。中国绿色照明工程实施 10 年来,取得了明显成效。一是高效照明产品市场占有率不断提高。二是照明电器产业规模不断扩大,产品结构趋于优化。三是行业技术装备水平逐步提高,产品质量不断改善。四是中国绿色照明工程应用推广了大宗采购、电力需求侧管理、合同能源管理、质量承诺等多种节能新机制。

照明节能存在的主要问题:照明电器行业整体技术水平不高;推广节能照明产品的激励政策不完善;照明产品市场不规范,一些劣质产品流入市场,影响了高效照明产品的推广;缺乏绿色照明宣传、推广的资金,节能照明技术、产品信息尚不普及。

绿色照明工程包含以下主要内容。

(1) 节能照明产品生产线技术改造。以提高产品质量、降低生产成本、增强自主创新能力为主,进行节能灯生产技术设备改造,包括:紧凑型荧光灯自动化生产线改造;采用自动排气机、自动接桥机、自动封口机等关键设备,对紧凑型荧光灯生产线进行局部改造;直管荧光灯自动化生产线改造;金属卤化物灯生产线改造等。

(2) 节能照明产品推广。采用大宗采购、电力需求侧管理、合同能源管理和质量承诺等市场机制和财政补贴激励机制,在政府机关、学校、宾馆饭店、商厦超市、大型工矿企业、医院、铁路车站、城市景观照明及城市居民小区等重点推广高效照明产品。

(3) 采用半导体(LED)灯,改造大中城市交通信号灯系统。开展在景观照明中应用 LED 灯的示范。

绿色照明工程的配套措施如下。

(1) 研究并提出进一步加快推广绿色照明的意见。

(2) 完善并实施照明产品能效标准,建立市场准入制度。修订单端荧光灯、高压钠灯和管型荧光灯镇流器的能效标准,制定路灯灯具、格栅灯具、卤素灯及其镇流器、LED 灯、磁感应无极灯的能效标准。

（3）加快检测能力建设。各省（市、自治区）对市场销售产品进行全面检测,建立照明产品能效数据库。

（4）加强照明产品节能认证,实施节能照明产品质量承诺制,选择自镇流荧光灯、双端荧光灯等产品进行国际认证试点。

（5）研究并实施 2～3 个照明产品的能效标志制度。

（6）将公用建筑节能照明系统设计和施工的审查纳入建筑节能审查制度。

（7）研究并建立废旧照明产品回收与再利用体系,实施《照明器具回收管理办法》《废旧荧光灯可回收和再利用设计规范》《废旧荧光灯环境无害化处理技术规范》,研究废旧电子和电感镇流器、高压气体放电灯再利用标准。

（8）强化绿色照明公众宣传,增加政府对绿色照明宣传的投入,建立绿色照明宣传的政府支持机制。

6.4.2 照明节能

照明包括企事业单位照明、公共事业照明和家庭用户等的照明。照明有两个重要术语,即光通量和照度。光通量是指人的眼睛所能感觉到的辐射能量,单位为 lm（流明）。照度是指射到一个表面的光通量密度,表示物体被照射的明亮程度,单位为 lx（勒克斯）。

合理照明主要有以下的基本要求。

（1）避免眩光。光源亮度分布不当,位置过低或不同时间出现的亮度差过大而造成视觉不舒适的现象叫眩光。眩光对人的视觉健康有害,应尽量避免。

（2）合理选定照度。根据生产要求和工作及生活场所的需要,从保护视力健康,提高劳动生产率出发来选定照度。选定时适当留有余地,以补偿电光源老化和积尘后光通量减弱的影响。

（3）注意照明均匀度,一般最低照度与最高照度之比,在同房间内不应低于 0.7。

光源是照明技术的核心。选用高效光源是建筑照明节能的关键。主要的照明节能灯具有以下四种。

（1）节能荧光灯。

白炽灯的发光效率很低,旧式荧光灯的发光效率也不高,而异型节能荧光灯则异军突起。一支 11 W 的节能荧光灯,其产生的光通量相当于 60 W 的白炽灯,在 12 m² 以下的居室内使用完全可以满足一般照明要求,照明电耗则可下降 74%～81%。值得注意的是,换用节能荧光灯后将使功率因数下降,故在推广节能荧光灯时必须考虑无功功率补偿问题。

（2）高、低压钠灯。

钠灯是目前电光源中光效最高的气体放电灯。低压钠灯光效可达 170 lm/W 以上,寿命超过 5 000 h。其缺点是色温低和显色性差,但用在厕所、走廊、楼梯等公共场所还是非常合适的。高压钠灯最高光效也可达 150 lm/W,它的光通量稳定,紫外线辐射较弱,对温度不太敏感,已广泛用于街道、广场和工厂的高大厂房之中。目前正在解决高光效与低显色指数之间的矛盾。

（3）金属卤化物灯。

金属卤化物灯是一种新发展起来的电光源。它光色极佳,寿命长,体积小,显色指数高,光效可达 100 lm/W,是一种很有前途的优质高效光源。

（4）LED 灯。

新发展起来的 LED(light emitting diode,发光二极管)是一种新型的高效固体光源,目前各国均在积极发展这种新型照明光源。它改变了白炽灯钨丝发光与节能灯三基色粉发光的原理,采用电场发光将电能转化为可见光。LED 最早在 1965 年用锗材料做成,早期的红色 LED 能提供的输出光通量大约为 0.1 lm/W,比一般的 60～100 W 白炽灯的 15 lm 要低得多,只能用于电子表和计算器。但在 20 世纪 80 年代初期,它能以 10 lm/W 的发光效率发出红光,因此广泛应用于室外信息发布和各种照明设备中,如电池供电的闪光灯、微型声控灯、安全照明灯、室内室外道路和楼梯照明灯以及建筑物景观照明、装饰灯等场合。

虽然 LED 近期的发展主要还是应用于特种照明,如在公安、交通运输(火车、汽车)、军事、煤炭、航空等特种照明领域,但已展现出良好的发展前景。目前的高光通量 LED 器件能够产生几流明至数十流明的光通量。新的设计可以在一个器件中集成更多的 LED,或者在单个组装件中安装多个器件,从而使输出的光通量相当于小型白炽灯。例如,一个高功率的 12 芯片单色 LED 器件能够输出 200 lm 的光能量,所消耗的功率为 10～15 W,已经可以用于照明。

LED 照明具有电光转换效率高、体积小、寿命长、色彩丰富、安全(低电压)、节能环保等优点,且寿命达到 10 000～100 000 h,远高于一般的白炽灯。与其他照明灯具相比,LED 在节电方面具备很强的竞争优势。目前,大功率、长寿命、低耗电的白光 LED 的发展非常迅速,随着技术进步和价格的降低,预期 LED 将大规模替代白炽灯和荧光灯,在照明领域起到重要的节电作用。

除了选用节能灯具外,推广节电开关也是节约照明用电的重要措施。如:民宅楼梯照明以及企事业单位的厕所照明常出现彻夜长明的现象;办公室和学校教室常有天暗时开灯,亮度增高后忘记关灯的现象;路灯和警戒照明也有延迟关灯的现象。因此推广各种节电开关是很有必要的。

节能定时开关是根据预定的程序来启闭照明器具,如办公室的照明在工作前、休息时间、下班后自动熄灯或熄灭部分照明灯,楼道灯延迟片刻自动熄灭等。

光控开关、声控开关等可以利用光传感器和声传感器来控制照明器具开关,从而达到节电的目的,因此大力推广节电开关,则有"聚沙成塔,集腋成裘"的节电功效。

6.5 建筑物分布式能量系统

6.5.1 传统建筑物能量供给模式面临的问题

由于科学技术的发展,传统的建筑物能量供给模式受到严重的挑战,其弊端主要表现在以下几方面。

1. 能量利用非联产

传统建筑物的能量供给模式有两种。一种模式是从电网购电,满足照明、动力用电负荷,或驱动压缩式水冷机组来满足建筑物空调系统的冷热负荷,同时购买燃气或燃油,通过锅炉提供生活热水。另一种模式是从电网购电,满足照明、动力用电负荷,购买燃气或燃油供直燃式溴化锂吸收式制冷机提供冷水或热水。这两种模式的能量利用率均不高。

2. 对电网的依赖性强

随着建筑物的现代化,除冷暖空调外,照明、电梯、给排水、电脑、其他办公和家用电器用电量迅速增加。此类用电绝大部分集中在高峰用电时段,不但扩大了市政电网的峰谷差,而且对供电的安全和稳定性带来很大威胁。2001 年 3 月美国加州电网崩溃就是因气温突然上升引发电力危机,造成 100 万用户断电。

3. 燃气和电使用峰谷期不能互补

如上海夏季 82.3% 的建筑物采用电制冷方式进行制冷,采用燃气或燃油作输入能源的仅占 17.7%,于是电力紧张,燃气市场却处于淡季。相反在北京,冬季高峰平均用气量为夏季最低月份用气量的 6 倍,于是电网电量过剩,燃气或燃油供应则处于旺季。显然这种不能互补的供能方式是不可取的。

6.5.2　建筑物分布式能量系统

为了克服以上弊端,建筑物分布式能量系统得到了很大的发展,特别是在发达国家。这种系统有以下特征:燃料多元化;设备小型、微型化;热电冷联产化;智能化控制和信息化管理;充分利用可再生能源和高标准的环保。

建筑物分布式能量系统是在建筑物中设置小规模(数千瓦至 50 MW)模块化的能量利用系统,可以独立地输出电、热、冷。其原动机采用气体或液体燃料的内燃机、微型燃气轮机或燃料电池。与常规的集中供电相比,建筑物分布式能量系统有以下优点:无须建配电站,输配电损耗小;适合多种热电比的变化,年设备利用时间(h)长;土地及安装费用低;各电站互相独立,不会发生大规模的供电事故,供电可靠性高;能提供电热冷综合能源,满足不同用户的需要。

显然,建筑物分布式能量系统作为集中供电的重要补充,特别适合于农牧区、山区、发展中的区域及商业区和居民区。此外,对我国电网覆盖率不高的西部地区,或对供电安全性、稳定性要求较高的用户,如医院、银行,以及能源需求多样化的用户,建筑物分布式能量系统也有特殊的意义。从可再生能源的利用看,建筑物分布式能量系统也为太阳能、风能、地热能的利用开辟了新的方向。

建筑物分布式能量系统在我国还刚刚开始。图 6-3 所示为建筑物分布式能量系统的能流网络图。该网络图从四个层次,即能源层次、能源转换层次、用户层次和结构层次上阐述了建筑物分布式能量系统各部分之间的关系。随着我国现代化进展的加快,这种分布式建筑物复合能量系统也将越来越多。

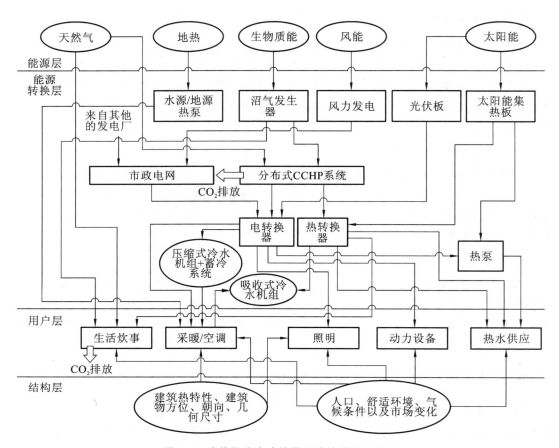

图 6-3　建筑物分布式能量系统的能流网络图

参 考 文 献

[1] 黄素逸. 能源科学导论[M]. 北京:中国电力出版社,2012.

[2] 黄素逸,林一歆. 能源与节能技术[M]. 3 版. 北京:中国电力出版社,2016.

[3] 黄素逸,高伟. 能源概论[M]. 2 版. 北京:高等教育出版社,2013.

[4] 黄素逸,刘伟. 高等工程传热学[M]. 北京:中国电力出版社,2006.

[5] 黄素逸,龙妍. 能源经济学[M]. 北京:中国电力出版社,2010.

[6] 黄素逸,关欣,龙妍. 能源管理学[M]. 北京:中国电力出版社,2016.

[7] 黄素逸,闫金定,关欣. 能源监测与评价[M]. 北京:中国电力出版社,2013.

[8] 关欣,黄素逸. 节能技术与案例分析[M]. 北京:中国电力出版社,2016.

[9] 陈学俊,袁旦庆. 能源工程[M]. 西安:西安交通大学出版社,2002.

[10] 任泽霈,蔡睿贤. 热工手册[M]. 北京:机械工业出版社,2002.

[11] 国家电力公司战略规划部. 中国能源五十年[M]. 北京:中国电力出版社,2001.

[12] 黄素逸,林秀诚,叶志瑾. 采暖空调制冷手册[M]. 北京:机械工业出版社,1996.

[13] 田瑞,闫素英. 能源与动力工程概论[M]. 北京:中国电力出版社,2008.

[14] 陈砺,王红林,方利国. 能源概论[M]. 北京:化学工业出版社,2009.

[15] 王绍文. 冶金工业节能与余热利用技术指南[M]. 北京:冶金工业出版社,2010.

[16] 杨永杰. 钢铁冶金的节能与环保[M]. 北京:冶金工业出版社,2009.

[17] 李坚利,周慧群. 水泥生产工艺[M]. 武汉:武汉理工大学出版社,2006.

[18] 李浈. 中国传统建筑形制与工艺[M]. 上海:同济大学出版社,2006.

[19] 邹长军. 石油化工工艺学[M]. 北京:化学工业出版社,2010.

[20] 姜子刚,赵旭东. 节能技术[M]. 北京:中国标准出版社,2010.

[21] 国家计委交通能源司,国家统计局工业交通司. 中国节能(1997 年版)[M]. 北京:中国电力出版社,1998.

[22] 祁义禄. 节能降耗技术手册[M]. 北京:中国电力出版社,1998.

[23] 绿色奥运建筑研究课题组. 绿色奥运建筑评估体系[M]. 北京:中国建筑工业出版社,2003.

[24] 王如竹,丁国良,等. 最新制冷空调技术[M]. 北京:科学出版社,2002.

[25] 任有中. 能源工程管理[M]. 北京:中国电力出版社,2004.

[26] 华一新. 有色冶金概论[M]. 北京:冶金工业出版社,2007.

[27] BP 公司. BP2030 世界能源展望. https://www.bp.com/zh_cn/china/reports-and-publications/bp2030_0.html.

[28] BP 公司. BP 世界能源统计(2012). https://www.bp.com/zh_cn/china/reports-and-publications/bp_2012 html.

[29] 李业发,杨廷柱.能源工程导论[M].合肥:中国科学技术大学出版社,1999.

[30] 龙敏贤,刘铁军.能源管理工程[M].广州:华南理工大学出版社,2000.

[31] 中国科学院.2002 高技术发展报告[M].北京:科学出版社,2002.

[32] 毛健雄,毛健全,赵树民.煤的清洁燃烧[M].北京:科学出版社,1998.

[33] 顾念祖,刘雅琴.能源经济与管理[M].北京:中国电力出版社,1999.

[34] 邢运民,陶永红.现代能源与发电技术[M].西安:西安电子科技大学出版社,2007.

[35] 王立久.建筑材料学[M].北京:中国水利水电出版社,2009.

[36] 穆为明,张文钢.泵与风机的节能技术[M].上海:上海交通大学出版社,2013.

[37] 魏新利.泵与风机节能技术[M].北京:化学工业出版社,2011.